环境介质中重金属监测技术

王业耀 主编

科学出版社

北 京

内 容 简 介

本书是关于重金属监测方法的工具性参考书,由我国环境监测系统的工作人员编写,在现有监测方法基础上,结合相关课题的研究成果编写而成。全书分四篇共 14 章,系统介绍土壤、颗粒物、沉积物、生物、水体等环境介质中重金属监测分析的全过程,包括样品采集、保存、制备、前处理、测试及质量保证和质量控制。

本书通过大量详实的分析数据,重点突出不同分析方法及分析仪器之间的差异性及不同的适用条件,可供环境科学与工程相关专业的科研人员、工程技术人员,特别是重金属监测技术人员参考借鉴。

图书在版编目(CIP)数据

环境介质中重金属监测技术 / 王业耀主编. —北京:科学出版社,
2018.6
ISBN 978-7-03-057616-3

Ⅰ. ①环… Ⅱ. ①王… Ⅲ. ①重金属污染–污染测定 Ⅳ.①X5

中国版本图书馆 CIP 数据核字(2018)第 117264 号

责任编辑:朱 丽 宁 倩 / 责任校对:樊雅琼
责任印制:肖 兴 / 封面设计:耕者设计工作室

科 学 出 版 社 出版
北京东黄城根北街 16 号
邮政编码:100717
http://www.sciencep.com

艺堂印刷(天津)有限公司 印刷
科学出版社发行　各地新华书店经销
*
2018 年 6 月第 一 版　开本:720×1000 B5
2018 年 6 月第一次印刷　印张:25 3/4
字数:500 000
定价:168.00 元
(如有印装质量问题,我社负责调换)

《环境介质中重金属监测技术》编写委员会

主　编：王业耀

副主编：许秀艳　张霖琳　朱日龙　李丽和　阴　琨
　　　　薛荔栋

编　委：（以姓氏汉语拼音为序）

陈丽琼	陈　明	杜　江	龚海燕	何东明
洪　欣	胡骏翔	黄　博	黄　云	金　玉
李丽和	林海兰	刘　畅	刘　贵	刘荔彬
陆喜红	欧　弢	任　兰	施　择	舒冶冲
苏　荣	谭　丽	汤　琳	万　旭	王俊伟
王　燕	邢冠华	许人骥	许秀艳	薛荔栋
杨晓红	杨跃伟	阴　琨	于建钊	于　磊
于　勇	张霖琳	张榆霞	赵　娟	赵小学
郑　琛	朱梦杰	朱日龙	朱瑞瑞	

前　言

重金属污染是危害全球环境质量的主要问题之一。随着全球经济的快速发展，大量的重金属和类金属以各种途径进入大气、水、沉积物、土壤和生物环境中，引起严重的环境污染。重金属进入环境或生态系统后以各种物理形态或化学形态存留、积累和迁移，带来环境危害。

近年来，从湖南嘉禾、陕西凤翔、安徽怀宁等地儿童血铅超标，湖南浏阳"镉污染事件"到浙江台州"血铅事件"，我国重金属污染群体事件屡见不鲜。据不完全统计，水污染事件70%以上由重金属污染造成，如2005年12月广东北江镉污染、2006年江西赣江镉污染、2006年9月湖南省岳阳县饮用水源受到剧毒砷化物污染及2012年2月广西龙江河"镉污染事件"。同时，土壤重金属污染也越来越引起关注。2014年环境保护部、国土资源部联合发布的《全国土壤污染状况调查公报》披露，全国土壤点位超标率为16.1%，污染类型以无机型为主；无机污染物超标点位数占82.8%，镉、汞、砷、铜、铅、铬、锌、镍8种无机污染物点位超标率分别为7.0%、1.6%、2.7%、2.1%、1.5%、1.1%、0.9%、4.8%。重金属污染在我国已经处于高危态势，对我国的生态环境、食品安全和人群健康，以及经济可持续发展构成严重威胁。

重金属环境监测是重金属污染防治的基础，但是目前我国重金属监测技术尚不健全，各级环境监测单位的仪器配置和技术水平参差不齐，各种重金属的监测分析方法和研究成果缺乏有效利用和提升，监测数据的可比性还有待进一步提高。针对重点防控重金属的环境监测需求，2013～2016年，中国环境监测总站牵头并联合湖南省环境监测中心站、广西壮族自治区环境监测中心站、云南省环境监测中心站等开展了"重点防控重金属关键先进监测技术适用性研究"项目（201309050）。该项目通过对大气颗粒物、土壤、沉积物、生物中重金属监测技术方法的研究，以及铅、汞化学形态分析方法的研究，建立了一套适用于我国实际环境监测工作的重点防控重金属监测方法体系，为我国重金属污染调查和环境监测提供可靠的技术支撑。

结合当前重金属监测的技术需求，依托"重点防控重金属关键先进监测技术适用性研究"（201309050）的相关研究成果，融合环境监测一线分析人员的实际经验，本书全面系统地介绍了土壤、颗粒物、沉积物、生物、水体等环境介质中重金属监测分析的全过程，包括样品采集、保存、制备、前处理、测试及质量保证和质量控制过程，同时，根据目前环境监测需求，介绍了铅、汞化学形态的分析技术。本书通过大量详实的分析数据，重点突出不同分析方法及分析仪器之间的差异性及不同的适用条件，为重金属监测技术人员提供全面的参考借鉴。

本书在"重点防控重金属关键先进监测技术适用性研究"（201309050）研究报告及相关成果的基础上，由王业耀和许秀艳制定编写大纲，统筹全书的编写，全书分四篇共十四章。第一篇第一章由黄博编写，第二章由张霖琳编写，第三章由何东明编写，第四章由阴琨编写，第五章由薛荔栋编写。第二篇共三章，第六章共四节，第一节由朱日龙编写，第二节由于磊编写，第三、四节由朱瑞瑞编写；第七章共五节，第一节由朱日龙编写，第二节由赵小学和张霖琳编写，第三节由洪欣编写，第四节由汤琳、任兰、龚海燕、陆喜红、朱梦杰、陈明编写，第五节由刘畅、胡骏翔和薛荔栋编写；第八章由李丽和编写。第三篇共三章，第九章共四节，第一~三节由于磊编写，第四节由林海兰编写；第十章共三节，第一节由朱瑞瑞编写，第二、三节由郑琛编写；第十一章共五节，第一节由林海兰编写，第二节由赵小学和张霖琳编写，第三节由苏荣编写，第四节由任兰、汤琳、陆喜红、龚海燕、陈明、朱梦杰编写，第五节由舒治冲、薛荔栋和胡骏翔编写。第四篇共三章，第十二章由许秀艳编写；第十三章共三节，分别由许秀艳、邢冠华和谭丽编写。第十四章共五节，分别由于勇、王俊伟、万旭、许秀艳和于建钊编写。全书由许秀艳、张霖琳、朱日龙、李丽和、许人骥统稿，王业耀审定。

由于编者的水平和经验有限，书中难免存在疏漏之处，敬请同行专家和广大读者指正。

编 者

2017 年 10 月于北京

可通过手机扫描右侧二维码查阅本书彩图。

目　　录

第三篇　重金属仪器分析技术

第四篇　铅、汞化学形态监测分析技术

第一篇　重金属采样技术

环境监测计划及其实施的关键之一是保证样品具有代表性，采样工作是环境监测对于整个环境监测全过程的第一步。如何保证采样的代表性、准确性，是保证监测数据准确可靠的基础，也是环境监测全过程质量保证与质量控制的最关键的一个环节。现场采样的质量保证和质量控制措施得不到落实，再准确的实验室内的分析结果也只是无源之水，无法保证监测数据的"五性"，即代表性、完整性、准确性、精密性、可比性。本篇结合重金属监测采样工作实际，对土壤、颗粒物、沉积物、生物、水质重金属采样技术加以总结阐述，以指导环境中各介质重金属监测的采样工作。

第一章　土壤样品采样技术

　　土壤是岩石圈表面的疏松表层，是陆生植物生活的基质和陆生动物生活的基底。土壤资源能够给人们带来许多重要的生态产品和服务，如食物和纤维产品、娱乐消遣等，同时，土壤也能对污染物及其代谢物进行回收和同化。因此，土壤质量直接关系到食品安全、人类健康和经济社会的可持续发展。由于工业化和城市化的快速发展，我国生产和消费的重金属总量也不断扩大，污水灌溉及重金属采选、冶炼、加工等人类活动造成的土壤污染日趋严重。据估计，农业生产活动所排放的铜、锌、镉分别占到了农用地全年排放总量的 80%、56% 和 63%。土壤中大约有 85% 的铅、68% 的镍和 43% 的铬来自工业过程中的大气沉降。我国 1.2 亿 hm^2 的耕地中大约有 8.3% 的面积受到了粗放式采选矿、垃圾倾倒和农药长期使用导致的重金属污染。如何准确地判断土壤是否被重金属污染及其污染程度，选择合适的土壤样品采样技术尤为重要。

第一节　土样样品采样技术概况

　　土壤环境是一个开放的缓冲动力学体系，与外环境之间不断地进行物质和能量交换，但又具有物质和能量相对稳定和分布均匀的特点。重金属污染物在土壤中具有移动性差、滞留性强和难降解的特性。一般来说，常规土壤采样技术是广泛地收集自然环境和社会环境方面的资料，指导科学、优化布设点位，从而采集具有代表性和典型性的土样。随着各国土壤采样技术和地理信息系统等大数据的更新和发展，目前也涌现了一些新型土壤采样技术，如注重测定重金属可溶性形态的原位被动采样技术等。

一、监测目的

（一）土壤重金属环境质量现状监测

　　土壤重金属监测的目的是判断土壤是否受到重金属污染及评价其污染程度。《土壤环境质量标准》（GB 15618—2008）根据土壤应用功能和保护目标，将土壤质量划分为三类，并规定了土壤中 10 种污染物的最高允许浓度指标值和 pH 范围。Ⅰ、Ⅱ、Ⅲ类土壤分别执行一、二、三级标准。土壤环境质量标准或按土壤用途分类的环境质量标准有国家标准和地方标准并存的，执行地方标准。

（二）土壤重金属污染与修复监测

土壤重金属污染与修复监测包括土壤污染事故监测和污染场地土壤修复监测。前者需要明确主要污染物，明晰污染来源、范围和程度，为决策部门制定合理的对策提供科学依据。后者适用于场地环境调查、风险评估，以及污染场地土壤修复工程、工程验收、回顾性评估等过程的环境监测。

（三）土壤背景值调查

人类活动或现代工业污染不断地改变着土壤固有的化学组成和结构特征。相同或不同的自然条件下、同一地点和不同地区的土壤发育过程也决定着土壤的物理和化学特征。这些均能造成土壤背景值的差异。因此土壤背景值需按照统计学的要求进行采样设计和样品采集，将分析结果进行频数分布类型检验，确定其分布类型，以其特征值表达该元素背景值的集中趋势。

二、采样准备

土壤采样准备主要有三个方面：组织准备、技术准备、物质准备。组织准备包括确定采样人员、组织技术培训和制定详细的工作方案等，技术准备包括收集采样区域自然环境、社会环境和学术方面的资料，物质准备涉及采样工具、其他物品和生活用品的准备。

三、采样点设置的一般原则

（1）合理地划分采样单元，在进行土壤监测时采样面积往往比较大，需要将其划分成若干个采样单元，同时在不受污染源影响的地方选择对照采样单元，同一单元的差别要尽量减少。

（2）对于土壤污染监测坚持哪里有污染就在哪布点，并根据技术力量和财力条件，优先布置在污染严重、影响农业生产活动的地方。

（3）采样点不应设在田边、沟边、路边、肥堆边及水土流失严重和表层土被破坏的地方。

（4）除了特殊的污染纠纷或污染事故调查外，一般的土壤采样应尽量避开污染源特别是工业污染源的影响。

四、采样时期

为了解土壤污染状况，可随时采集样品进行测定。如需同时掌握在土壤上生长的作物受污染状况，可依据季节或作物收获时期采样，一般在秋季作物收获后或春季播种施用前采集，果园在果实采摘后的第一次施肥前采集。面积较小的土壤污染调查和突发性土壤污染事故调查可随时直接采样。

五、样品采集的不同阶段

（一）前期采样

根据背景资料与现场考察结果，采集一定数量的样品分析测定，用于初步验证污染物空间分异性和判断土壤污染程度，为制定监测方案（选择布点方式和确定监测项目及样品数量）提供依据，前期采样可与现场调查同时进行。

（二）正式采样

按照监测方案，实施现场采样，详见本章第三节。

（三）补充采样

正式采样后，发现布设的样点没有满足总体设计需要，则要进行增设采样点补充采样。

六、采样点数量和采样量

土壤监测布设采样点数量要根据监测目的、区域范围大小及环境状况等因素确定。一般要求每个采样单元最少设 3 个采样点。土壤样品一般采样量为 1～3 kg，对混合样品需反复按四分法弃取，最后留下所需的土样量，装入聚乙烯袋内。

七、采样记录

采样时对样品进行编号及填写采样记录、样品标签。采样记录包括对样品的简单描述（如土壤质地、干湿程度、颜色、植物根系和异物量等）、采样点周围情况及土地利用历史等内容。按照方案要求编制 8～12 位土壤样品号码，现场填写标签两张，一张放入样品袋内，一张扎在样品袋外。将现场采样点的具体情况，如土壤剖面形态特征等做详细记录。

第二节　土壤样品的采样设备

一、常规采样器

采样器是土壤样品采集的重要工具，常规采样器可划分为手动工具、便携工具和助力工具。手动工具有镐头、铁铲、铁锹、竹片［分别见图 1-1（a）～（d）］

等；便携工具有采样筒、圆柱状取土钻、螺旋取土钻和土壤剖面采样器［分别见图 1-2（a）～（d）］；助力工具有机械土钻（图 1-3）等。

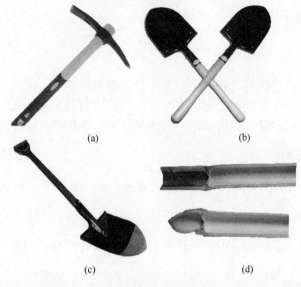

图 1-1 手动工具

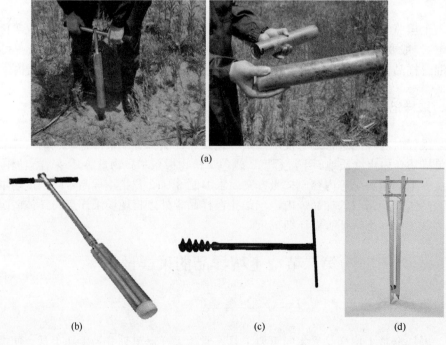

图 1-2 便携工具

图 1-3　助力工具

目前，根据采样的需要和不同土壤的质地，圆柱状取土钻已有了一些改进，如针对软土采样的半圆凿钻和适合于各种土质的钻头及配件，如图 1-4 所示。

土壤剖面采样器常用的规格主要有两种，第一种是长 40 cm，宽 10 cm，厚 5 cm [图 1-5（a）]；第二种是长 100 cm，宽 10 cm，厚 5 cm [图 1-5（b）]。

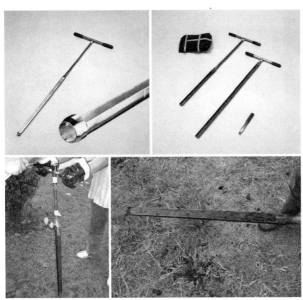

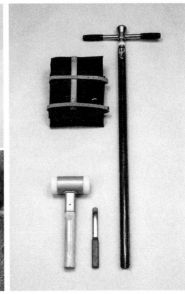

（a）适合于软土的半圆凿钻　　　　（b）适合于硬土采样的圆柱状取土器

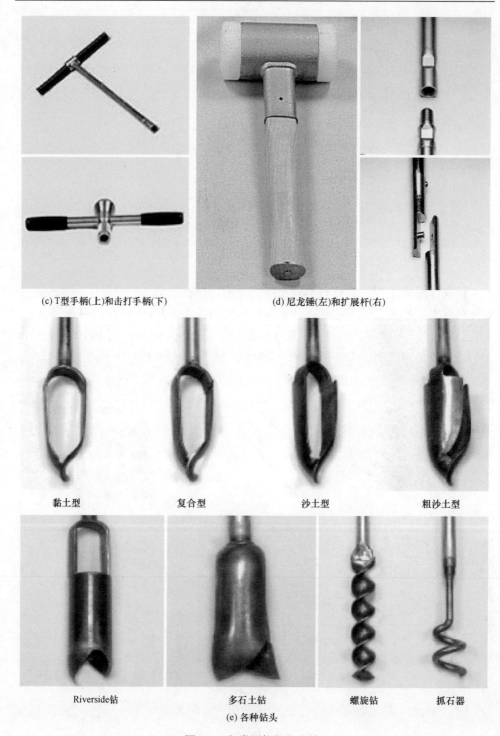

(c) T型手柄(上)和击打手柄(下)　　　　(d) 尼龙锤(左)和扩展杆(右)

黏土型　　　复合型　　　沙土型　　　粗沙土型

Riverside钻　　　多石土钻　　　螺旋钻　　　抓石器

(e) 各种钻头

图 1-4　各类圆柱状取土钻

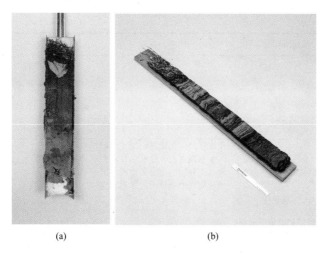

(a) (b)

图 1-5　土壤剖面采样器

二、其他物品

在采集土壤样品时，除了上述采样器以外，现场采样小组还需准备好其他物品，如表 1-1 所示。

表 1-1　土壤采集所需物品器材一览表（以 1 个小组为例）

序号	类别	器材或物品名称	规格、材质	用途	数量
1	器材	手机	—	初步定位	1 台
2		GPS	—	精准定位	1 个
3		测距仪	—	测量距离	1 个
4		指南针	—	指示方向	1 个
5		2 kg 塑料袋	聚乙烯材质	盛装土样	与样品数匹配
6		车载冰箱（或泡沫箱）	内置足够的冰袋	冷藏土壤	按实际准备
7		数码照相机或手机	高清	照相	1 台
8	文具	黑色水性笔		填写标签和原始记录	1~2 支
9		记号笔		在封口袋上写标签	2~3 支
10		记录夹		记录	1 个
11		标签（不干胶）	根据小封口袋尺寸选取合适大小	贴于塑料袋	与样品数匹配
12		瓷托盘	约 Φ50 cm	混样和装样	1 个
13		剖面刀	20 cm 不锈钢	挑土查看土壤颜色和土壤类型	1 把
14		砍刀或柴刀	短柄刀	砍杂草	2 把
15		硬纸板	写有"东西南北"大字的硬纸板	指示采样方位，拍照	1 套（4 块）

序号	类别	器材或物品名称	规格、材质	用途	数量
16		硬纸片	—	做漏斗装样	2 张
17	文具	剪刀	不锈钢	剪切	1 把
18		卷尺	—	测量采样宽度、深度	1 把
19		土壤颜色三角表	—		1 份
20	质量控制	采样原始记录表（包括质量控制内容）	土壤样品采集现场记录表、矿区信息调查表、企业信息调查表、工业园区信息调查表、固体废物集中处置场信息调查表	记录	与点位数匹配
21		土壤样品交接记录表		记录	与点位数匹配
22		填写记录说明细则	—	填写记录参考	1 份
23	安全	医药箱	野外医药用品	防治蛇、蚊虫叮咬	1 套
24		劳保用品	工作服、工作鞋、安全帽等	安全防护	按实际采样人数匹配
25	生活	干粮、水和纸巾	—	—	—

三、新型采样设备

常规土壤采样方法虽然可以采集到实际土样，并可带回实验室测试或储存，但是不可避免地会导致样品在储存期间发生某些物理、化学、生物方面的变化，导致所采集样品不能真实反映实际存在形态。梯度扩散薄膜（diffusive gradients in thin films，DGT）技术具有简便、原位和定量化地测定土壤中重金属元素浓度等优点，同时本身还内含预浓缩功能和多元素同时测定功能，具有形态分析和高分辨率测量等特性。

DGT 的快速吸附作用会导致 DGT 和土壤界面溶液中重金属含量下降，进而促使土壤颗粒态重金属释放补给土壤溶液，所测定的有效态重金属包括从土壤溶液中和从土壤颗粒物表面释放的游离态、不稳定的有机和无机络合态，测定结果不仅反映了土壤颗粒和土壤溶液之间的静态过程，还反映了土壤固相释放补给土壤溶液的动态过程，而常规的化学提取法主要关注重金属在固液两相间的静态平衡。因此，DGT 能用于评价土壤重金属的生物有效性。

DGT 装置由过滤膜、扩散膜和吸附膜及固定这 3 层膜的塑料外套组成，如图 1-6 所示。其中过滤膜主要用来避免待测环境中的颗粒物进入该装置；扩散膜能够让可溶态的离子自由扩散；吸附膜可以根据实验目的选择不同的吸附材质。

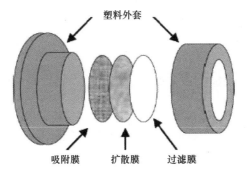

图 1-6　DGT 装置简略图

第三节　土壤样品的采集和保存

一、土壤采样准备

（一）组织准备

编写详细的工作方案，由具有野外调查经验且掌握土壤采样技术规程的专业技术人员、后勤保障人员、质控人员等组成采样组，明确责任分工，责任到人。采样前需组织培训学习有关技术文件，了解监测技术规范。

（二）技术准备

资料来源呈现多样性特征，包括自然环境、社会环境和学术方面的资料，以期科学布设监测点，方便后续监测工作。

自然环境方面的资料有多年统计年鉴、土壤、成土母质、植被、土壤元素背景值、自然灾害、水土流失、土地利用、水系、地质、地形地貌、气象等。

社会环境方面的资料有工业布局、工业规划、污染源种类及分布、排放途径和排放量、农药和化肥施用情况、污水灌溉及污泥施用状况、人口分布、地方病等。

学术方面的资料有该地区水、大气、土壤、河流中沉积物和动植物、农作物重金属污染及环境评估的最新国内外学术文献。另外，为了更好地说明和表明该地区土壤的污染状况，需要收集或制作一些电子图件，包括土壤类型图、地质图、植被图、污染源分布图和行政区划等遥感图。

（三）物质准备

包括采样工具准备（详见第一章第二节）与其他物品的准备。

二、土壤样品采集方法

（一）土壤环境质量采样

1. 布点

首先采样点的自然景观应符合土壤环境背景值研究的要求。采样点选在被采土壤类型特征明显的地方，地形相对平坦、稳定、植被良好的地点；人工构筑物附近等处不宜设采样点，采样点离铁路、公路至少300 m以上；采样点以剖面发育完整、层次较清楚、无侵入体为准，不在水土流失严重或表土被破坏处设采样点；选择不施或少施化肥、农药的地块作为采样点，以使样品点尽可能少受人为活动的影响；不在多种土类和多种母质母岩交叉分布的边缘地带安排采样点。

2. 采集土壤表层

一般监测只需采集表层土壤，可用采样铲挖取0～20 cm的土壤，采集主要有六种方法。

对角线布点法［图1-7（a）］：适用于污染灌溉的田地。布点时由田地进水口向对角引一直线，将对角线至少五等分，每等分的中央点作为采样点。采样点可根据具体条件增减。

梅花形布点法［图1-7（b）］：适用于面积较小、地势平坦、土壤较为均匀的田地，采样点一般为5～10个。

棋盘式布点法［图1-7（c）］：适用于中等面积、地势平坦、地形开阔，但土壤较不均匀的田地。采样点一般在10个以上。此法也适用于受污泥、垃圾等固体废物污染的土壤，采样点应在20个以上。

蛇形布点法［图1-7（d）］：适用于面积较大、地势不平坦、土壤不均匀的田地，采样点布设数目较多。

放射状布点法［图1-7（e）］：适用于大气污染型土壤。以污染源为中心，向四周画射线，在射线上布设采样点。在主导风向的下风向适当增加采样点之间的距离和数量。

网格布点法［图1-7（f）］：适用于农用化学物质污染型土壤，土壤背景值调查也常用此方法。将地块划分成若干均匀网状方格，采样点布设在交点处或方格中心。

表层土壤可以采集单独样品或混合样品。混合样的采集主要有前四种方法。

各分点混匀后用四分法取1 kg土样装入样品袋，多余部分弃去。例如，使用土钻，以采样点中心画半径为1 m的圆，在圆周上等距采集4个样品，在中心上采集1个样品，将5个样品等重量混匀为1个单独样品，保留1 kg左右，其余用四分法弃去。

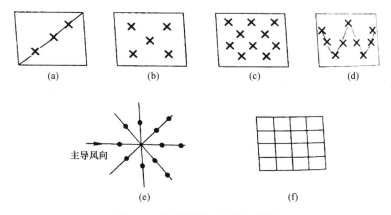

图 1-7 土壤采样点布设示意图

3. 采集土壤剖面

特殊要求的监测（土壤背景、环评、污染事故等）有必要时可选择部分采样点为剖面采样。剖面的规格一般为长 1.5 m，宽 0.8 m，深 1.2 m。挖掘土壤剖面要使观察面向阳，将表土和底土分两侧放置。一般典型的自然土壤剖面分为 A 层（表层、腐殖质淋溶层）、B 层（亚层、淀积层）、C 层（风化母岩层、母质层）和底岩层。地下水位较高时，剖面挖至地下水出露时为止；山地丘陵土层较薄时，剖面挖至风化层。对 B 层发育不完整（不发育）的山地土壤，只采 A、C 两层。水稻土按照 A 层（耕作层）、P 层（犁底层）、C 层（母质层）［或 G 层（潜育层）或 W 层（潴育层）］分层采样，对 P 层太薄的剖面，只采 A、C 两层（或 A、G 层或 A、W 层）。干旱地区剖面发育不完善的土壤，在表层 5～20 cm、心土层 50 cm、底土层 100 cm 左右采样。根据土壤剖面颜色、结构、质地、松紧度、温度、植物根系分布等划分土层，并进行仔细观察；将剖面形态、特征自上而下逐一记录。随后在各层最典型的中部自下而上逐层采样，在各层内分别用竹刀或竹片切取一片土壤样，每个采样点的取土深度和取样量应一致。在测定挥发性、半挥发性重金属物质时，需要采集土壤新鲜样品，新鲜样品必须采集单独样品。一般用 250 mL 带有聚四氟乙烯衬垫的采样瓶采样，为防止样品沾污瓶口，可将硬纸板围成漏斗状，将样品装入样品瓶中，样品要装满样品瓶，低温保存。

4. 农田土壤采样

根据调查目的、调查精度和调查区域环境状况等因素确定监测单元。大气、固体废物等污染型土壤监测单元以污染源为中心呈放射状布点，在主导风向和地表水的径流方向适当增加采样点，污灌水污染监测单元采用按水流方向带状布点，上述情况采样点布设距离和密度应考虑到大气和水体方向、流速和强度及自净作用，自污染源或纳污口起由密渐疏布点。农用化学物质和固体废物污染型土壤监测单元采用均匀布点。综合污染型土壤监测单元布点采用综合放射状、均匀、带状布点法。要在非污染区的同类土壤中布设一个或几个对照采样点。同时还要参考土壤类型、农作物种类、耕作制度、粮食生产基地、保护区类型、行政区划等要素，同一单元的差别应尽可能地缩小，部门专项调查按其专项监测要求进行。农田种植一般农作物采 0～20 cm，种植果林类农作物采 0～60 cm。为了保证样品的代表性，减少监测费用，可以采取采集混合样的方案。每个土壤单元设 3～7 个采样区，单个采样区可以是自然分割的一个田块，也可以由多个田块所构成，其范围以 200 m×200 m 为宜，每个采样区的样品为农田土壤混合样。采集混合样和剖面样的采样方法同上。

5. 城市土壤采样

城市内大部分土壤被道路和建筑物覆盖，只有小部分土壤栽植草木，由于城市土壤复杂，要求对其分两层采样，一层（0～30 cm）可能是回填土或受人为影响大的部分，另一层（30～60 cm）人为影响相对较小部分。两层分别取样监测。城市土壤监测点以网距 2000 m 的网格布设为主，功能区布点为辅，每个网格设一个采样点。对于专项研究和调查的采样点可适当加密。

6. 污染事故监测土壤采样

污染事故不可预料，接到举报后立即组织采样。首先要现场调查和取证，记录土壤被污染时间，根据污染物及其对土壤的影响确定监测项目，尤其以污染事故的特征污染物为监测的重点。如果是固体污染物抛洒污染型，等打扫后采集表层 5 cm 土样，采样点数少于 3 个。如果是液体倾翻污染型，污染物向低洼处流动的同时向深度方向渗透并向两侧横向方向扩散，每个点分层采样，事故发生点样品点较密，采样深度较深，离事故发生点相对远处样品点较疏，采样深度较浅，采样点不少于 5 个。事故土壤监测要设定 2～3 个背景对照点，各点（层）取 1 kg 土样装入样品袋。含易分解重金属有机物的待测定样品，采集后置于低温（冰箱）中，直至运送、移交到分析室。

（二）污染场地土壤采样

1. 监测点位布设方法

污染场地土壤环境监测常用的监测点位布设方法包括系统随机布点法、系统布点法及分区布点法等（图 1-8）。对于场地内土壤特征相近、土壤使用功能相同的区域，可采用系统随机布点法进行监测点位的布设。若场地土壤污染特征不明确或场地原始状态严重破坏，可采用系统布点法进行监测点位布设。对于场地内土壤使用功能不同及污染特征差异明显的场地，可采用分区布点法进行监测点位的布设。

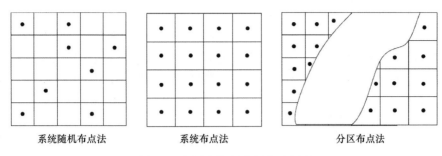

系统随机布点法　　　　　　系统布点法　　　　　　分区布点法

图 1-8　监测点位布设方法示意图

2. 场地土壤对照监测点位的布设方法

（1）一般情况下，应在场地外部区域设置土壤对照监测点位。

（2）对照监测点位可选取在场地外部区域的四个垂直轴向上，每个方向上等间距布设 3 个采样点。地形地貌、土地利用方式、污染物扩散迁移特征等因素致使土壤特征有明显差别或采样条件受到限制时，监测点位应进行适当调整。

（3）对照监测点位应尽量选择在一定时间内未经外界扰动的裸露土壤，应采集表层土壤样品，采样深度尽可能与场地表层土壤采样深度相同，如有必要也应采集深层土壤样品。

3. 场地环境调查监测点位的布设

（1）初步调查时，可根据原场地使用功能和污染特征，选择可能污染较重的若干地块，作为土壤污染物识别的监测地块。原则上监测点位应选择地块的中央或有明显污染的部位，如生产车间、污水管线、废弃物堆放处等。

（2）初步调查时，对于污染较均匀的场地（包括污染物种类和污染程度）和地貌严重破坏的场地（包括拆迁性破坏、历史变更性破坏），可根据场地的形状采用系统随机布点法；详细采样时，可采用系统布点法划分监测地块。土壤样品应在每个地块的中心采集。

（3）初步调查时，对于每个监测地块，表层土壤和深层土壤垂直方向层次的划分应综合考虑污染物迁移情况、构筑物及管线破损情况、土壤特征等因素。采样深度应扣除地表非土壤硬化层厚度，原则上建议 3 m 以内深度土壤的采样间隔为 0.5 m，3～6 m 采样间隔为 1 m，6 m 至地下水采样间隔为 2 m，具体间隔可根据实际情况适当调整。详细调查时，单个监测地块原则上不应超过 1600 m²。对于面积较小的场地，应不少于 5 个监测地块。

（4）一般情况下，深层土壤的最大采样深度应直至未受污染的深度为止。如需采集土壤混合样，可根据每个监测地块的污染程度和地块面积，将其分成 1～9 个均等面积的网格，在每个网格的中心采样，将同层的土样制成混合样。

4. 污染场地治理修复监测点位的布设

（1）在场地残余危险废物和具有危险废物特征土壤的清理作业结束后，应对清理界面的土壤进行布点采样。根据界面特征和大小将其分成面积相等的若干地块采样，单块面积不应超过 100 m^2，可在每个地块中均匀地采集 9 个表层土壤样品制成混合样。对于超标区域根据监测结果确定二次清挖的边界，二次清挖后再次进行监测，直至达到相应要求。

（2）完成污染土壤清挖后界面的监测包括界面的四周侧面和底部土壤的监测。根据地块大小和污染的强度，应将四周的侧面等分成段，每段最大长度不应超过 40 m，在每段均匀采集 9 个表层土壤样品制成混合样；将底部均分成块，单块的最大面积不应超过 400 m^2，在每个地块中均匀地采集 9 个表层土样样品制成混合样。

（3）关于污染土壤治理修复的监测，其监测点位和监测频率应根据工程设计中规定的原位治理修复工艺技术要求确定，每个样品代表的土壤体积应不超过 500 m^3。

5. 污染场地修复工程验收监测点位的布设

对治理修复后的场地土壤进行验收监测时，一般应采用系统布点法布设监测点位，原则上每个监测地块面积不应超过 1600 m^2。对原位治理修复工程措施（如隔离、防迁移扩散等）效果的监测，应根据工程设计相关要求进行监测点位的布设；对原地异位治理修复工程措施效果的监测，处理后土壤应布设一定数量监测点位，每个样品代表的土壤体积应不超过 500 m^3。

6. 污染场地回顾性评估监测点位的布设

（1）应综合考虑环境调查详细采样监测、治理修复监测及工程验收监测中相关点位进行监测点位布设。

（2）对原位治理修复工程措施效果的监测，应针对工程设计的相关要求进行监测点位的布设。长期治理修复工程可能影响的区域范围也应布设一定数量的监测点位。

三、土壤样品保存

一般土壤样品需保存半年至一年，以备必要时查核之用。

（一）新鲜样品的保存

对于易分解或易挥发等不稳定组分的样品要采取低温保存的运输方法，并尽快送到实验室分析测试。测试项目需要新鲜样品的土样，采集后用可密封的聚乙烯或玻璃容器在 4℃以下避光保存，样品要充满容器。避免用含有待测组分或对测试有干扰的材料制成的容器盛装保存样品。具体保存条件见表 1-2。

表 1-2　新鲜样品的保存条件和保存时间

测试项目	容器材质	温度/℃	可保存时间/d
金属（汞和六价铬除外）	聚乙烯、玻璃	<4	180
汞	玻璃	<4	28
砷	聚乙烯、玻璃	<4	180
六价铬	聚乙烯、玻璃	<4	1

（二）预留样品

预留样品在样品库造册保存。

（三）分析取用后的剩余样品

分析取用后的剩余样品，待测定全部完成且数据报出后，也移交样品库保存。

（四）保存时间

分析取用后的剩余样品一般保留半年，预留样品一般保留 2 年。特殊、珍稀、仲裁、有争议样品一般要永久保存。新鲜土样保存时间见"（一）新鲜样品的保存"。

（五）样品库要求

要保持样品库干燥、通风、无阳光直射、无污染；要定期清理样品，防止霉变、鼠害及标签脱落。样品入库、领用和清理均需记录。

第四节　质量保证和质量控制

质量保证（QA）和质量控制（QC）是土壤质量监测的基础，它要求建立一套完整的质量管理体系，并保证土壤质量报告数据是科学的和可信赖的，其目的是保证所产生的土壤环境质量监测资料具有代表性、准确性、精密性、可比性和完整性。质量控制涉及监测的全过程，本节主要介绍土壤采集和保存过程中的质量保证和控制。

一、土壤样品采集前的准备

采土样前应制定采样规划，准备采样工具及物品。采样规划一般包括采样时间及天气、采样目的、监测项目、采样点设置、采样频次和数量、采样人员任务分工、原始记录和线路图等。第一，土样采集工作是一项繁重而细致的工作，为了使其有条不紊地进行，有必要明确采样人员的任务分工，将各点位采样及记录工作制成表格，各采样人员在完成每项工作后划钩确认。另外，对于任务重、范围大、点位散的采样工作，特别是流域范围内的采样工作，务必作好线路规划。可借助定位软件确定线路，明确道路，尽量缩短途中时间。第二，要带齐采样工具及物品，需考虑备用物品，每个采样小组可按表 1-1 的清单准备。

二、土壤样品的采集

土壤样品的采集应当遵循"随机"、"等量"和"多点混合"的采样原则，采集具有代表性的土样。土钻采样时采样次序自上而下，打钻时要注意避免上层土壤对下层土壤的污染；挖坑法采样时采样次序则应自下而上，先采下层样品，再采上层样品。采集样品尽量用竹刀或竹片，或去除与金属采样器接触的部分土壤，再用其取样。剖面每层样品采集 1 kg 左右，装入聚乙烯塑料袋，由专人填写样品标签、采样记录；标签一式两份，一份放入袋中，一份系在袋口。拍摄数码相片，用 GPS 卫星定位记录样点经纬度。

样品采集完毕放在背阴处。采样结束时，逐个检查采样记录、样袋标签和土壤样品，如有缺项和错误，要及时补齐更正核对。挖坑法采样时，按原层次将土壤回填，并做好标记，避免下次在相同处采样。

三、土壤样品的流转

（一）样品的运输

样品运输前，要按采样编号的次序装箱（袋），箱（袋）内附上送样清单，外部注明样品编号范围。土袋内外各放一张标签，写明编号、研究项目、采样地点、土壤名称、采样深度、采样日期、采样人员和采样工具等。在运输时，要避免样品的损失、混淆、沾污、交叉污染和标签脱落；对于易分解或易挥发等不稳定组分要避光、低温（温度低于 4℃）保存运输，并尽快送到实验室分析测试。

（二）样品交接

土壤样品送到实验室后，采样人员和实验室样品管理员双方同时清点核实样品，并在样品流转单上签字确认。样品管理员接样后及时与分析人员进行交接，双方核实清点样品，无误后分析人员在样品流转单上签字确认。

参 考 文 献

陈静, 孙琴, 姚羽, 等. 2014. DGT 和传统化学法比较研究复合污染土壤中 Cd 的生物有效性. 环境科学研究, 27(10): 1172-1179

国家环境保护总局. 1990. 中国土壤元素背景值. 北京: 中国环境科学出版社

罗军, 王晓蓉, 张昊, 等. 2011. 梯度扩散薄膜技术(DGT)的理论及其在环境中的应用 I: 工作原理、特性与在土壤中的应用. 农业环境科学学报, 30(2): 205-213

施建平, 杨林章. 2012. 陆地生态系统土壤观测质量保证与质量控制. 北京: 中国环境科学出版社

王斌, 张震. 2012. 天津近郊农田土壤重金属污染特征及潜在生态风险评价. 中国环境监测, 28(3): 23-27

吴邦灿, 李国刚, 邢冠华. 2011. 环境监测质量管理. 北京: 中国环境科学出版社

奚旦立, 孙裕生. 2010. 环境监测 4 版. 北京: 高等教育出版社

Buffle J, Leppard G G. 1995. Characterization of aquatic colloids and macromolecules. 2. Key role of physical structures on analytical results. Environ Sci Tech, 29(9): 2176-2184

GB 15618—2008. 土壤环境质量标准

HJ 25.1—2014. 场地环境调查技术导则

HJ 25.2—2014. 场地环境监测技术导则

HJ 25.3—2014. 污染场地风险评估技术导则

HJ 25.4—2014. 污染场地土壤修复技术导则

HJ 630—2011. 环境监测质量管理技术导则

HJ/T 166—2004. 土壤环境监测技术规范

Liu Y L, Wen C, Liu X J. 2013. China's food security soiled by contamination. Science, 339: 1382-1383

Luo L, Ma Y, Zhang S, et al. 2009. An inventory of trace element inputs to agriculturalsoils in China. J Environ Manage, 90: 2524-2530

Maiti S K. 2013. Ecorestoration of the coalmine degraded lands. New Delhi: Springer India

Teng Y G, Wu J, Lu S J, et al. 2014. Soil and soil environment quality monitoring in China: A review. Environ Int, 69: 177-199

第二章　颗粒物样品采样技术

第一节　颗粒物样品采样技术概况

我国早期颗粒物的监测指标是总悬浮颗粒物（TSP），2000 年以后监测重点为可吸入颗粒物（PM_{10}），主要城市均开展了 PM_{10} 的监测。近年来，大气中 PM_{10} 和 $PM_{2.5}$ 已成为我国大部分城市的首要大气污染物。随着新《环境空气质量标准》（GB 3095—2012）的颁布和实施，$PM_{2.5}$ 的监测工作提上日程。除颗粒物质量浓度监测以外，针对颗粒物的物理和化学性质的监测研究也逐步开展起来，如颗粒物化学组分分析、粒径谱监测、源解析研究、长距离传输过程及人体健康风险评价等。建立和完善大气颗粒物中重金属的监测技术方法体系，是控制和治理大气重金属污染的关键技术和重要环节。而在颗粒物重金属监测中，采样又是关键环节，直接决定监测结果的准确性和可靠性。

颗粒物样品的采集是通过具有一定切割特性的采样器，以恒速抽取定量体积的空气，空气中粒径小于 100 μm 的悬浮颗粒物被截留在已经恒重的滤膜上。根据采样前后滤膜质量之差及采气体积，按照下面公式计算质量浓度：

$$M(\text{mg/m}^3)=1000\times(W_1-W_2)/V_n$$

式中，M——TSP 或者 PM_{10} 和 $PM_{2.5}$ 的质量浓度，即三者通用一个公式；

　　　W_1——采样后尘膜的质量，g；

　　　W_2——空白滤膜的质量，g；

　　　V_n——标准状态下的累积采样体积，m^3。

TSP、PM_{10}、$PM_{2.5}$ 是按照空气动力学直径这一当量直径定义区分的颗粒物类型。TSP 是将粒径大于 100 μm 的颗粒物切割除去，收集 100 μm 以下所有粒径颗粒物的总和；PM_{10} 是指以空气动力学直径 10 μm 为切割点，收集率达到 50%，而并非指对粒径 10 μm 以下的颗粒物 100%地收集，也并非完全指粒径 10 μm 的颗粒物或者不大于 10 μm 的颗粒物；同理，$PM_{2.5}$ 是指以空气动力学直径 2.5 μm 为切割点，收集率达到 50%。

第二节　颗粒物样品采样前的准备

一、采样器

采样器由采样入口、切割器、滤膜夹、连接杆、流量测量及控制装置、抽气泵等组成。根据采样目的的不同，可分别采用大、中流量 TSP 采样器，或用 PM_{10}、$PM_{2.5}$ 的大、中、小流量采样器采集不同粒径的颗粒物。仪器设备的要求可参见《环境空气质量手工监测技术规范》（HJ/T 194—2005）、《环境空气颗粒物（PM_{10} 和 $PM_{2.5}$）采样器技术要求及检测方法》（HJ 93—2013）等相关技术规范和标准方法。采集器入口一般距地面 1.5 m。TSP、PM_{10} 或 $PM_{2.5}$ 采样器的工作点流量不做必须要求，一般情况如下：

大流量采样器工作点流量为 1.05 m^3/min；

中流量采样器工作点流量为 100 L/min；

小流量采样器工作点流量为 16.67 L/min。

（一）外观要求

采样器应有产品铭牌，铭牌上有采样器名称、型号、生产厂名称、出厂编号、生产日期等信息。外观应完好无损，适合户外采样。各零部件连接可靠，各操作键、按钮灵活有效。

（二）工作条件

环境温度 –30～50℃；大气压 80～106 kPa；供电电压 AC（220±22）V，（50±1）Hz。低温、低压等特殊环境条件下，仪器设备的配置应满足当地环境条件的使用要求。

二、滤膜

（一）滤膜的要求

采样滤膜可选用石英滤膜、特氟龙滤膜、聚丙烯滤膜等。滤膜应边缘平整、厚薄均匀、无毛刺、无污染，不得有针孔或任何破损。捕集效率与采样目的有关，一般要求粒子采样效率不低于 99%。PM_{10} 滤膜对 0.3 μm 标准粒子的截留效率≥99%，$PM_{2.5}$ 滤膜对 0.3 μm 标准粒子的截留效率≥99.7%。用于存放滤膜的滤膜盒或密封袋，应使用对测量结果无影响的惰性材料制造，应对滤膜不粘连，方便取放。对滤膜的其他详细要求如下。

1. 滤膜尺寸

大流量采样滤膜：长方形，尺寸 200 mm×250 mm；

中流量采样滤膜：圆形，直径为（90±0.25）mm；

小流量采样滤膜：圆形，直径为（47±0.25）mm。

2. 材质

可选用聚四氟乙烯、聚氯乙烯、聚丙烯、混合纤维素等有机滤膜，也可选用石英滤膜，建议使用之前对滤膜中重金属的本底值进行测定。

3. 孔径和厚度

滤膜孔径≤2 μm。

滤膜厚度为 0.2～0.25 mm。

4. 压力损失

当初期压力损失较大时，随着采样的进行，抽气系统的负荷将不断增大，有可能使采样流量发生变动。当流量为 20 L/min 时，空白滤筒的阻力应不大于 4 kPa；对 0.45 m/s 的洁净空气流速，空白滤筒的压降应小于 3 kPa。在采样过程中，由于滤膜空隙不断被颗粒物阻塞，阻力逐渐增加。当采气流量明显减少时，采气量的计算可用开始流量和结束时流量的平均值作近似计算，比较准确的方法是用流量自动记录仪，连续记录采样流量的变化。

5. 最大吸湿量（小流量采样滤膜）

暴露在湿度 40%空气中 24 h 后与暴露在湿度 35%空气中 24 h 后的质量增加值应不超过 10 μg。

6. 滤膜质量稳定性（小流量采样滤膜）

滤膜材质不应与采集的颗粒物发生物理、化学反应，应避免空气中的粉尘和水分一起附着于吸湿性较高的滤膜上，否则湿润的粉尘堵塞了滤膜的微孔，使滤膜的压力损失急剧增大。用于大流量、长时间采样的滤膜应尽量选吸水性小、机械强度高的滤膜。取不少于各批次滤膜总数的 0.1%的滤膜（不少于 10 张），在实验室平衡稳定后称量，记录滤膜质量。滤膜质量稳定性为该批次测试滤膜质量损失的平均值。

7. 机械强度

滤膜应该是足够强大，以尽量减少采样、搬运过程中的磨损、破裂、脱落，否则会造成一定的称量误差，甚至监测无效。对于监测 PM$_{2.5}$，滤膜在跌落高度 25 cm 前后、（40%±2%）RH×48 h 下，质量变化均应小于 20 μg。

（二）不同材质滤膜的性能特征

（1）石英滤膜。由高纯度石英纤维精制而成的微孔结构，具有更好的热稳定性和理化稳定性，克服了玻璃纤维膜空白值高的问题，常用于颗粒物中元素全量分析。

（2）特氟龙滤膜。滤膜表面光滑，具有捕集效率高、化学稳定性好、耐腐蚀性强、元素本底值低、溶样时不发生变化等优点。该材质具有永久疏水性，且具有一定弹性，颗粒物被牢固吸附在滤膜上，极易导致样品消解不完全。主要用于源解析、空气自动站颗粒物 PM$_{2.5}$ 监测，价格较昂贵。

（3）过氯乙烯滤膜。该类材质滤膜因生产环节污染较大而逐渐被淘汰，多用于颗粒物分散度检测。它不易吸水、阻力小，由于带静电，采样效率高。缺点是机械强度差，需要用带筛网的采样夹托住；热稳定性差，受热容易发生卷曲（最高使用温度 65℃左右），导致颗粒物不能完全消解。由于滤膜易溶于乙酸丁酯等有机溶剂且空白值较低，可用于颗粒物中元素的分析。

（4）聚丙烯滤膜。该类材质滤膜透气性差、阻力大、难吸收水分，化学本底值小。其密度小且吸收性差，多漂浮在液体面导致消化不完全；使用硝酸、高氯酸消解时容易着火；微波高温消解温度高于180℃时，该材质形成塑料胶而黏结在消解管管壁。主要用于空气自动站颗粒物 $PM_{2.5}$ 监测。

（5）乙酸/硝酸纤维滤膜。主要由硝酸纤维素或乙酸纤维素或者两者混合制成的微孔滤膜。质量轻、灰分和杂质含量较低、带静电、采样效率高，并可溶于多种有机溶剂，便于分析颗粒物中的元素。由于颗粒物沉积在膜表面后，阻力迅速增加，采样量受到限制。该类材质滤膜空白值极低，用硝酸等加热消解时非常方便、快速、完全。

三、检查和校准

（一）切割器清洗

切割器应定期清洗，清洗周期视当地空气质量状况而定。一般情况下，累计采样 168 h 应清洗一次切割器，如遇扬尘、沙尘暴等恶劣天气，应及时清洗。

（二）环境温度检查和校准

用温度计检查采样器的环境温度测量示值误差，每次采样前检查一次，若环境温度测量示值误差超过 2℃，应对采样器进行温度校准。

（三）环境大气压检查和校准

用气压计检查采样器的环境大气压测量示值误差，每次采样前检查一次，若环境大气压测量示值误差超过 1 kPa，应对流量仪进行压力校准。

（四）气密性检查

应定期检查气密性，操作方法有如下三种。

1. 方法一

（1）密封采样器连接杆入口。

（2）在抽气泵之前接入一个嵌入式三通阀门，阀门的另一接口接负压表。

（3）启动采样器抽气泵，抽取空气，使采样器处于部分真空状态，负压表显示为（30±5）kPa 的任意值。

（4）关闭嵌入式三通阀门，阻断抽气泵和流量计的流路。关闭抽气泵。

（5）观察负压表压力值，30s 内变化≤7kPa 为合格。

（6）移除嵌入式三通阀门，恢复采样器。

2. 方法二

（1）采样器滤膜夹中装载 1 张玻璃纤维滤膜，将流量校准器和滤膜夹紧密连接（干式流量计出气口和采样器进气口连接，进气口后依次为滤膜、流量测量和控制部件）。

（2）设定仪器采样工作流量，启动抽气泵，用流量校准器测量仪器的实际流量，并记录流量值。

（3）测试结束后，在采样器滤膜夹中同时装载 3 张玻璃纤维滤膜，按（1）连接流量校准器和采样器。设定仪器采样工作流量，启动抽气泵，用流量校准器测量仪器的实际流量，并记录流量值。

（4）若两次测量流量值的相对偏差小于 2%，则气密性检查通过。

3. 方法三

（1）取下采样器采样入口，将标准流量计、阻力调节阀通过流量测量适配器接到采样器的连接杆入口，阻力调节阀保持完全开通状态。

（2）设定仪器采样工作流量，启动抽气泵。待仪器流量稳定后，读取标准流量计的流量值。

（3）用阻力调节阀调节阻力，使标准流量计流量显示值迅速下降到设定工作流量的 80% 左右。同时观察仪器和标准流量计的流量显示值，若标准流量计最终测量值稳定在 98%～102% 设定流量，则气密性检查通过。

（五）采样流量检查

新购置或维修后的采样器在使用前应进行流量校准；正常使用的采样器累计使用 168 h 需进行一次流量校准。若流量测量误差超过采样器设定流量的 2%，应对采样流量进行校准，采样流量校准方法如下。

1. 校正

（1）把校正器连同滤纸装上采样器，把校正器开至最大。

（2）运行采样马达约 30 min，使其升至正常温度。

（3）把水压力计的一端连到校正器的连接孔上，水压力计的另一端则在大气压下保持畅通，并检查压力计内的液体能否自由流动。

（4）准备连续流量记录器。小心清理流量器内的尘埃及湿气，升高笔头并更换新的流量记录图表，小心地将图表放在记录器的传动轮上，轻轻按下以确保图表能自由旋转，没有太大的阻力。旋转驱动器设置时间，确保笔头压在记录图表上，并能画出清晰的线条（可轻轻地敲打流量记录器的背部，至确定记录笔能自由移动）。

（5）利用随校正器附上的证书换算出 40 m³ 输出下的压力，然后调校流量控制器，令压力计上的压力与计算出的压力相等，最后记下流量记录器上的读数。

2. 采样

（1）完成校正后，把校正限流器移除，把滤纸小心放在采样器的中央，再装上固定器，最后把 PM$_{2.5}$ 采样头紧紧装在采样器上。

（2）准备连续流量记录器，同上。

（3）手动设定采样器的时间器的开关时间。要设置开始时，把"ON"的脱扣器安装到开始的时间上，并紧紧装上；紧紧安装"OFF"的脱扣器到结束的时间上。

（4）利用流量记录器，把流量调至校正后的数值。

（5）于采样周期完成后，移除滤纸固定器，然后小心地取出附有样本的滤纸，拿住滤纸的两端（并不是两角），把滤纸对折（样本互相接触）。

（六）滤膜称量

（1）将滤膜放在恒温恒湿设备中平衡至少 24 h 后进行称量。平衡条件为温度应控制在（25±5）℃范围内；湿度应控制在（50±5）%。天平室温、湿度条件应与恒温恒湿设备保持一致。天平室的其他环境条件应符合《电子天平检定规程》（JJG 1036—2018）标准中的有关要求。

（2）记录恒温恒湿设备平衡温度和湿度，应确保滤膜在采样前后平衡条件一致。

（3）滤膜平衡后用分析天平对滤膜进行称量，分析天平检定分度值不超过 0.1 mg，技术性能应符合《电子天平检定规程》（JJG 1036—2018）的规定。记录滤膜质量和编号等信息。

（4）滤膜首次称量后，在相同条件平衡 1 h 后需再次称量。当使用大流量采样器时，同一滤膜两次称量质量之差应小于 0.4 mg；当使用中流量或小流量采样器时，同一滤膜两次称量质量之差应小于 0.04 mg；以两次称量结果的平均值作为滤膜称量值。同一滤膜前后两次之差超出以上范围则该滤膜作废。

（5）采样前滤膜准备。将滤膜进行平衡处理至恒量，称量，记录称量环境条件和滤膜质量，将称量后的滤膜放入滤膜保存盒中备用。

第三节　颗粒物样品的采集和保存

颗粒物的采样主要涉及两类样品，即环境空气样品和无组织排放样品。

1. 环境空气样品

目前，我国对环境空气样品采样点的布设一般遵循《环境空气质量监测规范（试行）》中相关要求。该技术规范对采样点位的布设提出了"代表性、可比性、整体性、前瞻性、稳定性"几点原则，提出采样点位应包括环境空气质量评价城市点、环境空气质量评价区域点和背景点、污染监控点、路边交通点，并对上述几类采样点布设方法和布设数量做出了详细规定。

采样过程一般按照《环境空气质量手工监测技术规范》（HJ/T 194—2005）中颗粒物采样的要求执行。该技术规范对监测点位、周围环境与采样口设置等进行了规定，对采样系统（切割器、采样器、滤膜）的规格和性能、采样前准备与滤膜处理、三种采样方式（24 h 采样、间断采样、无动力采样）的采样方法、采样气象参数和气体状态参数、采样记录的要求、采样体积的计算、质量保证与质量控制措施做了系统的阐述。

对于颗粒物的质量浓度测定，可参考《环境空气总悬浮颗粒物的测定 重量法》（GB/T 15432—1995）、《环境空气 PM_{10} 和 $PM_{2.5}$ 的测定 重量法》（HJ 618—2011）、《环境空气颗粒物（$PM_{2.5}$）手工监测方法（重量法）技术规范》（HJ 656—2013）等。

2. 无组织排放样品

2001 年实施的《大气污染物无组织排放监测技术导则》（HJ/T 55—2000）对大气污染物无组织排放监测点设置方法、监测气象条件的判定和选择、监测结果的计算等做了规定和指导，现阶段对无组织颗粒物的采样布点一般按该技术导则执行，采样方法与环境空气颗粒物采集方法相同。

一种布点是根据污染源的风向设置对照点和监控点，找到下风向的 1 h 最高浓度点作为监控点。监控点浓度与对照点浓度之差即为该无组织排放源的浓度。任何 1h 浓度都不得超过标准限值。各点可采 1 h，若浓度偏低可适当延长采样时间，若浓度较高，可在 1 h 内等间隔采样，例如，5 min 采一个样 4 次，取其平均值。另一种布点是取单位周界监控点，当有明显风向和风速时，监控点设在周界外 10 m 范围内，找 1 h 浓度最高点作为监控点。若经预算估算，无组织排放的最大落点地浓度区域超过 10 m，则可将监控点移至此处，采用与环境空气样品相同的 TSP 采样器进行采样。详细操作步骤可以参见《环境空气总悬浮颗粒物的测定 重量法》（GB/T 15432—1995）。采样时间及采样监控点位的确定可以按照《大气污染物综合排放标准》（GB 16297—1996）附录 C 进行。

一、样品采集

（一）采样点位布设

（1）采样器入口距地面或采样平台的高度不低于 1.5 m，切割器流路应垂直于地面。

（2）当多台采样器平行采样时，当采样器的采样流量≤200 L/min 时，相互之间的距离为 1 m 左右；当采样器的采样流量>200 L/min 时，相互之间的距离为 2～4 m。

（3）如果测定交通枢纽的颗粒物浓度值，采样点应布置在距人行道边缘外侧 1 m 处。

（二）采样时间

（1）测定颗粒物日平均浓度，每日采样时间应不少于 20 h。

（2）采样时间应保证滤膜上的颗粒物负载量不少于称量天平检定分度值的 100 倍。例如，使用的称量天平检定分度值为 0.01 mg 时，滤膜上的颗粒物负载量应不少于 1 mg。

（三）采样操作

（1）采样时，将已编号、称量的滤膜用无锯齿状镊子放入洁净的滤膜夹内，滤膜毛面应朝向进气方向，将滤膜牢固压紧。尽量避免使用或接触金属器具，建议使用塑料等材质的镊子。

（2）将滤膜夹正确放入采样器中，设置采样时间等参数，启动采样器采样。

（3）采样结束后，用镊子取出滤膜，采样面对折一次后放入采样袋中，记录采样体积等信息。

颗粒物样品采集现场图如图 2-1 所示。

图 2-1　颗粒物样品采集

二、样品保存

样品采集完成后，滤膜应尽快平衡称量并分析；如不能及时平衡称量分析，应将滤膜放置在 4℃条件下密闭冷藏保存，最长不超过 30 d。采集后的滤膜样品如图 2-2 所示。

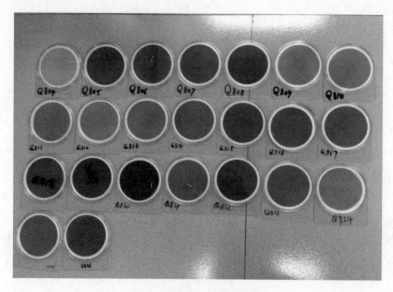

图 2-2　采集后的滤膜样品

第四节　质量保证和质量控制

一、采样过程质量控制

（1）当滤膜安放正确，采样系统无漏气时，采样后滤膜上颗粒物与四周白边之间界线应清晰；如出现界线模糊，则表明有漏气，应检查滤膜安装是否正确，或者更换滤膜密封垫、滤膜夹，该滤膜样品作废。

（2）采样时，采样器的排气应不对 $PM_{2.5}$ 浓度测量产生影响。

（3）向采样器中放置和取出滤膜时，应佩戴乙烯基手套等实验室专用手套，使用无锯齿状镊子。

（4）采样过程中应配置空白滤膜，空白滤膜应与采样滤膜一起进行恒量称量，并记录相关数据。空白滤膜应和采样滤膜一起被运送至采样地点，不采样并保持和采样滤膜相同的时间，与采样后的滤膜一起运送回实验室称量。空白滤膜前、后两次称量质量之差应远小于采样滤膜上的颗粒物负载量，否则此批次采样监测数据无效。

（5）若采样过程中停电，导致累计采样时间未达到要求，则该样品作废。

（6）采样过程中，所有样品有效性和代表性的相关因素（如采样器受干扰或故障、异常气象条件、异常建设活动、火灾或沙尘暴等影响）均应详细记录，并根据质量控制数据进行审查，判断采样过程有效性。

二、称量过程质量控制

（一）天平校准质量控制

（1）使用干净刷子清理分析天平的称量室，使用抗静电溶液或丙醇浸湿的一次性实验室抹布清洁天平附近的表层。每次称量前，清洗用于取放标准砝码和滤膜的非金属镊子，确保所有使用的镊子干燥。

（2）称量前应检查分析天平的基准水平，并根据需要进行调节。为确保稳定性，分析天平应尽量处于长期通电状态。

（二）滤膜称量质量控制

（1）滤膜称量前应有编号，但不能直接标记在滤膜上；如直接使用带编号（编码）的滤膜或使用带编号标识的样品袋，必须保持唯一性和可追溯性。

（2）称量前应首先打开分析天平屏蔽门，至少保持 1 min，使分析天平称量室内温、湿度与外界达到平衡。

（3）称量时应消除静电影响并尽量缩短操作时间。

（4）称量过程中应同时称量标准滤膜，进行称量环境条件的质量控制。

（a）标准滤膜的制作：使用无锯齿状镊子夹取空白滤膜若干张，在恒温恒湿设备中平衡 24 h 后称量；每张滤膜非连续称量 10 次以上，计算每张滤膜 10 次称量结果的平均值作为该张滤膜的原始质量，上述滤膜称为标准滤膜，标准滤膜的 10 次称量应在 30 min 内完成。

（b）标准滤膜的使用：每批次称量采样滤膜同时，应称量至少一张标准滤膜。若标准滤膜的称量结果在原始质量±5 mg（大流量采样）或±0.5 mg（中流量和小流量采样）范围内，则该批次滤膜称量合格；否则应检查称量环境条件是否符合要求并重新称量该批次滤膜。

（5）为避免空气中的颗粒物影响滤膜称量，滤膜不应放置在空调管道、打印机或者经常开闭的门道等气流通道上进行平衡调节。每天应清洁工作台和称量区域，有条件可在门道至天平室入口安装"黏性"地板垫，称量人员应穿戴洁净的实验服进入称量区域。

（6）采样前后滤膜称量应使用同一台分析天平，操作天平应佩戴无粉末、抗静电、无硝酸盐、磷酸盐、硫酸盐的乙烯基手套。

参 考 文 献

GB/T 15432—1995. 环境空气总悬浮颗粒物的测定　重量法

HJ 618—2011. 环境空气　PM_{10} 和 $PM_{2.5}$ 的测定　重量法

HJ 656—2013. 环境空气颗粒物($PM_{2.5}$)手工监测方法(重量法)技术规范

HJ 664—2013. 环境空气质量监测点位布设技术规范(试行)

HJ 93—2013. 环境空气颗粒物(PM_{10} 和 $PM_{2.5}$)采样器技术要求及检测方法

HJ/T 194—2005. 环境空气质量手工监测技术规范

JJG 1036—2008. 电子天平检定规程

第三章 沉积物样品采样技术

第一节 沉积物样品采样技术概况

沉积物样品的监测主要用于了解水体中易沉降、难降解污染物的累积情况。河流及湖泊沉积物采样一般分为表层沉积物采样、柱状沉积物采样及定深采样等采样方式。

表层沉积物采样方式是一种应用于研究污染物空间分布的采样方式。通过采集并研究表层沉积物样品中污染物含量，查明污染物的种类、形态、含量水平、分布范围及状况，为评价水体质量提供依据。例如，事故状态下，可通过设置代表性的监测断面，通过表层沉积物的采样与分析获得污染物的迁移与沉降情况，以更好地应对污染处置。

柱状沉积物采样方式是一种应用于研究污染物的时间分布的采样方式。典型的沉积过程一般会出现分层或者组分存在很大差别，另外，河床高低不平及河流的局部运动都会引起各沉积层厚度的很大变化。因此，通过采集柱状沉积物样品并分层测定其中的污染物质含量，可查明污染物质浓度的垂直分布状况，追溯水域污染历史，研究随年代变化的污染梯度及规律。

定深采样是用于特定研究下的一种采样方式。一般情况下，对沉积物的特性已经基本掌握，需要重点了解某个深度的沉积物的具体情况时，采用定深采样方式。

第二节 沉积物的采样设备

采样设备一般分为表层采样器和柱状采样器（或称沉积物柱芯采样装置），表层采样器有抓斗式、箱式、弹簧式采样器；柱状采样器又可分为重力式采样器、活塞式采样器、活塞式重力柱状采样器、持杆式采样器、冲击式采样器、静压式采样器、爆发式采样器、冷冻式采样器及钻进式采样器，柱状采样器一般是在重力式采样器基础上进行改进，或加重、或加持杆、或加冲击锤、或加活塞等，根据不同水深、采样量、采样深度、底泥的厚度、采样目的和沉积物性质，包括沉积物硬度、粗细等选取不同的采样设备。同时应考虑水流情况、采样面积、采样船只和采样人员等情况。

一、抓斗式采样器

抓斗式采样器（图 3-1）一般配置抓泥斗和绳索。抓斗式采样器利用自身重力作用深入泥层，再靠弹簧或齿板作用，使原本张开的抓斗大力闭合，抓起泥样。其设计特点不一，包括弹簧制动、重力或齿板锁合方法，利用弹簧、齿板锁合或设置脱扣杆使抓斗张开或闭合达到采样目的。因为自身质量不同，适合的场合也不一样，如 Ekman Dredge 和 Ponar Dredge（或其他国内产品举例），较轻的 Ekman Dredge 抓斗采样器适合于沉积物表层松软的细泥；较重的 Ponar Dredge（配重力尾翼）抓斗采样器适合于较粗或较细的沉积物层，可根据深入泥层的状况，如粗细、硬度不同，以及所取样品的规模和面积而异。另外，选取的抓斗采样器还应考虑抓斗贯穿泥层深度、齿板锁合的角度、锁合效率，尽量减少流失，采取样品深度达到表层采样要求。缺点是会造成样品扰动。

图 3-1　抓斗式采样器

二、箱式采样器

在抓斗式采样器基础上增加一个箱体，特点是取样面积大、取样量大。箱式采样器（图 3-2）还可分为分层、不分层两种情况。一般适合较为细、软的泥层采样。

三、活塞式重力柱状采样器

活塞式重力柱状采样器（图 3-3）一般质量大，采样器配重尾翼、锁水装置、不锈钢套管、透明采样管、样品推出活塞等。适合于采集深水（≥5 m）水下柱状沉积物（底泥）样品。采泥厚度完全由自身质量决定。

图 3-2　箱式采样器　　　　　　　　　图 3-3　活塞式重力柱状采样器

四、持杆重力采样器

持杆重力采样器（图 3-4）是持杆和重力相结合的采样器，当水深小于 5 m 时，连接延长杆，采用杆持式采样，即依靠 T 型手柄用力推采取泥样；当水深大于 5 m

图 3-4　持杆重力采样器

时，安装重力滑锤（10 kg）、增加重力尾翼等组件，采用重力式采样。可配备吸能锤（或重力滑锤）、击打手柄（或 T 型手柄）、延长杆、采样器（含锁水装置、采样管、采样管固定装置和切割头）、样品推出工具等。

五、活塞式柱状采样器

确定好采样地点后，采样器刚接触底部时，固定活塞位置，靠活塞式柱状采样器（图 3-5）自身重力插入泥中（或用手柄插入泥中），同时活塞与泥样有一定空间，可减少泥样的挤压，该采样器既可采泥，又可采水。一般配备吸能锤、击打手柄、T 型手柄、1 m 长延长杆、采样器、切割头、球阀切割头、备用采样管、备用活塞、抗延展绳索等，适合于细软淤泥。

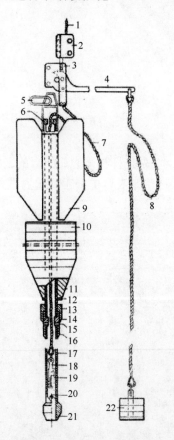

图 3-5　活塞式柱状采样器

1. 通往吊杆的钢缆；2. 钢缆卡子；3. 夹板；4. 杠杆臂；5. 活动吊环；6. 管头；7. 钢缆余量；8. 冲击高度；9. 定向舵；10. 铅重锤；11. 提管；12. 承托板；13. 联结螺母；14. 联结环；15. 排水孔；16. 联结管；17. 采样管；18. 拉杆；19. 活塞；20. 花瓣式阀门；21. 钻头；22. 重物

六、定深采样器

沉积物比较松软，钻孔容易收缩和塌陷，这就给逐层、深层采样带来障碍。定深采样器可定深或分层采集不同深度的沉积物（底泥）样品，钻头采用旋转闭合式设计，可不经上层泥样干扰，直接采集指定深度的样品。采样深度达 10 m，配 T 型手柄、延长杆、定深泥炭钻头等。

第三节　沉积物的采集和保存

一、适用范围及目的

本方法规定了沉积物的采样技术及质量保证控制，是为保证沉积物采样的规范性而设计的，适用于江河、水库和湖泊的沉积物的采样。

沉积物样品的监测主要用于了解水体中易沉降、难降解污染物的累积情况。

二、相关定义

（一）沉积物

沉积物是矿物、岩石、土壤的自然侵蚀产物，生物活动及降解有机质等过程的产物，污水排出物和河（湖）床底母质等随水迁移而沉积在水体底部的堆积物质的统称。一般不包括工厂废水沉积物及废水处理厂污泥。沉积物是水体的重要组成部分。

（二）沉积物监测

指为了掌握水系中底部沉积物中污染物的动态变化，对底部沉积物的各种特性指标取样、测定，并进行记录或发出信号的程序化过程。

（三）流域

指江河湖库及其汇水来源各支流、干流和集水区域总称。

（四）水污染事故

一般指污染物排入水体，给工、农业生产，人们的生活及环境带来紧急危害的事故。

（五）采样断面

指在河流采样时，实施沉积物采集的断面。依据水质采样分背景断面、对照断面、控制断面和消减断面等。

1. 背景断面

指为评价某一完整水系的污染程度，未受人类生活和生产活动影响，能够提供底部沉积物环境背景值的断面。

2. 对照断面

指具体判断某一区域水环境污染程度时，位于该区域所有污染源上游处，能够提供这一区域水环境底部沉积物本底值的断面。

3. 控制断面

指为了解水环境底部沉积物受污染程度及其变化情况设置的断面。

4. 消减断面

指工业废水或生活污水在水体内流经一定距离而达到最大程度混合，污染物受到稀释、降解，底部沉积物中主要污染物浓度有明显降低的断面。

三、监测断面的布设

（一）监测断面的布设原则

监测断面在总体和宏观上要能反映水系或所在区域的水环境质量状况。各断面的具体位置要能反映所在区域环境的污染特征。尽可能以最少的断面获取足够的有代表性的环境信息，同时还需考虑实际采样时的可行性和方便性。

（1）对流域或水系要设立背景断面、控制断面（若干）和入海口断面。对行政区域可设背景断面（对水系源头）、入境断面（对过境河流）、对照断面、控制断面（若干）和入海河口断面或出境断面。在各控制断面下游，如果河段有足够长度（至少 10 km），还应设消减断面。

（2）断面位置应避开死水区、回水区、排污口处，尽量选择顺直河段、河床稳定、水流平稳、水面宽阔、无急流、无浅滩处。

（3）沉积物采样点位通常为水质采样垂线的正下方。当正下方无法采样时，可略做移动，移动的情况应在采样记录表上详细注明。

（4）沉积物采样点应避开河床冲刷、沉积物沉积不稳定及水草茂盛、表层沉积物易受搅动之处。

（5）湖（库）沉积物采样点一般应设在主要河流及污染源排放口与湖（库）水混合均匀处。

（二）监测断面的数量

设置数量，应根据所掌握的水环境质量状况的实际需要，在对污染物时空分布和变化规律的了解、优化的基础上，以最少的断面、垂线和测点取得代表性最好的监测数据。

（三）监测断面的设置方法

（1）背景断面需能反映水系未受污染时的背景值。要求基本上不受人类活动的影响，远离城市居民区、工业区、农药化肥施放区及主要交通路线。原则上应设在水系源头处或未受污染的上游河段，如选定断面处于地球化学异常区，则要在异常区的上、下游分别设置。如有较严重的水土流失情况，则设在水土流失区的上游。

（2）控制断面用来反映某排污区（口）排放的污水对水质的影响。应设置在排污区（口）的下游，污水与河水基本混匀处。

（3）控制断面的数量、控制断面与排污区（口）的距离可根据以下因素决定：主要污染区的数量及其间的距离、各污染源的实际情况、主要污染物的迁移转化规律和其他水文特征等。此外，还应考虑对纳污量的控制程度，即由各控制断面所控制的纳污量不应小于该河段总纳污量的 80%。如某河段的各控制断面均有 5 年以上的监测资料，可用这些资料进行优化，用优化结论来确定控制断面的位置和数量。

（四）湖泊、水库监测垂线的布设

（1）湖泊、水库通常只设监测垂线，如有特殊情况可参照河流的有关规定设置监测断面。

（2）湖（库）区的不同水域，如进水区、出水区、深水区、浅水区、湖心区、岸边区，按水体类别设置监测垂线。

（3）湖（库）区若无明显功能区别，可用网格法均匀设置监测垂线。

（4）受污染物影响较大的重要湖泊、水库，应在污染物主要输送路线上设置控制断面。

（五）采样点位的确定

在一个监测断面上设置的采样垂线数应符合表 3-1，湖（库）监测垂线的布设应符合（一）监测断面的布设原则中的"（三）监测断面的设置方法"。

表 3-1　河流采样垂线设置

水面宽/m	垂线数	注意事项
≤50	一条（中泓）	（1）垂线布设应避开污染带，要测污染带应另加垂线
50~100	二条（近左、右岸有明显水流处）	（2）确能证明该断面水质均匀时，可仅设中垂线
>100	三条（左、中、右）	（3）凡在该断面要计算污染物通量时，必须按本表设置垂线

四、样品采集

（一）确定采样频次的原则

依据不同的水体功能、水文要素和污染源、污染物排放等实际情况，力求以最低的采样频次，取得最有时间代表性的样品，既要满足能反映沉积物状况的要求，又要切实可行。

（二）采样频次与采样时间

（1）水系的背景断面每年采样一次。

（2）河流每年采样两次，即在丰水期及枯水期进行采样，采样点均设置在丰水期时水质采样的垂线正下方。

（3）湖库每年采样一次。

（三）采样方法

沉积物采样可分为表层样品采样、柱状样品采样和定深采样；采样后样品可单独分析，也可多点采样混合均匀后进行分析；混合样品一般是表层样品的混合。而单独采集不仅能得到沉积物变化的情况，还可以绘制组分分布图。

1. 表层样品的采集

1）采样器类型及其选择

为了解河流、湖泊底部沉积物目前的污染状况一般只进行表层采样。表层沉积物采样器常见的有铲、勺、手持式、抓斗式、箱式表层沉积物采样器；表层沉积物采样器的选用视采样点水位深度和沉积物的物理特性而定；水位较浅的采样点可选择铲、勺和螺旋推进手持式采样器，较深采样点可选用不同重量的抓斗或箱式采样器。

2）表层样品的采集

表层样品采样深度一般为 0.2 m 以上，小于 5 cm 需重新采样。

对于水位较深的表层采样，采集方法是将采样器提起，缓慢地放入水中，放至离河流底部 2～3 m 处，放开绳子，采样器靠重力快速降至底部，采样后先缓慢收起绳子，待采样器拉离泥面后，快速提升至水面，倒出上层水后底泥收集到采样容器中。

2. 柱状样品的采集

1）采样器类型及其选择

水位较浅采样点可选择螺旋推进手持式采样器，水位深的采样点一般选择采样沉积物柱状采样器。

2）柱状样品的采集

柱状样品的采集方法同表层沉积物样品采集方法，采样完成后，小心倒出上层水，小心保持泥样纵向的完整性，按要求 5 cm 或 10 cm 一段进行装样，可取得柱状分层样品用于分析。

3. 单独采样和混合采样

由于沉积物样品的非均匀性，采样中的不确定度通常超过分析中的不确定度，为使沉积物样品具有代表性，在同一采样点周围应采样 2～3 次，将各次采集的样品混合均匀后分装。河流同一断面可单独采样，也可将同一断面样品混合，作为一个混合样。采集单独样品，不仅能得到沉积物变化的情况，还可以绘制组分分布图，混合采样可节省时间和分析成本，可根据实际情况选择单独采样或混合采样。

（四）采样量及容器

沉积物采样量通常为 1～2 kg，一次的采样量不够时，可在周围采集几次，并将样品混匀。样品中的砾石、贝壳、动植物残体等杂物应予剔除。在较深水域一般常用掘式采泥器采样，在浅水区或干涸河段用塑料勺即可采样。样品在尽量沥干水分后，用塑料袋包装或用玻璃瓶盛装。装样容器应防止沾污，若为玻璃瓶则应保证磨口塞能塞紧。

五、样品保存与制作

（一）样品保存

铜、铅、镉、锌、铬、砷及硒等重金属贮存于聚乙烯袋或广口玻璃瓶中，于4℃条件下可保存 80 天。分析总汞的沉积物样品盛入 500 mL 磨口棕色广口瓶中，密封瓶口，于 4℃条件下保存。棕色磨口玻璃瓶和聚乙烯袋预先用硝酸溶液（1+3）浸泡 2～3 天，用去离子水淋洗干净，晾干。

样品保存方式见表 3-2。

表 3-2　样品保存方法一览表

项目	采样容器	保存方法	保存期	采样量	备注
砷、钡、铍、钙、镉、钴、铬、铜、铁、钾、镁、锰、钠、镍、铅、锶、钛、钒、锌、锑、硒、银、铊、钼、锡	P、G	常温下可保存 14 天，<4℃下可保存 80 天（参照土壤，待实验认证）	1 kg	—
汞	棕色玻璃瓶	<4℃	28 天	1 kg	—
六价铬	棕色玻璃瓶	<4℃	7 天	1 kg	—

注：P 为聚乙烯袋，G 为玻璃瓶。容器的洗涤方式参照《地表水和污水监测技术规范》（HJ/T 91—2002）

（二）脱水

底部沉积物中含有大量水分，必须用适当的方法除去，不可直接在日光下曝晒或高温烘干。常用脱水方法有在阴凉、通风处自然风干（适于待测组分较稳定的样品），离心分离（适于待测组分易挥发或易发生变化的样品），真空冷冻干燥（适用于各种类型样品，特别是测定对于光、热、空气不稳定组分的样品）。

（三）筛分

将脱水干燥后的底部沉积物样品平铺于硬质白纸板上，用玻璃棒等压散（勿破坏自然颗粒径）。剔除砾石及动植物残体等杂质，使其通过 20 目筛。筛下样品用四分法缩分至所需量。用玛瑙研钵（或玛瑙碎样机）研磨至全部通过 80～200 目筛，装入棕色广口瓶中，贴上标签备用。但测定汞、砷等易挥发元素及低价铁、硫化物等时，不能用碎样机粉碎，且仅通过 80 目筛。测定金属元素的试样，使用尼龙材质网筛。

对于用管式泥芯采样器采集的柱状样品，尽量不要使分层状态破坏，经干燥后，用不锈钢小刀刮去样柱表层，然后按上述表层底部沉积物方法处理。如欲了解各沉积阶段污染物质的成分和含量变化，可沿横断面截取不同部位样品分别处理和测定。

六、采样记录

样品采集后，及时将样品编号，并贴上标签，将沉积物的外观、性状等情况填入采样记录表，并将样品和记录表一并交实验室，亦应有交接手续。采样记录见表 3-3。

表 3-3　底部沉积物采样原始记录表

项目名称：　　　　　　　　　　　　　　　　　　　　　　方法依据：
采样日期：　　　　　　　　　气温：　　　　　　　　　　天气状况：

序号	河流、湖库名称	采样位置编号及名称	经纬度	采样时间	采集类型（表层、柱状）	柱状采样深度/m	采样工具	样品容器	感官描述	分析项目
样品保存方式										
备注										

采样人：　　　　　　　　　　送样人：　　　　　　　　　　接样人：
　　年　　月　　日　　　　　　　年　　月　　日　　　　　　　年　　月　　日

第四节　质量保证和质量控制

一、采样人员

采样人员应经过培训，并取得相应上岗证；采样人员不得少于 2 人。

二、采样设备洁净度要求

（1）采样设备应做目标物质空白溶出检测，溶出的目标物不得高于方法检出限。

（2）所有的取样装置应净化，再包上铝箔。采样设备应保持此包装，直到被使用。一个取样装置对应一个样品。但由于沉积物样品采样量大和从成本考虑，一次性取样装置通常是不切实际的。采样设备应现场净化。

三、现场采样要求

（1）沉积物采样点应尽量与水质采样点一致。

（2）水浅时，因船体或采泥器冲击搅动沉积物，或河床为砂卵石时，应另选采样点。采样点不能偏移原设置的断面（点）太远。采样后应对偏移位置作好记录。

（3）采样时沉积物一般应装满采样器。采样器向上提升时，如发现样品流失过多，必须重采。

（4）如果采用复合抽样技术或多点采集，每个点沉积物等量放置于不锈钢、塑料或其他适当成分（如聚四氟乙烯）的容器中，彻底混匀。

四、干扰及潜在问题

颗粒大小和有机质含量与水体流动特性直接相关。污染物更可能集中在以细颗粒物和高有机质含量为特性的细沉积物中，这种类型的沉积物最有可能被从沉积区收集。与此相反，粗沉积物、低有机质含量通常不代表集中污染物且通常会出现在侵蚀区。因此，采样点的选择会极大地影响分析结果，应合理选择并在工作计划中指定采样点。

参 考 文 献

魏复盛, 齐文启, 毕彤, 等. 2002. 水和废水监测分析方法(第四版)(增补版). 北京: 中国环境科学出版社: 38-48

GB 17378.3—2007. 海洋监测规范 第 3 部分: 样品采集、贮存与运输

GB/T 14581—1993. 水质湖泊和水库采样技术指导

HJ 493—2009. 水质样品的保存和管理技术规定

HJ 494—2009. 水质采样技术指导

HJ/T 52—1999. 水质河流采样技术指导

HJ/T 91—2002. 地表水和污水监测技术规范

第四章　生物样品采样技术

第一节　生物样品采样技术概况

一、生物样品重金属采集分析的意义

重金属是一类典型的环境污染物，可以通过工业及生活废水废气的排放、受污染底泥的释放及大气沉降等途径进入水体和大气，对水-水生植物-水生动物、大气-树木/苔藓等植物产生危害，因此研究水生生物和植物体内的重金属污染特性是十分必要的。目前，水体和大气介质中重金属污染研究的采样技术已经比较系统完善，水生生物和苔藓类植物的采样技术也越来越值得关注。

水体的污染已经成为各国关注的重点，水中污染的物质（如重金属）会通过食物链进入生物体内，很多富集在可食的水生生物（用于食用的鱼类和贝类）体内的重金属最终会通过食物链影响人体健康。水体污染的评估中，鱼类、贝类等水生生物可以有效地指示水体中重金属的污染程度，相较水体重金属水平的分析，生物体的污染水平可以更直接地反映环境污染对于生物产生的影响，这些影响的数据可以有效地支撑生态风险的评价和管理、环境健康监测和环境健康风险管控，对生物内重金属污染水平的分析研究，是评价水体污染效应的直接手段。

空气重金属污染同样正在受到越来越多的关注。苔藓植物因其结构简单、吸附力强、取材容易等优点而成为大气环境监测的理想生物指示物。国外已有很多利用苔藓植物进行大范围监测的报道，其中影响比较大的为来自28个国家的100多位科学家共同参与的欧洲跨国联合监测。苔藓植物生长所需的营养主要来自大气沉降，叶片大多由单层细胞构成，可以直接从空气中吸收重金属元素，因此对环境中重金属的敏感度大约是种子植物的10倍，所以对于大气污染的监测和评估，苔藓植物是一种公认的指示生物，可有效反映大气污染的水平。国内外利用苔藓作为目标物的监测技术主要有生态监测法、化学分析法、藓袋法等。近年来，国内在应用苔鲜植物监测环境重金属污染领域进行了多项研究并已获得一定进展。不管是采集的苔藓样品，还是藓袋材料样品，对于这些苔藓样本中重金属含量的测定分析都可以提供研究地区大气残留重金属的本底数据，揭示污染物在地理空间及时间上的分布格局。可以通过分析苔鲜植物体内重金属的含量，探索人类疾病发生率与生物数据之间的联系。

二、采样技术

（一）鱼和贝类的采集

目前鱼和贝类水生生物样品的采集方法，国内外已经有一些可以借鉴的技术资料。其中美国环保局（US EPA）开展了水生生物鱼类组织污染调查和评价工作，配套该项目颁布了《鱼类中化学污染物数据调查评估导则》鱼类采样和分析（Guidance for Assessing Chemical Contaminant Data for Use in Fish Advisories, Volume 1 Fish Sampling and Analysis）。该导则给出了监测鱼类和贝类组织中污染物（重金属和有机物）的样品采集方法，包括采样方案的制定、采样器具的准备、采样人员的培训和采样方法的选择等技术内容。美国目前采集鱼类的方法主要有电鱼法、拖网法、刺网法、D 型网法等捕获方法，也包括采用钓鱼或从商业售鱼者处购买鱼类样品的获取方式。目前采用比较广泛的是电鱼法，这种方法的优势是对于鱼类的伤害最小，可以适用于可涉水、拖船和海岸等不同采样条件，仅需采样人员一手持电极一手持抄网，在采样水域一边进行电鱼操作，一边将鱼样收集即可。另外，20 世纪 90 年代我国国家环保局编制的《水生生物监测手册》中也给出了采集水生生物，如鱼类和底栖动物的采样方法，鱼类采样的方法主要有拖网、刺网、围网、张网、撒网等主要采集方法；底栖动物（包括贝类）的采样方法主要有彼得逊采泥器法、人工基质法、手抄网法和三角拖网法。《流域生态健康评估技术指南（试行）》中也给出了水生生物的采样方法，鱼类采样的方法主要有电鱼法、地笼法、拖网法、挂网法和调查法；贝类等底栖动物采样主要有 D 型网法、索伯网法、人工基质法和彼得逊采泥器法等。此外，由中国环境监测总站编制的《河流水生态环境质量监测技术指南》中推荐的贝类等底栖动物采样方法，主要有天然/人工基质法、踢网法、手抄网法、彼得逊采泥器法等。这些方法虽然主要用于水生生物多样性调查中生物样品的采集，但同样可作为开展生物体重金属污染分析生物样品采集的参考方法。同时应注意将其应用在生物体组织污染分析的样品采集时应在能有效指示污染的特殊区域开展工作。

（二）苔藓的采集

针对苔藓类植物中重金属分析的苔藓类样品的采集、取样，国内尚未有成熟的方法，仅有一些可供参考的相关方法，如《生物多样性观测技术导则 地衣和苔藓》（HJ 710.2—2014），其中就给出了对土生、石生、叶附生和树附生 4 类不同附生状态的苔藓的采样方法，方法要求均采集样方内苔藓植物全株，采样量不低于 3 kg。芬兰、瑞典等北欧国家最先开展了苔藓中污染物的分析调查，建立了相关的标准方法，如芬兰标准（Standard No. 5671, 1990），该标准也给出了对样品采集方法的要求。同时，对于苔藓中污染物分析的调查，调查区域和范围的确定会影响采样的代表性。所以，在采样前首先要确定监测区域的范围，摸清监测区域内的污染源分布状况，并要考虑该区域的全年主导风向及苔藓植物的种类分布和密度。一般情况下，以主要污染源为中心，向不同方向按一定距离设立采样点，并了解和掌握调查区域内苔藓植物的生长和分布情况，选择适用于监测的苔藓植物种类，确保各采样点均有一定代表性，而且能采集到足够的分析样品。

目前常用的监测方法，除采集原位生长的苔藓样品外，利用原位暴露的监测方式也是一项有效的方法——藓袋法。目前，藓袋法已在世界各国应用于环境监测研究中。相对于利用本土植物进行监测，藓袋法一个显著的优点是暴露时间容易控制，相对于其他的植物监测方法，藓袋法具有背景浓度明确，不受根吸收干扰的优点。此外，藓袋法还可以反映出污染物沉积的相对速率、污染程度及范围。通过藓袋中样品的测定即可分析出单位时间内的重金属累积量，对于揭示重金属污染的时间动态有积极意义。

第二节 生物样品的采样设备

一、鱼和贝类的采样设备

进行鱼和贝类的采集需要的相关采样设备和器具主要如下。

采样器具：用于采集鱼类和贝类样品。主要有拖网、围网、刺网、撒网、张网、背包式或拖船式电鱼机、地笼、踢网、D 型网、索伯网、彼得逊采泥器等，见图 4-1 和图 4-2。

保存设备：用于放置和保存生物样品。主要有便携式低温冰箱、水桶、鱼箱、托盘。

配套器具：用于配套完成采样。主要有船、小的手推船、橡皮艇等。

其他装备：防水齐肘绝缘手套、防水连裤靴、天平、卷尺、陶瓷刀、陶瓷剪刀、密封袋、铝箔。

二、苔藓的采集设备

苔藓类植物取样采集的工具和设备（图 4-3）主要如下。

采样器具：用于采集苔藓样品。主要有塑料/木质小铲子、木质/陶瓷的刮刀。

辅助测量工具：测距仪、卷尺、GPS。

保存设备：用于放置和保存生物样品。主要有便携式低温冰箱、冰袋、冰盒。

其他装备：手套、密封袋、牛皮纸、铝箔。

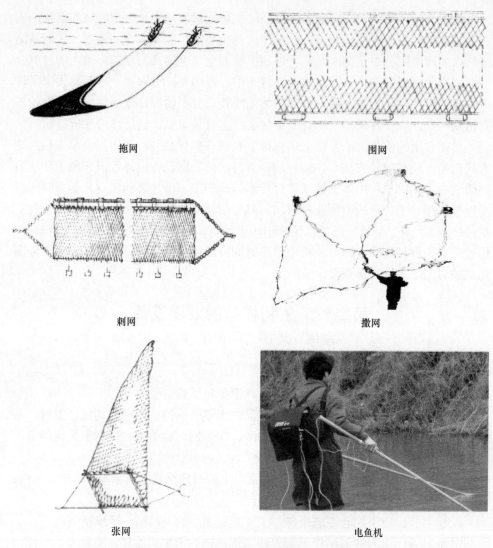

拖网　　　　　　　　　　　　　　围网

刺网　　　　　　　　　　　　　　撒网

张网　　　　　　　　　　　　　　电鱼机

图 4-1　鱼类采样用具

彼得逊采泥器　　　　　　　　　　D 型网

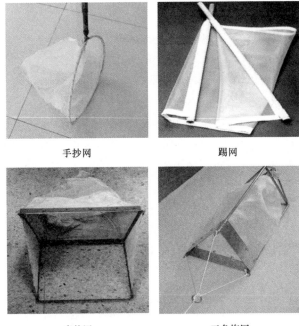

手抄网　　　　　　　　踢网

索伯网　　　　　　　三角拖网

图 4-2　底栖动物（贝类）采样用具

图 4-3　苔藓采样用具

第三节　生物样品的采集和保存

本节仅介绍采集水生生物鱼和贝类及苔藓植物使用的主要采样方法和样品保存方式。而水生生物样品采集后一般需要进行初步的物种鉴定，确定鱼类和贝类样品的分类学信息，然后根据各水域用于分析的种类信息选取目标种类，其余生物样品应放回调查水域。

一、鱼和贝类的采集和保存

在鱼类和贝类的采集中，物种种类选择时应该考虑以下原则。首先物种应具有广泛的分布；其次是主要用于食用的种类或者为珍稀保护的种类。采样相关内容参考了《水生生物监测手册》和 US EPA《鱼类中化学污染物数据调查评估导则》第一部分鱼类采样和分析中的相关内容。

（一）鱼类采集

鱼类捕捞方法依据水域条件和鱼类习性而多种多样，不同地区可根据实地条件和需要选择采样方法和采样工具。现将常用的鱼类采样方法和器具介绍如下。

1. 拖网采样

拖网分为船拖网和地拉网。拖网根据不同规格和尺寸可以适用于水深在中-深度（10～70 m）的水体中。拖网可以采集的鱼类种类极为广泛，而且可以采集到足够丰富的样本量。这种采集方法适用于有船的条件，在水底底质较为平坦、无水草或少水草的水域使用。

2. 围网（拦截网）采样

围网是一种长条形的渔具，用于围捕密集或较集中的中上层鱼类。这种网具不受水深和底质的限制，较为机动灵活、操作简便。

3. 刺网采样

刺网可用于河流、湖泊和河口等水域。刺网为长带形，采样时将若干片网具相互连接，使鱼类刺入网目上而实现采集的目的。这种网不受水文条件限制，使用简便灵活，适用于捕捞回游或游动性较大的鱼类。但刺网会杀死采集到的鱼类样品，容易导致鱼死后发生生理上的变化。

4. 张网采样

张网多为方锥形囊袋，是一种应用广泛、种类较多的渔具。网具要求布设于有相当流速的湖口、江河中鱼类游动的通道上，依靠水流的冲击迫使游至网口附近的鱼类陷入网口而取得鱼样。但网具结构复杂，劳动强度大，适合特定水域地点鱼类样品的采集。

5. 撒网采样

旋撒式的掩网，是捕捞中下层鱼类的有效小型渔具。此渔具具有结构简单、轻巧、操作简便等优点，特别适合于鱼类调查，但要求对鱼类习性要有较丰富的经验。

6. 电鱼法采样

电鱼法适用于较浅的河流、湖泊和溪流等水域，在船舶或涉水情况下均可使用。有背包式和拖船式电鱼机，适用于小的溪流和较大的溪流。电鱼操作人员一手持电鱼机阳极一手持抄网，一边实施电鱼一边将电晕的鱼样抄起放置水桶中。一般至少 2 名电鱼操作人员和 2 名配合人员一同进行电鱼采样，2 名配合人员负责抄鱼及推动放有电鱼机的小船。

7. 地笼法采样

根据不同研究目的和捕捞对象，在调查河段选择不同类型生境，投放地笼并固定好，12～35 h 后提起地笼并收集鱼类样品。

必要时也可以采取从商业售鱼者或捕捞者处购买鱼类的方式获得鱼类样品，但要确保样品来自要调查的污染水域。

（二）贝类样品的采集

1. 踢网采样

踢网可适用于底质为卵石或砾石且水深小于 1 m 的流水区。采样时，网口与水流方向相对，用脚或手扰动网前 1 m 的河床底质，利用水流的流速将贝类等动物驱逐入网。用踢网进行采样，一般采集 3～5 个样方，挑选出其中贝类样品。

2. D 型网采样

D 型网主要适用于底质较松软、流速很缓或静水水体。手握 D 型网柄采用扫网法快速采集底质的贝类等底栖动物。也可将 D 型网网口迎向水流方向，网框底边紧靠底质，在网口前用脚搅动底质，使贝类等动物随水流流入网内，如果水体太浅不适于用脚操作时可用手或其他辅助小型工具翻动底质使其流入网内。

3. 彼得逊采泥器采样

彼得逊采泥器用于大型河流湖泊等深水区的贝类动物的采集，但仅适用于软底质河床且水流较缓的区域。彼得逊采泥器重 8～10 kg，每次采集面积 $1/16 m^2$ 或 $1/32 m^2$，从其抓取的底质中挑选出其中贝类样品。

4. 三角拖网采样

将三角拖网放入水中，在船上向前拖行 10 m，然后将拖网提上后，将网内获取的底质倒入水桶内，挑选其中贝类样品。

（三）样品的保存

生物类样品因为其中有很多活性物质，所以样品要尽快进行分析，否则最好采用冷冻保存。采集的样品吸取表面水分后，将生物样品用铝箔纸包裹后放入密封袋内。运输鱼类和贝类样品时在保温箱中放置冰袋或冰盒低温保存,保存时间为 24 h;如果样品 24 h 内不能完成运输,应用干冰冷冻保存,保存时间为 48 h。

样品送回实验室应尽快进行分析,如果不能及时分析样品应置低温冰箱内−18℃以下冷冻保存,备用。

二、苔藓的采集和保存

(一)采集

监测和采集的苔藓种类需要具备以下特点。一是要常见,在调查区域应该有广泛分布;二是要相对较大的个体。一方面满足足够大的取样空间和密度,另一方面也保证获得足够的实验分析样品。目前,常用于污染物监测的苔藓种类有细叶小羽藓、白齿泥炭藓、赤茎藓、大灰藓、密叶绢藓、泽藓、狭叶小羽藓、匍枝青藓、桧叶金发藓、长叶鳞叶藓、阔叶匍灯藓、塔藓等。

利用苔藓植物进行环境污染的监测工作时,样点的选择需要综合考虑以下因素。一方面要确定调查区的范围,调查清楚监测区域内的污染源分布状况,并要考虑该区域的全年主导风向及苔藓植物的种类分布和密度。一般情况下,以主要污染源为中心,向不同方向按一定距离设立样点。另一方面,要充分调查和了解调查区域内苔藓植物的生长和分布情况,选择合适的用于监测的苔藓植物种类。

苔藓采集的取样点应设在距离主干道至少 300 m,距离次干道、建筑物至少100 m,避开直接污染源的影响,与邻近树木相隔至少 5 m,上方无遮盖的地点。

确定好采样区域后,根据土生、石生、叶附生和树附生 4 类苔藓不同附生情况,对不同苔藓种类进行相应样方设置,用小铲或刮刀采集树木上附着生长的或地面生长的长势较好的鲜活苔藓样品,采集样方内苔藓植物全株,采样量不低于3 kg。

1. 土生苔藓

在调查区域内按照间隔 5 m 拉平行线,每条样线上每隔 5 m 设置一个样方,样方面积为 50 cm×50 cm,随机选择 5～10 个样方内的土生苔藓植物进行混合样采集。土生苔藓也可按如下方法采集。采样时在每个样点设立 3 个取样单位,总面积不小于 50 m×50 m,每个取样单位选择 5～10 个样方,每个样方面积约50 cm×50 cm [芬兰标准(Standard No.5671,1990)]。

2. 石生苔藓

在调查区域内按照间隔 5 m 拉平行线,每条样线上每隔 5 m 设置一个样方,将样方 50 cm×50 cm 面积内的所有岩石作为一个样方,随机选择 10～15 个样方内的石生苔藓植物进行混合样采集。

3. 叶附生苔藓

在调查区域内按照间隔 5 m 拉平行线，每条样线上每隔 5 m 设置一个样方，样方面积为 50 cm×50 cm，随机选择 10～15 个样方内的叶附生苔藓植物进行混合样采集。

4. 树附生苔藓

在调查区域内随机选择 5～10 棵胸径大于 15 cm 的树作为调查对象，对调查的每棵树分别以距离地面 30 cm、60 cm、90 cm、120 cm、150 cm 处为中心线，按东南西北 4 个方向设立 10 cm×10 cm 的样方，对样方内的树附生苔藓植物进行混合样采集。

除了以上原位采样方法，藓袋法也是一种获取受污染苔藓样品的有效方式。藓袋一般是用尼龙网制成的圆形或方形的袋子，苔藓样品需要用 1%硝酸溶液清洗，去离子水冲净，风干后将定量材料置于制作好的藓袋中，将藓袋放入环境污染区 3～5 个月后收回，将其中的重金属种类及含量与放在未污染区的对照藓袋比较。藓袋中装入 3 g 苔藓样品即可满足后续分析需要。藓袋法具有实用、方便、直接等特点，而且不受根吸收干扰，测定选点灵活，并可用于长期监测。

（二）保存

采集的苔藓样品应先装入牛皮纸采样袋，再放入密封袋中以避免污染。样品运输中在保温箱中放置冰袋或冰盒低温保存，样品送回实验室应尽快进行分析，如果不能及时分析，样品应置低温冰箱内–18℃以下冷冻保存，备用。

第四节　质量保证和质量控制

（1）要确保采样现场有 2 位以上的人员参加，现场采集人员不应单独在船上进行采样操作。

（2）在采样的同时，应记录采样区域或水域的基本状况，如水体的功能、污染源的信息和位置距离、环境质量（水体或空气）的基本状况等。

（3）物种的鉴定要依赖专业人员进行，采样现场应至少有 1 位有经验的或经过培训的分类学者参与。分类学者应熟悉地方性或区域性鱼类、贝类及苔藓的情况。

（4）在复合样本中使用的所有个体都应是单一的物种，不同的物种不能合并在一个单一的复合样品中分析。

（5）目标样品的各个生物标本应按物种和大小类别分组，并放置在干净的托盘上，以防止污染。所有的鱼应仔细检查，以确保其皮肤和鳍没有损坏，被损坏标本应丢弃。

（6）采集的样品应进行样品基本信息的记录，测量鱼体和贝类的总长度。鱼类全长为其吻部到尾部，贝类的全长为其壳的最高处至壳的最末端。

（7）记录形态学的异常情况，如鱼类鳞片的腐蚀情况、皮肤的溃疡、骨骼畸形、肿瘤等赘生物等。

（8）每条鱼应该用铝箔纸包裹后放入密封袋中密封保存，一个混合样本中的所有个体应该统一放在一个大的密封袋中，然后放入同一个保温箱中，立即低温保存并运输。只分析可食部分的鱼类应尽量在冷冻前切取可食部分。

参 考 文 献

国家环保局. 水生生物监测手册. 南京: 东南大学出版社, 1993

环境保护部自然生态保护司. 流域生态健康评估技术指南(试行), 2013

中国环境监测总站. 河流水生态环境质量监测技术指南, 2014

HJ 710.2—2014. 生物物种监测技术指南 地衣和苔藓

US EPA. Guidance for Assessing Chemical Contaminant Data for Use in Fish Advisories, Volume 1. Fish Sampling and Analysis

第五章 水样采样技术

第一节 水样采样技术概况

采样技术要随具体情况而定，有些情况只需在某点瞬时采集样品，而有些情况要用复杂的采样设备进行采样。静态水体和流动水体的采样方法不同，应加以区别。瞬时采样和混合采样均适用于静态水体和流动水体，混合采样更适用于静态水体，周期采样和连续采样适用于流动水体。

一、瞬时水样

从水体中不连续地随机采集的样品称为瞬时水样。对于组分较稳定的水体，或水体的组分在相当长的时间和相当大的空间范围变化不大时，采集瞬时样品具有很好的代表性。当水体随时间发生变化，则要在适当的时间间隔内进行瞬时采样，分别进行分析，测出水质的变化程度、频率和周期。当水体的组成发生空间变化时，就要在各个相应的部位采样。瞬时水样无论是在水面、规定深度或底层，通常均可人工采集，也可用自动化方法采集。自动采集的水样是以预定时间或流量间隔为基础的一系列瞬时样品，一般情况下所采集的样品只代表采样当时和采样点的水质。下列情况适用瞬时采样：①流量不固定、所测参数不恒定时（如采用混合样，会因个别样品之间的相互反应而掩盖了它们之间的差别）；②不连续流动的水流，如分批排放的水；③水或废水特性相对稳定时；④需要考察可能存在的污染物，或要确定污染物出现的时间；⑤需要污染物高值、低值或变化的数据时；⑥需要根据较短一段时间内的数据确定水质的变化规律时；⑦需要测定参数的空间变化时，例如，某一参数在水流或开阔水域的不同断面或深度的变化情况；⑧在制订较大范围的采样方案前；⑨测定某些不稳定的参数。

二、周期水样（不连续）

（1）在固定时间间隔下采集周期样品（取决于时间）：通过定时装置在规定的时间间隔下自动开始和停止采集样品。通常在固定的期间内抽取样品，将一定体积的样品注入一个或多个容器中。时间间隔的大小取决于待测参数。人工采集样品时，按上述要求采集周期样品。

（2）在固定排放量间隔下采集周期样品（取决于体积）：当水质参数发生变化时，采样方式不受排放流速的影响，此种样品归于流量比例样品。

（3）在固定排放量间隔下采集周期样品（取决于流量）：当水质参数发生变化时，采样方式不受排放流速的影响，水样可用此方法采集。在固定时间间隔下，抽取不同体积的水样，所采集的体积取决于流量。

三、连续水样

在固定流速下采集的连续样品（取决于时间或时间平均值），可测得其采样期间存在的全部组分，但不能提供采样期间各参数浓度的变化。

在可变流速下采集的连续样品（取决于流量或与流量成比例），采集流量比例样品代表水的整体质量。即便流量和组分都在变化，而流量比例样品同样可以揭示利用瞬时样品所观察不到的这些变化。因此，对于流速和待测污染物浓度都有明显变化的流动水样，采集流量比例样品是一种精确的采样方法。

四、混合水样

在同一采样点上以流量、时间、体积为基础，按照已知比例（间歇的或连续的）混合在一起的样品称为混合水样。混合水样可自动或人工采集。混合水样是混合几个单独样品，可减少监测分析工作量、节约时间、降低试剂损耗。混合样品提供组分的平均值，因此在样品混合之前，应验证这些样品参数的数据，以确保混合后样品数据的准确性。如果测试成分在水样储存过程中易发生明显变化，则不适用混合水样。下列情况适用混合水样：①需测定平均浓度时；②计算单位时间的质量负荷；③评价特殊的、变化的或不规则的排放和生产运转的影响。

五、综合水样

把从不同采样点同时采集的瞬时水样混合为一个样品（时间应尽可能接近，以便得到所需要的资料），称作综合水样。综合水样的采集包括两种情况：在特定位置采集一系列不同深度的水样（纵断面样品）；在特定深度采集一系列不同位置的水样（横截面样品）。综合水样是获得平均浓度的重要方式，有时需要把代表断面上的各点或几个污水排放口的污水按相对比例流量混合，取其平均浓度。采集综合水样，应视水体的具体情况和采样目的而定。如几条排污河渠建设综合污水处理厂，从各个河道取单样分析不如综合样更为科学合理，因为各股污水的相互反应可能对设施的处理性能及其成分产生显著的影响，由于不可能对相互作用进行数学预测，因此取综合水样可能提供更加可靠的资料。而有些情况取单样比较合理，例如，湖泊和水库在深度和水平方向常出现组分上的变化，此时大多数平均值或总值的变化不显著，局部变化明显。在这种情况下，综合水样就失去了意义。

六、平均污水样

对于排放污水的企业而言，生产的周期性影响着排污的规律性。为了得到代表性的污水样（往往需要得到平均浓度），应根据排污情况进行周期性采样。不同的工厂、车间生产周期不同，排污的周期性差别也很大。一般应在一个或几个生产或排放周期内，按一定的时间间隔分别采样。对于性质稳定的污染物，可将分别采集的样品进行混合后一次测定。生产的周期性也影响污水的排放量，在排放流量不稳定的情况下，可将一个排污口不同时间的污水样，按照流量的大小按比例混合，得到平均比例混合的污水样。这是获得平均浓度常采用的方法，有时需将几个排污口的水样按比例混合，用以代表瞬时综合排污浓度。在污染源监测中，随污水流动的悬浮物或固体微粒，应看成是污水样的一个组成部分，不应在分析前滤除。金属离子可能被悬浮物吸附，有的悬浮物中就含有被测定的物质，如选矿、冶炼废水中的重金属。所以，分析前必须摇匀取样。

第二节　水样的采样设备

所采集样品的体积应满足分析和重复分析的需要。符合要求的采样设备应满足以下要求：①使样品和容器的接触时间降至最低；②使用不会污染样品的材料；③容易清洗，表面光滑，没有弯曲物干扰流速，尽可能减少旋塞和阀的数量；④有适合采样要求的系统设计。

当所采集的样品待测组分为金属时，可使用聚乙烯、聚丙烯、聚碳酸酯等材质的容器。但聚乙烯容器不适用于采集分析某些痕量金属的样品（如汞），只有当预先试验表明容器的污染水平可以接受时，才可使用聚乙烯容器。

一、瞬时非自动采样设备

瞬时采集表层样品时，一般用吊桶或广口瓶沉入水中，待注满水后，再提出水面。如果只需要了解水体某一垂直断面的平均水质，可选择排空式采样器。对于分层水选定深度的定点采样可采用颠倒式采水器、排空式采水器等。

采样器类型有以下几种。

（一）表层采样器

与水质化学分析相关的采样，可把敞口容器（如吊桶或瓶）浸没于表层水下采集。当采集规定深度样品时，要用能够密闭的采样器。

（二）密封浸入式装置

密封浸入式装置（图5-1）是由充满空气（或惰性气体）的密闭容器组成，用缆绳将其下放到所要求的深度，然后打开密封装置（如环形塞），用水取代空气（或惰性气体）。

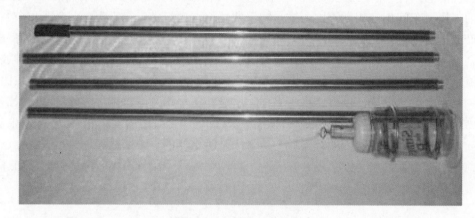

图5-1 密封浸入式装置

（三）开管或圆筒装置

这种类型的装置（图5-2）由管或圆筒组成，两端装有折页或阀门，装置下放时，折页或阀门打开，水流自由通过，提升时则关闭。这样的装置适用于死水或

图5-2 开管或圆筒装置

低流速采样。混合式采样装置为水平的开管式装置，便于等动力采样，适用于流速快的河流采样。

（四）抽吸装置

抽吸装置（图5-3）通常被认为是一种方便的采集水样装置。抽吸系统由浸入水中的吸水管和蠕动泵组成。

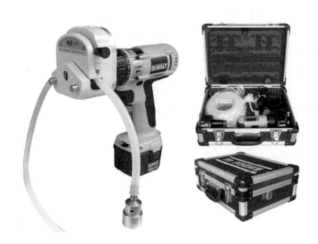

图5-3　抽吸装置

二、自动采样设备

自动采样设备有其自身的优势，它可以自动采集连续样品或一系列样品而不用人工参与，尤其是应用在采集混合样品和研究水质随时间的变化情况方面。自动采样装置有连续式和间歇式两种类型，可按时间或流量比例原理操作。适宜的设备类型的选择取决于特定的采样情况，例如，为了评估一条江河或河川中微量溶解金属的平均组分（或负荷），可使用一个连续流量比例设备（蠕动泵系统）。

自动采样器（图5-4）可以连续或不连续采样，也可以定时或定比例采样。自动采样设备可以被设定在预定的时间间隔内采样，或者由外部因素引发采样。常见的时间设定可以覆盖一昼夜（24 h），也就是每隔 1 h 采集一个样品；也可以覆盖 8 h 工作日，也就是每隔 20 min 采集一个样品；还可以覆盖一整周，也就是每隔 7 h 采集一个样品。 如果采集后的样品需要留在采样器中一段时间，应确保样品不会分解。使用的自动采样设备不能污染所采集的样品。例如，如果要对样品进行金属元素分析，采样器中不能使用铜管，而使用化学惰性材料，如聚四氟乙烯和不锈钢。安装在入口处的过滤器也要注意这一点。为了防止沉淀物沉淀下来，应在入口管处保持足够的流量，建议入口管的恒定内径大于 9 mm。应能冲洗掉设备中残留的样品，其相关的死体积（固定体积）要尽可能小。为了防止细菌大量繁殖，应定期清洗采样器，对于在线采样设备应在其采样间歇时清洗。目前一些先进的自动采样器可以自动清空残余样品并进行清洗，不需要测试的样品将被自动清空，采样可以连续进行而没有间歇。

图 5-4　自动采样器

（一）非比例自动采样器

①非比例等时不连续自动采样器：按设定采样时间间隔与储样顺序，自动将定量的水样从指定采样点分别采集到采样器的各储样容器中；②非比例等时连续自动采样器：按设定采样时间间隔与储样顺序，自动将定量的水样从指定采样点分别连续采集到采样器的各储样容器中；③非比例连续自动采样器：自动将定量的水样从指定采样点连续采集到采样器的储样容器中；④非比例等时混合自动采样器：按设定采样时间间隔，自动将定量的水样从指定采样点采集到采样器的混合储样容器中；⑤非比例等时顺序混合自动采样器：按设定采样时间间隔与储样顺序，并按设定的样品个数，自动将定量的水样从指定采样点分别采集到采样器的各混合储样容器中。此种采样器应具有在单个储样容器中收集 2～10 次混合样的功能。

（二）比例自动采样器

①比例等时混合自动采样器：按设定采样时间间隔，自动将与污水流量成比例的定量水样从指定采样点采集到采样器的混合样品容器中；②比例不等时混合自动采样器：每排放一设定体积污水，自动将定量水样从指定采样点采集到采样器的混合样品容器中；③比例等时连续自动采样器：按设定采样时间间隔，与污

水排放流量成一定比例，连续将水样从指定采样点分别采集到采样器中的各储样容器中；④比例等时不连续自动采样器：按设定采样时间间隔与储样顺序，自动将与污水流量成比例的定量水样从指定采样点分别采集到采样器中的各储样容器中；⑤比例等时顺序混合自动采样器：按设定采样时间间隔与储样顺序，并按设定的样品个数，自动将与污水流量成比例的定量水样从指定采样点分别采集到采样器中的各混合样品容器中。

第三节　水样的采集和保存

一、采样设备的准备

采样设备的准备如表 5-1 所示。

表 5-1　采样设备准备

设备	准备
采样器具、漏斗、绳、手柄、过滤器和过滤系统	检查是否有划痕，是否有破损和不牢固的部件
箱、静置用容器	数量充足。检查是否有破损。必要的话，用消毒剂把箱擦干净
样品瓶、冷藏设备	检查样品瓶和盖子。有破损的要及时丢掉以防别人误用。确保瓶子已盖好以减少污染的机会并安全存放
固定剂	检查"按日期使用"的固定剂是否超期。检查点滴器和移液器是否有损坏，必要的话进行更换。确保与空的样品瓶分开
野外作业用具、GPS、测距仪、流量计	确保在有效的检验期内。如果已超期，要进行更换
检定试剂盒	确保作业指导书可用且有效。确保其未超期使用。必要时进行更换。与取样瓶分开存放
标签、采样记录	如果标签是先印刷好的，检查其是否填写完整
个人安全防护用具	确保有足够的一次性手套、手机、冰锚、急救箱、手帕、护目镜
冰封期采样根据需要选用冰钎、电动钻冰机或手摇冰钻	检查发动机工作是否正常

二、样品容器选择

选择采集和存放样品的容器，尤其是分析微量组分，应该遵循下述准则。①制造容器的材料应对水样的污染降至小，例如，玻璃（尤其是软玻璃）溶出无机组分。一般的玻璃在贮存水样时可溶出钠、钙、镁、硅、硼等元素，在测定这些项目时应避免使用玻璃容器，以防止新的污染。一些有色瓶塞含有大量的重金属。②清洗和处理容器壁的性能，以便减少微量组分，如重金属对容器表面的污染。③待测物吸附在样品容器上也会引起误差，尤其是测痕量金属。

选择样品容器时应尽量缩短样品的存放时间，减少对光、热的暴露时间等。

此外，还应考虑到生物活性。常遇到的是清洗容器不当，以及容器自身材料对样品的污染和容器壁上的吸附作用。大多数金属组分的样品，多采用由聚乙烯、氟塑料和碳酸酯制成的容器。测重金属的容器通常用盐酸或硝酸（c=1 mol/L）洗净并浸泡 1～2 天后用蒸馏水或去离子水冲洗。

三、采样步骤

（一）采样位置选择及方法

（1）在对开阔河流进行采样时，应包括下列几个基本点。①用水地点的采样；②污水流入河流后，应在充分混合的地点及流入前的地点采样；③支流合流后，对充分混合的地点及混合前的主流与支流地点的采样；④主流分流后地点的选择；⑤根据其他需要设定的采样地点。各采样点原则上应在河流横向及垂向的不同位置采集样品。采样时间一般选择在采样前至少连续两天晴天，水质较稳定的时间（特殊需要除外）。采样时间是在考虑人类活动、工厂企业的工作时间及污染物到达时间的基础上确定的。另外，在潮汐区，应考虑潮的情况，确定把水质差的时刻包括在采样时间内。受潮汐影响的监测断面采集涨平潮位和退平潮位的水样。除表层（水面下 0.5 m 处）样品外，采集分层样品或底层（5～10 m 水深，采集水底上 0.5 m）时，盐度大于 2 的水样不参与统计。若退平潮位的采集水样盐度均大于 2，应考虑调整断面位置。为保证采样安全，一般应根据潮汐变化，选择日间涨退潮时间完成采样。

河流采样位置需考虑以下三个方面内容。①采样断面的选择，在断面上确定采样垂线，然后确定采样点。对于单一功能的采样，可选择适宜的桥梁。当上游排放污水或有支流汇入时，采样断面应设在已充分混合的下游。②用于监测供水取水点的站，可以定在一个有限的范围内，即非常接近取水点。③采样点最好避免在水体中待测物分布不均匀的地点采样。

（2）湖泊和水库应在较大的采样范围进行详尽的预调查，在获得足够信息的基础上，应用统计技术合理地确定。采样点位的布设应充分考虑如下因素：①湖泊水体的水动力条件；②湖库面积、湖盆形态；③补给条件、出水及取水；④排污设施的位置和规模；⑤污染物在水体中的循环及迁移转化；⑥湖泊和水库的区别。如果需要评价湖（库）流影响，必须采用专门的测量方案。

对水库和湖泊的采样，采样地点不同和温度的分层现象可引起水质很大的差异。 在调查水质状况时，应考虑到成层期与循环期的水质明显不同。了解循环期水质，可采集表层水样；了解成层期水质，应按深度分层采样。在调查水域污染状况时，需进行综合分析判断，抓住基本点，以取得代表性水样。如废水流入前、流入后充分混合的地点，用水地点，流出地点等，有些可参照开阔河流的采样情况，但不能等同而论。在可以直接汲水的场合，可用适当的容器采样，如水桶。从桥上等地方采样时，可将系着绳子的聚乙烯桶或带有坠子的采样瓶投于水中汲水。要注意不能混入漂浮于水面上的物质。在采集一定深度的水时，可用直立式有机玻璃采水器。这类装置中水在下沉的过程中就从采样器中流过。当到达预定深度时，容器能够闭合而汲取水样。在水流动缓慢的情况下，采用上述方法时，应在采样器下系上适宜重量的坠子，当水深流急时要系上相应重的铅鱼，并配备绞车。采样过程应注意以下几点：①采样时不可搅动水底部的沉积物。②采样时应保证采样点的位置准确，必要时使用 GPS 定位。③认真填写采样记录表，字迹应端正清晰。④保证采样按时、准确、安全。⑤采样结束前，应核对采样方案、采样记录和水样，如有错误和遗漏，应立即补采或重新采样。⑥如采样现场水体很不均匀，无法采到有代表性样品，则应详细记录不均匀的情况和实际采样情况，供使用数据者参考。⑦如果水样中含沉降性固体，如泥沙等，应分离除去。分离方法为，将所采水样摇匀后倒入筒型玻璃容器，静置 30 min，将已不含沉降性固体但含有悬浮性固体的水样移入容器并加入保存剂。

（3）污水采样、污水的监测项目根据行业类型有不同要求。自动采样用自动采样器进行，分为时间等比例采样和流量等比例采样。当污水排放量较稳定时，可采用时间等比例采样，否则必须采用流量等比例采样。采样的位置应在采样断面的中心，在水深大于 1 m 时，应在表层下 1/4 深度处采样，水深小于或等于 1 m 时，在水深的 1/2 处采样。

（二）采样频率和采样时间的选择

（1）在河流系统中，有时水质存在着如日、月和年的周期性变化，为了评价这些变化的性质，应仔细选择采样时间。如果这些循环不持续或者这些变化幅度明显小于随机变化，就可以选择任意的采样时间，或在整个研究期间有计划地安排采样时间，使样品均匀分布。否则，应选择一个周期的不同时间段采集样品，如果需要得到最高或最低浓度的样品，则要在对应的时间采样。

饮用水源地、省（自治区、直辖市）交界断面中需要重点控制的监测断面每月至少采样 1 次；国控水系、河流、湖、库上的监测断面，逢单月采样 1 次，全年 6 次；水系的背景断面每年采样 1 次；国控监测断面（或垂线）每月采样 1 次，在每月 5～10 日内进行采样。其余规定可参考《地表水和污水监测技术规范》（HJ/T 91—2002）。

（2）在湖泊和水库的水质有季节性的变化时，采样频率取决于水质变化的状况及特性。通常，对于长期水质特性检测，可根据研究目的与要求取合理的监测频率，采定点水样的间隔时间 1 个月是允许的；对于水质控制检测，采样时间间隔可以缩短到 1 周，如果水质变化明显，则每天都需要采样，甚至连续采样。此外，对于在 1 天内的某一时刻经常发生明显变化的水质，而变化趋势的检测又很重要时，采样应在每天的同一时刻进行，以减少时间因素给水质检测带来的影响。如果日内变化具有特殊意义，建议每隔 2～3 h 采 1 次样。

（3）污水采样频次。

（a）监督性监测。地方环境监测站对污染源的监督性监测每年不少于 1 次，如被国家或地方环境保护行政主管部门列为年度监测的重点排污单位，应增加到每年 2～4 次。因管理或执法的需要所进行的抽查性监测由各级环境保护行政主管部门确定。

（b）企业自控监测。工业污水按生产周期和生产特点确定监测频次。一般每个生产周期不得少于 3 次。

（c）对于污染治理、环境科研、污染源调查和评价等工作中的污水监测，其采样频次可以根据工作方案的要求另行确定。

（d）根据管理需要进行调查性监测，监测站事先应对污染源单位正常生产条件下的 1 个生产周期进行加密监测。周期在 8 h 以内的，1 h 采 1 次样；周期大于 8 h，每 2 h 采 1 次样，但每个生产周期采样次数不少于 3 次。采样的同时测定流量。根据加密监测结果，绘制污水污染物排放曲线（浓度-时间，流量-时间，总量-时间），并与所掌握资料对照，如基本一致，即可据此确定企业自行监测的采样频次。

（e）排污单位如有污水处理设施并能正常运行使污水能稳定排放，则污染物排放曲线比较平缓，监督检测可以采瞬时样；对于排放曲线有明显变化的不稳定排放污水，要根据曲线情况分时间单元采样，再组成混合样品。正常情况下，混合样品的采样单元不得少于 2 次。如排放污水的流量、浓度甚至组分都有明显变化，则在各单元采样时的采样量应与当时的污水流量成比例，以使混合样品更具代表性。污水流量测量原则及方法可参考《水质 采样技术指导》（HJ 494—2009）。

（三）样品的运输、固定和保存

送往实验室的样品容器要密封、防震、避免日光照射、过热的影响。当不能很快地进行分析时，样品需要固定、妥善保存。所选择的保存方法不能干扰以后的样品检验，或影响检测结果。在现场测定记录中要记录所有样品的处理及保存步骤，测量并记录现场温度。

水质监测中采样量见表 5-2，此采样量已考虑重复分析和质量控制的需要，并留有余地。在水样采入或装入容器后，应立即按表 5-2 的要求加入保存剂。

表5-2　地表水中重金属项目采集及保存条件

项目	采样容器	保存剂用量	保存期	采样量/mL	容器洗涤
Be	G、P	HNO$_3$，1L 水样中加浓 HNO$_3$10mL	14 天	250	III
B	P	HNO$_3$，1L 水样中加浓 HNO$_3$10mL	14 天	250	I
Na	P	HNO$_3$，1L 水样中加浓 HNO$_3$10mL	14 天	250	II
Mg	G、P	HNO$_3$，1L 水样中加浓 HNO$_3$10mL	14 天	250	II
K	P	HNO$_3$，1L 水样中加浓 HNO$_3$10mL	14 天	250	II
Ca	G、P	HNO$_3$，1L 水样中加浓 HNO$_3$10mL	14 天	250	II
Cr^{6+}	G、P	NaOH，pH = 8～9	14 天	250	III
Mn	G、P	HNO$_3$，1L 水样中加浓 HNO$_3$10mL	14 天	250	III
Fe	G、P	HNO$_3$，1L 水样中加浓 HNO$_3$10mL	14 天	250	III
Ni	G、P	HNO$_3$，1L 水样中加浓 HNO$_3$10mL	14 天	250	III
Cu	P	HNO$_3$，1L 水样中加浓 HNO$_3$10mL	14 天	250	III
Zn	P	HNO$_3$，1L 水样中加浓 HNO$_3$10mL	14 天	250	III
As	G、P	HNO$_3$，1L 水样中加浓 HNO$_3$10mL，DDTC 法，1L 水样中加浓 HCl 2mL	14 天	250	I
Se	G、P	HCl，1L 水样中加浓 HCl 2mL	14 天	250	III
Ag	G、P	HNO$_3$，1L 水样中加浓 HNO$_3$2mL	14 天	250	III
Cd	G、P	HNO$_3$，1L 水样中加浓 HNO$_3$10mL	14 天	250	III
Sb	G、P	HCl，使水样中 HCl 浓度为 0.2%（氢化物法）	14 天	250	III
Hg	G、P	HCl，1L 水样中加浓 HCl 10mL	14 天	250	III
Pb	G、P	HNO$_3$，1L 水样中加浓 HNO$_3$ 10mL	14 天	250	III
Al	P 或 G 或 BG	用 HNO$_3$酸化，pH=1～2	1 月	100	酸洗
U	酸洗 P 或酸洗 BG	用 HNO$_3$酸化，pH=1～2	1 月	200	
V	酸洗 P 或酸洗 BG	用 HNO$_3$酸化，pH=1～2	1 月	100	

注：1. I、II、III分别表示三种洗涤方法。I：洗涤剂洗 1 次，自来水 3 次，蒸馏水 1 次；II：洗涤剂洗 1 次，自来水洗 2 次，1+3 HNO$_3$ 荡洗 1 次，自来水洗 3 次，蒸馏水 1 次；III：洗涤剂洗 1 次，自来水洗 2 次，1+3 HNO$_3$ 荡洗 1 次，自来水洗 3 次，去离子水 1 次

2. G 表示硬质玻璃瓶；P 表示聚乙烯瓶（桶）；BG 表示硼硅玻璃瓶

1. 影响水样的主要因素

生物因素：例如，微生物以水样中的钾等金属元素为养分，此外，微生物和藻类死亡又向水中释放出某些成分。

化学因素：待测组分的氧化或者还原，如六价铬在酸性条件下容易被还原为三价铬。铁、锰等价态变化，可导致某些沉淀与溶解、聚合或解聚作用的发生，这些均会导致测定结果与水样实际情况不符合。

物理因素：溶解的金属或胶状金属，被吸附到容器壁上或者悬浮颗粒物的表面上，导致待测组分的损失。

2. 水样的保存方法

冷藏：样品在 4℃冷藏，贮存于暗处，可以抑制生物活动，减缓物理挥发作用和化学反应速度。冷藏是短期内保存样品的一种较好方法，对测定基本无影响，但冷藏也不能超过规定的保存期限，冷藏需控制在 4℃左右。温度太低（如≤0℃），易因水样结冰而体积膨胀，使玻璃容器破裂，或样品瓶盖被顶开而失去密封，样品受污；温度太高则达不到冷藏目的。

加入化学保存剂控制溶液 pH：测定金属离子的水样常用硝酸酸化至 pH 1～2，既可以防止重金属的水解沉淀，又可以防止金属在器壁表面上的吸附，同时在 pH 1～2 的酸性介质中还能抑制生物活动。用此法保存，大多数金属可以稳定数周或数月。六价铬的水样需要调节 pH=8，因为六价铬的氧化电位高，易被还原。

加入氧化剂：水样中的痕量汞容易被还原，引起汞的挥发性损失，加入硝酸-重铬酸钾溶液可以使汞维持在高氧化态，汞的稳定性大为改善。

需要注意的是地表水中重金属含量一般较低，试剂空白对其的影响是分析测试中常见的问题，保存剂引入的空白增加可能使分析结果出现假阳性，甚至造成水样浓度超标的错误结果。因此，在保存剂的选择上，除了注意选择纯度较高的试剂，还需要对新近批次的保存剂进行空白实验，掌握其空白浓度水平。

3. 水样的过膜问题

水样中的重金属存在不同的形态，选择不同的处理方式最终测定的是不同形态的金属的量，水样过膜不过膜，加酸前过膜还是加酸后过膜，最终测得的金属含量有实质上的差别。

金属总量：指金属存在于水样中的无机结合态、可溶态和悬浮态的总和。测定金属总量，要取酸化过的混匀水样（包括悬浮物），经过强烈的化学氧化分解，使有机结合态和悬浮颗粒物中的金属全部转入溶液中，然后进行测定。一般来说，废水排放标准所要求的是测金属总量，其他许多污染物也要测定总量。

金属可溶态：水样中能通过孔径 0.45μm 滤膜的部分称为可溶态。要测可溶态金属应在现场采样后，立即（或尽快）用 0.45μm 有机微孔滤膜过滤，并将滤液用酸酸化至 pH 为 1～2 保存。需要注意的是要尽快过滤，因为水样存放会导致金属的水解沉淀，或者吸收二氧化碳等酸性气体而改变水样 pH，使颗粒物上的金属解吸，从而改变可过滤金属的浓度；要先过滤再酸化，不能先酸化再过滤，因为先酸化会使悬浮颗粒物上吸附的金属解吸下来进入溶液，使测定的可溶态金属比实际水样中的高；测可溶态金属不能在过滤前将样品冷冻保存，冷冻时，可溶态金属相对浓集在未冻的溶液中，最后集中在冻块的中心，可能发生不可逆的水解或聚合等反应；另外冷冻时还可能导致生物体细胞的破裂，使生物体中的元素进入可过滤部分。不能采用自然沉降后，直接取上清液测定可过滤态。

目前地表水监测工作中，除了硒、砷、汞需测定总量外，铜、镉、锌、铅、铁、锰等元素的测定通常指的是可溶态的重金属，因此，采集的水样必须在现场立即用 0.45 μm 的微孔滤膜过滤后装于采样瓶中，其中使用的微孔滤膜通常选择有机微孔滤膜，其具有空白值低、过滤效果好等优点。采样前先用水样荡涤采样容器和盛样容器 2～3 次。

四、样品的运送

水样采集后必须立即送回实验室，根据采样点的地理位置和每个项目分析前最长可保存时间，选用适当的运输方式。在现场工作开始之前，就要安排好水样的运输工作，以防延误。水样运输前应将容器的外（内）盖盖紧。装箱时应用泡沫塑料等分隔，以防破损。同一采样点的样品应装在同一包装箱内，如需分装在两个或几个箱子中时，则需在每个箱内放入相同的现场采样记录表。运输前应检查现场记录上的所有水样是否全部装箱。要用醒目色彩在包装箱顶部和侧面标上"切勿倒置"的标记。每个水样瓶均需贴上标签，内容有采样点位编号、采样日期和时间、测定项目、保存方法，并写明用何种保存剂。现场记录在水质调查方案中非常重要，应从采样点到结束分析制表的过程中始终伴随着样品。采样标签上应记录样品的来源和采集时的状况（状态）及编号等信息，然后将其粘贴到样品容器上。采样记录、交接记录与样品一同交给实验室。根据数据的最终用途确定所需要的采样资料。

装有水样的容器必须加以妥善的保存和密封，并装在包装箱内固定，以防在运输途中破损。保存方法见表 5-2，除了防震、避免日光照射和低温运输外，还要防止新的污染物进入容器和沾污瓶口使水样变质。在水样运送过程中，应有押运人员，每个水样都要附有一张管理程序管理卡。在转交水样时，转交人和接受人都必须清点和检查水样并在登记卡上签字，注明交接日期和时间。污水样品的组成往往相当复杂，其稳定性通常比地表水更差，应设法尽快测定。保存和运输方面的具体要求参照《地表水和污水监测技术规范》（HJ/T 91—2002）执行。

第四节　质量保证和质量控制

在采样期间必须避免样品受到污染。应该考虑到所有可能的污染来源，必须采取适当的控制措施以避免污染。

为防止样品被污染，每个实验室应该像一般质量保证计划那样，实施一种行之有效的容器质量控制程序。可采取对采样仪器设备的校准和检定、现场空白检验、采集平行样品和加标回收试验等方法。应对所有采用方法按特定设计采用现场质检和审查步骤定期进行试验，以检验这些方法的有效性。

一、污染来源

潜在的污染来源包括以下几方面：①在采样容器和采样设备中残留的前一次样品的污染；②来自采样点位的污染；③采样绳（或链）上残留水的污染；④保存样品的容器的污染；⑤灰尘和水对采样瓶瓶盖及瓶口的污染；⑥手、手套和采样操作的污染；⑦固定剂中杂质的污染。

二、污染控制

控制采样污染常用的措施有以下几种：①尽可能使样品容器远离污染，以确保高质量的分析数据；②避免采样点水体的搅动；③彻底清洗采样容器及设备；④安全存放采样容器，避免瓶盖和瓶塞的污染；⑤采样后擦拭并晾干采样绳（或链），然后存放起来；⑥避免用手和手套接触样品；⑦确保从采样点到采样设备的方向是顺风向；⑧采样后应检查每个样品中是否存在巨大的颗粒物如叶子、碎石块等，如果存在，应弃掉该样品，重新采集；⑨样品保存剂（如酸）等其他试剂在采样前应进行空白试验，其纯度和等级必须达到分析的要求。

参 考 文 献

环境保护部. 国家地表水环境质量监测网监测任务作业指导书(试行)

GB/T 14581—1993. 水质 湖泊和水库采样技术指导

HJ 493—2009. 水质 样品的保存和管理技术规定

HJ 494—2009. 水质 采样技术指导

HJ/T 52—1999. 水质 河流采样技术指导

HJ/T 91—2002. 地表水和污水监测技术规范

第二篇 重金属前处理技术

在化学分析中，样品前处理是一个最常见的问题。据统计，人们常将60%的时间花在样品前处理上。样品前处理指样品的制备和对样品采用合适的消解方式及对待测组分进行分离、富集等过程，使被测组分转变成可测定的形式以进行定量、定性分析检测。样品前处理的目的是使仪器进样分析时试液与标准溶液基质一致，使得测试准确、可靠。若选择的前处理手段不当，常使某些组分损失、干扰组分的影响不能完全除去或引入杂质。因此，样品前处理是分析检测过程的关键环节，只要检测仪器稳定可靠，检测结果的重复性和准确性就主要取决于样品前处理；方法的灵敏度也与样品前处理过程有着重要的关系，一种新的检测方法，其分析速度往往取决于样品前处理的复杂程度。测定各类样品中的重金属元素，一般均需首先破坏样品中的有机物质。选用何种方法，在某种程度上取决于分析元素和被测样品的基体性质。

第六章　重金属前处理技术概述

样品前处理是环境介质中元素含量检测的关键步骤,样品前处理过程的好坏往往直接影响整个分析结果的准确性。样品前处理过程就是样品制备过程,即制备成适合相关元素分析仪器的样品,以便进行含量分析。样品前处理不仅要求尽可能完全提取其中的待测组分,还要求尽可能除去与目标物同时存在的杂质,以减少对检测结果的干扰,避免对检测器等的污染。针对各介质中元素含量检测的前处理方法主要为酸消解、碱熔、压片/玻璃熔融、浸提等方法。酸消解、碱熔和压片/玻璃熔融一般都用于环境介质中全量(总量)的前处理,而浸提多用于有效态、形态等的前处理。

第一节　酸消解技术

利用浓硝酸、氢氟酸、高氯酸、过氧化氢、高锰酸钾、浓硫酸等氧化剂而使有机质分解的方法,称为湿法消解。优点是加热温度比碱熔法破坏温度低,因此,减少了金属挥散损失的机会,应用较为广泛。湿法消解样品时,氧化剂的组成和用量、消解温度、时间和方式等因素均影响样品消解,应根据样品种类、用量和待测元素的性质来选择消解条件。湿法消解过程要维持一定量的硝酸或其他氧化剂,避免发生炭化还原金属。

一、消解用酸

消解试样的目的是通过试样与酸反应把待测物变成可溶性物质,把金属元素或难溶性盐变成可溶性盐,成为离子状态存在于溶液中。使用酸不仅同它们的化学性质有关,而且还和分析样品所用的分析系统有关。对于火焰原子吸收(FAAS)、石墨炉原子吸收(GFAAS)最好使用低浓度的酸。硫酸和磷酸黏度较大,它们使喷雾器悬浮微粒的产生和悬浮微粒的迁移发生变化。HF 对玻璃、石英材质腐蚀很强,仪器可能要更换一个样品引入系统。Cl、P、或 S 的存在导致形成聚原子物质,它们可能造成电感耦合等离子体质谱(ICP-MS)的干扰。对于电感耦合等离子体发射光谱法(ICP-AES)和 ICP-MS,最理想的酸是硝酸。金属元素分析前处理常用的几种酸见表 6-1。

表 6-1　样品消解过程中常用的无机酸

序号	无机酸	沸点/℃	用途
1	H_2O	100	往往并不是最佳选择，因为样品容易残留在容器壁上
2	HNO_3	120	消解样品的首选酸，纯度高、黏度低，能消解大多数常见样品；为最常用的破坏有机物基体的酸；随着温度、压力及浓度的升高，其氧化性增强
3	HCl	120	常用于金属分析，可以通过蒸发驱赶或 HNO_3 吸收来去除 Cl 的干扰，但一些挥发性元素（As、Sb、Sn、Se、Ge、Hg）在驱氯过程中容易以挥发性氯化物形式损失
4	H_2SO_4	330	在 ICP-MS 样品制备过程中很少使用，因为其沸点高、黏度大，很难蒸干去除，且容易形成硫酸盐而使待测元素发生沉降
5	HF	130	非氧化性酸，唯一能与硅、二氧化硅及硅酸盐发生反应的酸；用它消解样品可除去样品中大量的 Si，有效地降低样品中的溶解性总固体，但 B、As、Sb 和 Ge 有不同程度的损失；若使用 HF 消解，应使用配套的惰性进样系统
6	H_3PO_4	210	用于沸石、铁氧体、石英等的消解。黏度高、沸点高，容易形成磷酸盐沉降
7	H_2O_2	110	在 HNO_3 消解后，用作有机物的氧化剂；其氧化能力随介质的酸度增加而增加，与硝酸混合使用可以有效减缓硝酸分解为氮氧化物而失去氧化能力。H_2O_2 分解产生的高能态活性氧对有机物质的破坏特别有利
8	$HClO_4$	200	高温下高氯酸容易分解有机物质，有时是剧烈的，因此微波消解中应慎用。高氯酸沸点较高（203℃），其自身易于蒸发除去，常用它来驱赶 HCl、HNO_3 和 HF

二、酸消解加热方式

湿式消解法按加热方式不同可以分为以下几种方法。

（一）电热板消解

在重金属的前处理技术中，实验室多采用电热板加热的方式对样品进行消解。电热板是用电热合金丝作发热材料，用云母软板作绝缘材料，外包以薄金属板（铝板、不锈钢板等）进行加热的设备。由于比较常见、价格便宜、容易操作、上手快、随时可以观看样品消解的状态、消解程度及样品量的多少等特点受到实验操作者的青睐而普遍应用。但是电热板消解也存在以下弊端。①酸用量较多；②处理样品量少；③消解时间长；④容易造成有些元素易挥发，如砷、汞等；⑤消解时需要人员监视；⑥加热中产生的酸性气体对人体健康存在着安全隐患；⑦样品可能被空气中存在的悬浮物污染等。

电热板消解常用的酸体系有以下几种。①单酸消解，常用到的酸有硝酸、盐酸、高氯酸等，例如，测定水样中重金属常用硝酸消解；②双酸消解，常用到的双酸体系有硝酸-盐酸（或王水）、硝酸-氢氟酸、硝酸-双氧水等，多用于滤膜滤筒、生物样品、食品的前处理；③三酸消解，常用到的三酸体系有硝酸-氢氟酸-双氧水、硝酸-氢氟酸-盐酸、硝酸-氢氟酸-高氯酸等，多用于土壤、沉积物及固体废物的前处理；④四酸消解，常用的四酸消解体系有硝酸-氢氟酸-盐酸-高氯酸，多用于土壤和沉积物的前处理。

（二）微波消解

微波酸溶技术是一种崭新的极有潜质的样品消解技术。1975 年，Abu-samra 等首次用微波炉湿法消解了一些生物样品，开始将微波加热技术应用到分析化学领域。1985 年，美国 CEM 公司推出微波试样分解设备，把微波技术与聚四氟乙烯压力罐消化法结合起来。此后，微波溶样设备的研制和实际应用都有很大发展。1986 年 Burguera 等首次将微波在线消解与流动注射联用，开创了连续流动微波消解样品这一领域。微波消解酸溶技术是利用酸与样品混合液中的极性分子在微波辐射的作用下对样品内部进行加热溶解，该技术可以在不改变化学反应机理的基础上达到高效快速消解的目的。微波酸溶技术由于具有消解完全、快速、试剂消耗量少、低空白、节约能源、可降低分析人员劳动强度等优点，已被分析化学工作者逐渐当作一项常规的样品（包括环境监测样品）前处理手段。

微波消解常用的酸体系和电热板的差不多，注意事项如下：①试样添加酸后，不要立即进行微波消解，要观察加酸后试样的反应。如果反应很激烈需要先放置一段时间，等待激烈反应过后再放入微波炉升温。最好先把样品用浓硝酸浸泡一段时间，有必要的话先用电热板加热去掉部分气体；对于有机物含量高的样品，可将酸加入试样中浸泡过夜，再放入微波炉中消解。②尽量不使用高氯酸、硫酸。高氯酸存在爆罐隐患，如果确实需用高氯酸，那就尽可能地减少高氯酸的用量或者微波消解后加入高氯酸放置电热板上消解，以免造成不必要的危险；高沸点的硫酸可以使消解罐变形，同时硫酸自身黏度大及干扰被分析仪器。③由样品和试剂组成的溶液总体积不要超过 20.0 mL，不少于 5.0 mL；并注意要保持消解罐外壁干燥才可以进行微波消解。④注意温度和压力的控制，设置充足的升温时间且采用阶梯式缓和升温模式；最好采用分步消解方式。

（三）全自动消解

全自动消解是继电热板消解后，近几年实验室自动化技术在无机样品前处理领域的重要发展。该方法是在软件的控制下，自动完成所有的消解程序，包括加酸、摇匀样品、程序升温消解、赶酸及定容。其特点有以下几点：①自动化程度高，可节省人力，提高工作效率；②样品通量大，可用于批处理；③样品处理效果更均匀，样品间温度均匀，重现性好。样品消解体系跟电热板消解体系一致。

（四）水浴消解

水浴消解是一种温和的加热方式，温度不超过 100℃。常用于环境样品中挥发性金属元素（如砷、汞、硒）的前处理。该方法采用的设备简单、操作简便，重复性好。多采用王水、逆王水等消解体系。

第二节　碱　熔　技　术

用酸不能分解的或分解不完全的试样，常采用碱熔法作为试样的全分解方法。碱熔法是将试样和熔融剂在坩埚中混匀后，于 500~900℃ 的高温下进行熔融分解，在高温和熔融剂的作用下，样品的结构和矿物晶格受到破坏，变为简单化合物。

碱熔法的主要优点是熔样速度快，熔样完全，特别适用于元素全分析；各种氧化物、磷酸盐、硅酸盐、氟化物及耐火材料、玻璃和陶瓷类样品都可熔融分解。碱熔法的缺点是在测试熔融样品时引入大量的碱熔剂，导致干扰的出现。当测定采用酸熔法处理比较困难的元素（如硅和硼）时，可考虑采用碱熔法分解样品；当测定汞、硒、铅、砷、镉等易挥发元素时，碱熔法不适宜。

一、常用熔融剂

常用的熔融剂主要有过氧化钠、碳酸钠、氢氧化钠、氢氧化钾、碳酸钾、碳酸锂、偏硼酸锂等；前五者可用于除钾或钠以外的其他元素的测定。采用熔融分解法，熔剂量和样品量的比例及处理方法的适当选择，是能否达到良好分解效果的关键。为达到良好分解效果一般可使用混合熔融剂，如碳酸钠+氢氧化钠、碳酸钠+硼酸钠等，其中一种碱起助熔剂的作用。一般样品量与熔剂量的比为 1:3~1:8 时可达到良好的全分解效果。

碳酸钠是最常用的熔剂，在熔融过程中反应平缓，与适量的氢氧化钠混合使用，能达到全分解试样的效果。过氧化钠往往纯度不够，而且在熔融过程中升温较快，反应激烈，熔融物有溢出的危险，一般在测定痕量元素时应尽量避免使用。偏硼酸锂熔融法是 20 世纪 80 年代发展起来的，熔融效果好、熔块易取出，在同一溶液中，可以测定元素钾和钠。氢氧化钠（或氢氧化钾）和碳酸钠均为氧化性熔融剂，试样与熔剂比为 1:3~1:8 时可使样品分解完全。偏硼酸锂属于高熔点的非氧化性熔融剂，对试样有很强的分解能力，特别适用于分解一些难熔硅酸盐，试样与熔剂比大于 1:3 即可使固体样品达到全分解效果，该熔融剂一般用于试样中硅的测定。

二、常用器皿

不同的熔融剂需使用不同材质的器皿，所用的坩埚主要有高铝坩埚、瓷坩埚、镍坩埚、银坩埚和铂金坩埚。氢氧化钠（或氢氧化钾）一般选择镍坩埚和银坩埚，镍坩埚推荐的最高使用温度是 600℃，银坩埚可在 700℃ 下使用。碳酸钠熔融基本都选择铂金坩埚，熔融时可用盖子覆盖坩埚以减小坩埚的腐蚀程度。偏硼酸锂熔样大多选择铂坩埚或石墨坩埚，铂金坩埚容易黏附熔融物，使熔融物的提取比较困难；石墨坩埚能以感应加热迅速升温，且不为熔融物所湿润，更适合偏硼酸锂熔样。

三、常用几种碱熔技术

（一）过氧化钠熔融法

准确称取风干过 100 目筛的土壤或沉积物样品 1.0000 g 左右置于高铝坩埚中，加入 4～5g 粉末状过氧化钠，充分搅拌混匀后，再覆盖一薄层过氧化钠，敞开放入马弗炉中，升温至 300℃保持 10 min，再升温至 650～700℃熔融 20～30 min。自然冷却至 500℃左右时，可稍打开炉门（不可开缝过大，否则高铝坩埚骤然冷却会开裂）以加速冷却，冷却至 60～80℃用水冲洗坩埚底部，然后放入 250 mL 烧杯中，加入 100 mL 水，在电热板上加热浸提熔融物，用水及 HCl（1+1）将坩埚及坩埚盖洗净取出，并小心用 HCl（1+1）中和、酸化（注意盖好表面皿，以免大量 CO_2 冒泡引起试样的溅失），待大量盐类溶解后，用中速滤纸过滤，用水及 5% HCl 洗净滤纸及其中的不溶物，定容待测。若熔融剂与试样成为均匀的流体，中间无气泡和熔物，则表明试样已完全分解，否则应重新熔融。制备成的待测液适合测定稀土元素和钪。

（二）碳酸钠熔融法

准确称取风干过 100 目筛的土壤或沉积物样品 0.5000～1.0000 g 放入预先用少量碳酸钠或氢氧化钠垫底的高铝坩埚中（以充满坩埚底部为宜，以防止熔融物黏底），分次加入 1.5～3.0 g 碳酸钠，并用圆头玻璃棒小心搅拌，使与土样充分混匀，再放入 0.5～1 g 碳酸钠，使其平铺在混合物表面，盖好坩埚盖，移入马弗炉中，于 900～920℃熔融 0.5 h。余下步骤同过氧化钠熔融法。制备成的待测液适合测定硼、氟、钼、钨、铁、铝、锰、钛、硅、磷等元素。

（三）偏硼酸锂熔融法

准确称取风干过 100 目筛的土壤或沉积物样品 0.5000～1.0000 g 于坩埚中，加入 2～4 g LiBO$_2$，充分搅拌均匀后于 960℃熔融 30 min。取出坩埚，冷却至 60～80℃，沿坩埚壁滴加少量水，使熔块脱落。若熔块脱不掉可在电炉上微微加热，然后洗入 250 mL 烧杯中，用 HCl（1+1）洗净坩埚，洗涤液倒入烧杯中，加入 100 mL 水，在电热板上加热浸提熔融物，用水及 HCl（1+1）将坩埚及坩埚盖洗净取出，并小心用 HCl（1+1）中和、酸化（注意盖好表面皿，以免大量 CO_2 冒泡引起试样的溅失），待大量盐类溶解后，用中速滤纸过滤，用水及 5% HCl 洗净滤纸及其中的不溶物，定容待测。制备成的待测液适合铝、硅、钛、钙、镁、钾、钠等元素分析。

第三节　粉末压片和熔铸玻璃片技术

X 射线荧光光谱法（XRF）定量分析的准确度在很大程度上取决于标样的准确度和样品制备。通过合适的样品制备可以最大限度地降低甚至消除矿物效应、颗粒度效应及测试样品表面光洁度等因素对 XRF 定量分析质量的影响，所以样品制备一直被 XRF 分析工作者所重视。粉末压片法和熔铸玻璃片法是 XRF 分析中常用的前处理方式。在制样过程中取样的均匀性是十分重要的问题。粉末压片法和熔铸玻璃片法操作简单快速，不对环境造成二次污染，准确度、精密度和重复性都很好。

一、粉末压片法

将样品风干，粗磨、细磨至过 200 目筛后，取 5 g 左右的样品，根据样品性质不同定量加入分散剂或者黏结剂，并研磨至合适细度后，倒入模具中，在压样机上以 30 t 左右压力压制成一定厚度的具有光洁表面的薄片，用硼酸垫底或塑料环镶边。取出后，可保存于干燥器中待测。

压片法制作简便，速度快，适合大批量样品和快速分析；制样设备简单，主要是磨样机和压片机。比起松散样品，粉末样品压片能够减少表面效应和提高分析精度。缺点是不能有效消除矿物效应和完全消除颗粒效应。制样过程中需要注意的事项有以下几点：①样品要烘干；②样品的粒度要均匀；③标准样品和分析样品制样时的压力和时间要保持一致，泄压过程要匀速，速度不能过快；④保持磨样和压片时清洁，避免样品之间的相互沾污。

为了提高研磨效率和克服细研磨时的附聚现象，提高均匀性和防止样品在粉碎时黏附在粉碎容器上，可以加入助研磨剂。常用的助研磨剂有以下几种：①液体的如乙醇、乙二醇、三乙醇胺和正己烷等，具有可烘干易挥发的优点；②固体的如各种硬脂酸等。另外，助研磨剂还能减少和延迟在样品粉碎和研磨时样品颗粒物的团聚现象。当一些样品的内聚力差压片容易开裂时可以加入黏结剂。黏结剂的优点为即使内聚力很低的粉末也可以制成结实的样片，粒度和密度不均匀的粉末加入黏结剂可以得到较好的均匀性和光滑性好的样片，减少吸收增强效应。

常见的黏结剂为甲基纤维素、微晶纤维素、硼酸、低压聚乙烯、石蜡、淀粉、干纸浆粉、乙醇等。黏结剂的加入量一般不超过10%。

二、熔铸玻璃片法

将样品风干后，粗磨、细磨至过200目筛后，取一定量的样品与溶剂（必要时加入一定的氧化剂）按一定比例混合，置于铂-金合金坩埚中，放入马弗炉或者熔样机中熔融。熔融过程中应摇动坩埚将气泡赶尽，并使熔融物混匀。将预先加入脱模剂和氧化剂的熔融体在铂-金合金铸模中浇注成型，制成组分均匀、透明、表面光洁、无瑕疵、无气泡的玻璃状熔融样片。保存于干燥器中待测。

操作步骤如下：①称样。在铂金坩埚中称取熔剂（无水四硼酸锂：无水偏硼酸锂比例为33：67）10.0000 g，样品1.0000 g。②加氧化剂和脱模剂。加入1 mL 22%硝酸锂，1 mL 6%溴化锂。③预氧化。在600℃马弗炉里加热10 min。④熔铸制样。转入熔铸制样机中进行制样。

熔铸制样机参考程序如下：①加热至1050℃，加热时长为4.5 min；②加热至1050℃，摇摆8 min，摇摆角度为35°；③继续加热至1050℃，保持1.5 min；④倾倒；⑤冷却。

熔铸玻璃片法的优点主要是可以消除成分、密度和粒度的不均匀性，完全消除了矿物效应和粒度效应；通过加入助溶剂，可减少甚至消除吸收-增强效应，熔融的过程也是稀释的过程，大大减低了基体效应，吸收-增强效应也随之降低。制得的玻璃便于长时间保存。玻璃片表面光滑均匀，标样易于保存，耐辐射性能好。主要缺点为金属类样品不能够直接熔融，必须经过预氧化处理。由于助溶剂和熔剂的加入，样品被稀释，分析元素的强度降低，方法的检出限变差。熔铸玻璃片法相对于粉末压片法需要花费大量时间；要制备玻璃圆片，还需一定技巧；在贮藏过程中，会失去透明性，或由于应力作用会发生破裂。玻璃片可以重新熔融和再制。

第四节 浸 提 技 术

重金属元素能否迁移转化或者被植物吸收主要取决于该元素的有效态（有效性），重金属元素的有效态是一个动态平衡的过程，不是由某一种形态决定的，而是由多种因素决定，如样品类型、pH、有机质、阳离子交换量等。当上述因素发生改变时，重金属的有效态发生很大改变。重金属的存在形态是重金属活动性的重要参数，对了解重金属的生态环境效应有重要意义。不同形态的重金属被释放的难易程度不同，生物可利用性也不同，毒性大小也不一样。环境介质中重金属的有效态特别是生物有效性是近年来重金属污染研究的热点。环境介质污染物的生物有效性与具体的污染物特性、环境介质特性、生物生活特性、污染物-环境介质-生物三者之间的相互作用、暴露途径、时间等因素有关，且不同的学科对有效性的理解和定义不同，所以至今没有一个被广泛接受的统一的定义。

目前，常用的提取方法有很多，主要有以下几种。①水提取；②酸提取（如稀 HCl、稀 HNO₃）；③中性盐提取（如：0.01 mol/L CaCl₂、0.1 mol/L NaNO₃、1 mol/L NH₄NO₃）；④联合试剂或者络合剂提取（如 DTPA、TCLP、EDTA、EDDS、CIT 等）；⑤连续提取（Tessier 五步浸提法 、BCR 法、Maiz 法）。由于各种提取方法的原理不同，提取效率和适用情况均不一样，应根据监测目的需求选择合适的提取剂和提取方法。浸提技术一般用于土壤和沉积物中金属元素有效态的测定。

一、水溶液提取

提取剂使用电导率为 18.3 MΩ/cm 的纯水，此法为鲍士旦等编写的《土壤农业化学分析》中的推荐方法。水溶态的微量元素存在于土壤溶液中及能溶于水的化合物，是植物能直接利用的。但由于含量低，测定时会遇到困难，同时测定结果受土壤 pH 的影响，结果多变，所以一般不用。现有方法中仅有效态硼用沸水作浸提剂。

具体方法为准确称取过 20 目筛的土壤试样 10 g，加无二氧化碳的蒸馏水 25 mL，轻轻摇动，使水土充分混合均匀。投入磁力搅拌子，放在磁力搅拌器上搅拌 1 min，放置 30 min 后测定。

二、酸提取

本方法摘自《森林土壤有效铜的测定》（LY/T 1260—1999）、《森林土壤有效锌的测定》（LY/T 1261—1999），适用于 pH 小于 6 的土壤中有效态铜、锌等元素含量的浸提。

称取 10.0 g 通过 2 mm 尼龙筛的风干土放入 150～180 mL 塑料瓶中，加 50.0 mL 0.1 mol/L 盐酸，用振荡机振荡 1.5 h，过滤得清液。

如果测定需要的试液数量较大，则可称取 15.0 g 或 20.0 g 试样，但应保证样液比为 1∶2，同时浸提使用的容器应足够大，确保试样的充分振荡。

稀 HCl 提取。提取剂为 pH 5.8～6.3 的稀盐酸溶液，此法为日本环境省在其土壤环境质量标准中规定的标准分析方法，并有相应的可提取态含量标准，可提取出较多的有效态微量元素。稀酸用于酸性土壤。一些国家在土壤背景值的调查时也采用酸提取的办法，如英国采用 HCl 和 HNO$_3$ 溶液浸取的办法；日本用 HNO$_3$-H$_2$SO$_4$-HClO$_4$ 溶液浸取等。

三、盐类提取

本方法适用于各类土壤中 Cd、Cr、Cu、Hg、Ni、Pb、Zn 生物有效态的化学提取分析。提取剂采用 0.1 mol/L NaNO$_3$ 溶液。针对 Cd、Cr、Cu、Hg、Ni、Pb、Zn 等重金属，此法为瑞士在其土壤保护法令（OIS）中规定的标准分析方法。

向 40 g 土中加入 l00 mL 0.1 mol/L NaNO$_3$，（提取液的水土比应在 8 以上）；在翻转型振荡机上以 120 r/min 的速度振荡 2 h，温度保持在（20±2）℃。振荡完毕后，将样品转移至离心管中，于离心机上以 3000 r/min 离心 10 min。用注射器吸取上清液过 0.45 μm 滤膜，滤液收集在 100 mL 的聚乙烯试剂瓶中；滤液用 0.1% HNO$_3$ 酸化，测定前在 4℃下保存。

四、联合试剂或络合剂提取

（一）DTPA 浸提

本方法参考《土壤 8 种有效态元素的测定　二乙烯三胺五乙酸浸提—电感耦合等离子体发射光谱法》（HJ 804—2016）和《土壤有效态锌、锰、铁、铜含量的测定　二乙三胺五乙酸（DTPA）浸提法》（NY/T 890—2004）。

准确称取 10.00 g 试样，置于干燥的 150 mL 具塞三角瓶或塑料瓶中，加入（25±2）℃的 DTPA 浸提剂 20.0 mL，DTPA 浸提剂成分为 0.005 mol/L DTPA、0.01 mol/L CaCl$_2$、0.1 mol/L TEA，pH=7.3。将瓶塞盖紧，于（25±2）℃的温度下，以（180±20）r/min 的振荡频率振荡 2 h 后立即过滤，保留滤液，在 48 h 内完成测定。如果测定需要的试液数量较大，则可称取 15.0 g 或 20.0 g 试样，但应保证固液比为 1：2，同时浸提使用的容器应足够大，确保试样的充分振荡。

（二）TCLP 提取

本方法摘自《土壤中有效态铅、镉、铜、锌含量的测定 TCLP 浸提—原子吸收光谱法》（DB32/T 1614—2010），适用于土壤中有效态铅、镉、铜、锌含量的提取。

称取 2 g（精确至 0.01 g）试样，置于 150 mL 浸提瓶中，根据土壤酸碱度选定合适的浸提剂。当土壤 pH 小于 5 时，加入浸提 1 号；当土壤 pH 大于 5 时，加入浸提 2 号。提取剂的用量均按固液比 1：20，且整个过程中不需要调 pH。加入浸提剂，盖紧瓶盖后固定在翻转振荡设备上，以 155～165 r/min 的速度，在（22±3）℃下振荡 20 h，在振荡过程中有气体产生时，应定时在通风橱中打开提取瓶，释放过度的压力。用双层定性滤纸或离心法过滤并收集浸出液，浸出液直接测定或于4℃下保存备测。

（三）草酸-草酸铵提取

本方法摘自《土壤检测第 9 部分：土壤有效钼的测定》（NY/T 1121.9—2012），适用于测定各类土壤中有效钼的含量。样品经草酸-草酸铵溶液浸提，用硝酸-高氯酸破坏草酸盐、消除铁的干扰，以极谱法测定。

称取通过 2 mm 孔径筛的风干试样 5.00 g 于 200 mL 塑料瓶中，加 50 mL 草酸-草酸铵浸提剂，盖紧瓶塞，振荡 0.5 h 后放置过夜，过滤，同时做空白试验。

五、连续提取

（一）Tessier 五步浸提法

重金属形态采用被学者广为使用的 Tessier 五步浸提法（图 6-1），具体步骤如下。

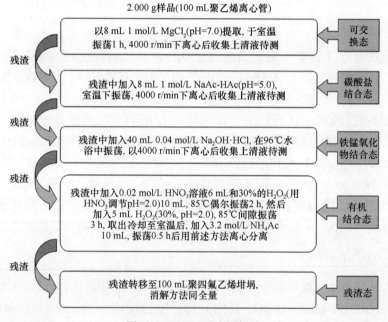

图 6-1　Tessier 五步浸提法

准确称取 2.0 g 样品，小心装入带盖 100 mL 硬质塑料圆底离心管中进行分步提取操作。

可交换态：以 8 mL 1 mol/L MgCl$_2$（pH=7.0）提取，于室温振荡 1 h，4000 r/min 下离心后收集上清液待测；

　　碳酸盐结合态：上一态残渣中加入 8 mL 1 mol/L NaAc-HAc（pH=5.0），室温下振荡，4000 r/min 下离心后收集上清液待测；

　　铁锰氧化物结合态：在上一态残渣中加入 40 mL 0.04 mol/L NH$_2$OH•HCl，在 96℃水浴中振荡，以 4000 r/min 离心后收集上清液待测；

　　有机结合态：上一态残渣中加 0.02 mol/L HNO$_3$ 溶液 6 mL 和 30%的 H$_2$O$_2$（用 HNO$_3$ 调节 pH=2.0）10 mL，85℃振荡 2 h，然后加入 5 mL H$_2$O$_2$（30%，pH=2.0），85℃间隙振荡 3 h，取出冷却至室温后，加入 3.2 mol/L NH$_4$Ac 10 mL，振荡 0.5 h 后用前述方法离心分离；

　　残渣态：采用和全铅测定相同的方法。原生或次生硅铝酸盐是底泥的主要成分，是底泥中铅的主要组成部分。此形态的铅十分稳定，对环境的影响很小。一般不参与环境介质的迁移作用，只有在强酸（如氢氟酸、硝酸、高氯酸等强氧化性的酸）作用下，才能够使其内部铅释放出来。其提取方法和提取条件与全铅的测定方法相同。全铅的消解方式有电热板消解和微波消解两个过程。由于提取完铁锰酸盐结合态后的残渣不易完全转入消解罐中，所以残渣态消解方式采用电热板消解法。而全铅的测定采用加压密闭容器消解法。

（二）BCR 连续提取法

　　BCR 法提出的三步连续提取将重金属分为弱酸提取态（可交换态和碳酸盐结合态）、可还原态（铁锰氧化物结合态）、可氧化态（有机物及硫化物结合态）和残渣态共四种形态，具体步骤如下。

　　弱酸提取态：称取 1.000g 土壤样品，用 40 mL 0.1 mol/L 的 HAc 溶液在（22±5）℃下振荡提取 16 h，然后以 3000 r/min 离心分离 20 min，取上清液分析。

　　可还原态：经过第 1 步骤处理后的残余物用 40 mL 0.5 moL/L NH$_2$HCl 溶液于（22±5）℃下振荡提取 16 h，然后以 3000 r/min 离心分离 20 min，取上清液分析。

　　可氧化态：经第 2 步骤处理后的残余物用 10mL 8.8mol/L H$_2$O$_2$ 于室温消化 1h，继续；重复加 10 mL 8.8mol/L H$_2$O$_2$ 在（85±2）℃下消化至体积减少到 1 mL，向湿冷的剩余物加 50 mL 1.0mol/L NHAc 溶液，在（22±5）℃下振荡提取 16 h，然后以 3000 r/min 离心分离 20 min，取上清液分析。

　　残渣态：称取经过第 3 步骤处理后的残余物 0.1000 g，用水润湿，分别加入 3 mL HCl、2 mL HNO$_3$、1 mL HClO$_4$、5 mL HF，放于电热板上加热至高氯酸白烟冒净，再加入（1+1）HCl，加热至盐类溶解，取下冷却，用水定容到 10 mL 待测。

（三）Maiz 连续提取法

　　参考 Maiz 等提出的三步连续提取法，将包含于其中的重金属分成 3 种不同的形态，即可交换态、螯合态（包括络合态、吸附态及碳酸盐结合态）和残渣态。具体实验步骤如下。

称取 3.0 g 土壤样品，加入 30 mL 0.01 mol/L $CaCl_2$ 溶液，室温振荡 2 h，然后以 3000 r/min 离心分离 20 min，取上清液分析，得到可交换态。

经第 1 步骤处理后的残余物用超纯水洗两次，离心弃去废液。再将样品加入 6 mL 提取液（0.005 mol/L DTPA，0.1 mol/L TEA 和 0.01 mol/L $CaCl_2$ 混合溶液；pH=7.30±0.05），室温振荡 4 h，然后以 3000 r/min 离心分离 20 min，取上清液分析，得到螯合态。

经过第 2 步骤处理后的残余物用超纯水清洗，离心弃去废液，剩余土壤用 HNO_3 和 HF 混合酸消解后进行分析，得到残渣态。

参 考 文 献

刘凤枝，李玉浸，万晓红，等. 2015. 土壤环境分析技术. 北京: 化学工业出版社

刘凤枝，刘潇威，战新华，等. 2007. 土壤和固体废弃物监测分析技术. 北京: 化学工业出版社

齐文启，孙宗光，石金宝，等. 2006. 环境监测实用技术. 北京: 中国环境科学出版社

中国环境监测总站. 1992. 土壤元素的近代分析方法(第一版). 北京: 中国环境科学出版社

第七章 重金属前处理应用

第一节 土壤中重金属前处理应用

土壤的测定，一般有总量和非总量之分。本节主要介绍土壤中重金属总量的酸溶技术应用。准确测定土壤中重金属含量，前处理是一个重要的环节。酸体系的变化及加热方式的不同均能对样品的测定结果起关键作用。表7-1～表7-3列出了现有的土壤重金属测定国内外标准。

表 7-1　土壤中重金属测定国内标准汇总

仪器方法	消解方式	消解体系	测定元素	标准号
分光光度法	电热板	硝酸-盐酸-硫酸/硝酸-盐酸-高氯酸	锰	LY/T 1256—1999
	电热板	硫酸-磷酸-硝酸	铬	NY/T 1121.12—2006
	电热板	盐酸-硝酸-氢氟酸-高氯酸	镍	GB/T 14506.27—2010
	干法消解	碱熔：过氧化钠	钴	GB/T 14506.26—2010
	电热板	硫酸-硝酸-高氯酸	砷	GB/T 17134—1997
	电热板	盐酸-硝酸-高氯酸	砷	GB/T 17135—1997
示波极谱法	电热板	盐酸-硝酸-氢氟酸-高氯酸	钒、镍、钴	GB/T 14506.22—2010（钒）、GB/T 14506.21—2010（镍）、GB/T 14506.21—2010（钴）
	干法消解	碱熔：过氧化钠		
AFS	电热板	盐酸-硝酸-氢氟酸-高氯酸	铅	GB/T 22105.3—2008
	水浴	王水	汞	GB/T 22105.1—2008、NY/T 1121.10—2006
			砷	GB/T 22105.2—2008、NY/T 1121.11—2006
	微波	王水	汞、砷、锑	HJ 680—2013
CVAA	电热板	硫酸-硝酸-高锰酸钾/硝酸-硫酸-五氧化二钒	汞	GB/T 17136—1997
	电砂浴	硫酸-硝酸-亚硝酸钠/硝酸-硫酸-五氧化二钒	汞	EJ/T 194.4—1982
FAAS	电热板	王水	铜、锌、镍、铬、铅、镉	NY/T 1613—2008
	电热板	硝酸-盐酸-硫酸/硝酸-盐酸-高氯酸	锰	LY/T 1256—1999
	电热板	盐酸-硝酸-高氯酸-氢氟酸	铬、铅、镉、镍、铜、锌	HJ 491—2009（铬）、GB/T 17140—1997（铅、镉）、GB/T 17139—1997（镍）、GB/T 17138—1997（铜、锌）
	微波	硝酸-氢氟酸-高氯酸-盐酸	铬	HJ 491—2009

仪器方法	消解方式	消解体系	测定元素	标准号
GFAAS	电热板	盐酸-硝酸-氢氟酸-高氯酸	铅、镉	GB/T 17141—1997
	电热板	王水	铅、镉	NY/T 1613—2008
ICP-MS	烘箱 [(185±5)℃]	氢氟酸-硝酸	铅、汞、砷、锌、锰、钴、铊、钒	GB/T 14506.30—2010
	电热板	盐酸-硝酸-氢氟酸-双氧水	银、砷、钡、铍、镉、钴、铜、锰、钼、镍、铅、锑、硒、铊	HJ 766—2015
	干法消解	碱熔：过氧化钠	镍、锰、钴	GB/T 14506.30—2010（镍）、GB/T 14506.29—2010（锰、钴）
	电热板	硝酸-双氧水-盐酸-水	铅、汞、镉、铬、砷、镍、铜、锌、银、铊、锑	HJ/T 350—2007
	密闭加压	硝酸-盐酸		
波长色散 X 射线荧光光谱法	压片	—	铅、砷、镍、铜、锰、铬、钴	HJ 780—2015

表 7-2　土壤中重金属测定 US EPA 标准汇总

标准号	消解方式	消解体系	检测仪器
EPA Method 3051	微波（170～180℃）	硝酸	FLAA、GFAA、ICP-AES、ICP-MS
EPA Method 3052	微波 [(180±5)℃]	硝酸+氢氟酸（消解含硅基体）+双氧水（消解有机物）+盐酸（Ag、Ba、Sb 及高浓度的 Fe 和 Al）	CVAA、FLAA、GFAA、ICP-AES 和 ICP-MS
EPA Method 3060	90～95℃水浴	0.28 mol/L Na_2CO_3/0.5 mol/L NaOH	分光法
EPA Method 3050	蒸气浴	硝酸（1∶1）+水+30%双氧水（10+2+3）	GFAA 或 ICP-MS
		硝酸（1∶1）+水+30%双氧水+盐酸（10+2+3+10）	FLAA 或 ICP-AES
EPA method 7061A	电热板消解，防止样品炭化	硝酸+硫酸（10+12）	气体氢化物-AAS
EPA method 4500	—	—	酶联免疫法

表 7-3　土壤中重金属测定其他国家（除 US EPA）标准汇总

标准号	消解方式	消解体系	适用范围	检测方法	检出限/（mg/kg）
ASTM D7458-2008	索氏提取	氟化氢铵	土壤、岩石、沉积物和飞灰中的铍	荧光检测	
BS 7755-3.13-1998	萃取	王水	土壤的镉、铬、钴、铜、铅、锰测定	火焰和电热原子吸收光谱法	
BS EN 15192-2006	电热板	碱消化	废物和土壤-测定铬（Ⅵ）	离子色谱分光光度法	
DIN 19682-13-2009	显色反应	乙酸铵和指示剂	土壤和固体废物中的铁（Ⅱ）	分光光度法	
DIN 19684-7-2009	显色反应	氨水、盐酸羟胺 1,10-菲咯啉	土壤中易溶亚铁离子	分光光度计	
DIN CEN TS 16172-2013	电热板	硝酸-盐酸	污泥、处理生物垃圾和土壤中锑、砷、铅、镉、钴、铊、钒可溶组分	石墨炉原子吸收光谱法（GF-AAS）	0.1～0.01
DIN CEN TS 16175-1-2013	电热板或者萃取	硝酸消解和王水萃取	污泥、处理生物垃圾和土壤中的汞	冷原子吸收光谱仪（CV-AAS）	0.03
DIN CEN TS 16175-2-2013	电热板或者萃取	硝酸消解和王水萃取	污泥、处理生物垃圾和土壤中的汞	冷原子荧光光谱法（CV-AFS）	0.003

续表

标准号	消解方式	消解体系	适用范围	检测仪器	检出限/（mg/kg）
EN 15192-2006	电热板	碱消解、溶解、吸附和解吸	固体废弃物和土壤中Cr（Ⅵ）	离子色谱法与分光光度法检测	馏分中大于0.1
ISO 11047-1998	萃取	王水	土壤中镉、铬、钴、铜、铅、锰、镍和锌	火焰原子吸收分光光度法和电热原子吸收分光光度法	
ISO 16772-2004	萃取	王水	土壤中的汞	冷原子光谱法或冷原子荧光光谱法	
ISO 20279-2005	萃取	硝酸-双氧水	土壤中的铊	电热原子吸收分光光度法	
ISO 20280-2007	萃取	王水	土壤中砷、锑和硒	电热或氢化物发生器原子吸收法	
NF X31-121-1993	萃取	DTPA	土壤中铜、锰、锌、铁	原子吸收法（AAS）	
NF X31-171-2011	电热板	碱消化	土壤中（Ⅵ）铬测定	离子色谱分光光度法	
NF X31-432-2004	提取	王水	土壤中汞的测定	冷原子吸收冷原子荧光光谱法	
NF X31-437-2007	提取	王水	土壤中砷、锑和硒	电热或氢化物发生器原子吸收光谱法	
JIS K 0470：2008	粉末	研磨过筛	黏土和沙中的砷和铅	X射线荧光	

一、常用的前处理方法

（一）电热板消解

1. 盐酸-硝酸-氢氟酸-高氯酸消解

本方法适用于应用原子吸收分光光度法测定土壤中的铜、铅、锌、镉、铬、镍等重金属的全消解。等效于《土壤质量　铜、锌的测定　火焰原子吸收分光光度法》（GB/T 17138—1997）。准确称取 0.2～0.5g 试样于 50mL 聚四氟乙烯坩锅中。用水润湿后加入 10 mL 盐酸，于通风橱内的电热板上低温加热，使样品初步分解，待蒸发至约剩 3mL 时，取下稍冷，然后加入 5mL 硝酸、5mL 氢氟酸、3mL 高氯酸，加盖后于电热板中温加热。1 h 后，开盖，继续加热除硅，为了达到良好的飞硅效果，应经常摇动坩埚。当加热至冒浓厚白烟时，加盖，使黑色有机碳化物分解。待坩埚壁上的黑色有机物消失后，开盖驱赶高氟酸白烟并蒸至内容物呈黏稠状。视消解情况可再加入 3mL 硝酸、3mL 氢氟酸和 1mL 高氯酸，重复上述消解过程。当白烟再次基本冒尽且坩埚内容物呈黏稠状时，取下稍冷，用水冲洗坩埚盖和内壁，并加入 1mL 硝酸溶液温热溶解残渣。然后将溶液转到 50mL 容量瓶中。冷却后定容至标线摇匀，待测。

由于土壤种类较多，所含有机质差异较大，在消解时，要注意观察，各种酸的用量可视消解情况酌情增减。消解完成后，土壤消解液应呈白色或淡黄色（含铁量高的土壤），没有明显沉淀物存在。注意消解温度不宜太高，否则会使聚四氟乙烯坩埚变形。

2. 王水消解

（1）本方法摘自《土壤和沉积物 12 种金属元素的测定 王水提取/电感耦合等离子体质谱法》（HJ 803—2016），适用于 ICP-MS 测定土壤中镉、钴、铜、铬、锰、镍、铅、锌、钒、砷、钼、锑等金属元素。

准确称取风干土壤样品 0.1 g，精确到 0.0002 g，置于 100 mL 锥形瓶中，加入 6 mL 王水，盖上表面皿，于电热板上加热，保持王水处于微沸状态 2 h。消解结束后静置冷却至室温，提取液经过滤后收集于 50 mL 容量瓶。待提取液滤尽后，用少量 0.5 mol/L HNO$_3$ 溶液清洗表面皿、锥形瓶和滤渣至少 3 次，洗液一并收集于 50.0 mL 容量瓶中，去离子水定容至刻度。

（2）本方法摘自《土壤质量 重金属测定 王水回流消解原子吸收法》（NY/T 1613—2008），适用于火焰原子吸收法（FAAS）测定铜、锌、镍、铬、铅、镉；土壤中铅含量在 25 mg/kg 以下，镉含量在 5 mg/kg 以下适用于石墨炉原子吸收法（GFAAS）。

准确称取约 1 g（精确到 0.0002 g）通过 0.149 mm 孔径筛的风干土壤样品，加少许蒸馏水润湿土样，加 3～4 粒小玻璃珠。加入 10 mL 浓 HNO$_3$ 溶液，浸润整个样品，电热板上微沸状态下加热 20 min（HNO$_3$ 与土壤中有机质反应后剩余部分为 6～7 mL，与下一步加入 20 mL 浓 HCl 仍大约保持王水比例）。加入 20 mL 浓 HCl，盖上表面皿，放在电热板上加热 2 h，保持王水处于明显的微沸状态（即可见到王水蒸气在瓶壁上回流，但反应又不能过于剧烈而导致样品溢出）。移去表面皿，赶掉全部酸液至湿盐状态，加 10 mL 水溶解，趁热过滤至 50 mL 容量瓶中定容。

（二）微波消解

1. 硝酸-盐酸-氢氟酸消解

本消解方法摘自《土壤和沉积物金属元素总量的消解 微波消解法》（HJ 832—2017），适用于砷（As）、钡（Ba）、铍（Be）、铋（Bi）、镉（Cd）、钴（Co）、铬（Cr）、铜（Cu）、汞（Hg）、锰（Mn）、镍（Ni）、铅（Pb）、锑（Sb）、硒（Se）、铊（Tl）、钒（V）和锌（Zn）等 17 种金属元素的提取。

称取样品 0.25～0.5 g 置于消解罐中，用少量实验用水润湿。在防酸通风橱中，依次加入 6 mL 硝酸、3 mL 盐酸、2 mL 氢氟酸，使样品和消解液充分混匀。若有剧烈化学反应，待反应结束后再加盖拧紧。将消解罐装入消解罐支架后放入微波消解装置的炉腔中，确认温度传感器和压力传感器工作正常。按照表 7-4 的升温程序进行微波消解，程序结束后冷却。待罐内温度降至室温后在防酸通风橱中取出消解罐，缓缓泄压放气，打开消解罐盖。

表 7-4　微波消解升温程序

升温时间/min	消解温度	保持时间/min
7	室温升温至 120℃	3
5	120℃升温至 160℃	3
5	160℃升温至 190℃	25

将消解罐中的溶液转移至聚四氟乙烯坩埚中，用少许实验用水洗涤消解罐和盖子后一并倒入坩埚。将坩埚置于温控加热设备上在微沸的状态下进行赶酸。待液体成黏稠状时，取下稍冷，用硝酸溶液冲洗坩埚内壁，利用余温溶解附着在坩埚壁上的残渣，转入 25 mL 容量瓶中，用硝酸溶液冲洗坩埚，洗涤液一并转入容量瓶中，然后用硝酸溶液定容至标线，混匀，静置 60 min 取上清液待测。过程中需注意以下事项。

（1）微波消解后若有黑色残渣，则碳化物未被消解完全。在温控加热设备上向坩埚中补加 2 mL 硝酸、1 mL 氢氟酸和 1 mL 高氯酸，加盖反应 30 min 后，揭盖继续加热至高氯酸白烟冒尽，液体成黏稠状，此过程反复进行直到黑色碳化物消失为止。取下稍冷，用硝酸溶液冲洗坩埚内壁，利用余温溶解附着在坩埚壁上的残渣，转入容量瓶中，用硝酸溶液冲洗坩埚，洗涤液一并转入 25 mL 容量瓶中，然后硝酸溶液定容至标线，混匀，静置 60 min 取上清液待测。

（2）由于土壤、沉积物样品种类多，所含有机质差异较大，微波消解的硝酸、盐酸和氢氟酸用量可酌情增加。

（3）样品中所测元素含量低时，可将样品称取量提高到 1 g（精确至 0.0001 g），微波消解的硝酸、盐酸和氢氟酸用量可酌情增加。

（4）消解后的消解罐一定要冷却至室温才能开盖，不然罐内压力过高会导致消解液飞溅，造成分析物损失及操作人员身体伤害。

2．硝酸-氢氟酸-高氯酸消解

称取 0.2～0.5 g 试样于微波消解罐中，用少量水润湿后加入 5 mL 硝酸，5 mL 氢氟酸，按照表 7-4 微波消解程序消解，冷却后将溶液转移至 50 mL 聚四氟乙烯坩埚中，加入 3 mL 高氯酸，放置电热板上加热至 160℃赶酸，驱赶白烟并蒸至内容物呈黏稠状，取下坩埚稍冷，加入硝酸 5 mL，温热溶解残渣，全量转移至 50 mL 容量瓶中定容，摇匀待测。

3．王水消解

（1）本方法摘自《土壤和沉积物　汞、砷、硒、铋、锑的测定　微波消解/原子荧光法》（HJ 680—2013），适用于原子荧光法测定土壤中汞、砷、硒、锑、铋。

称取风干、过筛的样品 0.1～0.5 g（精确至 0.0001 g，样品中元素含量低时，可将样品称取量提高至 1.0 g）置于溶样杯中，用少量实验用水润湿。在通风橱中，先加入 6 mL 盐酸，再慢慢加入 2 mL 硝酸，轻轻摇动使样品与消解液充分接触。若有剧烈化学反应，待反应结束后再将溶样杯置于消解罐中密封。消解罐放入保护外壳后，将消解罐装入消解支架，然后放入微波消解仪的炉腔中，确认主控消解罐上的温度传感器及压力传感器均已与系统连接好。可参考表 7-5 推荐的升温程序进行微波消解，消解程序结束后冷却。待罐内温度降至室温后在通风橱中取出，缓慢泄压放气，打开消解罐盖。把玻璃小漏斗插于 50 mL 容量瓶的瓶口，用慢速定量滤纸将消解后溶液过滤、转移入容量瓶中，实验用水洗涤溶样杯及沉淀，将所有洗涤液并入容量瓶中，用实验用水定容至标线，混匀后静置。

表 7-5　微波消解升温程序

步骤	升温时间/min	目标温度/℃	保持时间/min
1	5	100	2
2	5	150	3
3	5	180	25

（2）本方法摘自《土壤和沉积物 12 种金属元素的测定 王水提取/电感耦合等离子体质谱法》（HJ 803—2016），适用于 ICP-MS 测定镉、钴、铜、铬、锰、镍、铅、锌、钒、砷、钼、锑等金属元素。

准确称取待测样品 0.1 g，置于聚四氟乙烯密闭消解罐中，加入 6 mL 王水。将消解罐安置于消解罐支架上，放入微波消解仪中，设置合适的功率、升温时间、温度、保持时间等参数，表 7-6 给出了推荐的消解程序。微波消解结束后冷却至室温，打开密闭消解罐，将样品消解液过滤、收集于 50 mL 容量瓶中。用少量 0.5 mol/L HNO$_3$ 溶液清洗聚四氟乙烯消解罐的盖子内壁、罐体和滤渣至少 3 次，洗液一并收集于 50.0 mL 容量瓶中，去离子水定容至刻度。

表 7-6　推荐微波消解程序

步骤	升温时间/℃	目标温度/min	保持时间/min
1	5	120	2
2	4	150	5
3	5	185	40

（三）全自动消解

准确称取 0.2 g 试样于全自动石墨消解仪的消解罐中，并放置于消解架上，仪器通过智能软件控制，按照全自动石墨消解设定程序（表 7-7）进行试剂在线添加、自动摇匀、自动升温等功能实现对样品的消解并自动定容。

表 7-7　全自动石墨消解参考程序

步骤	操作内容	操作要求
1	加入 0.5 mL 水	50%的高度以 50%的速度振荡 30 s
2	加入 6 mL 硝酸	50%的高度以 50%的速度振荡 30 s
3	加热至 140℃	保持 60 min
4	冷却 5 min	冷却消解罐体温度，一般冷却约 30℃
5	加入 6 mL 盐酸及 2 mL 硝酸	50%的高度以 50%的速度振荡 30 s
6	加热至 150℃	保持 60 min
7	冷却 5 min	冷却消解罐体温度，一般冷却约 30℃
8	加入 5 mL HF	50%的高度以 50%的速度振荡 30s
9	升温至 150℃	保持 50 min
10	冷却 5 min	冷却消解罐体温度，一般冷却约 30℃
11	加入 3 mL 高氯酸并用水冲洗泵管	50%的高度以 50%的速度振荡 30 s
12	升温至 180℃	保持 60 min
13	冷却至室温	定容至 50 mL，混匀待测

（四）水浴消解

方法摘自《土壤质量　总汞、总砷、总铅的测定　原子荧光法　第 1 部分：土壤中总汞的测定》（GB/T 22105.1—2008）和《土壤质量　总汞、总砷、总铅的测定. 原子荧光法. 第 2 部分：土壤中总砷的测定》（GB/T 22105.2—2008），适用于原子荧光法测定土壤中汞、砷、硒、锑和铋的总量。

称取经风干、研磨并过筛的土壤样品 0.2～1.0 g（精确至 0.0002 g）于 50 mL 具塞比色管中，加少许水润湿样品，加入新配制的（1+1）王水 10 mL，加塞摇匀后置于沸水浴中消解 2 h，中间摇动几次，取下冷却至室温，用水稀释至 50 mL 刻度线，摇匀后放置，分析前根据情况将其稀释适当倍数待测。

二、前处理应用研究

（一）酸消解（全量）

作者根据方法标准和文献报道汇总了前处理方法中各种酸体系的使用情况，见表 7-8。

表 7-8　土壤中重金属测定酸体系应用统计

酸体系	标准应用数量	文献应用数量
王水	11	9
硝酸	2	4
硝酸-高氯酸-硫酸	2	3

续表

酸体系	标准应用数量	文献应用数量
硝酸-硫酸	1	3
硝酸-氢氟酸	1	5
硝酸-氢氟酸-盐酸	1	2
硝酸-氢氟酸-高氯酸	1	2
硝酸-硫酸-高锰酸钾	1	2
硝酸-硫酸-磷酸	1	0
硝酸-硫酸-五氧化二钒	2	0
硝酸-硫酸-亚硝酸钠	1	0
硝酸-氢氟酸-双氧水	2	7
硝酸-氢氟酸-盐酸	1	1
硝酸-氢氟酸-盐酸-高氯酸	7	6
硝酸-氢氟酸-盐酸-硫酸	1	3
硝酸-双氧水	0	1
硝酸-盐酸	1	3
硝酸-盐酸-高氯酸	2	4
硝酸-盐酸-硫酸	1	1

通过统计，电热板消解、微波消解及水浴 3 种加热方式，硝酸-氢氟酸、硝酸、硝酸-氢氟酸-双氧水、王水、硝酸-氢氟酸-盐酸、硝酸-氢氟酸-高氯酸、硝酸-盐酸-高氯酸、硝酸-氢氟酸-盐酸-高氯酸 8 种组合共 15 种前处理体系，基本函括了目前大部分国内标准方法和文献研究报道使用的前处理方法。详见表 7-9。

表 7-9　前处理体系组合表

编号	酸体系	加热方式	体系来源	编号	酸体系	加热方式	体系来源
Ea	硝酸-氢氟酸	电热板	文献报道	Ma	硝酸-氢氟酸	微波	EPA Method 3052
Eb	硝酸	电热板	DIN CEN TS 16175-1-2013 DIN CEN TS 16175-2-2013	Mb	硝酸	微波	EPA Method 3051
Ec	硝酸-氢氟酸-双氧水	电热板	文献报道	Mc	硝酸-氢氟酸-双氧水	微波	EPA Method 3052
Ef	硝酸-氢氟酸-盐酸	电热板	文献报道	Mf	硝酸-氢氟酸-盐酸	微波	EPA Method 3052
Eg	硝酸-氢氟酸-高氯酸	电热板	文献报道	Mg	硝酸-氢氟酸-高氯酸	微波	文献报道
Eh	硝酸-盐酸-高氯酸	电热板	GB/T 17135-1997、LY/T 1256-1999	Mh	硝酸-盐酸-高氯酸	微波	文献报道

续表

编号	酸体系	加热方式	体系来源	编号	酸体系	加热方式	体系来源
Ei	硝酸-氢氟酸-盐酸-高氯酸	电热板	HJ 491-2009、GB/T 17140-1997、GB/T 17141-1997、GB/T 17138-1997、GB/T 17139-1997、GB/T 14506.21-2010、GB/T 14506.27-2010	Mi	硝酸-氢氟酸-盐酸-高氯酸	微波	HJ 491-2009
W	王水	水浴	GB/T 22105.1-2008、GB/T 22105.2-2008、NY/T 1613-2008、NY/T 1121.10-2006、DIN CEN TS 16175-1-2013、DIN CEN 16175-2-2013、ISO 16772-2004、ISO 20280-2007、NF X31-432-2004、NF X31-437-2007	—	—	—	—

样品处理后，重金属的分析常用火焰/石墨炉原子吸收分光光度计（FAAS/GFAAS）、原子荧光分光光度计（AFS）、ICP-AES、ICP-MS、冷原子吸收分光光度计等仪器进行分析。下面将表7-9中提到的15种消解加热方式及酸体系应用各类仪器测定土壤中重金属测定的影响进行介绍（数据来自《重点防控重金属关键先进监测技术研究"）。

1. 铅元素

对于土壤中铅元素，适宜的酸体系比较多见表7-10。

表 7-10　土壤中铅的适宜酸体系

序号	加热方式	酸体系	仪器推荐
1	电热板	硝酸	ICP-AES
2	微波	硝酸-氢氟酸	ICP-MS
3	微波	硝酸-氢氟酸-双氧水	ICP-MS
4	微波	硝酸-氢氟酸	ICP-MS
5	电热板	硝酸-氢氟酸-高氯酸	ICP-MS、FAAS
6	微波	硝酸-氢氟酸-盐酸	FAAS
7	电热板	硝酸-氢氟酸-盐酸	ICP-MS
8	微波	硝酸-盐酸-高氯酸	FAAS
9	电热板/微波	硝酸-盐酸-氢氟酸-高氯酸	ICP-MS

对于 FAAS 测定土壤中铅，硝酸-氢氟酸-盐酸/微波、硝酸-氢氟酸-高氯酸/电热板和硝酸-盐酸-高氯酸/微波三种消解方式均表现出较高的准确度，这 3 种消解

方式用于测定 GSS-4、GSS-5、GSS-9 和 GSS-16 4 种土壤有证标准物质的准确度范围分别为-14.6%~-0.8%、-22.6%~2.7%和-17.5%~-3.9%，测定 4 种不同地域不同浓度实际样品的精密度范围分别为 1.3%~5.3%、1.5%~1.9%和 1.1%~15.4%。

对于 ICP-AES 测定土壤中铅，各体系的准确度相对比较差，可能由于在 ICP-AES 测定中，干扰相对比较大。在这些体系中，体系 Eb（硝酸/电热板），精密度在 1.6%~5.1%间，该前处理方法用于测定标土 GSS-16 和 GSS-5 可获得较好的准确度。

对于 ICP-MS 测定土壤中铅，硝酸-氢氟酸-双氧水/微波、硝酸-氢氟酸-盐酸-高氯酸/电热板、硝酸-氢氟酸/微波、硝酸-氢氟酸-高氯酸/电热板、硝酸-氢氟酸-高氯酸/微波、硝酸-氢氟酸-盐酸/电热板和硝酸-氢氟酸-盐酸-高氯酸/微波消解体系表现出较高的准确度，其相对误差范围分别为-8.8%~-3.2%、-6.8%~-0.2%、-16.8%~4.7%、-8.2%~16.4%、-4.3%~10.7%、-4.9%~13.4 和-2.7%~8.4%；对于测定实际样品，这 7 个消解体系也表现出较高的精密度，其相对标准偏差（RSD）范围分别为 0.7%~2.7%、0.6%~11.7%、2.0%~14.4%、1.2%~6.0%、4.7%~6.2%、4.4%~6.8%和 1.9%~7.9%，且这几种消解方式所有获得的 RSD 大多数低于 5%。这 7 种消解方式，在使用的酸中，均含有硝酸-氢氟酸，所以 ICP-MS 测定土壤中的铅时，硝酸和氢氟酸是最为重要的。

2. 汞元素

对于 ICP-MS 测定土壤中汞，仅有个别土壤采用王水/水浴消解时具有较好的准确度。对于 AFS 测定土壤中汞，土壤中汞含量太低，汞在仪器管路中易吸附而产生记忆效应，一般的消解体系获得的效果都不太好；如果仪器的灵敏度足够，采用王水/水浴法能获得较理想的结果。固体直接进样（CVAA）测定土壤中汞的精密度非常好，但经过消解后测定的准确度非常差。CVAA 热分解则不仅具有很好的精密度，准确度也非常好。可以说 ICP-MS、CVAA 及 AFS 法用于测定土壤中汞都存在或多或少的缺陷（消解后的溶液保存困难、仪器清洗时间长、重复性差等）；而测汞仪 CVAA 热分解因具有操作简单、无前处理消解过程、重复性好、高效等优点，越来越受到环境工作者的喜欢，实验证明也确实如此（其测定土壤中汞的相对误差为-4.1%~6.3%，RSD 为 2.4%~5.7%，故可优先考虑此方法用于测定土壤中汞。

土壤中汞的适宜酸体系见表 7-11。

表 7-11　土壤中汞的适宜酸体系

序号	加热方式	酸体系	仪器推荐
1	CVAA 热分解	固体直接进样	直接测汞仪
2	水浴	王水（1+1）	AFS

3. 镉元素

测定土壤中镉元素，原子吸收法（AAS）获得较好的准确度，其次是 ICP-MS 法，而 ICP-AES 法测定土壤中镉的准确度较差。其中，对于 AAS 测定土壤中镉，采用硝酸-氢氟酸/电热板、硝酸-氢氟酸/微波和硝酸-氢氟酸-双氧水/微波 3 种消解方式较适宜，其测定 GSS-4、GSS-5、GSS-9 和 GSS-16 4 种土壤有证标准物质的相对误差范围分别为-6.1%～8.1%、-9.6%～9.2%和-15.6%～14.7%，测定 4 种不同浓度实际样品 RSD 都低于 5%；对于 ICP-AES 来说，由于土壤中镉的含量相对比较低，应用 ICP-AES 方法往往低于其检出限，实验得出的准确度较差；对于 ICP-MS 测定土壤中镉来说，适宜的消解体系有硝酸/电热板和硝酸-盐酸-高氯酸/电热板，其测定 GSS-4、GSS-5、GSS-9 和 GSS-16 4 种土壤有证标准物质的相对误差范围分别为-19.9%～18.2%和-24.6%～24.3%，测定 4 种不同浓度实际样品 RSD 都低于 10%。

土壤中镉的适宜酸体系见表 7-12。

表 7-12　土壤中镉的适宜酸体系

序号	加热方式	酸体系	仪器推荐
1	电热板	硝酸	ICP-MS
2	电热板/微波	硝酸-氢氟酸	AAS
3	微波	硝酸-氢氟酸-双氧水	AAS
4	电热板	硝酸-盐酸-高氯酸	ICP-MS

4. 铬元素

从精密度和准确度来看，ICP-MS 法明显优于 ICP-AES 法和 FAAS 法，而 ICP-AES 法略优于 FAAS 法。

对于 ICP-MS 测定土壤中铬来说，硝酸和氢氟酸是主要因素，如采用硝酸-氢氟酸/微波、硝酸-氢氟酸-双氧水/微波、硝酸-盐酸-氢氟酸-高氯酸/电热板、硝酸-盐酸-氢氟酸-高氯酸/微波、硝酸-氢氟酸-盐酸/微波和硝酸-氢氟酸-高氯酸/电热板等 6 种消解方式表现出较高的准确度和精密度。相对误差范围分别为-2.6%～1.0%、-4.4%～1.1%、-2.5%～4.8%、-9.4%～6.7%、-5.1%～2.9%和-3.9%～5.2%；RSD 范围分别为 3.2%～7.6%、1.0%～1.6%、0.9%～2.8%、3.0%～7.5%、1.2%～3.3%和 1.8%～7.5%，且大部分 RSD 都小于 5%。

采用 ICP-AES 法，不同的消解方式大部分都能获得很好的精密度（小于 5%），只有极个别的精密度比较差，但是其准确度却相差较大。只有体系硝酸-氢氟酸/微波、硝酸-氢氟酸-双氧水/微波和硝酸-氢氟酸-盐酸/微波表现出较好的准确度和精密度，其相对误差范围分别为-20.9%～-2.8%、-17.0%～-6.2%和-14.7%～-3.1%，相对标准偏差范围分别为 1.6%～2.4%、1.1%～2.1%、1.8～3.4%，均小于 5%。

对于 FAAS 测定土壤中铬，含有硝酸、氢氟酸和高氯酸是关键。如硝酸-氢氟酸-盐酸-高氯酸/电热板、硝酸-氢氟酸-高氯酸/电热板和硝酸-氢氟酸-盐酸-高氯酸/微波 3 种消解方式表现出较高的准确度和精密度，相对误差范围分别为–20.1%～–9.8%、–5.3%～16.0%和–25.2%～6.0%，RSD 范围分别为 2.9%～16.4%、1.4%～10.0%和 2.3%～7.2%。

土壤中铬的适宜酸体系见表 7-13。

表 7-13　土壤中铬的适宜酸体系

序号	加热方式	酸体系	仪器推荐
1	微波	硝酸-氢氟酸	ICP-MS、ICP-AES
2	电热板	硝酸-氢氟酸-高氯酸	ICP-MS、FAAS
3	电热板	硝酸-氢氟酸-双氧水	ICP-MS
4	微波	硝酸-氢氟酸-双氧水	ICP-MS、ICP-AES
5	微波	硝酸-氢氟酸-盐酸	ICP-MS、ICP-AES
6	电热板/微波	硝酸-盐酸-氢氟酸-高氯酸	FAAS、ICP-MS

5. 砷元素

对于测定砷，ICP-MS 法获得较好的准确度，其次是 AFS 法；这 2 种仪器方法测定的土壤标准样品和土壤实际样品的 RSD 大部分都在 10%之内。

其中，采用 AFS 法，水浴/王水体系和硝酸-盐酸-高氯酸/微波消解测定土壤中砷比较适宜。

采用 ICP-AES 法，15 种体系都不适合土壤中砷的前处理，尽管其有很好的精密度，但是误差太大。这可能是砷的干扰太大所致。

采用 ICP-MS 法，硝酸-氢氟酸/电热板、硝酸-氢氟酸/微波、硝酸-双氧水-氢氟酸/电热板、硝酸-双氧水-氢氟酸/微波、硝酸-盐酸-氢氟酸-高氯酸/电热板和硝酸-盐酸-氢氟酸-高氯酸/微波等消解方式测定土壤中砷比较适宜。

土壤中砷的适宜酸体系见表 7-14。

表 7-14　土壤中砷的适宜酸体系

序号	加热方式	酸体系	仪器推荐
1	水浴	王水	AFS
2	电热板/微波	硝酸-氢氟酸	ICP-MS
3	微波	硝酸-盐酸-高氯酸	AFS
4	电热板/微波	硝酸-氢氟酸-双氧水	ICP-MS
5	电热板/微波	硝酸-盐酸-氢氟酸-高氯酸	ICP-MS

6. 镍元素

不同的仪器适宜的消解体系有所差异，从精密度和准确度来看，ICP-MS 法也更占优势。

ICP-MS 测定土壤中镍酸体系的范围非常广，如硝酸-氢氟酸/电热板、硝酸-氢氟酸/微波、硝酸/微波、硝酸-氢氟酸-双氧水/电热板、硝酸-氢氟酸-双氧水/微波、硝酸-氢氟酸-盐酸/微波、硝酸-氢氟酸-高氯酸/电热板、硝酸-氢氟酸-盐酸-高氯酸/电热板、硝酸-氢氟酸-盐酸-高氯酸/微波等消解方式表现出较高的准确度和精密度；精密度和准确度均在 10%以下，大部分在 5%以下。

对于 ICP-AES 测定土壤中镍，较适宜的消解体系有 Ma（硝酸-氢氟酸/微波）和 Mb（硝酸/微波），其测定标准样品的相对误差范围分别为-12.5%~26.8%和-0.4%~15.0%，测定实际样品的 RSD 范围分别为 6.4%~8.9%和 1.0%~9.2%。

对于 FAAS 法，较适宜的消解体系有硝酸/微波、硝酸-氢氟酸-盐酸-高氯酸/微波、硝酸-氢氟酸-高氯酸/电热板、硝酸-氢氟酸-盐酸-高氯酸/电热板、硝酸-氢氟酸/电热板和硝酸-氢氟酸-盐酸/微波。

土壤中镍的适宜酸体系见表 7-15。

表 7-15　土壤中镍的适宜酸体系

序号	加热方式	酸体系	仪器推荐
1	微波	硝酸	ICP-MS、ICP-AES、FAAS
2	电热板	硝酸-氢氟酸	FAAS、ICP-MS
3	微波	硝酸-氢氟酸	ICP-MS、ICP-AES
4	电热板	硝酸-氢氟酸-高氯酸	FAAS、ICP-MS
5	电热板/微波	硝酸-氢氟酸-双氧水	ICP-MS
6	微波	硝酸-氢氟酸-盐酸	ICP-MS、FAAS
7	微波	硝酸-盐酸-高氯酸	FAAS
8	电热板/微波	硝酸-盐酸-氢氟酸-高氯酸	FAAS、ICP-MS

7. 铜元素

测定土壤中铜，FAAS 法获得较好的准确度，其次是 ICP-AES 法；而 ICP-MS 法测定土壤中铜的准确度较差，主要是因为稀释引起的误差。但是从这 3 种仪器方法适宜的几种消解体系看，其都能获得较好的精密度，土壤标准样品和土壤实际样品测定值的 RSD 大部分都在 10%以内。

采用 FAAS 法，硝酸/微波、硝酸-双氧水-氢氟酸/电热板、硝酸-氢氟酸-盐酸/电热板、硝酸-氢氟酸-盐酸-高氯酸/微波、硝酸-氢氟酸-盐酸/微波、硝酸-氢氟酸-高氯酸/电热板、硝酸-氢氟酸/电热板和硝酸-氢氟酸/微波等消解方式比较适宜。

采用 ICP-AES 法，硝酸-氢氟酸-高氯酸/电热板、硝酸-氢氟酸-盐酸/微波体系、硝酸-氢氟酸-双氧水/电热板和硝酸-氢氟酸/微波体系比较适宜作其消解方法。

对于 ICP-MS 法，硝酸/微波、水浴/王水消解方法较好。

土壤中铜的适宜酸体系见表 7-16。

表 7-16 土壤中铜的适宜酸体系

序号	加热方式	酸体系	仪器推荐
1	水浴	王水	ICP-MS
2	微波	硝酸	FAAS、ICP-MS
3	微波	硝酸-氢氟酸	FAAS、ICP-AES
4	电热板	硝酸-氢氟酸	FAAS
5	电热板	硝酸-氢氟酸-高氯酸	FAAS、ICP-AES
6	电热板	硝酸-氢氟酸-双氧水	FAAS、ICP-AES
7	电热板	硝酸-氢氟酸-盐酸	FAAS
8	微波	硝酸-氢氟酸-盐酸	FAAS、ICP-AES
9	微波	硝酸-盐酸-氢氟酸-高氯酸	FAAS

8. 锌元素

不同仪器方法仪器测定土壤中锌的差异性不大，相对误差大部分在 10%内，极个别值在 10%以外，大部分消解体系的 RSD 都在 5%之内。

ICP-MS 法测定土壤中锌，硝酸-氢氟酸/电热板、硝酸-氢氟酸-双氧水/电热板、王水/水浴、硝酸-氢氟酸-盐酸-高氯酸/微波、硝酸-氢氟酸-盐酸-高氯酸/电热板和硝酸-盐酸-高氯酸/微波、硝酸-盐酸-高氯酸/电热板等表现出较好的准确度和精确度。

对于 ICP-AES 测定土壤中锌，硝酸-氢氟酸-双氧水/电热板/微波、硝酸/微波、硝酸-氢氟酸/电热板、硝酸-氢氟酸/微波和硝酸-氢氟酸-盐酸/电热板、硝酸-氢氟酸-盐酸/微波为较适宜消解体系。

采用 FAAS 法测定同一样品中锌，不同消解体系间差异不大，大多数体系都能获得很好的精密度（RSD 基本小于 5%）和准确度（大部分样品的测定值都在误差范围之内）。其中，硝酸-氢氟酸-盐酸-高氯酸/电热板、硝酸-氢氟酸-盐酸-高氯酸/微波、硝酸-氢氟酸/电热板、硝酸-氢氟酸/微波、硝酸-氢氟酸-盐酸/微波）、硝酸-氢氟酸-双氧水/电热板、硝酸/微波和硝酸-氢氟酸-高氯酸/微波等表现出较好的准确度和精密度。

土壤中锌的适宜酸体系见表 7-17。

表 7-17　土壤中锌的适宜酸体系

序号	加热方式	酸体系	仪器推荐
1	水浴	王水	ICP-MS
2	微波	硝酸	ICP-AES
3	电热板	硝酸-氢氟酸	ICP-MS
4	电热板/微波	硝酸-氢氟酸	FAAS、ICP-AES
5	电热板	硝酸-氢氟酸-高氯酸	FAAS
6	微波	硝酸-氢氟酸-高氯酸	ICP-AES
7	微波	硝酸-氢氟酸-双氧水	ICP-AES
8	电热板	硝酸-氢氟酸-双氧水	FAAS、ICP-AES、ICP-MS
9	微波	硝酸-氢氟酸-盐酸	FAAS、ICP-AES
10	电热板/微波	硝酸-盐酸-高氯酸	ICP-MS
11	电热板/微波	硝酸-盐酸-氢氟酸-高氯酸	FAAS、ICP-MS
12	电热板	硝酸-氢氟酸-盐酸	ICP-AES

9. 银元素

对于 ICP-MS 测定土壤中银，采用硝酸/电热板消解最适宜，而 ICP-AES 法测定土壤中银的精密度和准确度都差。

土壤中银的适宜酸体系见表 7-18。

表 7-18　土壤中银的适宜酸体系

序号	加热方式	酸体系	仪器推荐
1	电热板	硝酸	ICP-MS

10. 钒元素

从精密度来看，ICP-AES、GFAAS 和 ICP-MS 3 种仪器精密度水平基本相差不大，ICP-AES、ICP-MS 精密度相对来说略有优势；从准确度来看，GFAAS 准确度较差，基本大于 10%，ICP-MS 的准确度相比其他 2 种仪器最佳。整体来说 ICP-MS 准确度、精密度均最适宜，ICP-AES、GFAAS 的精密度虽然也高，但对于部分样品，其准确度有待提高。

其中，对于 GFAAS 测定土壤中钒，硝酸-氢氟酸-双氧水/微波、硝酸-氢氟酸-双氧水/电热板、硝酸-氢氟酸/微波 3 种消解体系较为适宜。

对于 ICP-AES 测定土壤中钒，硝酸-氢氟酸-双氧水/微波、硝酸-氢氟酸-双氧水/电热板、硝酸-氢氟酸/微波、硝酸-氢氟酸/电热板和硝酸-氢氟酸-盐酸/微波 5 种消解体系均较为适宜，精密度在 1.8%～7.0%。

对于 ICP-MS 测定土壤中钒，硝酸-氢氟酸-双氧水/电热板、硝酸-氢氟酸-双氧水/

微波、硝酸-氢氟酸-盐酸-高氯酸/电热板、硝酸-氢氟酸-盐酸-高氯酸/微波、硝酸-氢氟酸/电热板、微波、硝酸-氢氟酸/微波和硝酸-氢氟酸-盐酸/微波等 7 种体系均较为适宜。

土壤中钒的适宜酸体系如表 7-19。

表 7-19　土壤中钒的适宜酸体系

序号	加热方式	酸体系	仪器推荐
1	微波	硝酸-氢氟酸	GFAAS、ICP-AES、ICP-MS
2	电热板	硝酸-氢氟酸	ICP-AES、ICP-MS
3	电热板/微波	硝酸-氢氟酸-双氧水	GFAAS、ICP-AES、ICP-MS
4	微波	硝酸-氢氟酸-盐酸	ICP-MS、ICP-AES
5	电热板/微波	硝酸-盐酸-氢氟酸-高氯酸	ICP-MS

11. 锰元素

相同前处理体系，测定低含量锰的土壤样品时，ICP-MS 法对应的样品测定值要高些，而 ICP-AES 法和 FAAS 法，则偏低些；而测定高含量锰的土壤样品时，则现象相反。可能是因为 ICP-MS 仪器的灵敏度更高及稀释所致。

整体来说，ICP-MS 法测定土壤中锰，适宜的消解体系比较多，有硝酸-氢氟酸-盐酸/微波、硝酸-氢氟酸-盐酸/电热板、王水/水浴、硝酸-氢氟酸/微波、硝酸-氢氟酸-盐酸-高氯酸/电热板、硝酸-氢氟酸-盐酸/电热板、硝酸-氢氟酸/电热板、硝酸-盐酸-高氯酸/电热板等消解体系。对于 ICP-AES 测定土壤中锰，硝酸-氢氟酸-盐酸-高氯酸/电热板和硝酸-氢氟酸-双氧水/微波较好。对于 FAAS 测定土壤中锰，硝酸-氢氟酸-双氧水/微波、硝酸-氢氟酸-盐酸-高氯酸/电热板 2 种消解方式在标准样品的检测中均表现为比较高的准确度和精密度，其相对误差和 RSD 分别在 16% 和 7% 以内，对测定实际样品也都表现出较好的精密度（其 RSD 大部分在 5% 以内）。

土壤中锰的适宜酸体系见表 7-20。

表 7-20　土壤中锰的适宜酸体系

序号	加热方式	酸体系	仪器推荐
1	水浴	王水	ICP-MS
2	微波/电热板	硝酸	ICP-AES
3	微波/电热板	硝酸-氢氟酸	ICP-MS
4	微波/电热板	硝酸-氢氟酸-盐酸	ICP-MS
5	微波	硝酸-氢氟酸-双氧水	FAAS、ICP-MS、ICP-AES
6	电热板	硝酸-盐酸-氢氟酸-高氯酸	FAAS、ICP-MS、ICP-AES
7	电热板	硝酸-盐酸-高氯酸	ICP-MS

12. 钴元素

测定土壤中钴，FAAS 的准确度、精密度均最适宜，ICP-MS 精密度良好，但极个别体系准确度欠缺。其中，对于 ICP-MS 测定土壤中钴，采用硝酸-氢氟酸-双氧水/微波、硝酸-氢氟酸/微波、硝酸-氢氟酸-双氧水/电热板、王水/水浴、硝酸-氢氟酸/电热板、硝酸-氢氟酸-盐酸-高氯酸/微波、硝酸-氢氟酸-盐酸-高氯酸/电热板、硝酸-氢氟酸-盐酸/微波等消解方式均有较好的精密度和准确度。对于 ICP-AES 测定土壤中钴，精密度虽然不错，但准确度欠缺，故不建议采用 ICP-AES 测定土壤中钴。对于 FAAS 测定土壤中钴，各体系的精密度都不错，其中体系硝酸-氢氟酸-高氯酸/电热板、硝酸/微波、硝酸-氢氟酸-盐酸-高氯酸/电热板、硝酸-氢氟酸-盐酸-高氯酸/微波、硝酸-氢氟酸/电热板、硝酸-氢氟酸-双氧水/电热板测定 4 种土壤标样都表现出较好的准确度，其测定值大部分都在误差允许范围之内，相对误差范围为 3.5%～9.3%。

土壤中钴的适宜酸体系见表 7-21。

表 7-21 土壤中钴的适宜酸体系

序号	加热方式	酸体系	仪器推荐
1	水浴	王水	ICP-MS
2	微波	硝酸	FAAS
3	电热板	硝酸-氢氟酸-高氯酸	FAAS
4	电热板/微波	硝酸-氢氟酸	FAAS、ICP-MS
5	微波	硝酸-氢氟酸-双氧水	ICP-MS
6	电热板	硝酸-氢氟酸-双氧水	FAAS、ICP-MS
7	电热板	硝酸-氢氟酸-盐酸	FAAS
8	微波	硝酸-氢氟酸-盐酸	ICP-MS
9	电热板/微波	硝酸-盐酸-氢氟酸-高氯酸	FAAS、ICP-MS

13. 铊元素

ICP-AES 不适合用于测定土壤中铊，可采用 ICP-MS 和 GFAAS。采用 ICP-MS 测试土壤中铊，其结果的精密度高于 GFAAS 法。采用 ICP-MS 测试土壤中的铊，其 RSD 在 2.8%～3.8%；采用 GFAAS 法，硝酸-氢氟酸、硝酸-氢氟酸-双氧水消解土壤样品中铊的效果都不错，表现出较好的精密度和准确度，实际样品的相对标准偏差在 7.0%～9.7%。

土壤中铊的适宜酸体系见表 7-22。

表 7-22 土壤中铊的适宜酸体系

序号	加热方式	酸体系	仪器推荐
1	电热板/微波	硝酸-氢氟酸	GFAAS、ICP-MS
2	电热板/微波	硝酸-氢氟酸-高氯酸	ICP-MS
3	电热板/微波	硝酸-氢氟酸-双氧水	GFAAS、ICP-MS
4	微波	硝酸-氢氟酸-盐酸	ICP-MS
5	电热板/微波	硝酸-盐酸-氢氟酸-高氯酸	ICP-MS

14. 锑元素

测定土壤中锑采用 AFS 和 ICP-MS 较为适宜。AFS 测定土壤中锑，硝酸-氢氟酸/电热板、硝酸-氢氟酸/微波、硝酸-双氧水-氢氟酸/电热板、硝酸-双氧水-氢氟酸/微波、王水/水浴等消解方式均适宜，其中，王水/水浴消解因具有前处理简单、可重复性强等优点，而被广泛使用。对于 ICP-MS 法，硝酸-氢氟酸-双氧水/电热板、硝酸-氢氟酸/微波、硝酸-氢氟酸-双氧水/微波和硝酸-氢氟酸-盐酸-高氯酸/电热板等消解方式比较适宜作其消解方法。

土壤中锑的适宜酸体系见表 7-23。

表 7-23 土壤中锑的适宜酸体系

序号	加热方式	酸体系	仪器推荐
1	水浴	王水	AFS
2	微波/电热板	硝酸-氢氟酸	AFS、ICP-MS
3	电热板/微波	硝酸-氢氟酸-双氧水	ICP-MS、AFS
4	电热板	硝酸-盐酸-氢氟酸-高氯酸	ICP-MS

以上介绍了单元素的前处理适宜体系，而环境监测实际工作常（一个样品）要求分析多种元素，为了减轻技术人员的劳动强度，以更方便、更快捷地获得监测数据，更希望能够用相同的前处理方式同时满足不同元素的测定。表 7-24 为优化后的多元素同时分析的前处理体系。

表 7-24 多元素同时分析的前处理体系汇总

序号	仪器方法	加热方式	消解体系	适用元素	备注
1	AFS	水浴	王水（1+1）	砷、汞、锑	—
2	AAS	电热板	硝酸-氢氟酸-高氯酸	铅、铬、镍、铜、锌、钴	钒和铊为 GFAAS，其他元素低浓度时用 GFAAS，高浓度时用 FAAS
3	AAS	微波	硝酸-氢氟酸-双氧水	钒、锰、铊、镉	
4	直接测汞仪	—	—	汞	—

续表

序号	仪器方法	加热方式	消解体系	适用元素	备注
5	ICP-AES	微波	硝酸-氢氟酸	铬、镍、锌、钒、锰、铜	—
6	ICP-MS	电热板	硝酸-氢氟酸-盐酸-高氯酸	铅、铬、砷、镍、锌、钒、锰、钴、铊、锑	—
		微波	硝酸-氢氟酸-双氧水		—

（二）酸浸提

本方法以不同地域的土壤样品为实验对象，研究了性质不同的提取剂对土壤中 Zn、Pb、Ni、Cd、Co、Mn、Cr、V、Cu 等重金属有效态的提取能力，并对提取过程中的土液比、提取时间、颗粒物大小等条件进行实验。

1. 实验部分

1）提取剂的配制方法

（1）0.1 mol/L NaNO$_3$：称取硝酸钠 8.499g，加水定容至 1000 mL；

（2）1 mol/L HNO$_3$：取 16 mol/L 浓硝酸 62.5 mL，加水定容至 1000 mL；

（3）1 mol/L HCl：取 12 mol/L 浓硝酸 83.3 mL，加水定容至 1000 mL；

（4）0.1 mol/L HAC-NaAC 缓冲溶液：称取乙酸钠 5.31 g，取乙酸 3.54 mL，加水定容至 1000 mL；

（5）纯水；

（6）0.1 mol/L EDTA：称取 EDTA 29.2 g，加水定容至 1000 mL。

2）土壤来源

本实验所用土壤采用 5 个不同地区的实际样品，分为水稻土、沙质土等几种类型，且土壤中重金属污染程度各不相同。

3）土壤前处理

将采集后的土壤样品进行风干至近干，其次去杂物、粉碎、充分混匀后，用分格缩分铲法、四分铲法或《土壤环境监测技术规范》（HJ/T 166—2004）中的推荐方法进行缩分土样；然后将土样过 2 mm 筛，获得足量的土壤分样（100～200g），研磨此分样并过 0.25 mm 的筛，过筛后的样品贮于磨口瓶中室温保存。

4）实验方法

（1）土壤全量的分析方法。

称取待测土壤样品 0.5000 g 于微波消解罐中，分别加入相应体积的硝酸、氢氟酸和高氯酸，在设定程序下进行消解，最后定容至 50 mL 待测。上机分析高浓度采用 ICP-AES，低浓度采用 ICP-MS。10 个样品的全量浓度见表 7-25。

（2）土壤中重金属有效态的分析方法。

称取待测土壤样品 10.00 g 于 250 mL 塑料广口瓶中，按照设计条件进行提取，

表 7-25　土壤样品重金属全量（mg/kg）

样品编号	Zn	Pb	Ni	Cd	Co	Mn	Cr	V	Cu
A_1	39.8	31.0	12.7	0.53	5.3	42.1	27.2	33.3	9.50
A_2	44.7	34.4	14.9	0.66	10.0	179	38.6	46.8	12.9
A_3	53.0	43.5	14.0	0.42	7.1	126	21.8	27.7	15.0
A_4	37.5	27.7	16.0	0.47	10.0	182	30.8	41.1	11.9
A_5	37.4	28.3	14.0	0.67	7.3	201	23.1	38.7	10.4
A_6	83.0	83.0	25.0	2.43	11.7	201	44.1	63.0	18.1
A_7	48.8	34.3	15.9	0.44	12.5	181	34.4	45.8	1.52
A_8	331	386	17.6	6.74	9.5	98.0	36.9	53.0	39.7
A_9	96.5	50.5	18.6	0.61	8.9	77.5	32.4	41.2	13.7
A_{10}	50.5	33.4	16.9	0.54	9.8	129	30.2	41.5	13.5

离心后取上清液至 25 mL 比色管中待测（若离心后上清液仍混浊，可用 0.45 μm 微孔滤膜过滤）。上机分析高浓度采用 ICP-AES，低浓度采用 ICP-MS。

2. 结果与分析

1）颗粒物大小的选择

一般认为土壤颗粒物的大小会影响重金属有效态的提取效果，因此不同的测定要求，规定的粒度不一样，例如，土壤 pH 的测定要求为 20 目，土壤中重金属元素的测定要求为 100 目，而土壤质控及应用 X 射线荧光则要求样品颗粒物为 200 目。表 7-26 考察了 20 目、80 目、100 目及 200 目 4 种粒度大小对重金属有效态的提取效果，浸出剂为 1 mol/L HNO₃，浸出固液比为 10∶1。

由表 7-26 可知，颗粒物大小对重金属有效态的浸提效果有一定影响，有些样品粒度越大、浸提浓度越高，有的则相反。对此，对于颗粒物大小的选择，则重点考虑样品的适用范围。将表 7-26 中的数据进行归一化处理，即每一个样品的 4 个数据都除以其平均值，结果详见图 7-1。

表 7-26　不同颗粒物大小对浸出提取的影响（mg/kg）

样品	Zn	Pb	Ni	Cd	Co	Mn	Cr	V	Cu
A_{1-1}	13.0	17.1	2.12	0.345	0.696	9.77	3.65	5.20	8.50
A_{1-2}	14.1	18.7	1.95	0.371	0.691	10.0	3.55	5.67	8.99
A_{1-3}	14.9	19.8	2.18	0.418	0.731	11.3	3.65	5.78	9.60
A_{1-4}	14.5	20.2	2.19	0.396	0.785	10.2	3.86	6.04	9.43
A_{2-1}	16.3	24.7	2.49	0.592	3.22	207.1	3.1	10.7	9.68
A_{2-2}	18.2	27.2	3.36	0.619	3.49	209	5.53	11.4	10.3
A_{2-3}	17.0	28.3	3.27	0.624	3.2	195	4.34	11.0	10.2
A_{2-4}	18.7	28.7	3.43	0.614	3.52	223	5.63	11.5	10.0

样品	Zn	Pb	Ni	Cd	Co	Mn	Cr	V	Cu
A$_{3-1}$	18.0	18.2	2.46	0.275	1.28	43.2	2.97	7.07	7.51
A$_{3-2}$	27.4	24.3	3.00	0.478	1.73	55.8	3.66	8.86	9.79
A$_{3-3}$	27.2	29.1	3.05	0.394	1.46	46.2	3.77	9.63	11.7
A$_{3-4}$	29.6	30.7	3.19	0.438	1.61	46.2	4.41	10.3	12.4
A$_{4-1}$	26.9	15.4	7.7	0.574	5.18	122	4.23	11.0	15.6
A$_{4-2}$	23.9	14.2	7.18	0.438	4.67	113	5.19	9.55	12.5
A$_{4-3}$	24.4	14.3	7.01	0.440	5.04	118	4.20	9.56	12.2
A$_{4-4}$	30.7	18.1	8.50	0.609	5.99	144	5.40	12.1	16.0
A$_{5-1}$	11.1	16.3	2.58	0.629	2.25	204	2.08	15.3	4.87
A$_{5-2}$	11.1	15.0	2.52	0.605	1.94	201	1.95	13.7	4.68
A$_{5-3}$	10.6	14.6	2.33	0.554	1.92	208	1.56	13.4	4.03
A$_{5-4}$	9.73	13.6	2.34	0.574	1.73	180	1.71	12.1	4.49
A$_{6-1}$	37.9	98.2	2.46	2.26	2.78	139	6.55	17.4	13.1
A$_{6-2}$	39.4	102	3.22	2.32	2.89	144	6.42	18.0	13.3
A$_{6-3}$	36.3	98.0	2.93	2.20	2.76	149	5.52	16.4	13.3
A$_{6-4}$	41.2	109	3.89	2.37	3.26	150	7.41	19.9	14.6
A$_{7-1}$	16.7	32.2	2.66	0.417	5.45	205	3.99	8.43	6.87
A$_{7-2}$	13.5	30.4	2.76	0.414	5.66	218	4.31	8.64	7.47
A$_{7-3}$	13.0	26.4	2.62	0.375	4.55	177	2.75	7.55	6.62
A$_{7-4}$	12.6	29.7	2.65	0.395	4.82	182	2.97	7.82	6.6
A$_{8-1}$	152	496	2.10	5.75	1.85	42.3	5.61	9.52	43.5
A$_{8-2}$	151	492	2.12	5.47	1.79	34	5.24	9.96	42.9
A$_{8-3}$	159	592	2.38	6.27	2.37	33.9	4.97	11.9	45.8
A$_{8-4}$	157	546	2.18	5.97	2.05	34.4	5.70	11.3	45.0
A$_{9-1}$	23.1	47.5	3.24	0.571	2.34	37.6	4.96	10.3	12.5
A$_{9-2}$	23.8	48.3	3.43	0.517	2.40	35.8	5.02	10.8	11.8
A$_{9-3}$	23.0	49.1	3.73	0.562	2.58	36.1	4.66	10.6	11.9
A$_{9-4}$	22.6	46.4	3.16	0.508	2.34	32.8	4.24	10.1	11.0
A$_{10-1}$	14.1	27.5	2.99	0.388	3.68	108	4.34	11.7	10.7
A$_{10-2}$	13.7	25.1	3.09	0.388	3.83	107	4.3	11.5	10.1
A$_{10-3}$	13.9	27.7	2.98	0.397	3.95	110	3.85	11.3	10.1
A$_{10-4}$	13.6	27.2	2.92	0.389	3.87	102	3.85	11.5	10.4

注：A$_n$是样品编号，1 为 20 目，2 为 80 目，3 为 100 目，4 为 200 目

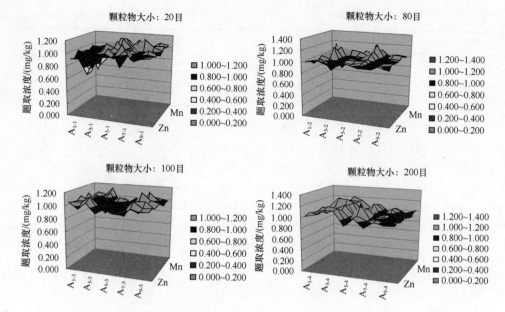

图 7-1　颗粒物大小对浸提效果的影响

　　从图 7-1 中可以看出，20 目对于重金属的提取浓度相对比较低，有相当的数据和平均值的比例低于 0.8，而 80 目和 200 目的数据比值大于 1.2，只有 100 目的数据全部在 0.8～1.2 范围。据此，土壤浸提选择 100 目的粒度最适宜。

　　2）浸提时间的选择

　　表 7-27 考察了浸提时间为 8 h、14 h、20 h 和 26 h 时对 10 个土壤样品的浸取效果，其中土液比为 1∶10，提取液为 0.1 mol/L EDTA。从数据中可以看出，浸提时间对数据影响相对比较大，整体趋势来看，随着时间的增加，重金属的提取量会有一定的增加，但浸提时间增加至 14 h 后，增量普遍地趋于平缓，甚至有些样品的结果为 14 h 后提取量变小。因此，采取 14 h 的浸提，既能保证有效的提取又能节约时间。

表 7-27　不同提取时间对浸提效果的影响（mg/kg）

编号	Cd	Co	Cr	Ni	Pb	Zn
$A_{1\text{-}8h}$	0.247	0.092	0.107	0.216	7.58	2.99
$A_{1\text{-}14h}$	0.319	0.162	0.511	0.386	11.8	5.87
$A_{1\text{-}20h}$	0.316	0.146	0.331	0.305	10.2	4.87
$A_{1\text{-}26h}$	0.351	0.181	0.527	0.356	11.6	6.28
$A_{2\text{-}8h}$	0.226	0.452	0.071	0.325	7.16	2.81
$A_{2\text{-}14h}$	0.425	0.885	0.381	0.837	15.4	6.60
$A_{2\text{-}20h}$	0.359	0.743	0.262	0.569	12.3	5.10

续表

编号	Cd	Co	Cr	Ni	Pb	Zn
$A_{2\text{-}26h}$	0.344	0.903	0.428	0.721	15.3	6.76
$A_{3\text{-}8h}$	0.221	0.136	0.073	0.245	9.88	6.07
$A_{3\text{-}14h}$	0.276	0.271	0.408	0.486	15.4	11.9
$A_{3\text{-}20h}$	0.277	0.224	0.263	0.354	13.4	9.42
$A_{3\text{-}26h}$	0.304	0.276	0.420	0.427	15.4	11.5
$A_{4\text{-}8h}$	0.254	0.405	0.062	0.378	5.87	2.23
$A_{4\text{-}14h}$	0.276	0.693	0.202	0.771	8.25	3.82
$A_{4\text{-}20h}$	0.321	0.642	0.154	0.593	7.94	3.50
$A_{4\text{-}26h}$	0.337	0.758	0.209	0.693	8.61	4.16
$A_{5\text{-}8h}$	0.367	0.360	0.047	0.345	4.98	2.41
$A_{5\text{-}14h}$	0.366	0.521	0.158	0.556	7.40	3.28
$A_{5\text{-}20h}$	0.432	0.528	0.134	0.475	7.23	3.37
$A_{5\text{-}26h}$	0.446	0.600	0.206	0.524	8.31	3.90
$A_{6\text{-}8h}$	0.644	0.433	0.096	0.258	24.1	5.52
$A_{6\text{-}14h}$	1.41	0.989	0.407	0.756	59.0	15.7
$A_{6\text{-}20h}$	0.989	0.672	0.282	0.404	37.2	10.1
$A_{6\text{-}26h}$	1.14	0.780	0.455	0.486	43.3	12.7
$A_{7\text{-}8h}$	0.180	0.942	0.062	0.237	8.14	2.38
$A_{7\text{-}14h}$	0.155	1.66	0.184	0.571	11.9	3.33
$A_{7\text{-}20h}$	0.230	1.66	0.174	0.368	11.6	3.67
$A_{7\text{-}26h}$	0.205	2.13	0.309	0.454	13.8	4.64
$A_{8\text{-}8h}$	3.80	0.167	0.123	0.372	242	53.7
$A_{8\text{-}14h}$	3.90	0.433	0.168	0.328	3.16	79.3
$A_{8\text{-}20h}$	3.82	0.345	0.157	0.402	3.35	80.0
$A_{8\text{-}26h}$	4.86	0.247	0.222	0.536	3.46	82.4
$A_{9\text{-}8h}$	0.208	0.181	0.069	0.353	12.9	2.28
$A_{9\text{-}14h}$	0.412	0.449	0.321	0.735	26.8	5.25
$A_{9\text{-}20h}$	0.292	0.328	0.220	0.551	20.1	4.03
$A_{9\text{-}26h}$	0.342	0.424	0.345	0.679	24.7	5.32
$A_{10\text{-}8h}$	0.135	0.457	0.099	0.232	6.17	2.04
$A_{10\text{-}14h}$	0.534	2.332	1.021	1.079	26.2	9.77
$A_{10\text{-}20h}$	0.204	0.883	0.902	0.400	10.2	3.70
$A_{10\text{-}26h}$	0.239	1.117	0.492	0.492	12.6	4.79

3）土壤与浸提剂比例的选择

表 7-28 比较了土液比为 1∶5、1∶10 及 1∶20 3 个比例的浸提效果，其中浸

提时间为 14 h，浸提剂为 0.1 mol/L EDTA。可看到，3 种土液比的浸提效率差别不大，1∶5 的比例就足够。考虑到目前普遍使用的土液比为 1∶10，仍推荐使用该比例。

表 7-28　不同提取土液比对浸提效果的影响（mg/kg）

样品编号	Cd	Co	Cr	Ni	Pb	Zn
A_{1-1}	0.327	0.166	0.509	0.404	11.5	6.15
A_{1-2}	0.319	0.162	0.511	0.386	11.2	5.87
A_{1-3}	0.334	0.168	0.498	0.396	11.9	5.99
A_{2-1}	0.406	0.830	0.469	0.833	14.6	6.71
A_{2-2}	0.425	0.885	0.381	0.837	15.4	6.60
A_{2-3}	0.404	0.842	0.360	0.810	14.9	6.27
A_{3-1}	0.276	0.266	0.451	0.490	15.4	13.1
A_{3-2}	0.276	0.271	0.408	0.486	15.4	11.9
A_{3-3}	0.270	0.262	0.376	0.468	15.1	10.9
A_{4-1}	0.273	0.733	0.254	0.832	7.74	4.23
A_{4-2}	0.276	0.693	0.202	0.771	8.25	3.82
A_{4-3}	0.284	0.642	0.144	0.704	8.20	3.45
A_{5-1}	0.404	0.573	0.177	0.634	8.25	4.04
A_{5-2}	0.366	0.521	0.158	0.556	7.40	3.28
A_{5-3}	0.358	0.512	0.152	0.542	7.32	3.28
A_{6-1}	1.44	0.995	0.544	0.797	59.6	16.8
A_{6-2}	1.41	0.989	0.407	0.756	59.0	15.7
A_{6-3}	1.39	0.974	0.388	0.726	58.9	15.1
A_{7-1}	0.189	1.70	0.248	0.436	11.6	3.88
A_{7-2}	0.155	1.66	0.184	0.571	11.9	3.33
A_{7-3}	0.028	0.372	0.046	0.096	2.68	0.62
A_{8-1}	0.007	0.082	0.012	0.021	0.60	0.14
A_{8-2}	0.036	0.433	0.068	0.128	3.16	0.79
A_{8-3}	0.080	0.898	0.146	0.248	6.52	1.64
A_{9-1}	0.410	0.454	0.428	0.749	26.7	5.67
A_{9-2}	0.412	0.449	0.321	0.735	26.8	5.21
A_{9-3}	0.400	0.426	0.240	0.708	26.1	4.86
A_{10-1}	0.133	0.579	0.215	0.261	6.47	2.33
A_{10-2}	0.534	2.33	1.021	1.079	6.16	9.77
A_{10-3}	0.264	1.05	0.318	0.482	12.2	4.17

注：A_n 是样品编号，1 为土液比 1∶5，2 为土液比 1∶10，3 为土液比 1∶20

4）浸提剂的选择

表 7-29 给出了 0.1 mol/L NaNO$_3$、1.0 mol/L HNO$_3$、1.0 mol/L HCl、0.1 mol/L HAc-NaAc 缓冲溶液、纯水和 0.1 mol/L EDTA 6 种浸提剂的提取率（浸提浓度占全量的百分数）。其中，样品颗粒物大小为 100 目，浸提时间为 14 h，土液比为 1：10；全量采用硝酸-高氯酸-氢氟酸进行消解。

表 7-29 不同浸提剂提取重金属含量的能力比较（%）

浸提剂	样品编号	Zn	Pb	Ni	Cd	Co	Mn	Cr	V	Cu
0.1mol/L NaNO$_3$	1	0.50	0.03	0.24	3.77	0.38	4.04	0.11	1.11	0.32
	2	0.02	0.00	0.20	0.00	0.10	7.07	0.10	0.68	0.23
	3	0.25	0.02	0.21	2.38	0.28	6.37	0.28	1.66	0.40
	4	0.05	0.04	0.25	0.00	0.10	0.07	0.26	1.31	0.92
	5	0.40	0.00	0.29	2.99	0.41	24.4	0.17	1.32	0.29
	6	0.34	0.01	0.16	2.88	0.43	16.6	0.09	0.68	0.17
	7	0.06	0.00	0.19	2.27	0.08	0.96	0.09	0.68	3.29
	8	7.53	3.03	1.19	27.9	1.38	13.2	0.05	0.47	0.55
	9	0.24	0.65	0.27	3.28	0.56	13.2	0.06	0.46	0.37
	10	1.41	1.41	0.65	9.26	2.87	36.4	0.07	0.41	0.44
	RSD	213	192	88.0	151	131	92.6	64.0	49.9	134
1.0 mol/L HNO$_3$	1	37.5	63.9	17.2	79.3	13.8	26.9	13.4	17.4	101.1
	2	38.1	82.3	22.0	93.9	32.2	109	11.3	23.5	79.1
	3	51.3	66.9	21.8	92.9	20.7	36.7	17.3	34.8	78.3
	4	65.1	51.6	43.8	93.6	50.7	65.1	13.6	23.3	103
	5	28.3	51.6	16.7	82.1	26.3	104	6.8	34.6	38.9
	6	43.7	118	11.7	90.5	23.7	74.2	12.5	26.0	73.7
	7	24.6	77.1	16.5	86.4	36.6	98.0	8.0	16.5	436
	8	48.1	153	13.5	93.0	25.1	34.6	13.5	22.5	115
	9	23.8	97.2	20.1	91.8	29.0	46.6	14.4	25.8	87.2
	10	27.5	83.1	17.7	74.1	40.5	85.2	12.8	27.2	74.8
	RSD	34.6	37.4	44.5	8.0	35.6	45.1	24.8	24.3	95.5
1.0 mol/L HCl	1	42.8	65.2	10.6	86.8	11.1	24.7	6.45	17.3	88.6
	2	41.2	86.6	19.9	98.5	31.5	110	7.21	25.2	72.6
	3	51.3	65.1	19.6	97.6	17.0	28.5	9.56	32.5	68.9
	4	59.2	50.9	36.4	97.9	45.3	60.3	8.12	21.2	90.8
	5	30.8	51.6	13.7	89.6	27.5	106	3.94	35.1	36.6

浸提剂	样品编号	Zn	Pb	Ni	Cd	Co	Mn	Cr	V	Cu
1.0 mol/L HCl	6	46.6	129.5	10.5	96.3	24.8	78.6	5.72	28.9	68.1
	7	28.5	84.7	9.2	93.2	37.7	101	5.20	18.0	396
	8	46.1	150.5	10.4	91.5	21.6	31.1	7.25	23.0	109
	9	22.1	92.3	15.4	90.2	25.2	43.6	4.41	24.8	76.9
	10	28.5	80.7	16.0	70.4	36.2	80.9	7.40	28.4	70.3
	RSD	29.8	37.7	49.9	9.2	36.7	50.1	26.6	23.1	95.6
0.1 mol/L HAc-NaAc 缓冲溶液	1	8.20	1.42	0.47	13.2	1.13	6.06	0.29	0.33	1.16
	2	4.90	0.64	0.88	15.2	2.11	49.32	0.18	0.17	0.70
	3	8.00	1.26	0.64	19.1	1.42	12.06	0.37	0.40	0.80
	4	5.57	0.36	1.50	19.2	2.01	28.48	0.39	0.05	0.92
	5	8.53	0.35	0.72	17.9	1.23	35.65	0.26	0.05	0.58
	6	5.57	3.22	0.52	19.3	2.23	32.15	0.16	0.00	0.50
	7	3.81	0.55	0.57	11.4	1.20	16.52	0.20	0.00	3.95
	8	8.71	19.9	1.08	34.1	1.16	10.95	0.22	0.00	2.29
	9	2.75	1.39	0.54	11.5	1.35	17.35	0.19	0.00	0.51
	10	7.35	1.02	0.77	14.8	2.97	32.54	0.27	0.00	0.67
	RSD	33.3	199	41.3	37.5	36.8	56.5	31.2	150	91.0
纯水	1	4.70		0.08			0.33	0.04		0.84
	2	2.53		0.07			0.03	0.05		0.47
	3	12.3		0.21			1.63	0.09		0.40
	4	0.88		0.19			0.31	0.10		0.92
	5	1.04		0.14			9.34	0.04		0.58
	6	0.20		0.04			5.02	0.02		0.28
	7	0.25		0.13			0.44	0.06		5.26
	8	0.52		0.91			0.95	0.03		0.33
	9	0.49		0.16			3.24	0.00		0.29
	10	0.28		0.06			2.78	0.00		0.30
	RSD	163		129			121	78.3		158
0.1 mol/L EDTA	1	14.8	36.1	3.1	60.4	6.0	15.3	1.9	6.1	73.3
	2	14.8	44.7	5.7	65.2	4.3	99.4	1.0	8.4	58.5
	3	22.4	35.4	3.5	66.7	4.0	21.7	1.9	13.9	47.7
	4	10.2	29.8	4.8	59.6	2.8	40.5	0.7	8.7	60.4
	5	8.8	26.2	4.0	55.2	5.1	84.1	0.7	10.1	23.5

浸提剂	样品编号	Zn	Pb	Ni	Cd	Co	Mn	Cr	V	Cu
	6	19.0	71.1	3.0	58.0	12.1	61.5	0.9	6.8	44.5
	7	6.8	34.8	3.6	36.4	1.3	34.6	0.5	2.0	114
0.1 mol/L EDTA	8	0.2	0.8	0.7	0.6	0.4	40.7	0.2	0.6	1.2
	9	5.4	53.1	4.0	67.2	4.6	27.1	1.0	8.6	68.0
	10	19.4	18.5	6.4	98.2	5.4	38.1	3.4	5.1	39.6
	RSD	57.9	54.4	40.2	43.9	69.2	58.8	77.4	55.0	57.3

由表 7-29 可知不同性质的浸提剂对土壤中重金属的提取率有很大的影响,与总量相比,有的元素提取率接近 100%,而有的则几乎为 0。然而,提取率高的浸提剂并不一定最适宜,样品适用范围广、浸提率稳定的是最佳浸提剂。综合分析可知,1.0mol/L HNO$_3$ 和 1.0mol/L HCl 的样品适用范围最广。

3. 结论

实验结果表明,土壤中重金属有效态的提取与浸提剂性质、颗粒物大小、浸提时间、土液比等因素有关。对于颗粒物大小,选择 100 目的粒径最适宜。对于浸提时间,随着时间的增加,重金属的提取量会有一定的增加,但浸提时间增加至 14 h 后,增量普遍地趋于平缓。而对于土液比而言,所选取的 1∶5,1∶10 及 1∶20 3 种土液比的浸提效率差别不大,1∶5 的比例就足够。

对于浸提剂的选择,提取率高的并不一定最适宜,样品适用范围广、浸提率稳定的是最佳浸提剂。在所分析的样品中,1.0mol/L HNO$_3$ 和 1.0mol/L HCl 的样品适用范围最广。

第二节　颗粒物中重金属前处理应用

《环境空气质量标准》(GB 3095—2012)涉及重金属的项目有铅、镉、汞、砷和铬,其中铬是六价铬,铅指存在于总悬浮颗粒物中的铅及其化合物。铅采用标准《环境空气　铅的测定　石墨炉原子吸收分光光度法》(HJ 539—2015)进行分析,该标准分析方法采用硝酸-双氧水体系进行消解,所得结果为酸溶解态铅,因此《环境空气质量标准》(GB 3095—2012)关心的是溶解态重金属。考虑到颗粒物来自土壤扬尘部分,其矿物结构中部分重金属可能不被硝酸-双氧水体系溶解,同时源解析等工作需要考虑颗粒物中重金属总量,因此颗粒物中总量重金属分析测试也很重要。颗粒物中重金属前处理是样品采集和分析测试之间的重要环节,所用试剂种类和数量、消解设备和过程等因素对前处理效果影响极大。国内外颗粒物重金属的部分标准分析方法见表 7-30 和表 7-31。

表 7-30　国外颗粒物重金属的部分标准分析方法

序号	标准名称	标准号	方法概述
1	selection，preparation and extraction of filter material	EPA IO—3.1	过滤材料的选择、准备、萃取
2	determination of metals in ambient particulate matter using atomic absorption spectroscopy（AAS）	EPA IO—3.2	环境悬浮颗粒金属的测定原子吸收光谱法
3	determination of metals in ambient particulate matter using x-ray fluorescence（XRF）spectroscopy	EPA IO—3.3	环境悬浮颗粒金属的测定 XRF 法
4	determination of metals in ambient particulate matter using inductively coupled plasma（ICP）spectroscopy	EPA IO—3.4	环境悬浮颗粒金属的测定 ICP 法
5	determination of metals in ambient particulate matter using inductively coupled plasma/mass spectrometry（ICP/MS）	EPA IO—3.5	环境悬浮颗粒金属的测定 ICP/MS 法
6	determination of metals in ambient particulate matter using proton induced x-ray emission（PIXE）spectroscopy	EPA IO—3.6	环境悬浮颗粒金属的测定 PIXE 法
7	determination of metals in ambient particulate matter using neutron activation analysis（NAA）gamma spectrometry	EPA IO—3.7	环境悬浮颗粒金属的测定 中子活化能谱测量法
8	Workplace exposure-Procedures for measuring metals and metalloids in airborne particles- Requirements and test methods	EN 13890—2009	工作场所暴露-空气载粒子中金属和类金属物的测量规程-试验方法和要求
9	Workplace air-Determination of metals and metalloids in airborne particulate matter by inductively coupled plasma mass spectrometry	ISO 30011—2010	工作场所空气-电感耦合等离子体质谱法测定空中悬浮微粒中的金属和准金属物
10	Workplace air -Determination of metals and metalloids in airborne particulate matter by inductively coupled plasma atomic emission spectrometry Part 2：Sample preparation	ISO 15202—2	工作场所空气-颗粒物中金属和非金属的测定 等离子体原子发射光谱法 第 2 部分：试样制备
11	Workplace air-Determination of metals and metalloids in airborne particulate matter by inductively coupled plasma atomic emission spectrometry -Part 3：Analysis	ISO 15202—3	工作场所空气-颗粒物中金属和非金属的电感耦合等离子体原子发射光谱法（ICP-OES）
12	Standard Test Method for Determination of Metals and Metalloids in Airborne Particulate Matter by Inductively Coupled Plasma Atomic Emission Spectrometry（ICP-OES）	ASTM D7035—2010	ICP-OES 测定飞机上颗粒物质中金属与非金属的试验方法

表 7-31　国外颗粒物重金属的部分标准分析方法

序号	标准名称	标准号	方法概述
1	环境空气颗粒物中无机元素的测定波长色散 X 射线荧光光谱法	HJ 830—2017	滤膜压片后 WDXRF 测试颗粒物中重金属总量
2	环境空气颗粒物中无机元素的测定能量色散 X 射线荧光光谱法	HJ 829—2017	滤膜压片后 EDXRF 测试颗粒物中重金属总量
3	环境空气颗粒物中水溶性阳离子（Li^+、Na^+、NH_4^+、K^+、Ca^{2+}、Mg^{2+}）的测定离子色谱法	HJ 800—2016	纯水体系对滤膜超声，LC 分析颗粒物中水溶性离子
4	环境空气六价铬的测定柱后衍生离子色谱法	HJ 779—2015	碱性条件下对滤膜超声，LC 分析颗粒物中六价铬
5	空气和废气颗粒物中金属元素的测定电感耦合等离子体发射光谱法	HJ 777—2015	硝酸-盐酸混合溶液体系，微波/电热板法消解，ICP-OES 测试颗粒物中溶解态重金属
6	环境空气 铅的测定 石墨炉原子吸收分光光度法	HJ 539—2015	硝酸-双氧水和硝酸-盐酸-双氧水体系/微波或电热板法消解，GFAAS 测试颗粒物中溶解态重金属
7	空气和废气 颗粒物中铅等金属元素的测定 电感耦合等离子体质谱法	HJ 657—2013	硝酸-盐酸混合溶液体系/微波或电热板法消解，ICPMS 测试颗粒物中溶解态重金属

本节分两个部分。第一部分主要介绍颗粒物中溶解态和总量重金属的消解方法、消解过程注意事项、适用元素和分析仪器；第二部分结合消解方法和分析仪器，通过准确度和精密度比较了不同消解方法的适用性，对《重金属污染综合防治"十二五"规划》提及的14项重金属，推荐了适合的消解方法。

一、前处理方法

滤膜样品消解与滤膜材质与大小、滤膜负载与颗粒物粒径大小及结构、消解体系及消解方式有关。滤膜材质不仅对前处理重要，而且对样品采集和分析测试亦至关重要。

（一）颗粒物中重金属非总量的前处理方法

1. 硝酸-盐酸体系

本消解方法主要参考《空气和废气　颗粒物中铅等金属元素的测定　电感耦合等离子体质谱法》（HJ 657—2013）、《空气和废气　颗粒物中金属元素的测定　电感耦合等离子体发射光谱法》（HJ 777—2015）中的消解方法，适用于铝、钡、锰、钛，以及锑、砷、铍、镉、铬、钴、铜、铅、钼、镍、硒、钒、银、铊、钍、铀、钒、锌、铋、锶、锡、锂等元素。适合于电感耦合等离子体发射光谱仪、原子吸收光谱仪、电感耦合等离子体质谱仪、原子荧光光谱仪。对元素硒和铝，分别采用原子荧光法和电感耦合等离子体发射光谱仪分析；对元素钡、锰、钛，使用电感耦合等离子体发射光谱仪或火焰原子吸收光谱法测试。

（1）电热板法。取适量滤膜试样（大张滤膜可取 1/8，或截取直径为 47 mm 的圆片；直径为 90 mm 圆滤膜取整张或者 1/2），剪碎、放入特氟龙烧杯中，加入（1+3+14）硝酸-盐酸混合溶液 10.0 mL，使滤膜碎片浸没其中，盖上表面皿，在（100±5）℃加热回流 2.0 h，然后冷却。以实验用水淋洗烧杯内壁，加入约 10 mL 实验用水，静置 0.5 h 进行浸提，过滤，定容至 50.0 mL，待测。滤膜样品也可先定容至 50.0 mL，经离心分离后取上清液进行测定。当有机物含量过高时，加入适量的过氧化氢以便分解有机物。同时做空白实验。

注意事项：①用本方法消解聚丙烯滤膜时注意安全，要缓慢升温以防喷溅，保持溶液不被蒸干；②样品消解时可根据需要增加硝酸-盐酸混合溶液，以浸没滤膜试样。

（2）微波法。取适量滤膜试样（大张滤膜可取 1/8，或截取直径为 47 mm 的圆片；直径为 90 mm 圆滤膜取整张或者 1/2），剪碎、置于消解罐中，加入（1+3+14）硝酸-盐酸混合溶液 10.0 mL，轻轻摇动消解罐使样品完全被酸浸没。设定消解温度为 180℃、消解持续时间为 30.0 min。消解结束待消解罐冷却至室温后，以实验用水淋洗内壁,加入约 10 mL 实验用水,静置 0.5 h 进行浸提,过滤定容至 50.0 mL,待测。滤膜样品也可先定容至 50.0 mL,经离心分离后取上清液进行测定。当有机物含量过高时,加入适量的过氧化氢以便分解有机物。同时做空白实验。

注意事项:①本方法适用于无机滤膜,聚丙烯、特氟龙等有机滤膜并不适用;②样品消解时,可根据需要增加硝酸-盐酸混合溶液使用量,以浸没滤膜试样;③微波消解样品时,保持温度与微波功率大小、溶液的蒸气压及数量有关。

2. 硝酸-双氧水体系

本消解方法主要参考《环境空气 铅的测定 石墨炉原子吸收分光光度法》(HJ 539—2015)中的消解方法,适用于锑、砷、铍、镉、铬、钴、铜、铅、钼、镍、硒、钒、银、铊、钍、铀、钒、锌、铋、锶、锡、锂等元素。适合电感耦合等离子体发射光谱仪、原子吸收光谱仪、电感耦合等离子体质谱仪、原子荧光光谱仪;原子荧光法分析砷、锑、锡和铋等元素时,要加入抗坏血酸-硫脲溶液。

(1)电热板法:取适量石英滤膜试样(大张滤膜可取 1/8,或截取直径为 47 mm 的圆片;直径为 90 mm 圆滤膜取整张或者 1/2),剪碎、放入锥形瓶底部,然后依次加入浓硝酸 10.0 mL、浓盐酸 5.0 mL 和过氧化氢 3.0 mL,静置 20~30 min,待初始反应趋于平静后,于电热板上加热至微沸进行消解。蒸至近干,分别加入浓硝酸和过氧化氢 5.0 mL 和 1.5 mL,加热至近干,冷却。然后加入(1+9)硝酸溶液 5.0 mL 稍热溶解,将溶液过滤至 50.0 mL 比色管中,用(1+99)硝酸溶液反复冲洗滤膜残渣至少 3 次,将洗涤液和过滤液合并,定容至标线,摇匀、待测。同时做空白实验。

注意事项:①本方法适用于无机滤膜,聚丙烯、特氟龙等有机滤膜并不适用;②样品消解时,可根据需要增加硝酸-盐酸混合溶液使用量,以浸没滤膜试样。

(2)微波法。取适量石英滤膜试样(大张滤膜可取 1/8,或截取直径为 47 mm 的圆片;直径为 90 mm 圆滤膜取整张或者 1/2),剪碎、放入消解罐,然后依次加入浓硝酸 8.0 mL、浓盐酸 2.0 mL 和过氧化氢 1.0 mL,轻轻摇动消解罐使样品完全被酸浸没,放置 2~3 h 进行预反应,待初始反应趋于平静后进行微波消解,在 120℃和 185℃下分别保持 15 min 和 35 min。微波消解完成后冷却,加入(1+9)硝酸溶液 5.0 mL 稍热溶解,将溶液过滤至 50.0 mL 比色管,用(1+99)硝酸溶液定容至刻度,摇匀、待测。同时做空白实验。

3. 王水体系

本消解方法适合汞、银、镉、锑、铋、锡等金属元素及砷、硒等类金属元素。适合电感耦合等离子体发射光谱仪、电感耦合等离子体质谱仪、原子荧光光谱仪;因样品制备后酸度较高,不建议采用原子吸收光谱仪分析。

（1）水浴法。取适量滤膜试样剪碎、置于 50.0 mL 比色管中，加入（1+1）王水 15.0 mL，加塞混匀、放置过夜；在沸水浴中加热消解 2.0 h，中间轻摇比色管 2~3 次；消解完成后冷却至室温，用实验用水定容、摇匀。同时做空白实验。

（2）电热板法。取适量试样滤膜置于 100 mL 聚四氟乙烯烧杯中，加入 15.0 mL 王水，盖上表面皿，于电热板上(100±5)℃加热 2.0 h，冷却后转移到 50 mL 比色管中，用纯水稀释至标线，摇匀，静置澄清即为样品溶液。

注意事项：该消解时间是从样品比色管放入水浴锅后水沸腾开始计时。

4. 碳酸氢钠溶液体系

本消解方法主要参考《环境空气　六价铬的测定　柱后衍生离子色谱法》（HJ 779—2015）中的消解方法，适用于柱后衍生离子色谱法分析空气颗粒物中六价铬的测定。

（1）采样滤膜准备。使用 20 mmol/L 的碳酸氢钠溶液反复超声清洗纤维素滤膜，用纯水洗尽滤膜中残留的碳酸氢钠。将清洗过的滤膜在 0.12 mol/L 碳酸氢钠溶液中浸渍 4 h，晾干备用。处理好的采样滤膜保质期为一周。

（2）样品处理。将样品滤膜放入规格为 15 mL 的聚丙烯管中，加入浓度为 20 mmol/L 的碳酸氢钠溶液 10.0 mL，拧紧螺旋盖，置于超声仪超声 1.0 h。提取液经 0.22 μm 水性微孔滤膜过滤后放入样品瓶待测。

注意事项：所用器皿不可用酸浸泡。

（二）颗粒物中重金属总量的前处理方法

1. 碱熔法

本消解方法主要参考《空气和废气　颗粒物中金属元素的测定　电感耦合等离子体发射光谱法》（HJ 777—2015）中的消解方法，适用于硅、铝、钙、镁、铁、钛、锰、钡、锶、锆、磷，以及硼、铍、镉、钴、铬、铜、锂、钼、镍、铅、钒、锌等元素。适合电感耦合等离子体发射光谱仪、火焰原子吸收光谱仪等仪器；若使用电感耦合等离子体质谱仪分析低含量元素，建议使用稀释气方法降低进盐量。

消解方法。取适量滤膜试样（大张滤膜可取 1/8，或截取直径为 47 mm 的圆片；直径为 90 mm 圆滤膜取 1/2），用陶瓷剪刀将其剪碎于镍坩埚。放入马弗炉，从低温升至 300℃，恒温保持 40 min；再逐渐升温至 530~550℃进行样品灰化，保持恒温 40~60 min 至灰化完全（样品颜色与土壤样品相似）。取出已灰化好的样品冷却至室温，加入几滴无水乙醇湿润样品，加入 0.1~0.5 g 固体氢氧化钠，放入马弗炉中在 500℃熔融 10 min。取出坩埚放置片刻，加入 5 mL 热水（90℃）在电热板上煮沸提取，移入预先盛有（1+1）盐酸溶液 2.0 mL 的塑料试管中，用 0.1 mol/L 的盐酸溶液少量、多次冲洗坩埚，将溶液洗入塑料管中并用实验用水稀释定容，摇匀、待测。同时做空白实验。

注意事项：①马弗炉冷却至室温时再取出坩埚以免烫伤；②相比其他材质滤膜，聚四氟乙烯滤膜灰化时间长；③新的镍坩埚加入 0.2 g 固体氢氧化钠，在马弗炉中 650℃烘 60 min 进行预处理以降低空白值；④结合滤膜试样上负载的颗粒物含量，增减固体氢氧化钠用量；⑤如测镍含量，建议使用银坩埚或白金坩埚。

2. 酸法

本消解方法与《空气和废气 颗粒物中金属元素的测定 电感耦合等离子体发射光谱法》（HJ 777—2015）中附录 E.2、E.4 的消解方法等效。本方法适合铝、钙、镁、铁、钛、锰、钡、锶，以及铍、镉、钴、铬、铜、钼、镍、铅、钒、锌、锡、锑、铋、银、砷等元素。适合电感耦合等离子体发射光谱仪、原子吸收光谱仪、电感耦合等离子体质谱仪；若使用原子荧光光谱仪分析砷、锑、铋、锡，要加入充足的硫脲等预还原剂。

（1）消解方法 A。取适量石英滤膜试样（大张滤膜可取 1/8，或截取直径为 47 mm 的圆片；直径为 90 mm 圆滤膜取整张或者 1/2）剪碎、放入消解罐中，加入浓硝酸 6.0 mL、氢氟酸 2.0 mL，待石英滤膜反应完全、白烟冒尽。加入浓硝酸 4.0 mL、过氧化氢 2.0 mL、氢氟酸 0.5 mL，轻摇消解罐使样品完全被酸浸没后进行微波消解，在 180℃下保持 30 min。微波消解完成后冷却，120～150℃下加热赶酸，当消解罐中剩约 1 mL 溶液时，加入（1+1）硝酸溶液 2.0 mL 溶解，用实验用水转移、定容至 50.0 mL 比色管。同时做空白实验。

（2）消解方法 B。取适量特氟龙滤膜试样（大张滤膜可取 1/8，或截取直径为 47 mm 的圆片；直径为 90 mm 圆滤膜取整张或者 1/2）剪碎、放入消解罐中，加入少许水润湿样品后，依次加入浓硝酸 6.0 mL、浓盐酸 2.0 mL、双氧水 2.0 mL、氢氟酸 1.0 mL，轻轻摇动消解罐使样品完全被酸浸没，放置 30 min 进行预反应，然后进行微波消解，在 180℃下保持 30 min。消解完毕并待消解罐冷却后，加入 5%硼酸溶液 10.0 mL 于样品消解罐，进行第二次微波消解，在 120℃下保持 15 min。消解完毕后冷却至室温，用实验用水定容至 50.0 mL 比色管。同时做空白实验。

方法 A 和方法 B 中未提及浓度的硝酸、盐酸、高氯酸，分别是指质量分数为 65%、37%、72%的硝酸、盐酸和高氯酸。两种方法均可加入硼酸络合氟离子以减少赶酸环节，同时可以避免钙、镁、铝等形成难溶氟化物：$3CaF_2+2H_3BO_3+6HNO_3 \longrightarrow 2BF_3\uparrow+3Ca(NO_3)_2+6H_2O$。

方法 B 适合特氟龙和聚丙烯滤膜，方法 A 适合石英滤膜。①石英材质与氢氟酸反应较为剧烈，要先加浓硝酸后加氢氟酸；②可加入 0.5 mL 高氯酸提高赶酸温度至 180℃，缩短赶酸时间，应避免蒸干。

二、前处理应用研究

方法的准确度与精密度,与滤膜本底、消解情况、分析仪器及实验人员等因素有关。

(一)硝酸-盐酸体系

颗粒物样品经硝酸-盐酸体系消解后,采用 ICP-OES 和 GFAAS 分析。ICP-OES测试结果的准确度和精密度见表 7-32~表 7-34。铬、钴、铁的相对误差高达 20%以上,其他项目误差低于 10%。与电热板消解法相比,微波消解法的相对误差要小。电热板法消解和微波消解法的精密度分别为 0.78%~5.8% 和 0.46%~4.5%。GFAAS测试结果的准确度和精密度见表 7-35 和表 7-36。镉和铅 RSD 分别为 5.4%、13.3%,加标回收率均分别为 85%~105% 和 88%~110%。

表 7-32　ICP-OES 测试电热板法和微波法消解颗粒物有证标准滤膜(1648a)中重金属的准确度

元素	电热板消解		微波消解		
	平均值/(mg/kg)	相对误差/%	平均值/(mg/kg)	相对误差/%	认定值/(mg/kg)
Cd	63.8	13	75	1.8	73.7
Co	14.4	20	15	16	17.93
Cr	103	74	91.7	77	402
Cu	469	23	600	1.6	610
Fe	23369	40	30000	24	39200
Mn	635	20	730	7.6	790
Ni	77.2	4.8	95	17	81.1
Pb	5044	23	6500	0.76	6550
Sr	168	22	167	22	215
V	117	7.9	100	21	127
Zn	4017	16	4667	2.8	4800
Ag	5.44	9.3	5.62	6.3	6

表 7-33　ICP-OES 测试电热板法和微波法消解颗粒物质控滤膜中重金属的准确度

元素	电热板消解		微波消解		
	平均值/(mg/kg)	相对误差/%	平均值/(mg/kg)	相对误差/%	认定值/(mg/kg)
Ni	90.2	4.0	91.5	2.7	94
Cd	5.11	3.6	5.14	3.0	5.3
Mn	22.1	7.1	23.3	2.1	23.8
Pb	4.98	9.5	5.0	9.1	5.5
Zn	101.5	3.7	102.5	2.8	105.4

表 7-34 　ICP-OES 测试电热板法和微波法消解颗粒物中重金属的精密度

元素	电热板消解								微波消解							
	测定结果/（mg/kg）						平均值/（mg/kg）	RSD/%	测定结果/（mg/kg）					平均值/（mg/kg）	RSD/%	
Cd	63.3	66.5	62.2	63.6	66.2	61.2	63.8	3.3	78	74	73	72	77	76	75	3.2
Co	14.2	15.1	14.8	14.6	14.1	13.5	14.4	4.0	15.2	15.5	15.6	14.3	15.1	14.6	15.1	3.4
Cr	102	108	105	103	99.5	97.8	103	3.6	93.7	92.2	90.9	91.8	91.1	90.7	91.7	1.2
Cu	467	486	472	466	465	458	469	2.0	602	610	604	603	592	591	600	1.2
Fe	23333	23652	23493	23315	23301	23122	23369	0.78	30175	30148	29886	29878	30033	29882	30000	0.46
Mn	633	655	642	631	628	622	635	1.8	742	736	716	728	733	727	730	1.2
Ni	76.7	79.9	78.4	77.1	76.4	74.5	77.2	2.4	97.5	96.1	93.6	94.4	95.7	92.9	95.0	1.8
Pb	5000	5233	5115	5077	5025	4811	5044	2.8	6644	6588	6474	6525	6418	6351	6500	1.7
Sr	166	181	174	171	162	156	168	5.3	175	162	177	163	158	168	167	4.5
V	115	127	121	116	112	108	117	5.8	106	103	101	98.2	95.5	97.8	100	3.8
Zn	4000	4113	4085	4048	3992	3865	4017	2.2	4755	4694	4782	4573	4566	4632	4667	2.0
Ag	5.42	5.63	5.41	5.51	5.33	5.35	5.44	2.1	5.52	5.64	5.72	5.64	5.71	5.51	5.62	1.6
Sr	166	181	174	171	162	156	168	5.3	175	162	177	163	158	168	167	4.5
V	115	127	121	116	112	108	117	5.8	106	103	101	98.2	95.5	97.8	100	3.8
Zn	4000	4113	4085	4048	3992	3865	4017	2.2	4755	4694	4782	4573	4566	4632	4667	2.0
Ag	5.42	5.63	5.41	5.51	5.33	5.35	5.44	2.1	5.52	5.64	5.72	5.64	5.71	5.51	5.62	1.6

（二）硝酸-双氧水体系

颗粒物样品经硝酸-双氧水体系消解，采用石墨炉原子光谱法（FL-AAS）等仪器分析了该方法的精密度和准确度。对于 FL-AAS，空白加标回收率在 55.3%～80.4%，标样分析相对误差在 –44.7%～–19.6%。对于 GFAAS，镉和铅相对偏差分别为 7.9%、9.3%，加标回收率均分别为 88%～110% 和 80%～100%，见表 7-35 和表 7-36。

（三）王水体系

颗粒物样品经王水体系消解，采用 AFS 分析了该方法测试砷和汞的精密度和准确度，见表 7-37～表 7-39。水浴消解法和电热板消解法的精密度分别为 1.59%～14.7% 和 3.59%～19.4%。水浴消解法和电热板消解法的加标回收率分别为 86.3%～111% 和 81.8%～114%，相对误差分别为 0.246%～8.75% 和 1.18%～2.10%。

（四）碱熔法

颗粒物样品经碱熔法消解，采用 ICP-OES 分析了该方法测试砷和汞的精密度

表 7-35　GFAAS 测试颗粒物中镉的精密度及加标回收率

滤膜	硝酸-盐酸体系							硝酸-双氧水体系						
	样品浓度/(μg/L)	加标浓度/(μg/L)	加标实测浓度/(μg/L)	回收率/%	SD	RSD/%		样品浓度/(μg/L)	加标浓度/(μg/L)	加标实测浓度/(μg/L)	回收率/%	SD	RSD/%	
1	0.032	0.10	0.130	98				0.029	0.10	0.125	96			
2	0.037	0.10	0.142	105				0.029	0.10	0.130	101			
3	0.033	0.10	0.136	103				0.032	0.10	0.138	106			
4	0.035	0.10	0.125	90	0.0018	5.4		0.029	0.10	0.120	91	0.0025	7.9	
5	0.035	0.10	0.130	95				0.033	0.10	0.143	110			
6	0.032	0.10	0.120	88				0.036	0.10	0.126	90			
7	0.035	0.10	0.126	91				0.032	0.10	0.124	92			
8	0.036	0.10	0.121	85				0.033	0.10	0.121	88			

表 7-36 GFAAS 测试颗粒物中铅的精密度及加标回收率

滤膜	硝酸-盐酸体系						硝酸-双氧水体系					
	样品浓度/(μg/L)	SD	RSD/%	加标浓度/(μg/L)	加标实测浓度/(μg/L)	回收率/%	样品浓度/(μg/L)	SD	RSD/%	加标浓度/(μg/L)	加标实测浓度/(μg/L)	回收率/%
1	0.12			0.10	0.23	110	0.16			0.10	0.25	90
2	0.17			0.10	0.25	80	0.14			0.10	0.23	90
3	0.13			0.10	0.26	130	0.13			0.10	0.23	100
4	0.15	0.019	13.3	0.10	0.25	100	0.15	0.018	9.3	0.10	0.23	80
5	0.15			0.10	0.23	80	0.14			0.10	0.24	100
6	0.12			0.10	0.22	100	0.13			0.10	0.22	90
7	0.13			0.10	0.22	90	0.12			0.10	0.21	90
8	0.16			0.10	0.24	80	0.13			0.10	0.21	80

表 7-37 AFS 测试水浴/电热板法消解颗粒物的精密度

消解方式	样品编号	元素	测定结果/（μg/L）						平均值/（μg/L）	SD/（μg/L）	RSD/%
			1	2	3	4	5	6			
水浴消解	样品 1	As	11.7	11.6	11.8	11.7	11.0	10.6	11.4	0.475	4.16
		Hg	0.388	0.342	0.387	0.398	0.396	0.339	0.375	0.027	7.22
	样品 2	As	15.3	15.6	15.2	15.5	15.6	15.9	15.5	0.248	1.59
		Hg	0.052	0.066	0.056	0.061	0.062	0.078	0.062	0.009	14.7
电热板消解	样品 1	As	6.32	6.25	5.93	5.83	5.70	5.88	5.99	0.247	4.13
		Hg	0.064	0.052	0.055	0.073	0.087	0.076	0.068	0.013	19.4
	样品 2	As	2.35	2.50	2.35	2.52	2.52	2.36	2.43	0.087	3.59
		Hg	0.787	0.878	0.829	0.899	0.728	0.794	0.819	0.063	7.71

表 7-38 AFS 测试水浴/电热板法消解颗粒物的加标回收率

消解方式	样品编号	元素	测定结果/（μg/L）						平均值/（μg/L）	加标量/（μg/L）	加标回收率/%
			1	2	3	4	5	6			
水浴消解	样品 1	As	30.0	30.1	31.1	29.1	26.9	26.1	28.9	32.0	90.2
		Hg	19.3	20.1	22.6	22.1	24.7	24.1	22.1	20.0	111
	样品 2	As	31.6	30.4	31.0	31.7	30.1	32.5	31.2	32.0	97.6
		Hg	17.3	17.1	17.2	17.5	17.5	17.1	17.3	20.0	86.3
电热板消解	样品 1	As	34.1	33.3	33.5	33.0	32.2	33.7	33.3	32.0	104
		Hg	21.2	22.0	22.1	23.4	22.8	24.9	22.7	20.0	114
	样品 2	As	30.9	31.4	30.3	31.0	30.4	31.3	30.9	32.0	96.5
		Hg	16.2	16.6	15.9	16.4	16.3	16.8	16.4	20.0	81.8

表 7-39 AFS 测试水浴/电热板法消解颗粒物模拟标准物质的准确度

消解方式	标准样品	元素	测定结果/（μg/g）						平均值/（μg/g）	标样含量/（μg/g）	相对误差RE/%
			1	2	3	4	5	6			
水浴消解	1648a	As	112	114	119	114	113	117	115	115.5±3.9	0.599
	GSS-3	As	3.88	3.96	4.04	4.08	4.13	4.00	4.01	4.4±0.6	8.75
		Hg	0.059	0.063	0.061	0.057	0.061	0.059	0.060	0.060±0.004	0.246
	GSS-5	As	408	410	403	416	399	411	408	412±16	0.965
		Hg	0.292	0.268	0.263	0.289	0.267	0.272	0.275	0.29±0.03	5.13
电热板消解	1648a	As	114	114	119	119	119	118	117	115.5±3.9	1.54
	GSS-3	As	4.38	4.49	4.29	4.35	4.25	4.33	4.35	4.4±0.6	1.18
		Hg	0.061	0.060	0.062	0.061	0.058	0.063	0.061	0.060±0.004	1.32
	GSS-5	As	402	410	424	427	428	427	420	412±16	1.89
		Hg	0.283	0.295	0.273	0.285	0.295	0.274	0.284	0.29±0.03	2.10

和准确度,见表 7-40,钙、铬、铁、镁、钛、锌等加标回收率较差,铝、钴、铜、硅、锶、锆等加标回收率达 80%;除磷和钡外,其他元素的精密度在 5%左右。

表 7-40 ICP-OES 测试碱熔法消解颗粒物的精密度和准确度汇总表(%)

元素	Al	Ca	Cd	Co	Cr	Cu	Fe	Mg	Mn
加标回收率	88.1	54.5	66.3	80.4	55.3	80.4	53.3	50.1	57.8
精密度	4.07	4.87	0.48	0	4.35	2.09	3.01	2.79	3.03

元素	Pb	Si	Sr	Ti	Zn	Zr	P	Ba	Li
加标回收率	65.4	88.8	75.0	56.5	56.1	97.55	—	—	—
精密度	6.46	4.7	3.34	3.20	2.41	4.03	11.2	16.6	0

针对颗粒物中重点防控的 14 项重金属溶解态,推荐的消解体系及分析仪器见表 7-41。

表 7-41 大气颗粒物中重点防控的 14 种重金属监测技术

序号	元素	推荐消解体系	分析仪器
1	Hg	1+1 王水/水浴消解或电热板消解	AFS
2	Cd	硝酸-盐酸/微波消解和电热板消解、硝酸-过氧化氢/微波消解和电热板消解、1+1 王水/水浴消解和电热板消解	GFAAS、ICP-MS
3	Cr	硝酸-盐酸/微波消解和电热板消解、硝酸-过氧化氢/微波消解和电热板消解	FAAS、ICP-OES、ICP-MS
4	As	硝酸-过氧化氢/微波消解和电热板消解、1+1 王水/水浴消解和电热板消解	AFS、ICP-MS
5	Pb	硝酸-盐酸/微波消解和电热板消解、硝酸-过氧化氢/微波消解和电热板消解	FAAS、GFAAS、ICP-OES、ICP-MS
6	Ni	硝酸-盐酸/微波消解和电热板消解、硝酸-过氧化氢/微波消解和电热板消解	FAAS、ICP-OES、ICP-MS
7	Cu	硝酸-盐酸/微波消解和电热板消解、硝酸-过氧化氢/微波消解和电热板消解	FAAS、ICP-OES、ICP-MS
8	Zn	硝酸-盐酸/微波消解和电热板消解、硝酸-过氧化氢/微波消解和电热板消解	FAAS、ICP-OES、ICP-MS
9	Ag	硝酸-盐酸/微波消解和电热板消解、硝酸-过氧化氢/微波消解和电热板消解、1+1 王水/水浴消解和电热板消解	ICP-MS
10	V	硝酸-盐酸/微波消解和电热板、硝酸-过氧化氢/微波消解和电热板消解	ICP-OES、ICP-MS
11	Mn	硝酸-盐酸/微波消解和电热板消解、硝酸-过氧化氢/微波消解和电热板消解	FAAS、ICP-OES
12	Co	硝酸-盐酸/微波消解和电热板消解、硝酸-过氧化氢/微波消解和电热板消解	ICP-MS
13	Sb	硝酸-过氧化氢/微波消解和电热板消解、1+1 王水/水浴消解和电热板消解	AFS、ICP-MS
14	Tl	硝酸-盐酸/微波消解和电热板消解、硝酸-过氧化氢/微波消解和电热板消解	GFAAS、ICP-MS
15	Gr^{6+}	碳酸氢钠体系	IC

第三节　沉积物中重金属前处理应用

沉积物中重金属的前处理包括干法和湿法消解，目前重金属测定采用湿法消解为主，碱熔法（干法）一般适用于硅、铝、铁、钙、镁、钾、钠、磷、锰、钛等组分测定的前处理。湿法消解包括电热板消解、高压密闭消解、微波消解、水浴消解等方式，其中以电热板消解和微波消解为主。目前，不同国家针对沉积物中重金属消解使用的酸体系有所区别。沉积物酸浸提一般是指用酸体系振荡浸提或低温加热消解，在我国标准方法中有所涉及的主要有《水和废水监测分析方法（第四版）（增补版）》中 HNO_3 浸溶法（回流）、0.1mol/L HCl 浸提法（水平振荡），《土壤元素的近代分析方法》中 $HCl+HNO_3$ 溶浸法（振荡）、HNO_3 浸溶法（电热板）、0.1mol/L HCl（水平振荡）法等。国内外沉积物重金属前处理及方法汇总见表 7-42 及表 7-43。

表 7-42　国内沉积物相关重金属前处理方法汇总

元素	前处理方法	方法来源
镉	酸消解（硝酸-高氯酸-盐酸）	《海洋监测规范 第 5 部分：沉积物分析》（GB 17378.5—2007）
	酸消解（氢氟酸-硝酸-高氯酸-盐酸）	《海底沉积物化学分析方法》（GB/T 20260—2006）
	微波消解（硝酸-盐酸-氢氟酸）	《土壤和沉积物 金属总量的消解 微波消解法》（HJ 征求意见稿）
	微波消解（硝酸-盐酸-氢氟酸）	《海洋沉积物与海洋生物体中重金属分析前处理 微波消解法》（HY/T 132—2010）
铬	酸消解（硝酸-高氯酸-盐酸）、酸消解（硝酸-高氯酸-硫酸）	《海洋监测规范 第 5 部分：沉积物分析》（GB 17378.5—2007）
	酸消解（氢氟酸-硝酸-高氯酸-盐酸）	《海底沉积物化学分析方法》（GB/T 20260—2006）
	微波消解（硝酸-盐酸-氢氟酸）	《土壤和沉积物 金属总量的消解 微波消解法》（HJ 征求意见稿）
	微波消解（硝酸-盐酸-氢氟酸）	《海洋沉积物与海洋生物体中重金属分析前处理 微波消解法》（HY/T 132—2010）
铅	酸消解（硝酸-高氯酸-盐酸）	《海洋监测规范 第 5 部分：沉积物分析》（GB 17378.5—2007）
	酸消解（氢氟酸-硝酸-高氯酸-盐酸）	《海底沉积物化学分析方法》（GB/T 20260—2006）
	微波消解（硝酸-盐酸-氢氟酸）	《土壤和沉积物 金属总量的消解 微波消解法》（HJ 征求意见稿）
	微波消解（硝酸-盐酸-氢氟酸）	《海洋沉积物与海洋生物体中重金属分析前处理 微波消解法》（HY/T 132—2010）
镍	酸消解（氢氟酸-硝酸-高氯酸-盐酸）	《海底沉积物化学分析方法》（GB/T 20260—2006）
	微波消解（硝酸-盐酸-氢氟酸）	《土壤和沉积物 金属总量的消解 微波消解法》（HJ 征求意见稿）
铜	酸消解（硝酸-高氯酸-盐酸）	《海洋监测规范 第 5 部分：沉积物分析》（GB 17378.5—2007）
	酸消解（氢氟酸-硝酸-高氯酸-盐酸）	《海底沉积物化学分析方法》（GB/T 20260—2006）
	微波消解（硝酸-盐酸-氢氟酸）	《土壤和沉积物 金属总量的消解 微波消解法》（HJ 征求意见稿）
	微波消解（硝酸-盐酸-氢氟酸）	《海洋沉积物与海洋生物体中重金属分析前处理 微波消解法》（HY/T 132—2010）
锌	酸消解（硝酸-高氯酸-盐酸）	《海洋监测规范 第 5 部分：沉积物分析》（GB 17378.5—2007）
	酸消解（氢氟酸-硝酸-高氯酸-盐酸）	《海底沉积物化学分析方法》（GB/T 20260—2006）
	微波消解（硝酸-盐酸-氢氟酸）	《土壤和沉积物 金属总量的消解 微波消解法》（HJ 征求意见稿）
	微波消解（硝酸-盐酸-氢氟酸）	《海洋沉积物与海洋生物体中重金属分析前处理 微波消解法》（HY/T 132—2010）

续表

元素	前处理方法	方法来源
钒	酸消解（氢氟酸-硝酸-高氯酸-盐酸）	《海底沉积物化学分析方法》（GB/T 20260—2006）
	微波消解（硝酸-盐酸-氢氟酸）	《土壤和沉积物 金属总量的消解 微波消解法》(HJ 征求意见稿)
锰	酸消解（氢氟酸-硝酸-高氯酸-盐酸）	《海底沉积物化学分析方法》（GB/T 20260—2006）
钴	酸消解（氢氟酸-硝酸-高氯酸-盐酸）	《海底沉积物化学分析方法》（GB/T 20260—2006）
	微波消解（硝酸-盐酸-氢氟酸）	《土壤和沉积物 金属总量的消解 微波消解法》(HJ 征求意见稿)
锑	酸消解（氢氟酸-硝酸-高氯酸-盐酸）、王水水浴	《海底沉积物化学分析方法》（GB/T 20260—2006）
	微波消解（硝酸-盐酸）	《土壤和沉积物 汞、砷、硒、铋、锑的测定 微波消解/原子荧光法》（HJ 680—2013）
铊	酸消解（氢氟酸-硝酸-高氯酸-盐酸）	《海底沉积物化学分析方法》（GB/T 20260—2006）
汞	王水水浴	《海洋监测规范 第 5 部分：沉积物分析》（GB 17378.5—2007）
	王水水浴	《海底沉积物化学分析方法》（GB/T 20260—2006）
	微波消解（硝酸-盐酸）	《土壤和沉积物 汞、砷、硒、铋、锑的测定 微波消解/原子荧光法》（HJ 680—2013）
砷	王水水浴	《海洋监测规范 第 5 部分：沉积物分析》（GB 17378.5—2007）
	王水水浴	《海底沉积物化学分析方法》（GB/T 20260—2006）
	微波消解（硝酸-盐酸）	《土壤和沉积物 汞、砷、硒、铋、锑的测定 微波消解/原子荧光法》（HJ 680—2013）

表 7-43　国外沉积物相关重金属前处理方法汇总

元素	前处理方法	分析方法
镉	微波消解（EPA method 3051A；3051；3052；3015A；3015） 酸消解（EPA method 3020A） 酸消解（EPA method 3031） 酸消解（EPA method 3040A；3050B） 酸消解（EPA method 3050B）	ICP-AES（EPA method 6010B；6010C） ICP-MS（EPA method 6020A；6020） AAS（EPA method 7000A） FLAA（EPA method 7000B） GFAA（EPA method 7010） ICP-MS（NOAA NST 172.0） X 射线荧光光谱法（NOAA NST 160.0） FLAA（NOAA NST 151.0） GFAA（NOAA NST 140.0） 原子吸收（DIN 38406-19-1993 E19）
铬	酸消解（EPA method 3031） 酸消解（EPA method 3040A；3050B） 酸消解（EPA method 3050B） 微波消解（EPA method 3051A；3051；3052；3015A；3015） 酸消解（EPA method 3020A）	ICP-AES（EPA method 6010B；6010C） ICP-MS（EPA method 6020A；6020） AAS（EPA method 7000A） FLAA（EPA method 7000B） GFAA（EPA method 7010） 火焰和电热 AAS（ISO 11047-1998；BS 7755-3-13-1998） ICP-MS（NOAA NST 172.0） X 射线荧光光谱法（NOAA NST 160.0） FLAA（NOAA NST 151.0） GFAA（NOAA NST 140.0） 原子吸收（DIN 38406-10-1985）

续表

元素	前处理方法	分析方法
铅	微波消解（EPA method 3051A；3051；3052；3015A；3015） 酸消解（EPA method 3020A） 酸消解（EPA method 3031） 酸消解（EPA method 3040A） 酸消解（EPA method 3050B） 酸消解（EPA method 3050B）	ICP-AES（EPA method 6010B；6010C） ICP-MS（EPA method 6020A；6020） AAS（EPA method 7000A） FLAA（EPA method 7000B） GFAA（EPA method 7010） 火焰和电热 AAS（ISO 11047-1998；BS 7755-3-13-1998） FLAA（USGS-NWQL I5399） ICP-MS（NOAA NST 172.0） X 射线荧光光谱法（NOAA NST 160.0） FLAA（NOAA NST 151.0） GFAA（NOAA NST 140.0） 原子吸收（DIN 38406-6-1998 E6）
镍	酸消解（EPA method 3031） 酸消解（EPA method 3040A；3050B） 微波消解（EPA method 3051A；3051；3052；3015A；3015）	ICP-AES（EPA method 6010B；6010C） ICP-MS（EPA method 6020A；6020） AAS（EPA method 7000A） FLAA（EPA method 7000B） GFAA（EPA method 7010） 火焰和电热 AAS（ISO 11047-1998；BS 7755-3-13-1998） FLAA（USGS-NWQL I5499） 原子吸收（DIN 38406-11-1991）
铜	酸消解（EPA method 3031） 酸消解（EPA method 3040A；3050B） 微波消解（EPA method 3051A；3051；3052；3015A；3015）	ICP-AES（EPA method 6010B；6010C） ICP-MS（EPA method 6020A；6020） AAS（EPA method 7000A） FLAA（EPA method 7000B） GFAA（EPA method 7010） 火焰和电热 AAS（ISO 11047-1998；BS 7755-3-13-1998） 原子吸收（DIN 38406-7-1991）
锌	酸消解（EPA method 3031；3050B） 微波消解（EPA method 3051A；3051；3052；3015A；3015）	ICP-MS（EPA method 6020A；6020） AAS（EPA method 7000A） FLAA（EPA method 7000B） GFAA（EPA method 7010） 火焰和电热 AAS（ISO 11047-1998；BS 7755-3-13-1998） FLAA（USGS-NWQL I5900） 原子吸收（DIN 38406-8-2004 E8）
银	酸消解（EPA method 3031） 酸消解（EPA method 3050B） 微波消解（EPA method 3051A；3051；305；3015A；3015）	ICP-AES（EPA method 6010B；6010C） ICP-MS（EPA method 6020A；6020） AAS（EPA method 7000A） FLAA（EPA method 7000B） GFAA（EPA method 7010）
钒	酸消解（EPA method 3031） 酸消解（EPA method 3040A；3050B） 微波消解（EPA method 3051A；3051；3052；3015A；3015）酸消解-GFAA（EPA method 3020A）	ICP-AES（EPA method 6010B；6010C） ICP-MS（EPA method 6020A） AAS（EPA method 7000A） FLAA（EPA method 7000B） GFAA（EPA method 7010）
锰	酸消解（EPA method 3040A；3050B） 微波消解（EPA method 3051A；3051；3052；3015A；3015）	ICP-AES（EPA method 6010B；6010C） ICP-MS（EPA method 6020A；6020） AAS（EPA method 7000A） FLAA（EPA method 7000B） GFAA（EPA method 7010） 火焰和电热 AAS（ISO 11047-1998；BS 7755-3-13-1998） 原子吸收（DIN 38406-33-2000 E33）

续表

元素	前处理方法	分析方法
钴	酸消解（EPA method 3031） 酸消解（EPA method 3050B） 酸消解（EPA method 3050B） 微波消解（EPA method 3051A；3051；3052；3015A；3015） 酸消解（EPA method 3020A）	ICP-AES（EPA method 6010B；6010C） ICP-MS（EPA method 6020A；6020） AAS（EPA method 7000A） FLAA（EPA method 7000B） GFAA（EPA method 7010） 火焰和电热 AAS（ISO 11047-1998；BS 7755-3-13-1998） 原子吸收（DIN 38406-24-1993）
锑	酸消解（EPA method 3031） 酸消解（EPA method 3040A；3050B） 微波消解（EPA method 3051A；3051；3052；3015A；3015）	ICP-AES（EPA method 6010B；6010C） ICP-MS（EPA method 6020A；6020） AAS（EPA method 7000A） FLAA（EPA method 7000B） GFAA（EPA method 7010；7062） 原子吸收（DIN 38405-32-2000）
铊	酸消解（EPA method 3031） 酸消解（EPA method 3050B） 微波消解（EPA method 3051A；3051；3052；3015A；3015） 酸消解（EPA method 3020A）	ICP-AES（EPA method 6010B；6010C） ICP-MS（EPA method 6020） AAS（EPA method 7000A） FLAA（EPA method 7000B） 电热 AAS（ISO 20279-2005） 石墨炉原子吸收（DIN 38406-26-1997）
汞	微波消解（EPA method 3051A；3051；3052；3015A；3015）	氢化物原子吸收（EPA Method 7474） 冷原子吸收（EPA Method 7473） 酶联免疫法（EPA method 4500） CVAA/CVAFS（ISO 16772-2004） 冷原子吸收 NOAA NST 131.00 ICP-MS（NOAA NST 172.0） X 射线荧光光谱法（NOAA NST 160.0） FLAA（NOAA NST 151.0） GFAA（NOAA NST 140.0）
砷	酸消解（EPA method 3031） 酸消解（EPA method 3040A） 酸消解（EPA method 3050B） 微波消解（EPA method 3051A；3051；3052；3015A；3015）	ICP-AES（EPA method 6010B；6010C） ICP-MS（EPA method 6020A；6020） AAS（EPA method 7000A） GFAA（EPA method 7010） 气体氢化物-AAS（EPA method 7061A） 硼氢化-AAS（EPA method 7062） ASV（阳极溶出伏安法）（EPA method 7063） 电热和氢化法 AAS（ISO 20280-2007） X 射线荧光光谱法（JIS K0470-2008） ICP-MS（NOAA NST 172.0） X 射线荧光光谱法（NOAA NST 160.0） FLAA（NOAA NST 151.0） GFAA（NOAA NST 140.0） 石墨炉原子吸收（DIN 38405-35-2004）

一、前处理方法

（一）微波消解法

1. 硝酸-盐酸-氢氟酸

准确称取试样 0.1～0.5 g 于消解罐中，依次加入 6 mL 硝酸，2 mL 盐酸，2 mL

氢氟酸，根据反应剧烈程度，放置一定的时间，待反应平稳后加盖拧紧，放入消解盘中，进行微波消解程序。程序运行完毕，取出冷却 15～30 min，待罐内压力降至常压，开盖。将消解罐中的溶液转移至聚四氟乙烯坩埚中，电热板或配套的赶酸设备 110～120℃进行赶酸，待尽干时，取下冷却，加入 1 mL 硝酸，去离子水定容至 50 mL 容量瓶中待测。

2. 硝酸-盐酸

准确称取试样 0.1～0.5 g 于消解罐中，依次加入 6 mL 硝酸，2 mL 盐酸，根据反应剧烈程度，放置一定的时间，待反应平稳后加盖拧紧，放入消解盘中，进行微波消解程序。程序运行完毕，取出冷却 15～30 min，待罐内压力降至常压，开盖。将消解罐中的溶液转移至聚四氟乙烯坩埚中，电热板或配套的赶酸设备 110～120℃进行赶酸，待尽干时，取下冷却，加入 1 mL 硝酸，去离子水定容至 50 mL 容量瓶中待测。

3. 硝酸-氢氟酸

准确称取试样 0.1～0.5 g 于消解罐中，依次加入 6 mL 硝酸，2 mL 氢氟酸，根据反应剧烈程度，放置一定的时间，待反应平稳后加盖拧紧，放入消解盘中，进行微波消解程序。程序运行完毕，取出冷却 15～30 min，待罐内压力降至常压，开盖。将消解罐中的溶液转移至聚四氟乙烯坩埚中，电热板或配套的赶酸设备 110～120℃进行赶酸，待尽干时，取下冷却，加入 1 mL 硝酸，去离子水定容至 50 mL 容量瓶中待测。

4. 硝酸

准确称取试样 0.1～0.5g 于消解罐中，加入 6 mL 硝酸，根据反应剧烈程度，放置一定的时间，待反应平稳后加盖拧紧，放入消解盘中，进行微波消解程序。程序运行完毕，取出冷却 15～30 min，待罐内压力降至常压，开盖。将消解罐中的溶液转移至聚四氟乙烯坩埚中，电热板或配套的赶酸设备 110～120℃进行赶酸，待尽干时，取下冷却，加入 1 mL 硝酸，去离子水定容至 50 mL 容量瓶中待测。

微波消解升温程序参考表见表 7-44。

表 7-44　微波消解升温程序参考表

升温时间/min	消解温度/℃	保持时间/min
7	室温～120	3
5	120～160	3
5	160～190	25

（二）电热板法

准确称取 0.2～0.5 g 试样于 50 mL 聚四氟乙烯坩埚中，用水润湿后加入 10 mL 盐酸，于通风橱内的电热板上低温加热，使样品初步分解，待蒸发至剩 3 mL 左右时，取下稍冷，然后加入 5 mL 硝酸、5 mL 氢氟酸、3 mL 高氯酸，加盖后于电热板上中温加热 1 h 左右，然后开盖，电热板温度控制在 150℃，继续加热除硅，为了达到良好的飞硅效果，应经常摇动坩埚。当加热至冒浓厚高氯酸白烟时，加盖，使黑色有机碳化物分解。待坩埚壁上的黑色有机物消失后，开盖，驱赶白烟并蒸至内容物呈黏稠状。视消解情况，可再补加 3 mL 硝酸、3 mL 氢氟酸、1 mL 高氯酸，重复以上消解过程。取下坩埚稍冷，加入 1 mL 硝酸，温热溶解可溶性残渣，全量转移至 50 mL 容量瓶中，冷却后用水定容至标线，摇匀。

（三）全自动消解

1. 硝酸-双氧水体系

准确称量样品 0.5 g 于消解管中，加入 10 mL 硝酸，加盖加热到 90℃后保持 1 h，冷却后加入 3 mL 双氧水，加热到 90℃后保持 1 h，升温到 95℃开盖赶酸，至管内溶液约为 2 mL 停止加热，样品冷却后用中速滤纸过滤，去离子水定容至 25 mL，静置 24 h 待测。

2. 硝酸体系

准确称量样品 0.5 g 于消解管中，加入 10 mL 硝酸，加盖加热到 90℃后保持 1 h，升温到 95℃开盖赶酸，至管内溶液约为 2 mL 停止加热，样品冷却后用中速滤纸过滤，去离子水定容至 25 mL，静置 24 h 待测。

3. 王水体系

准确称量样品 0.5 g 于消解管中，加入 10 mL 王水（2.5 mL 硝酸+7.5 mL 盐酸），加热到 110℃保持近沸状态 1 h，然后开盖赶酸至管内溶液约为 2 mL 停止加热，样品冷却后用中速滤纸过滤，去离子水定容至 25 mL，静置 24 h 待测。

4. 逆王水体系

准确称量样品 0.5 g 于消解管中，加入 10 mL 逆王水（7.5 mL 硝酸+2.5 mL 盐酸），加热到 90℃保持近沸状态 1 h，然后开盖赶酸至管内溶液约为 2 mL 停止加热，样品冷却后用中速滤纸过滤，去离子水定容至 25 mL，静置 24 h 待测。

二、前处理应用研究

（一）酸消解

对镉等 12 种元素考察微波消解 4 种酸体系和电热板消解 4 酸体系（较成熟）共 5 种酸消解前处理方法的准确度和精密度，选取不同地区类型的沉积物标准物质（GSD）进行前处理试验，用 AAS、ICP-AES、ICP-MS 进行样品测定。汞考察了水浴消解、石墨消解、直接固体进样三种前处理方式，砷考察了水浴消解、石墨消解两种方式。消解体系编号分别为硝酸-盐酸-氢氟酸/微波（A_1）、硝酸-盐酸/微波（A_2）、硝酸-氢氟酸/微波（A_3）、硝酸/微波（A_4）、硝酸+盐酸+氢氟酸+高氯酸/电热板（B_1）、硝酸-硝酸/水浴（C_1）、盐酸-硝酸/石墨消解（D_5）、固体直接进样（E）。

1. 镉

AAS 测定沉积物中的镉，A_1 消解体系表现最优，准确度在–3.5%～0.2%，精密度在 1.1%～4.1%；B_1 消解体系次之，准确度在 1.5%～4.9%，精密度在 1.7%～4.6%。

ICP-AES 测定沉积物中镉，体系 A_1 最优，准确度在–3.8%～14%，精密度在 1.2%～9.6%，仪器检出限较高，测定低含量镉样品准确度稍差。

ICP-MS 测定沉积物中的镉，体系 A_1 最优，准确度在–9.8%～2.3%，精密度在 2.4%～4.2%。

测定沉积物中的镉，体系 A_1 前处理方法最优。

不同测定方法下各体系的准确度和精密度见表 7-45～表 7-50。

表 7-45 AAS 准确度（%） $n=6$

Cd	体系 A_1	体系 A_2	体系 A_3	体系 A_4	体系 B_1
GSD-2a	0.2	–0.7	–4.6	1.2	—
GSD-5a	—	—	—	—	1.7
GSD-7a	–1.4	16	14	19	1.9
GSD-15	–1.0	16	12	17	4.9
GSD-18	–3.5	–6.1	–11	1.9	—
GSD-21	–0.4	8.3	2.9	19	1.5

注：GSD-2a 表示江西大茅山沉积物标准物质；GSD-5a 表示安徽铜陵沉积物标准物质；GSD-7a 表示辽宁开源沉积物标准物质；GSD-15 表示内蒙古霍克乞多沉积物标准物质；GSD-18 表示黑龙江牡丹江沉积物标准物质；GSD-21 表示新疆吐鲁番沉积物标准物质，下同。

表 7-46 AAS 精密度（%） $n=6$

Cd	体系 A_1	体系 A_2	体系 A_3	体系 A_4	体系 B_1
GSD-2a	3.9	1.7	3.4	3.7	—
GSD-5a	—	—	—	—	4.6
GSD-7a	2.5	1.4	1.3	1.9	2.7
GSD-15	2.4	1.4	1.0	2.1	3.8
GSD-18	4.1	2..8	2.4	3.3	—
GSD-21	1.1	1.1	1.1	4.8	1.7

表 7-47 ICP-AES 准确度（%） $n=6$

Cd	体系 A_1	体系 A_2	体系 A_3	体系 A_4	体系 B_1
GSD-5a	13	–56	–57	–57	40
GSD-7a	–3.8	–17	–25	–8.9	–2.4
GSD-15	12	—	—	—	32
GSD-17	0.9	—	—	—	7.1
GSD-18	–3.2	—	—	—	–96
GSD-21	14	–50	–35	–58	22

表 7-48　ICP-AES 精密度（%）　*n*=6

Cd	体系 A_1	体系 A_2	体系 A_3	体系 A_4	体系 B_1
GSD-5a	1.8	8.2	9.9	15	2.8
GSD-7a	1.2	3.9	3.6	4.2	1.3
GSD-15	3.3	—	—	—	6.0
GSD-17	1.7				0.9
GSD-18	9.6				—
GSD-21	1.7	48	22	49.9	3.7

表 7-49　ICP-MS 准确度（%）　*n*=6

Cd	体系 A_1	体系 A_2	体系 A_3	体系 A_4	体系 B_1
GSD-2a	−9.8	−5.7	5.5	−10	—
GSD-5a					15
GSD-7a	−4.6	−9.4	−10	−13	11
GSD-15	−0.9	−13.6	13	−15	−12
GSD-17					11
GSD-18	−9.7	−26	6.2	−26	−19
GSD-21	2.3	−11	8.4	−12	11

表 7-50　ICP-MS 精密度（%）　*n*=6

Cd	体系 A_1	体系 A_2	体系 A_3	体系 A_4	体系 B_1
GSD-2a	4.1	2.8	3.2	4.1	—
GSD-5a	—	—	—	—	3.2
GSD-7a	2.4	1.6	1.8	3.3	1.0
GSD-15	4.2	1.1	2.1	3.3	3.7
GSD-17	—	—	—	—	2.2
GSD-18	4.0	4.2	2.1	3.4	8
GSD-21	3.7	1.0	1.4	1.6	3.9

2. 钴

ICP-AES 测定沉积物中钴，体系 B_1 最优，准确度在 −3.5%～−0.4%，精密度在 1.0%～12%。

ICP-MS 测定沉积物中钴，体系 A_1 最优，准确度在 −13%～2.0%，精密度在 1.4%～3.4%。

体系 A_1、体系 B_1 均适用于沉积物中钴的测定。

ICP-AES 和 ICP-MS 测定沉积物中的钴时，各体系的准确度和精密度见表 7-51～表 7-54。

表 7-51 ICP-AES 准确度（%）   *n*=6

Co	体系 A_1	体系 A_2	体系 A_3	体系 A_4	体系 B_1
GSD-2a	59	−14	−41	−17	—
GSD-5a	−6.7	−48	−40	−46.1	−0.4
GSD-7a	−1.1	−18	−20	−17.4	−2.1
GSD-15	−7.2	−39	−33	−44.4	−1.3
GSD-17	−0.2	−60	−58	−67.3	−0.7
GSD-18	−4.4	−6.4	−17	−0.78	−0.5
GSD-21	−19	−32	−38	−40.0	−3.5

表 7-52 ICP-AES 精密度（%）   *n*=6

Co	体系 A_1	体系 A_2	体系 A_3	体系 A_4	体系 B_1
GSD-2a	7.8	11	20	15	—
GSD-5a	1.2	5.6	3.4	5.3	2.6
GSD-7a	2.7	4.5	3.0	4.6	3.3
GSD-15	2.6	7.0	5.6	11	6.5
GSD-17	1.4	11	8.2	9.9	1.0
GSD-18	6.5	3.4	2.6	4.3	12
GSD-21	4.0	11	9.5	6.7	5.9

表 7-53 ICP-MS 准确度（%）   *n*=6

Co	体系 A_1	体系 A_2	体系 A_3	体系 A_4	体系 B_1
GSD-2a	−13	−20	−16	−21	—
GSD-5a	—	—	—	—	−10
GSD-7a	2.0	−19	−12	−22	−6.9
GSD-15	−2.7	−32	−19	−36	−2.9
GSD-17	—	—	—	—	−8.1
GSD-18	−6.5	−16	−13	−15	−2.8
GSD-21	−0.2	−27	−22	−28	−9.6

表 7-54 ICP-MS 精密度（%）   *n*=6

Co	体系 A_1	体系 A_2	体系 A_3	体系 A_4	体系 B_1
GSD-2a	2.0	1.3	2.7	1.7	—
GSD-5a	—	—	—	—	0.9
GSD-7a	3.4	0.9	1.7	1.8	3.2
GSD-15	2.2	1.0	2.1	2.1	4.1
GSD-17	—	—	—	—	2.1
GSD-18	2.4	1.6	1.5	1.0	13
GSD-21	1.4	0.8	1.9	2.0	8.0

3. 铬

AAS 测定沉积物中的总铬，A_1 消解体系表现最优，准确度在 –1.6%～3.7%，精密度在 1.1%～9.7%。

ICP-AES 测定沉积物中铬，体系 A_1 最优，准确度在 –9.3%～–1.7%，精密度在 0.6%～8.9%。

ICP-MS 测定沉积物中铬，体系 A_1 最优，准确度在 –13%～1.7%，精密度在 0.7%～11%。

测定沉积物中的铬，A_1 前处理方法最优。

以上 3 种方法测定沉积物中的铬时，各体系的准确度及精密度见表 7-55～表 7-60。

表 7-55　AAS 准确度（%）　*n*=6

Cr	体系 A_1	体系 A_2	体系 A_3	体系 A_4	体系 B_1
GSD-2a	3.7	–60	–9.7	–59	—
GSD-5a	—	—	—	—	–9.0
GSD-7a	1.3	–31	–0.6	–32	–8.0
GSD-15	0.6	–41	–2.9	–42	–6.8
GSD-18	–1.6	–34	–28	–32	–15
GSD-21	0.002	–28	–8.6	–29	0.7

表 7-56　AAS 精密度（%）　*n*=6

Cr	体系 A_1	体系 A_2	体系 A_3	体系 A_4	体系 B_1
GSD-2a	3.6	4.6	7.4	3.5	—
GSD-5a	—	—	—	—	2.6
GSD-7a	1.1	2.8	2.1	1.3	1.8
GSD-15	2.2	2.5	0.9	8.0	7.3
GSD-18	9.7	4.7	2.1	2.6	45
GSD-21	3.3	1.9	4.5	2.4	11

表 7-57　ICP-AES 准确度（%）　*n*=6

Cr	体系 A_1	体系 A_2	体系 A_3	体系 A_4	体系 B_1
GSD-2a	–7.0	–41	5.1	–39	—
GSD-5a	–7.8	–11	6.6	–19	–9.2
GSD-7a	–1.7	–20	0.8	–23	–0.8
GSD-15	–9.3	–29	–3.9	–30	–7.9
GSD-17	–3.3	–12	0.2	–18	–3.8
GSD-18	–4.0	16	25	17	–6.1
GSD-21	–6.7	–12	–1.2	–14	–8.5

表 7-58 ICP-AES 精密度（%） *n*=6

Cr	体系 A_1	体系 A_2	体系 A_3	体系 A_4	体系 B_1
GSD-2a	3.0	6.8	6.7	9.2	—
GSD-5a	2.0	3.9	1.9	5.1	0.7
GSD-7a	0.6	8.3	5.0	4.5	0.8
GSD-15	2.2	4.3	3.3	2.6	3.7
GSD-17	2.4	2.1	3.4	3.9	1.8
GSD-18	8.9	9.1	11	11	4.1
GSD-21	4.1	5.7	7.9	8.4	1.4

表 7-59 ICP-MS 准确度（%） *n*=6

Cr	体系 A_1	体系 A_2	体系 A_3	体系 A_4	体系 B_1
GSD-2a	−5.4	−66	−12	−61	—
GSD-5a	—	—	—	—	−8.7
GSD-7a	1.7	−35	−6.7	−44	−13
GSD-15	5.9	−46	−16	−47	−14
GSD-17	—	—	—	—	−12
GSD-18	−13	−40	−21	−36	−6.4
GSD-21	−3.2	−59	−12	−34.58	−16

表 7-60 ICP-MS 精密度（%） *n*=6

Cr	体系 A_1	体系 A_2	体系 A_3	体系 A_4	体系 B_1
GSD-2a	2.8	24.6	3.4	1.9	—
GSD-5a	—	—	—	—	1.5
GSD-7a	1.8	3.5	2.0	25	1.6
GSD-15	2.0	2.3	1.8	1.9	4.0
GSD-17	—	—	—	—	2.5
GSD-18	7.0	1.5	1.8	2.1	16
GSD-21	0.7	48	2.1	2.9	11

4. 铜

ICP-AES 测定沉积物中的铜，体系 A_1 最优，准确度在–13%～8.0%，精密度在 1.0%～14%。

ICP-MS 测定沉积物中的铜，体系 A_1 最优，准确度在–8.1%～3.0%，精密度在 0.9%～3.6%。

测定沉积物中铜，体系 A_1 较优。

以上 2 种方法测定沉积物中的铬时，各体系的准确度及精密度见表 7-61～表 7-64。

表 7-61　ICP-AES 准确度（%）　*n*=6

Cu	体系 A₁	体系 A₂	体系 A₃	体系 A₄	体系 B₁
GSD-2a	−13	−6.8	2.2	−20	—
GSD-5a	2.0	−18	−9.5	−15	1.8
GSD-7a	2.9	−31	−16	−34	−0.6
GSD-15	−0.03	−7.3	−14	−11	−1.4
GSD-17	0.8	−24	−26	−28	0.9
GSD-18	8.0	−17	−31	−14	69
GSD-21	2.8	−7.7	−19	−10	−0.5

表 7-62　ICP-AES 精密度（%）　*n*=6

Cu	体系 A₁	体系 A₂	体系 A₃	体系 A₄	体系 B₁
GSD-2a	4.1	17	15	19	—
GSD-5a	1.7	1.5	2.5	3.2	1.6
GSD-7a	3.5	4.8	2.5	7.2	2.0
GSD-15	2.7	2.4	2.3	2.6	2.2
GSD-17	1.3	2.5	2.4	3.0	1.5
GSD-18	14	14	20	25	9.6
GSD-21	1.0	1.5	0.8	2.4	2.2

表 7-63　ICP-MS 准确度（%）　*n*=6

Cu	体系 A₁	体系 A₂	体系 A₃	体系 A₄	体系 B₁
GSD-2a	−8.1	−39	−33	−38	—
GSD-5a	—	—	—	—	−0.2
GSD-7a	−4.0	−38	−16	−38	24
GSD-15	1.3	−24	−61	−23	12
GSD-17	—	—	—	—	21
GSD-18	−5.0	−45	−38	−43	86
GSD-21	3.0	−67	−65	−68	0.6

表 7-64　ICP-MS 精密度（%）　*n*=6

Cu	体系 A₁	体系 A₂	体系 A₃	体系 A₄	体系 B₁
GSD-2a	1.5	1.3	2.6	2.3	—
GSD-5a	—	—	—	—	1.9
GSD-7a	3.6	2.1	1.7	1.5	19
GSD-15	2.5	1.9	42	1.1	12
GSD-17	—	—	—	—	14
GSD-18	2.8	2.7	4.0	1.3	30
GSD-21	0.9	0.8	1.3	1.7	2.3

5. 锰

ICP-AES 测定沉积物中的锰，体系 B_1 最优，准确度在–10%～–0.1%，精密度在 0.5%～2.1%。

ICP-MS 测定沉积物中的锰，体系 A_1 最优，准确度在–1.6%～0.4%，精密度在 0.6%～3.8%。

测定沉积物中锰，体系 B_1、体系 A_1 前处理较优。

以上 2 种方法测定沉积物中的锰时，各体系的准确度和精密度见表 7-65～表 7-68

表 7-65 ICP-AES 相对误差（%） *n*=6

Mn	体系 A_1	体系 A_2	体系 A_3	体系 A_4	体系 B_1
GSD-2a	–19	0.3	9.6	–2.5	—
GSD-5a	–6.8	–6.1	–20	–4.2	–10
GSD-7a	–0.6	–3.3	–1.3	–4.9	–2.1
GSD-15	–4.4	–18	1.0	–28	–0.1
GSD-17	–0.04	–0.5	–16	–11	–1.3
GSD-18	–2.5	0.8	–1.2	–1.6	–5.1
GSD-21	–6.0	0.08	–0.3	–1.0	–0.6

表 7-66 ICP-AES 精密度（%） *n*=6

Mn	体系 A_1	体系 A_2	体系 A_3	体系 A_4	体系 B_1
GSD-2a	1.0	3.3	3.8	0.9	—
GSD-5a	1.2	1.2	4.4	3.0	1.8
GSD-7a	1.2	2.4	2.1	1.2	0.5
GSD-15	2.3	1.9	1.5	2.1	1.6
GSD-17	1.9	1.8	2.3	1.9	1.1
GSD-18	3.6	0.4	1.8	0.8	2.1
GSD-21	0.8	0.8	3.0	0.7	0.6

表 7-67 ICP-MS 准确度（%） *n*=6

Mn	体系 A_1	体系 A_2	体系 A_3	体系 A_4	体系 B_1
GSD-2a	–0.6	–34	–44	–20	—
GSD-5a	—	—	—	—	–19
GSD-7a	–1.6	–66	–69	–66	–12
GSD-15	–1.4	–73	–68	–75	–6.4
GSD-17	—	—	—	—	–22
GSD-18	–0.4	–68	–77	–67	–9.5
GSD-21	0.4	–66	–73	–65	–14

表 7-68　ICP-MS 精密度（%）　　*n*=6

Mn	体系 A_1	体系 A_2	体系 A_3	体系 A_4	体系 B_1
GSD-2a	2.3	34	10.8	2.1	—
GSD-5a	—	—	—	—	2.4
GSD-7a	3.8	1.4	2.5	1.8	1.1
GSD-15	3.7	1.9	2.5	2.8	1.4
GSD-17	—	—	—	—	4.4
GSD-18	2.0	1.7	2.3	1.8	13
GSD-21	0.6	2.0	4.5	2.6	3.5

6. 镍

　　AAS 测定沉积物中的镍，A_1 消解体系表现最优，准确度在–4.3%～0.4%，精密度在 0.9%～5.6%。B_1 次之，准确度在–1.7%～13%，精密度在 2.1%～3.0%。

　　ICP-AES 测定沉积物中的镍，体系 A_1、B_1 准确度和精密度均较优。

　　ICP-MS 测定沉积物中的镍，体系 A_1 最优，准确度在–9.8%～–2.8%，精密度在 3.0%～5.0%。

　　测定沉积物中镍，体系 A_1、体系 B_1 较优。

　　以上 3 种方法测定沉积物中的镍时，各体系的准确度和精确度见表 7-69～表 7-74。

表 7-69　AAS 准确度（%）　　*n*=6

Ni	体系 A_1	体系 A_2	体系 A_3	体系 A_4	体系 B_1
GSD-2a	0.4	–12	–7.3	1.7	—
GSD-5a	—	—	—	—	3.
GSD-7a	–2.0	–8.6	–2.4	–4.2	–1.7
GSD-15	–3.9	–22	–13	–20	13
GSD-18	–4.3	–4.9	–4.1	1.8	—
GSD-21	–3.7	–18	–14	–18	3.5

表 7-70　AAS 精密度（%）　　*n*=6

Ni	体系 A_1	体系 A_2	体系 A_3	体系 A_4	体系 B_1
GSD-2a	5.6	1.4	2.2	1.4	—
GSD-5a	—	—	—	—	2.5
GSD-7a	0.9	1.4	0.8	3.5	2.2
GSD-15	3.6	2.2	1.2	1.9	3.0
GSD-17	—	—	—	—	—
GSD-18	3.1	0.9	1.2	3.8	—
GSD-21	3.0	2.3	1.4	2.7	2.1

表 7-71　ICP-AES 准确度（%）　*n*=6

Ni	体系 A_1	体系 A_2	体系 A_3	体系 A_4	体系 B_1
GSD-2a	−7.5	−33	−26	−27	—
GSD-5a	−4.9	−26	−18	−24	2.1
GSD-7a	−1.7	−14	−19	−13	−0.8
GSD-15	−5.8	−22	−20	−26	−4.8
GSD-17	−3.4	−36	−32	−39	−0.9
GSD-18	0.07	−22	−36	−21	2.4
GSD-21	−5.4	−23	−31	−25	−12

表 7-72　ICP-AES 精密度（%）　*n*=6

Ni	体系 A_1	体系 A_2	体系 A_3	体系 A_4	体系 B_1
GSD-2a	8.6	17	7.6	4.0	—
GSD-5a	1.1	1.0	2.4	3.5	3.1
GSD-7a	0.8	4.4	2.3	2.6	1.4
GSD-15	2.4	1.7	2.8	2.8	8.5
GSD-17	1.4	3.5	4.4	4.9	3.4
GSD-18	8.7	9.7	7.7	11	4.2
GSD-21	2.1	3.0	3.9	3.8	5.4

表 7-73　ICP-MS 准确度（%）　*n*=6

Ni	体系 A_1	体系 A_2	体系 A_3	体系 A_4	体系 B_1
GSD-2a	−9.8	−20	−14	−2	—
GSD-5a	—	—	—	—	−3.6
GSD-7a	−2.8	−19	−9.1	−21	0.2
GSD-15	−3.8	−31	−18	−33	6.1
GSD-17	—	—	—	—	0.4
GSD-18	−7.7	−20	−13	−18	3.1
GSD-21	−6.1	−27	−18	−29	−4.8

表 7-74　ICP-MS 精密度（%）　*n*=6

Ni	体系 A_1	体系 A_2	体系 A_3	体系 A_4	体系 B_1
GSD-2a	4.4	1.6	1.6	1.7	—
GSD-5a	—	—	—	—	1.4
GSD-7a	4.4	1.6	1.5	1.4	2.7
GSD-15	5.0	1.2	2.2	1.4	8.8
GSD-17	—	—	—	—	1.6
GSD-18	3.0	1.9	1.4	2.2	15
GSD-21	4.7	1.3	1.2	1.9	6.7

7. 铅

AAS 测定沉积物中的铅，A_1 消解体系相对最好。准确度在 –3.5%～0.2%，精密度在 1.1%～3.2%。

ICP-AES 测定沉积物中的铅，体系 A_1 最优，准确度在 –8.2%～–1.7%，精密度在 1.1%～8.7%。

ICP-MS 测定沉积物中的铅，体系 A_1 最优，准确度在 –2.7%～3.6%，精密度在 1.6%～3.3%。

测定沉积物中铅体系 A_1 前处理方法最优。

以上 3 种方法测定沉积物中的铅时，各体系的准确度和精密度见表 7-75～表 7-80。

表 7-75 AAS 准确度（%） $n=6$

Pb	体系 A_1	体系 A_2	体系 A_3	体系 A_4	体系 B_1
GSD-2a	0.2	–61	–39	–62	—
GSD-5a	—	—	—	—	2.6
GSD-7a	–1.4	1.1	–1.4	5.6	0.2
GSD-15	–1.0	–3.5	–2.0	–2.4	
GSD-18	–3.5	–51	–23	–47	—
GSD-21	–0.4	–19	–12	–19	–45

表 7-76 AAS 精密度（%） $n=6$

Pb	体系 A_1	体系 A_2	体系 A_3	体系 A_4	体系 B_1
GSD-2a	3.2	15	5.3	3.7	—
GSD-5a	—	—	—	—	1.1
GSD-7a	1.3	1.5	1.4	2.6	1.0
GSD-15	1.1	1.6	1.4	1.8	
GSD-18	2.1	2.2	3.3	2.1	
GSD-21	1.4	3.0	2.4	3.5	18

表 7-77 ICP-AES 准确度（%） $n=6$

Pb	体系 A_1	体系 A_2	体系 A_3	体系 A_4	体系 B_1
GSD-2a	–8.2	–76	–2.6	–78	—
GSD-5a	–5.9	–13	–33	–14	–4.1
GSD-7a	–2.2	–7.5	–14	–1.6	–1.9
GSD-15	–5.8	–11	–17	–7.4	–5.3
GSD-17	–1.7	4.9	–2.5	–0.7	–3.2
GSD-18	–2.0	–70	–57	–73	–12
GSD-21	–5.6	–53	–46	–51	–26

表 7-78 ICP-AES 精密度（%） *n*=6

Pb	体系 A$_1$	体系 A$_2$	体系 A$_3$	体系 A$_4$	体系 B$_1$
GSD-2a	8.7	17	4.8	24	—
GSD-5a	1.9	2.8	3.2	4.5	1.7
GSD-7a	1.5	1.9	2.3	0.8	0.7
GSD-15	1.1	1.4	3.3	1.8	3.0
GSD-17	2.0	1.7	2.0	3.1	0.8
GSD-18	3.2	17	16	37	16
GSD-21	1.6	14	15	8.7	9.1

表 7-79 ICP-MS 准确度（%） *n*=6

Pb	体系 A$_1$	体系 A$_2$	体系 A$_3$	体系 A$_4$	体系 B$_1$
GSD-2a	−2.7	−83	−77	−80	—
GSD-5a	—	—	—	—	−4.9
GSD-7a	−2.1	−56	−58	−56	4.7
GSD-15	−1.9	60	−62	−59	5.3
GSD-17	—	—	—	—	−4.7
GSD-18	3.6	−51	−67	−50	10
GSD-21	−2.2	−65	−61	−65	1.9

表 7-80 ICP-MS 精密度（%） *n*=6

Pb	体系 A$_1$	体系 A$_2$	体系 A$_3$	体系 A$_4$	体系 B$_1$
GSD-2a	2.6	1.9	3.2	39	—
GSD-5a	—	—	—	—	1.6
GSD-7a	2.6	0.9	1.3	1.3	1.5
GSD-15	3.3	0.6	1.9	1.1	2.8
GSD-17	—	—	—	—	2.7
GSD-18	2.3	1.1	2.2	1.6	13
GSD-21	1.6	2.3	1.9	2.6	8.6

8. 钒

ICP-AES 测定沉积物中的钒，体系 A$_1$、A$_3$、B$_1$ 准确度和精密度均较好。

ICP-MS 测定沉积物中的钒，体系 A$_1$ 最优，准确度在 −5.9%～−0.1%，精密度在 1.5%～2.8%。

体系 A$_1$、A$_3$、B$_1$ 均适用于钒测定前处理。

以上 2 种方法测定沉积物中的钒时，各体系的准确度和精密度见表 7-81～表 7-84。

表 7-81　ICP-AES 准确度（%）　　*n*=6

V	体系 A₁	体系 A₂	体系 A₃	体系 A₄	体系 B₁
GSD-2a	−5.6	−8.6	7.2	−0.9	—
GSD-5a	7.2	−24	−1.1	−34	1.6
GSD-7a	−0.2	−12	−1.8	−20	1.6
GSD-15	−2.2	−16	1.6	−20	0.2
GSD-17	−1.8	−24	−6.7	−31	−2.4
GSD-18	−4.6	−4.3	−3.6	−5.3	−12
GSD-21	−5.4	−4.5	−4.8	−9.6	−2.2
平均值	−1.80	−13	−1.3	−17	−2.2

表 7-82　ICP-AES 精密度（%）　　*n*=6

V	体系 A₁	体系 A₂	体系 A₃	体系 A₄	体系 B₁
GSD-2a	3.7	5.1	2.4	2.9	—
GSD-5a	2.7	1.9	1.7	4.0	0.6
GSD-7a	1.9	2.1	2.4	3.8	1.9
GSD-15	2.3	2.4	2.6	1.6	1.8
GSD-17	1.1	3.3	2.4	4.5	1.5
GSD-18	3.5	2.6	1.0	1.1	12
GSD-21	1.3	1.01	1.4	1.3	0.6

表 7-83　ICP-MS 准确度（%）　　*n*=6

V	体系 A₁	体系 A₂	体系 A₃	体系 A₄	体系 B₁
GSD-2a	−5.9	−35	−11	−30	—
GSD-5a	—	—	—	—	−5.4
GSD-7a	−4.5	−28	−2.8	−33	−11
GSD-15	−3.2	−38	−8.0	−37	−13
GSD-17	—	—	—	—	−5.8
GSD-18	−5.0	−30	−10	−25	−29
GSD-21	−0.1	−26	−6.84	−23	−14

表 7-84　ICP-MS 精密度（%）　　*n*=6

V	体系 A₁	体系 A₂	体系 A₃	体系 A₄	体系 B₁
GSD-2a	1.7	4.9	2.0	3.5	—
GSD-5a	—	—	—	—	0.9
GSD-7a	2.8	2.6	1.3	5.1	1.3
GSD-15	2.1	3.3	2.3	2.6	2.5
GSD-17	—	—	—	—	1.4
GSD-18	1.5	3.1	2.6	2.5	28
GSD-21	1.6	1.5	2.0	2.6	1.4

9. 锌

ICP-AES 测定沉积物中的锌，体系 B_1、A_1、A_4 准确度和精密度均较好，综合考虑体系 B_1 最优，精密度在 0.8%～5.30%。

ICP-MS 测定沉积物中的锌，体系 A_1 最优，准确度在 –5.1%～1.9%，精密度在 1.6%～3.1%。

体系 A_1、B_1、A_4 均适用于沉积物中锌测定前处理。

以上 2 种方法测定沉积物中的锌时，各体系的准确度和精密度见表 7-85～表 7-88。

表 7-85　ICP-AES 准确度（%）　　*n*=6

Zn	体系 A_1	体系 A_2	体系 A_3	体系 A_4	体系 B_1
GSD-2a	–8.2	–9.8	–7.4	2.1	—
GSD-5a	–5.9	–9.1	–8.5	–6.2	2.9
GSD-7a	–1.3	–8.1	–10	1.1	0.4
GSD-15	–3.1	2.1	–10	–2.0	5.5
GSD-17	–5.9	3.5	–3.9	0.1	0.3
GSD-18	–4.8	–22	–32	–19	14
GSD-21	–5.0	–6.2	–12	–0.9	1.6

表 7-86　ICP-AES 精密度（%）　　*n*=6

Zn	体系 A_1	体系 A_2	体系 A_3	体系 A_4	体系 B_1
GSD-2a	5.4	3.4	3.2	3.0	—
GSD-5a	1.9	1.3	2.2	3.6	1.4
GSD-7a	1.7	3.1	2.4	2.0	0.8
GSD-15	3.6	2.4	1.7	2.4	5.3
GSD-17	2.3	1.4	3.4	2.1	1.4
GSD-18	4.7	5.6	4.6	6.1	4.3
GSD-21	1.9	1.0	3.0	0.8	1.7

表 7-87　ICP-MS 准确度（%）　　*n*=6

Zn	体系 A_1	体系 A_2	体系 A_3	体系 A_4	体系 B_1
GSD-2a	–5.1	–18	–24	–14	—
GSD-5a	—	—	—	—	1.3
GSD-7a	0.9	–64	–66	–65	2.0
GSD-15	–0.2	–21	–20	–20	5.3
GSD-17	—	—	—	—	0.6
GSD-18	–1.6	–42	–43	–34	22
GSD-21	1.9	–18	–29	–15	–0.2

表 7-88　ICP-MS 精密度（%）　　*n*=6

Zn	体系 A$_1$	体系 A$_2$	体系 A$_3$	体系 A$_4$	体系 B$_1$
GSD-2a	1.6	3.1	5.1	4.6	—
GSD-5a	—	—	—	—	1.7
GSD-7a	2.6	1.1	1.7	4.7	1.4
GSD-15	3.1	1.2	1.7	2.4	4.2
GSD-17	—	—	—	—	1.2
GSD-18	3.1	3.0	2.1	5.0	6.1
GSD-21	1.4	1.5	3.0	1.9	1.8

10. 银

ICP-AES 测定沉积物中的银，由于 ICP-AES 测定银检出限高，沉积物标准样品和实际样品中银含量低，低含量样品准确度和精密度均不佳。体系 A$_1$ 相对较好，精密度在 2.9%～16%。

对于 ICP-MS 测定沉积物中的银，体系 A$_1$ 最优，精密度在 4.2%～18%。

测定沉积物中银，体系 A$_1$ 最优。

以上 2 种方法测定沉积物中的银时，各体系的准确度和精密度见表 7-89～表 7-92。

表 7-89　ICP-AES 准确度（%）　　*n*=6

Ag	体系 A$_1$	体系 A$_2$	体系 A$_3$	体系 A$_4$	体系 B$_1$
GSD-5a	−11	—	63	—	−12
GSD-7a	−3.9	−23	−20	−47	−6.2
GSD-15	−32	—	—	—	−35
GSD-17	3.2	—	−39	—	4.6
GSD-18	19	—	—	—	24
GSD-21	7.6	—	—	—	9.0

表 7-90　ICP-AES 精密度（%）　　*n*=6

Ag	体系 A$_1$	体系 A$_2$	体系 A$_3$	体系 A$_4$	体系 B$_1$
GSD-5a	10	—	25	—	9.0
GSD-7a	2.9	12	16	12	3.5
GSD-15	12	—	—	—	9.9
GSD-17	4.7	—	20	—	5.6
GSD-18	16	—	—	—	18
GSD-21	13	—	—	—	14

表 7-91　ICP-MS 准确度（%）　*n*=6

Ag	体系 A$_1$	体系 A$_2$	体系 A$_3$	体系 A$_4$	体系 B$_1$
GSD-2a	−22	−37	30	−42	—
GSD-5a	—	—	—	—	−12
GSD-7a	4.5	−14	−4.8	−29	−20
GSD-15	−6.9	−17	52	−22	13
GSD-17	—	—	—	—	−4.9
GSD-18	2.2	−74	−12	−69	−64
GSD-21	0.3	−48	62	−51	4.6

表 7-92　ICP-MS 精密度（%）　*n*=6

Ag	体系 A$_1$	体系 A$_2$	体系 A$_3$	体系 A$_4$	体系 B$_1$
GSD-2a	18	5.7	42	19	—
GSD-5a	—	—	—	—	12
GSD-7a	4.2	3.0	3.2	4.9	14
GSD-15	5.9	6.8	38	12	12
GSD-17	—	—	—	—	14
GSD-18	6.2	6.5	2.7	33	23
GSD-21	5.6	3.1	2.0	18	4.6

11. 锑

ICP-AES 测定沉积物中的锑，由于仪器检出限较高，各消解体系准确度和精密度均欠佳，综合比较体系 A$_1$ 相对较好，精密度在 2.2%～16%。

ICP-MS 测定沉积物中的锑，体系 A$_1$ 最优，准确度在−3.5%～8.1%，精密度在 2.9%～5.9%。

测定沉积物中锑，体系 A$_1$ 最优。

以上 2 种方法测定沉积物中的锑时，各体系的准确度和精密度见表 7-93～表 7-96。

表 7-93　ICP-AES 准确度（%）　*n*=6

Sb	体系 A$_1$	体系 A$_2$	体系 A$_3$	体系 A$_4$	体系 B$_1$
GSD-2a	10	−31	5.2	—	—
GSD-5a	7.4	—	19	—	8.6
GSD-7a	2.7	−28	−16	—	5.8
GSD-15	23	−58	18	—	26
GSD-17	6.3	—	12	—	10
GSD-18	35	—	—	—	38
GSD-21	26	−39	10	—	26

表 7-94 ICP-AES 精密度（%） *n=6*

Sb	体系 A_1	体系 A_2	体系 A_3	体系 A_4	体系 B_1
GSD-2a	16	18	17	—	—
GSD-5a	3.4	—	6.8	—	4.8
GSD-7a	2.4	11	8.7	—	5.5
GSD-15	6.9	32	18	—	5.3
GSD-17	2.2	—	15	—	3.7
GSD-18`	6.3	—	/	—	8.0
GSD-21	12	19	15	—	12

表 7-95 ICP-MS 准确度（%） *n=6*

Sb	体系 A_1	体系 A_2	体系 A_3	体系 A_4	体系 B_1
GSD-2a	−7.2	−33	36	−98	—
GSD-5a	—	—	—	—	6.1
GSD-7a	8.1	−26	2.0	−98	16.8
GSD-15	−2.4	−28	12	−98	21
GSD-17	—	—	—	—	9.0
GSD-18	5.2	−30	22	−97	−29
GSD-21	−3.5	−32	10	−98	14
平均值	0.03	−30	17	−98	6.4

表 7-96 ICP-MS 精密度（%） *n=6*

Sb	体系 A_1	体系 A_2	体系 A_3	体系 A_4	体系 B_1
GSD-2a	5.6	17	1.2	18	—
GSD-5a	—	—	—	—	1.8
GSD-7a	4.1	16	1.8	26	2.9
GSD-15	3.8	3.3	1.2	15	5.4
GSD-17	—	—	—	—	19
GSD-18	5.9	3.1	3.5	31	11
GSD-21	2.9	2.3	2.6	22	7.3

12. 汞

对于 AFS 测定沉积物中汞，采用（1+1）王水体系，用石墨消解仪效果最优，精密度在 1.5%～2.4%。AFS 与测汞仪法比较，测汞仪法较优，具体见表 7-97～表 7-99。

表 7-97 消解方式

体系简称	加热方式	酸体系
C_1	水浴	（1+1）王水
D_5	石墨消解仪	（1+1）王水
E	直接固体进样（测汞仪）	

表 7-98　准确度（%）

Hg	体系 C_1	体系 D_5	E
GSD-5a	−3.4	1.0	—
GSD-7a	−12	−8.9	1.8
GSD-17	—	—	1.8

表 7-99　精密度（%）

Hg	体系 C_1	体系 D_5	E*
GSD-5a	3.2	2.4	—
GSD-7a	1.2	1.8	3.5
GSD-17	—	—	1.7
样品 1	1.8	1.5	1.7
样品 2	1.1	2.1	1.1

13. 砷

对于 AFS 测定沉积物中砷，体系 C_1（1+1 王水/水浴消解）最优，精密度在 0.6%～3.8%。ICP-MS 测定沉积物中的砷，体系 A_1 最优，精密度在 1.6%～4.6%。

以上 2 种方法测定沉积物中的砷时，各体系的准确度和精密度见表 7-100～表 7-103。

表 7-100　AFS 准确度（%）　　$n=6$

As	体系 C_1	体系 D_5
GSD-7a	−2.6	0.9
GSD-19	−5.7	−14

表 7-101　AFS 精密度（%）　　$n=6$

As	体系 C_1	体系 D_5
GSD-7a	3.8	2.0
GSD-19	1.3	2.5
样品 1	1.0	3.1
样品 2	0.6	1.1

表 7-102　ICP-MS 准确度（%）　　$n=6$

As	体系 A_1	体系 A_2	体系 A_3	体系 A_4	体系 B_1
GSD-2a	7.2	−9.6	3.7	−4.6	—
GSD-5a	—	—	—	—	−32
GSD-7a	5.0	−15	11	−12	14
GSD-15	−3.4	−17	−6.9	−12	−18

续表

As	体系 A_1	体系 A_2	体系 A_3	体系 A_4	体系 B_1
GSD-17	—	—	—	—	−4
GSD-18	3.9	−16	−1.5	−18	−64
GSD-21	0.8	−13	−4.8	−6.5	−14

表 7-103　ICP-MS 精密度（%）　　$n=6$

As	体系 A_1	体系 A_2	体系 A_3	体系 A_4	体系 B_1
GSD-2a	2.5	2.5	2.2	1.8	—
GSD-5a	—	—	—	—	8.2
GSD-7a	4.6	5.0	5.1	2.6	2.3
GSD-15	2.7	2.1	2.1	1.9	8.0
GSD-17	—	—	—	—	7.4
GSD-18	2.6	3.3	1.9	1.8	49
GSD-21	1.6	2.2	2.0	2.2	2.7

14. 铊

沉积物中铊含量均较低，体系 A_1 ICP-MS 测定最优，精密度在 1.5%～9.6%，具体见表 7-104 和表 7-105。

表 7-104　ICP-MS 准确度（%）　　$n=6$

Tl	体系 A_1	体系 A_2	体系 A_3	体系 A_4	体系 B_1
GSD-2a	−7.6	−83	−21	−84	—
GSD-5a	—	—	—	—	−11
GSD-7a	2.2	−43	−25	−43	−15
GSD-15	−4.8	−53	−25	−51	−12
GSD-17	—	—	—	—	−0.6
GSD-18	1.0	−80	−24	−81	−5.6
GSD-21	2.7	−52	−18	−54	−10

表 7-105　ICP-MS 精密度（%）　　$n=6$

Tl	体系 A_1	体系 A_2	体系 A_3	体系 A_4	体系 B_1
GSD-2a	5.0	2.6	2.3	3.4	—
GSD-5a	—	—	—	—	1.8
GSD-7a	9.6	3.2	1.8	20	2.4
GSD-15	3.8	2.1	3.2	21	2.0
GSD-17	—	—	—	—	2.6
GSD-18	1.5	3.8	1.8	11	14
GSD-21	3.6	1.6	2.0	2.8	1.8

综合不同前处理方法测定的精密度和准确度，各元素较优的酸消解体系见表7-106。微波消解体系（硝酸+盐酸+氢氟酸）和电热板消解体系（硝酸+盐酸+氢氟酸+高氯酸）适用于大部分金属元素全量消解，且消解体系适用于 ICP-MS、ICP-OES、AAS 等仪器分析；汞优先选用直接固体进样-测汞仪法。

表7-106　各元素前处理较优体系及推荐分析仪器

序号	元素	较优体系	推荐分析仪器
1	镉（Cd）	A₁（硝酸+盐酸+氢氟酸/微波）	ICP-MS、GFAAS
2	铬（Cr）	A₁（硝酸+盐酸+氢氟酸/微波）	ICP-MS、ICP-AES、AAS
3	铅（Pb）	A₁（硝酸+盐酸+氢氟酸/微波）	ICP-MS、ICP-AES、AAS
4	汞（Hg）	D₅（1+1 王水/石墨消解仪）、固体进样	测汞仪
5	砷（As）	A₁（硝酸+盐酸+氢氟酸/微波）	ICP-MS、AFS
6	钴（Co）	A₁（硝酸+盐酸+氢氟酸/微波）	ICP-MS、ICP-AES
7	铜（Cu）	A₁（硝酸+盐酸+氢氟酸/微波）	ICP-MS、ICP-AES
8	锰（Mn）	AAS（硝酸+盐酸+氢氟酸+高氯酸/电热板） ICP-AES（硝酸+盐酸+氢氟酸+高氯酸/电热板） ICP-MS（硝酸+盐酸+氢氟酸/微波）	ICP-MS、ICP-AES、AAS
9	镍（Ni）	AAS（硝酸+盐酸+氢氟酸/微波） ICP-AES（硝酸+盐酸+氢氟酸/微波、硝酸+盐酸+氢氟酸+高氯酸/电热板） ICP-MS（硝酸+盐酸+氢氟酸/微波）	ICP-MS、ICP-AES、AAS
10	钒（V）	A₁（硝酸+盐酸+氢氟酸/微波）	ICP-MS、ICP-AES
11	锌（Zn）	ICP-MS（硝酸+盐酸+氢氟酸/微波） AAS（硝酸+盐酸+氢氟酸+高氯酸/电热板） ICP-AES（硝酸+盐酸+氢氟酸+高氯酸/电热板、A₁硝酸+盐酸+氢氟酸/微波消解、硝酸/微波）	ICP-MS、ICP-AES、AAS
12	银（Ag）	A₁（硝酸+盐酸+氢氟酸/微波）	ICP-MS
13	锑（Sb）	A₁（硝酸+盐酸+氢氟酸/微波）	ICP-MS
14	铊（Tl）	A₁（硝酸+盐酸+氢氟酸/微波）	ICP-MS

（二）酸浸提

随着对沉积物重金属元素研究的深入，以全分解的方法消解沉积物样品测定元素的全量（或总量）来评价沉积物污染在实际应用中已显露出不足之处，而以酸浸提作为评价污染的强度指标能更好地反映沉积物实际污染状况及其污染程度，沉积物的酸浸提方法主要用于污染事故调查和污染源监测等方面。

4 种酸浸提体系（硝酸-双氧水、硝酸、王水、逆王水）针对不同沉积物有证标准物质的浸提效率见表 7-107。

表 7-107　酸浸提测定表（%）（$n=6$）

元素	消解体系	浸提率				
		GSD-17	GSD-5a	GSD-7a	GSD-2a	GSD-15
Ag	硝酸-双氧水	9.6	9.3	8.0	1.2	37.6
	王水	93.2	78.5	80.7	42.4	62.3
	逆王水	78.5	94.5	88.1	42.1	91.9
	硝酸	80.2	92.3	86.6	28.8	77.0
Tl	硝酸-双氧水	17.7	25.0	25.3	11.5	36.0
	王水	23.7	28.0	28.0	11.8	26.5
	逆王水	30.4	33.4	43.3	17.6	48.3
	硝酸	33.2	39.4	39.8	17.4	48.3
Pb	硝酸-双氧水	33.6	19.9	61.6	12.5	59.3
	王水	76.7	72.8	82.8	31.3	68.1
	逆王水	104.5	100.5	114.7	42.0	111.5
	硝酸	98.7	95.7	104.9	41.2	106.8
Sb	硝酸-双氧水	0.4	0.2	0.0	0.4	1.0
	王水	60.7	54.8	51.3	54.1	44.4
	逆王水	6.9	3.4	5.3	10.2	6.2
	硝酸	1.1	0.8	0	0	0
Cd	硝酸-双氧水	92.9	98.2	92.9	83.7	89.3
	王水	104.6	108.8	112.0	95.8	96.8
	逆王水	103.1	111.6	106.2	115.6	101.9
	硝酸	93.0	103.5	99.9	85.3	92.3
As	硝酸-双氧水	22.0	5.6	8.1	23.2	23.4
	王水	80.0	78.4	78.7	75.3	67.0
	逆王水	81.9	82.3	87.7	88.6	87.3
	硝酸	79.3	83.2	82.3	94.4	87.8
Zn	硝酸-双氧水	99.0	91.4	102.4	48.7	88.1
	王水	111.0	103.3	116.8	52.3	94.5
	逆王水	107.0	106.5	114.2	55.3	99.6
	硝酸	94.7	99.2	105.6	46.9	92.3

续表

元素	消解体系	浸提率				
		GSD-17	GSD-5a	GSD-7a	GSD-2a	GSD-15
Cu	硝酸-双氧水	35.0	37.6	15.7	41.5	38.2
	王水	83.6	89.1	68.0	39.4	79.5
	逆王水	81.4	90.6	70.4	61.4	90.5
	硝酸	82.3	100.8	71.2	82.6	101.7
Ni	硝酸-双氧水	76.5	77.0	72.3	80.3	68.7
	王水	78.3	77.8	84.3	68.2	65.8
	逆王水	77.0	78.8	85.1	78.2	73.7
	硝酸	78.8	86.6	90.4	80.2	80.1
Co	硝酸-双氧水	80.0	86.3	80.6	80.6	67.0
	王水	81.0	78.9	76.8	73.0	53.0
	逆王水	76.1	82.1	83.3	77.7	69.0
	硝酸	78.1	91.0	88.8	87.1	75.4
Mn	硝酸-双氧水	78.3	97.3	93.4	89.0	52.9
	王水	62.4	73.4	74.3	67.6	40.3
	逆王水	79.1	99.5	95.8	88.2	56.3
	硝酸	71.8	94.1	87.6	80.4	52.6
V	硝酸-双氧水	7.8	1.6	1.2	5.0	9.2
	王水	53.3	42.0	58.3	51.4	46.4
	逆王水	50.6	43.8	58.0	62.1	54.2
	硝酸	47.0	43.1	52.4	66.7	56.0
Cr	硝酸-双氧水	12.2	5.6	3.3	16.2	8.4
	王水	49.5	42.8	51.4	58.7	35.4
	逆王水	48.3	46.4	53.2	66.5	38.4
	硝酸	47.2	49.0	51.9	74.5	40.4

硝酸-双氧水、硝酸、王水和逆王水 4 种体系对沉积物进行酸浸提，不同元素适用体系不同，其中逆王水和硝酸体系较优；同种元素不同基体沉积物样品提取效率差异较大。银、铊、铅、镉、砷、锌、锰等 7 种元素逆王水浸提体系较优，提取率为 17.6%～99.9%；铜、镍、钴、钒、铬等 5 种元素硝酸浸提体系较优，提取率为 40.4%～99.7%；锑元素王水浸提体系最优，提取率为 44.4%～60.7%。

沉积物酸浸提分析对了解重金属来源、迁移转化及对生物的毒害作用等十分重要，研究数据为以后国家制定沉积物总量和酸浸提的技术规范及相关标准提供数据支持。

第四节　生物中重金属前处理应用

目前我国环保部门尚未建立生物重金属检测标准方法，现有方法多为实验室研究方法。考虑到生物机体样品具有重金属含量低、盐分和有机质含量大的特点，选择合适的生物样品前处理方法，是整个重金属测定过程的关键环节。

参考卫生部门中食品中重金属的测定方法（表 7-108）、海洋部门海洋生物体中重金属的测定方法（表 7-109）及植物重金属检测相关文献，生物样品的消解方法主要有微波消解、湿法消解、高压罐消解、干灰化消解。电热板消解较为经典、传统，但耗时长，样品易污染；微波消解具有消解能力强、消解效率高、试剂用量少、空白低、样品不易沾污等优点；石墨消解仪优点是环绕加温、均匀性好、热效能高，高温加热、快速消解，加热面积大、同时可加热多个样品、效率高，控温精确、加热时间自由设置。实际应用以微波消解和湿法消解为主，湿法消解主要为电热板消解和石墨消解。结合生物机体样品重金属含量低、盐分和有机质含量大的特点，选择苔藓、贝类和鱼类 3 种典型生物样本作为研究对象，开展生物样本预处理技术和重金属分析方法研究。

表 7-108　食品及茶叶中重金属测定国内标准汇总

测定元素	消解方式	消解体系	测定方法	样品种类	标准号
总砷	微波消解	硝酸	ICP-MS	粮食、豆类、蔬菜、水果、鱼、肉类、蛋类	GB 5009.11—2014
	高压密闭	硝酸			
	湿法消解	硝酸-高氯酸-硫酸	AFS		
	干灰化法	硝酸镁-氧化镁-盐酸			
铅	湿法消解	硝酸-高氯酸	GFAA FLAA（萃取） 比色法 ICP-MS ICP-OES	粮食、豆类、蔬菜、水果、鱼、肉类、蛋类、饮料、酒、醋、酱油、食用植物油、液态乳	GB 5009.12—2017
	微波消解	硝酸	GFAA ICP-MS ICP-OES		
铜	湿法消解	硝酸-高氯酸	GFAA FLAA ICP-MS ICP-OES	粮食、豆类、蔬菜、水果、鱼、肉类、蛋类、饮料、酒、醋、酱油、食用植物油、液态乳	GB 5009.13—2017
	微波消解	硝酸			
	压力罐消解	硝酸			
	干灰化法	（直接灰化）-硝酸			

续表

测定元素	消解方式	消解体系	测定方法	样品种类	标准号
锌	湿法消解	硝酸-高氯酸	FLAA ICP-MS ICP-OES 二硫腙比色法（湿法和干灰化）	粮食、豆类、蔬菜、水果、鱼、肉类、蛋类、饮料、酒、醋、酱油、食用植物油、液态乳	GB 5009.14—2017
	微波消解	硝酸			
	压力罐消解	硝酸			
	干灰化	（直接灰化）-硝酸			
镉	压力罐消解	硝酸-过氧化氢	GFAA	粮食、豆类、蔬菜、水果、鱼、肉类、蛋类、饮料、酒、醋、酱油、食用植物油、液态乳	GB 5009.15—2014
	微波消解	硝酸-过氧化氢			
	湿法消解	硝酸-高氯酸			
	干灰化法	（直接灰化）-硝酸-高氯酸			
锡	湿法消解	硝酸-高氯酸	AFS 苯芴酮比色法	罐装固体食品、罐装饮料、罐装果酱、罐装婴幼儿配方及辅助食品	GB 5009.16—2014
总汞	压力罐消解	硝酸	AFS CAAS	粮食、豆类、蔬菜、水果、鱼、肉类、蛋类	GB 5009.17—2014
	微波消解	硝酸			
	回流消解法	硝酸-硫酸			
铬	微波消解	硝酸	GFAA	粮食、豆类、蔬菜、水果、鱼、肉类、蛋类	GB 5009.123—2014
	湿法消解	硝酸-高氯酸			
	高压消解	硝酸			
	干灰化	（直接灰化）-硝酸			
锑	湿法消解	硝酸-高氯酸	AFS	粮食、豆类、蔬菜、水果、鱼、肉类、蛋类	GB 5009.137—2016
	微波消解	硝酸-过氧化氢			
	压力罐消解	硝酸			
镍	微波消解	硝酸	GFAA	粮食、豆类、蔬菜、水果、鱼、肉类、蛋类	GB 5009.138—2017
	湿法消解	硝酸-高氯酸			
	压力罐消解	硝酸			
	干灰化法	（直接灰化）-硝酸			
锰	湿法消解	硝酸-高氯酸	FLAA ICP-MS ICP-OES	豆类、谷物、菌类、茶叶、干制水果、焙烤食品、蔬菜、水果、水产品、速冻食品及罐头样品、软饮料、调味品	GB 5009.242—2017
	微波消解	硝酸			
	压力罐消解	硝酸			
	干灰化法	（直接灰化）-硝酸			
金属多元素	微波消解	硝酸	ICP-MS ICP-OES	豆类、谷物、菌类、茶叶、干制水果、焙烤食品、蔬菜、水果、水产品、速冻食品及罐头样品，软饮料、调味品	GB 5009.268—2016
	压力罐消解	硝酸	ICP-MS ICP-OES		
	湿法消解	硝酸-高氯酸	ICP-OES		
	干式消解	（直接灰化）-硝酸	ICP-OES		
稀土元素	湿法消解	盐酸-硝酸	ICP-MS	植物性食品	GB 5009.94—2012

注：各单元素测定方法中 ICP-MS 法对应的消解方法是微波消解方法和高压罐消解方法。

表 7-109　　海洋生物体中重金属测定（GB 17378.6—2007）

测定元素	消解体系	测定方法	适用范围
总汞	硝酸-高氯酸	AFS	
	硝酸-硫酸	CAAS	
铜	硝酸-过氧化氢	GFAA	
		阳极溶出伏安法	
		FLAA	
铅	硝酸-过氧化氢	GFAA	
		阳极溶出伏安法	
	硝酸-高氯酸	FLAA	
镉	硝酸-过氧化氢	GFAA	
		阳极溶出伏安法	贻贝、虾及鱼等海洋生物体
	硝酸-高氯酸	FLAA	中有害物质残留量测定
锌	硝酸-过氧化氢	阳极溶出伏安法	
		FLAA	
铬	硝酸-过氧化氢	GFAA	
	硝酸-硫酸-高氯酸	分光光度法	
砷	硝酸-高氯酸	AFS	
	硝酸-硫酸-高氯酸	分光光度法	
	硝酸-硫酸	HAAS	
	硝酸-高氯酸	催化极谱法	
硒	硫酸-高氯酸-钼酸钠	荧光分光光度法	
	硝酸-高氯酸	分光光度法	
		HG-AAS	

一、样品制备

鱼和贝类新鲜样品，洗净晾干，取可食部分用组织匀浆机打成匀浆或碾磨成匀浆，储于洁净的塑料瓶中，于–16～–18℃冰箱中保存备用。

将苔藓样品采用四分法取约 100g，清洗晾干（纱布擦干）后，在 80℃下烘至恒量或在低温冷冻干燥箱内干燥 24～72h 至恒量，用高铝瓷球磨机或制粉机或陶瓷研钵碾磨粉碎，样品过 80 目筛后混匀分装于干净的塑料瓶或塑料袋，干燥避光密封保存。

二、前处理方法

（一）微波消解

称取约 5 g（精确到 0.001 g）鱼或贝组织样品置于微波消解罐内，加入 10 mL

硝酸和 5 mL 过氧化氢，静置过夜。将消解罐密封后放于微波消解仪内，进行微波消解程序（表 7-110）。程序运行完毕，待消解罐温度降低至室温，将消解罐取出、放气，置于电热板上以 80℃加热赶去棕色气体，冷却后用 1%硝酸溶液将内溶物转移定容至 25 mL 容量瓶或比色管，混匀待测。

表 7-110 微波消解仪工作参数

升温时间/min	消解温度/℃	保持时间/min
5	室温~120	3
3	120~180	15

称量 0.040 g（精确到 0.001 g）苔藓组织于消解罐中，加入 4 mL 硝酸和 2 mL 过氧化氢，加盖浸泡过夜，用微波消解，消解程序见表 7-111。程序运行完毕，取出冷却 15~30 min，使罐内压力降至常压，开盖，取下冷却，用去离子水于容量瓶中定容至 25 mL，摇匀待测。

表 7-111 微波消解升温程序参考表

升温时间/min	消解温度/℃	保持时间/min
7	室温~120	3
5	120~160	3
5	160~190	15

（二）电热板消解

称取约 5 g（精确到 0.001 g）鱼或贝组织于锥形瓶或高脚烧杯中，放数粒玻璃珠，加入 10mL 硝酸、0.5mL 高氯酸，加盖浸泡过夜，加一小漏斗于电热板消解，120℃保持 0.5~1h，180℃保持 2~4h，200~220℃进行赶酸，直至冒白烟（若烟呈棕色或黄色，再补加硝酸），消化液呈无色透明或略带淡黄色，取下锥形瓶，冷却后用 1%硝酸溶液将内容物转移定容至 25mL 容量瓶或比色管，混匀待测（本方法不适用于汞元素的前处理）。

（三）石墨消解

1. 硝酸-双氧水体系

称量 0.040g（精确到 0.001g）苔藓组织于消解管中，加入 4 mL 硝酸和 2 mL 过氧化氢，加盖浸泡过夜，用石墨炉消解，温度控制在 115℃，消解约至呈澄清透明液体，冷却后用去离子水定容至 25 mL，摇匀待测。

2. 硝酸-高氯酸体系

称量 0.040 g（精确到 0.001 g）苔藓组织于消解管中，加入 4 mL 硝酸过夜，再加入 4 mL 高氯酸，摇匀后于石墨炉上加热，蒸至冒白烟；视消解情况确定是否需要二次消解，若溶液没有消解完全，滴加浓硝酸 3 mL 继续加热。取下冷却后，用去离子水定容到 25 mL，摇匀待测。

3. 盐酸体系

称量 0.040 g（精确到 0.001 g）苔藓组织于聚四氟乙烯坩埚中，加 8 mL 盐酸于石墨炉加热，温度控制在 150℃，待溶液约剩 3 mL 时，转至低温加热消解，打开盖子，继续加热除硅，应经常晃动坩埚以获得较好的飞硅效果，直至溶液消解成透明。若加热消解不完全，则可补加 3 mL 硝酸、3 mL 氢氟酸、1 mL 高氯酸，消解步骤如上所述，重复操作即可。最后，取下坩埚冷却，用去离子水将内容物全部转移至容量管里，定容至 25 mL，摇匀待测。

4. 王水体系

称量 0.040 g（精确到 0.001 g）苔藓组织于聚四氟乙烯坩埚中，加入 6 mL 盐酸，2 mL 硝酸，于石墨炉上加热，电热板温度控制在 150℃，待蒸发至约剩 3 mL 时，转至低温加热消解，打开盖子，继续加热除硅，应经常晃动坩埚以获得较好的飞硅效果，直至溶液消解成透明。若加热消解不完全，则可补加 3 mL 硝酸、3 mL 氢氟酸、1 mL 高氯酸，消解步骤如上所述，重复操作即可。最后，取下坩埚冷却，用去离子水将内容物全部转移至容量管里，定容至 25 mL，摇匀待测。

三、前处理应用研究

选取长江鱼类、固城湖鱼类和固城湖蚌类应用微波消解和电热板湿式消解技术进行前处理试验，用原子吸收法（AAS）和原子荧光法（AFS）进行测定，监测项目为铬、镉、汞和锌等 7 种重金属指标，获取准确度和精密度。

选取茶叶 GBW07506(GSV-4)、紫菜 GBW10023（GSB-14）、螺旋藻 GBW10025（GSB-16）、柑橘叶 GBW10020（GSB-11）为标准品（购自中国科学院地球与物理化学研究所），各标准品中重金属含量见表 7-112，选取细叶小羽藓（*Haplocladium microphyllum*）、匍灯藓（*Mnium*）、鼠尾藓（*Myuroclada maximowiczii*）、大灰藓（*Hypnum plumaeforme*）和亚美绢藓（*Entodon cladorrhizans*）为实际样品，分别采自上海佘山、上海森林公园、浙江西天目山、浙江西天目山、江西井冈山，用 ICP-MS、ICP-AES 和冷原子吸收分光光度法测定 14 种元素，获取准确度和精密度。

（一）微波消解-硝酸-双氧水体系

用 AAS 和 AFS 测定鱼和河蚌中的 7 种元素，准确度（加标回收率）在

80.0%～107%，精密度（平行样相对偏差）在 3.5%～16.0%，具体见表 7-113 和表 7-114。

表 7-112　标准品中各金属含量（mg/kg）

元素	茶叶 GBW07506（GSV-4）	紫菜 GBW10023（GSB-14）	螺旋藻 GBW10025（GSB-16）	柑橘叶 GBW10020（GSB-11）
Ag	0.015	0.073±0.016	0.042±0.008	0.054±0.005
Co	0.3±0.2	0.63±0.05	0.41±0.03	0.23±0.06
Cu	24±1	12.2±1.1	7.7±0.6	6.6±0.5
Mn	1170±60	68±3	31.7±1.2	30.5±1.5
Ni	5.4±0.4	2.25±0.18	1.44±0.17	1.1
Pb	1.6±0.2	2.05±0.15	2.8±0.2	9.7±0.9
Zn	35±2	28±2	42±2	18±2
As	0.27±0.05	27±6	0.22±0.03	1.1±0.2
Cd	0.076+0.004	0.57±0.05	0.37±0.03	0.17±0.02
Cr	0.92±0.2	2.4±0.4	1.5±0.13	1.25±0.11
Sb	0.052	0.026±0.006	0.083±0.021	0.20±0.06
Tl	0.057±0.011	0.092	0.034±0.007	0.038±0.010
V	0.6±0.15	4.2±0.6	0.70±0.07	1.16±0.13
Hg	—	0.016±0.004	0.015	0.15±0.02

表 7-113　准确度

元素	As	Cd	Cr	Cu	Hg	Pb	Zn
准确度/%	102	102	88.8	80.0	97.6	91.2	107

表 7-114　精密度

元素	As	Cd	Cr	Cu	Hg	Pb	Zn
精密度/%	11.5	—	9.1	8.3	3.5	16.0	4.7

用 ICP-MS 测定苔藓中 13 种重金属元素，相对误差在–29.25%～19.28%，RSD 在 1.95%～22.64%，具体见表 7-115 和表 7-116。

表 7-115　ICP-MS 相对误差（%）

	Ag	Co	Cu	Mn	Ni	Pb	Zn	As	Cd	Cr	Sb	Tl	V
GSV-4	—	–11.53	1.77	–1.86	18.57	–10.35	–5.44	2.63	–10.13	22.14	–6.07	–12.28	2.31
GSB-11	0.57	–5.28	–7.61	–3.04	24.00	23.67	–44.15	–8.66	27.19	29.64	3.42	31.80	3.30
GSB-14	—	–0.14	–6.23	–12.22	–13.74	12.60	–27.87	1.36	15.43	–5.03	–8.82	–59.16	7.80
GSB-16	—	–8.71	1.62	–8.34	–32.19	2.75	–39.52	—	17.87	30.37	40.00	34.32	–22.95
平均值	0.57	–6.42	–2.61	–6.37	–0.84	7.17	–29.25	–1.56	12.59	19.28	7.13	–1.33	–2.39

表 7-116　ICP-MS 相对标准偏差（%）

	Ag	Co	Cu	Mn	Ni	Pb	Zn	As	Cd	Cr	Sb	Tl	V
GSV-4	—	13.70	4.64	4.31	6.74	17.86	22.80	12.36	—	8.56	1.95	11.63	1.12
GSB-11	22.64	8.88	8.70	4.71		2.25			9.56	7.16	6.24		25.17
GSB-14		6.66	3.64	3.13	13.38		8.00	1.95	7.12	15.71	32.45	—	6.57
GSB-16	—	8.47	5.30	5.09	0.46	34.33	5.93	—	6.33	3.01	—	2.90	6.04
平均值	22.64	8.00	5.88	4.31	6.92	18.29	6.97	1.95	7.67	8.63	19.35	2.90	12.59

（二）电热板消解-硝酸-高氯酸体系

AAS 和 AFS 测定鱼和贝中的 6 种元素，准确度（加标回收率）在 83.3%～118%，精密度（平行样相对偏差）在 7.8%～16.7%，具体见表 7-117 和表 7-118。

表 7-117　准确度（%）

元素	As	Cd	Cr	Cu	Hg	Pb	Zn
加标回收率	90.0	105	103	118	—	105	83.3

表 7-118　精密度（%）

元素	As	Cd	Cr	Cu	Hg	Pb	Zn
相对偏差	10.2	—	11.1	16.7	—	15.0	7.8

（三）石墨消解

1. 石墨消解-硝酸-双氧水体系

用 ICP-MS 测定苔藓中 13 种重金属元素，相对误差在–11.96%～15.43%，RSD 在 4.22%～9.45%。

用 ICP-AES 测定苔藓中 10 种重金属元素，相对误差在–57.24%～16.10%，RSD 在 3.27%～13.62%。

用冷原子吸收分光光度法测定苔藓中 Hg 元素，相对误差在–25.52%～13.24%，RSD 在 5.92%～20.47%。

具体见表 7-119～表 7-123。

2. 石墨消解-硝酸-高氯酸体系

用 ICP-MS 测定苔藓中的 13 种元素，相对误差在–27.45%～51.63%，RSD 在 2.73%～25.35%，具体见表 7-124 和表 7-125。

表 7-119　ICP-MS 相对误差（%）

	Ag	Co	Cu	Mn	Ni	Pb	Zn	As	Cd	Cr	Sb	Tl	V
GSV-4	—	−5.48	3.64	2.30	10.63	−9.88	−5.75	−13.63	−0.75	10.31	−8.22	−3.60	−5.38
GSB-11	−6.77	−0.75	−6.15	−2.47	—	13.48	5.48	0.02	25.94	9.69	4.58	—	−11.36
GSB-14	−4.29	2.06	−11.23	−10.23	−1.29	−27.39	−27.02	−0.44	16.24	−20.67	0.05	—	−2.86
GSB-16	−0.61	−1.95	−7.60	−2.98	20.61	24.07	17.37	0.04	20.30	21.13	20.15	−15.63	−28.24
平均值	−3.89	−1.53	−5.34	−3.35	9.98	0.07	−2.48	−3.50	15.43	5.12	4.14	−9.62	−11.96

表 7-120　ICP-MS 相对标准偏差（%）

	Ag	Co	Cu	Mn	Ni	Pb	Zn	As	Cd	Cr	Sb	Tl	V
GSV-4	—	16.44	8.89	8.00	13.61	21.29	18.55	7.83	13.12	18.06	11.46	8.01	14.70
GSB-11	21.24	13.10	10.98	6.08	—	15.05	14.07	17.53	8.87	25.21	11.13	—	15.83
GSB-14	22.60	8.06	7.80	4.01	11.70	16.46	26.77	2.33	5.23	10.45	22.59	—	6.28
GSB-16	2.01	8.73	7.46	5.02	15.10	1.33	14.57	33.45	—	19.13	3.47	—	8.56
细叶小羽藓	4.02	3.74	2.64	4.93	1.85	3.99	1.57	4.20	2.11	3.39	3.82	4.43	2.74
匐灯藓	5.29	2.57	2.52	3.99	2.30	3.90	2.42	1.16	0.42	2.55	3.20	3.36	3.92
大灰藓	5.08	3.17	2.77	1.23	1.53	1.33	0.77	1.33	4.49	0.93	2.60	2.83	1.93
亚美绢藓	4.93	5.25	3.32	1.74	2.17	0.97	3.50	4.09	1.95	1.56	3.54	4.47	1.98
鼠尾藓	3.95	4.41	2.11	2.95	1.45	0.15	0.98	4.29	4.26	3.77	2.53	3.75	5.27
平均值	8.64	7.27	5.39	4.22	6.21	7.16	9.24	8.47	5.06	9.45	7.15	4.48	6.80

表 7-121　ICP-AES 相对误差（%）

	Ag	Co	Cu	Mn	Ni	Pb	Zn	As	Cr	V
GSV-4	—	—	−13.61	−25.82	−45.02	−31.96	−11.11	—	—	48.15
GSB-11	—	—	−27.51	−25.59	—	−32.00	−24.31	—	—	−0.69
GSB-14	—	—	−23.16	−25.19	−69.45	−20.76	−8.88	−17.25	—	0.83
平均值	—	—	−21.43	−25.53	−57.24	−28.24	−14.77	−17.25	—	16.10

表 7-122　ICP-AES 相对标准偏差（%）

	Ag	Co	Cu	Mn	Ni	Pb	Zn	As	Cr	V
GSV-4	—	—	2.52	3.95	11.08	8.91	16.52	—	—	6.49
GSB-11	—	—	1.10	0.70	—	4.84	2.74	—	—	9.95
GSB-14	—	—	3.03	1.57	52.47	2.15	28.74	3.47	—	0.74
大灰藓	5.08	9.73	4.21	5.69	1.53	2.32	0.77	3.30	34.33	1.93
亚美绢藓	4.93	5.25	4.23	5.62	5.24	4.63	3.50	4.09	10.36	5.31
匐灯藓	16.64	2.57	5.68	6.78	4.84	3.90	2.42	5.12	6.01	7.76
鼠尾藓	16.00	4.41	2.11	2.95	1.45	0.15	0.98	10.17	3.77	5.27
平均值	10.66	5.49	3.27	3.89	12.77	3.84	7.95	5.23	13.62	5.35

表 7-123　　冷原子分光光度法测 Hg

	相对误差/%	相对标准偏差/%
GSB-11	−13.24	5.92
GSB-14	−13.71	20.47
GSB-16	−25.52	7.96
细叶小羽藓	—	9.49
匍灯藓	—	15.71
亚美绢藓	—	20.13
鼠尾藓	—	10.37

表 7-124　ICP-MS 相对误差（%）

	Ag	Co	Cu	Mn	Ni	Pb	Zn	As	Cd	Cr	Sb	Tl	V
GSV-4	−27.45	26.43	28.96	45.01	51.63	−5.77	17.10	−16.21	11.25	−12.82	−17.02	−4.05	−12.17

表 7-125　ICP-MS 相对标准偏差（%）

	Ag	Co	Cu	Mn	Ni	Pb	Zn	As	Cd	Cr	Sb	Tl	V
GSV-4	24.95	9.53	3.40	10.31	17.42	14.66	3.39	—	3.35	25.35	—	2.73	—

3. 石墨消解-盐酸体系

用 ICP-MS 测定苔藓中重金属元素，相对误差在−34.84%～23.69%，RSD 在 4.63%～60.40%，具体见表 7-126 和表 7-127。

表 7-126　ICP-MS 相对误差（%）

元素	Ag	Co	Cu	Mn	Ni	Pb	Zn	As	Cd	Cr	Sb	Tl	V
GSV-4	−21.08	3.09	−17.54	17.41	6.54	9.80	−0.42	−25.54	8.23	23.69	−25.08	−34.84	−24.75

表 7-127　ICP-MS 相对标准偏差（%）

元素	Ag	Co	Cu	Mn	Ni	Pb	Zn	As	Cd	Cr	Sb	Tl	V
GSV-4	34.32	24.45	5.99	4.63	20.79	19.48	24.52	—	44.75	60.40	—	14.45	—

4. 石墨消解-王水体系

用 ICP-MS 测定苔藓中重金属元素，相对误差在−28.11%～62.14%，RSD 在 0.18%～21.53%，具体见表 7-128 和表 7-129。

表 7-128　ICP-MS 相对误差（%）

元素	Ag	Co	Cu	Mn	Ni	Pb	Zn	As	Cd	Cr	Sb	Tl	V
GSV-4	−6.99	23.47	16.15	54.83	40.69	−1.69	62.14	−23.42	9.70	−20.69	23.96	−10.46	−28.11

表 7-129　ICP-MS 相对标准偏差（%）

元素	Ag	Co	Cu	Mn	Ni	Pb	Zn	As	Cd	Cr	Sb	Tl	V
GSV-4	19.55	1.52	1.35	7.47	8.23	0.32	21.53	—	0.18	—	—	1.73	—

综上研究，鱼和贝类组织的测定方法中大多数只针对某一种元素，用于消解的酸包括硝酸、双氧水、高氯酸、硫酸，各元素的前处理方法不同。因此对同一样品中多元素进行测定，前处理要消耗很多试剂，而且又费时、费力。本节选用两种前处理方法，一种是混合酸湿法消解，一种是微波消解，样品消解完全，消解液较为清澈，所测元素的准确率均较高，可以同时处理分析。两种方法都采用了加酸后静置过夜后再加热或微波消解的方法，实际应用结果表明，电热板消解-硝酸-高氯酸方法不适合汞的消解，推荐使用微波消解-硝酸-双氧水消解体系对 As、Cd、Cr、Cu、Hg、Pb、Zn 进行同时消解后，再选用各元素适用的方法测定，其方法的精密度和准确度可以满足鱼类和贝类重金属污染调查监测的需要。

苔藓中重金属检测时，石墨消解和微波消解效果均较好，相对误差均在20%以内。酸消解体系硝酸-高氯酸消解、王水消解、全盐酸消解体系存在以下两方面的不足。一方面，消解体系较为复杂，另一方面，消解液中含有 Cl^-，形成 AgCl 沉淀而影响 Ag 元素的检出率。硝酸-双氧水消解体系，因消解过程简便，体系简单，消解效率高而优于其他酸体系，是进行苔藓重金属污染分析的优选消解方法。检测方法的选择上，用 ICP-MS 适于测定苔藓中微量级重金属元素，ICP-AES 适于测定苔藓中常量重金属元素，冷原子吸收分光光度法适于苔藓中 Hg 元素的测定，测定中可根据样品中重金属含量的具体情况选择适宜的分析方法。

第五节　水中重金属前处理应用

一、水中总量分析技术

水中的金属元素状态分可溶态和悬浮态两种，能通过 0.45μm 滤膜的金属形态称为可溶态，被截留的为悬浮态，两者之和为金属元素的总量。重金属污染物对环境的危害很大程度上取决于其赋存形态，不同形态和价态的重金属元素对人体的危害是不同的，这要求我们不仅要关注环境中重金属元素总量，更应该重视重金属的形态和价态的检测。根据我国相关标准，金属元素的总量分析主要应用于废水的监测分析及汞、砷等元素的地表水、废水的监测分析；可溶态分析主要应用于铜、铅、锌、镉等元素的地表水、地下水分析。

　　测定金属元素总量时往往先将水样消解后再测定，此外根据待测元素和样品的性质，有的采用萃取、分离、色度校正或沉淀富集法进行水样前处理。相关前处理方法汇总见表 7-130。

表 7-130　水中金属元素总量常用前处理方法汇总

元素	适用范围	前处理方法	主要试剂	方法来源
Ag、Al、As、Be、Ba、Ca、Cd、Co、Cr、Cu、Fe、K、Mg、Mn、Mo、Ni、Pb、Tl、V、Zn	地表水、地下水、生活污水和工业废水	消解	HNO_3、H_2O_2	《水质 金属总量的消解 硝酸消解法》（HJ 677—2013）
V	地表水、地下水、生活污水和工业废水	消解	HNO_3	《水质 钒的测定 石墨炉原子吸收分光光度法》（HJ 673—2013）
As、Ca、Co、Cd、Cu、K、Mn、Mo、Ni、Pb、Tl、Zn	地表水、地下水、生活污水和工业废水	消解	HNO_3、H_2O_2	《水质 金属总量的消解 微波消解法》（HJ 678—2013）
Ag、Al、Be、Ba、Cr、Fe、Mg、V、Zn	地表水、地下水、生活污水和工业废水	消解	HNO_3、HCl、H_2O_2	《水质 金属总量的消解 微波消解法》（HJ 678—2013）
Cr	水和废水	消解	HNO_3、HCl、H_2O_2、NH_4Cl	《水质 铬的测定 火焰原子吸收分光光度法》（HJ 757—2015）
Hg	地表水、地下水、生活污水和工业废水	消解	HNO_3、HCl	《水质 汞、砷、硒、铋、锑的测定》（HJ 694—2014）
As、Se、Bi、Ti	地表水、地下水、生活污水和工业废水	消解	HNO_3、HCl、$HClO_4$	《水质 汞、砷、硒、铋、锑的测定》（HJ 694—2014）
Cd、Cu、Pb、Zn	地下水、地表水和废水	消解	HNO_3、$HClO_4$	《水和废水监测分析方法》（第四版）
Hg	地表水、地下水、生活污水和工业废水	消解	HNO_3、$HClO_4$、$KMnO_4$、$K_2S_2O_8$、$NH_2OH·HCl$	《水质 总汞的测定 冷原子吸收分光光度法》（HJ 597—2011）
Ag	地表水和工业废水	消解	H_2SO_4、HNO_3、H_2O_2	《水质 银的测定 铬试剂 2B 分光光度法》（HJ 490—2009）
Ag	地表水和工业废水	消解	H_2SO_4、HNO_3、H_2O_2、$HClO_4$	《水质 银的测定 3,5-Br_2-PADAP 分光光度法》（HJ 489—2009）
Co	地表水、生活污水和工业废水	消解	HNO_3、$HClO_4$	《水质 钴的测定 5-氯-2-(吡啶偶氮)-1,3-二氨基苯分光光度法》（HJ 550—2015）
Ag、Al、As、Au、B、Ba、Be、Bi、Ca、Cd、Ce、Co、Cr、Cs、Cu、Dy、Er、Eu、Fe、Ga、Gd 等 65 种金属元素	地表水、地下水、生活污水和低浓度工业废水	消解	HNO_3、HCl	《水质 65 种元素的测定 电感耦合等离子体质谱法》（HJ 700—2014）
Ag、Al、As、B、Ba、Be、Bi、Ca、Cd、Co、Cr、Cu、Fe、K、Li、Mg、Mn、Mo、Na、Ni 等 32 种金属元素	地表水、地下水、生活污水和工业废水	消解	HNO_3、$HClO_4$	《水质 32 种元素的测定 电感耦合等离子体发射光谱法》（HJ 776—2015）
Ba	水和废水	消解	HNO_3、$HClO_4$	《水质 钡的测定 火焰原子吸收分光光度法》（HJ 603—2011）
Ba	水和废水	消解	HNO_3	《水质 钡的测定 火焰原子吸收分光光度法》（HJ 603—2011）
Ba	地表水、地下水、生活污水和工业废水	消解	HNO_3	《水质 钡的测定 石墨炉原子吸收分光光度法》（HJ 602—2011）
Cu	地表水、地下水、生活污水和工业废水	消解	HNO_3、$HClO_4$	《水质 铜的测定 二乙基二硫代氨基甲酸钠分光光度法》（HJ 485—2009）

续表

元素	适用范围	前处理方法	主要试剂	方法来源
Cu	地表水、地下水、生活污水和工业废水	消解	H_2SO_4、HNO_3	《水质. 铜的测定. 2, 9-二甲基-1, 10-菲萝啉分光光度法》（HJ 486—2009）
Se	水和废水	消解	HNO_3	《水质 硒的测定 石墨炉原子吸收分光光度法》（GB/T 15505—1995）
Cu、Pb、Cd	地下水,清洁地面水中低浓度的铜、铅、镉	萃取	APDC-MIBK、HCl、NaOH	《水质 铜、锌、铅、镉的测定 原子吸收分光光度法》（GB/T 7475—1987）
Cr6+	地面水和工业废水	分离	NaOH、$Zn(OH)_2$	《水质 六价铬的测定 二苯碳酰二肼分光光度法》（GB/T 7467—1987）
Cr6+	地面水和工业废水	色度校正	CH_3COCH_3	《水质 六价铬的测定 二苯碳酰二肼分光光度法》（GB/T 7467—1987）
Ti	地表水、地下水、生活污水和工业废水	沉淀富集法	HNO_3、NH_3H_2O、$Fe_2(SO_4)_3$、Br_2	《水质 铊的测定 石墨炉原子吸收分光光度法》（HJ 748—2015）

（一）消解

消解是最常用的前处理方法，消解可以破坏有机物，溶解悬浮性固体，并将各种价态待测元素氧化成单一高价态，或转变成易于分离的无机化合物。消解后的水样应清澈、透明、无沉淀。

水样的消解多采用湿式消解法，利用各种酸和碱进行消解。使用的试剂主要有盐酸、硝酸、高氯酸、磷酸、过氧化氢等。消解试剂应选用优级纯级别，为避免试剂对待测元素的影响，在消解样品时应平行制备试剂空白。此外，由于硫酸易产生分析吸收，因此 AAS 一般不选择硫酸作为消解液。高氯酸的沸点较高，在赶酸时有一定难度，对石墨管损害较大，与 Cr 易形成易挥发的铬酰氯，因此在GFAAS 分析时应谨慎使用。对于大多数金属分析仪器来说，硝酸是合适的酸介质。盐酸在 AAS 分析时对钙、镁产生基体干扰，与铅、镉、钙形成易挥发的金属氯化物，干扰测定，因此应尽量避免使用。

消解所使用的器皿一般为聚四氟乙烯、石英玻璃、硼硅酸耐热玻璃等材质，在使用前应清洗干净，避免容器对加入的溶液造成污染，平时可将洗干净的器皿放在酸缸中备用。

目前湿法消解所使用的仪器主要为电热板、全自动消解仪、微波消解仪、水浴锅等。孔式消解器和微波技术将是实验室湿法消解的发展方向。

1. 电热板/全自动消解仪

1）硝酸消解法

适用于较清洁的水样。取混合均匀的水样 50 mL 于 200 mL 三角瓶中，加入 5 mL

硝酸后放于电热板上加热煮沸，蒸发至 1 mL 左右。若试液混浊且颜色较深，再补加硝酸 5 mL 继续消解，直至溶液透明。试样近干时，从电热板上取下稍冷，全部转移至 50 mL 容量瓶中，用硝酸溶液定容，混匀后上机测定。如果消解试样有沉淀，可选用中速滤纸过滤后定容至 50 mL。

2）硝酸-过氧化氢消解法

适用于较清洁的水样。取 50 mL 水样于烧杯或锥形瓶中，加入 5 mL 硝酸，在电热板上低温加热至 5 mL 左右，待冷却后，再加入 5 mL 浓硝酸，盖上表面皿，继续加热回流，待无棕色的烟产生，将溶液蒸发至 5 mL 左右。待冷却后，缓慢加入 3 mL 过氧化氢，低温加热至不再产生大量气泡，待溶液冷却，反复加入过氧化氢直至只有细微气泡或大致外观不发生变化，移去表面皿，继续加热，待溶液蒸发至 5 mL，冷却后将消解液及消解容器润洗液全部转移至容量瓶，定容待测。

3）硝酸-高氯酸消解法

高氯酸作为强氧化剂对有机物的消解具有非常好的效果，因此硝酸-高氯酸法适用于有机物含量较高的水样。取 50～100 mL 水样置于烧杯中，加 5 mL 硝酸，在电热板上加热至大部分有机物分解。取下稍冷，加入 2mL 高氯酸继续加热至开始冒白烟。如果消解不完全，应再补加 5 mL 硝酸和 2 mL 高氯酸继续消解，直至浓厚白烟冒尽（注意：切不可蒸至干涸）。取下稍冷，转移至容量瓶，用 1%硝酸溶液定容，待测。

4）多元消解法

量取 50 mL 混匀后的样品于 150 mL 锥形瓶中，加入 5 mL 硝酸-高氯酸混合酸，于电热板上加热至冒白烟，冷却。再加入 5 mL 盐酸溶液，加热至烟冒尽，冷却后移入 50 mL 容量瓶中，加水稀释定容，混匀，待测。

2. 微波消解仪

1）硝酸-过氧化氢消解法

量取 25 mL 混合均匀的水样于微波消解罐中，加入 1 mL 过氧化氢，按分析元素选择浓硝酸作为消解液，观察溶液，待无大量气泡产生，放入微波消解仪，按照推荐升温程序进行消解。程序运行完毕，待消解罐内温度与室温平衡，放气，开盖，将消解液及消解容器润洗液全部转移至容量瓶，定容待测。

2）多元消解法

方法与硝酸-过氧化氢消解法一致，只是将消解液换为硝酸-盐酸混合溶液。

3. 水浴锅

1）高锰酸钾-过硫酸钾消解法

用于汞的前处理，取水样加入一定量的硫酸、硝酸和高锰酸钾溶液，混匀，保持 15 min 不变色，若变色则补加高锰酸钾溶液，之后加入过硫酸钾，沸水浴保持 1 h。滴加盐酸羟胺溶液至无色，得到溶液可直接进行汞的测定。

2）盐酸-硝酸法

用于汞的前处理，量取 5 mL 混匀后的样品于 10 mL 比色管中，加入 1 mL 盐酸-硝酸溶液，加塞混匀，置于沸水浴中加热消解 1 h，期间摇动 1～2 次并开盖放气。冷却，用水定容至标线，混匀，待测。

（二）其他方法

1. 萃取

适用于水中铜、铅、镉的前处理。用氢氧化钠溶液和盐酸溶液调空白、工作标准或试份的 pH 为 3.0（用 pH 计指示）。将溶液转入 200 mL 容量瓶中，加入 2 mL 吡咯烷二硫代氨基甲酸铵溶液，摇匀。加入 10 mL 甲基异丁基酮，剧烈摇动 1 min，静置分层后，小心地沿容量瓶壁加入水，使有机相上升到瓶颈中并达到吸样毛细管可以达到的高度。

2. 分离

适用于水中六价铬的前处理。取适量样品（含六价铬少于 100 μg）于 150 mL 烧杯中，加水至 50 mL。滴加氢氧化钠溶液，调节溶液 pH 为 7～8。在不断搅拌下，滴加氢氧化锌共沉淀剂至溶液 pH 为 8～9。将此溶液移至 100 mL 容量瓶中，用水稀释至标线。用慢速滤纸过滤，弃去 10～20 mL 初滤液，取其中 50 mL 滤液供测定。

3. 色度校正

适用于水中六价铬的前处理。当样品有色但不太深时，按样品分析步骤另取一份试样，以 2 mL 丙酮代替显色剂，进行比色测定吸光值。试份测得的吸光值扣除此色度校正吸光值后，再行计算。

4. 沉淀富集法

适用于含铊水样。移取适量水样于烧杯中，用硝酸溶液酸化至 pH=2，加溴水，使水样呈黄色，1 min 不褪色为准。加入 10 mL 铁溶液，在磁力搅拌下，滴加氨水，使 pH<7，待沉淀完全后，弃去上清液，沉淀物离心 15～20 min，用吸管吸去上层清液。加 1 mL 浓硝酸溶解沉淀，转移至 10 mL 比色管中，用水洗涤离心管，用硝酸溶液稀释定容，混匀，待测。

二、水中可溶态分析技术

测定可溶态金属时，由于酸化会引起胶体部分和固体的溶解，必须在过滤后再酸化保存。

相关前处理方法汇总见表 7-131。

表 7-131　水中金属元素可溶态前处理汇总表

元素	适用范围	前处理方法	主要试剂	方法来源
镍	工业废水	过滤	硝酸	《水质 镍的测定 火焰原子吸收分光光度法》GB 11912—89
钒	地表水、地下水、生活污水和工业废水	过滤	硝酸	《水质 钒的测定 石墨炉原子吸收分光光度法》HJ 673—2013
铜、锌、铅、镉	地下水、地面水和废水	过滤	硝酸	《水质 铜、锌、铅、镉的测定 原子吸收分光光度法》GB 7475—1987
汞	地表水、地下水、生活污水和工业废水	过滤消解	盐酸-硝酸	《水质 汞、砷、硒、铋和锑的测定 原子荧光法》HJ 694—2014
砷、硒、锑、铋	地表水、地下水、生活污水和工业废水	过滤消解	硝酸-高氯酸	《水质 汞、砷、硒、铋和锑的测定 原子荧光法》HJ 694—2014

（一）常规前处理方法

一般来说，测定可溶态的金属样品，应在采样后立即或尽快过 0.45 μm 滤膜，收集足够的样品，再根据监测项目，选择加入样品总量 1%的硝酸或盐酸酸化。经过滤、酸化的水质金属样品即可直接上机测定。

若样品在酸化时产生混浊，应用硝酸-高氯酸体系消解。取 100 mL 过滤后水样于石英烧杯中，加入 10 mL 硝酸、2 mL 高氯酸，在电热板上加热至不产生棕黄色烟，升高加热温度，蒸至冒高氯酸白烟、残液呈黏稠状，取下冷却，加水溶解定容。

（二）特殊前处理方法

对于某些项目，除过滤和酸化处理外，在上机之前还需要进一步处理。

1. 原子荧光法测定汞

量取 5 mL 混匀后的样品于 10 mL 比色管中，加入 1 mL 盐酸-硝酸（3∶1）溶液，加塞混匀，置于沸水浴中加热消解 1h，期间摇动 1～2 次并开盖放气，冷却，用水定容至标线，混匀，待测。

2. 原子荧光法测定砷、硒、铋、锑

量取 50 mL 混匀后的样品于 150 mL 锥形瓶中，加入 5 mL 硝酸-高氯酸（1∶1）混合酸，于电热板上加热至冒白烟，冷却，再加入 5 mL 盐酸溶液，加热至黄褐色烟冒尽，冷却后移入 50 mL 容量瓶中，加水稀释定容，混匀，待测。

3. 离子色谱法测定可溶性阳离子（Li^+、Na^+、NH_4^+、K^+、Ca^{2+}、Mg^{2+}）

对含干扰物质的复杂水质样品，为保证色谱分离效果及色谱柱的使用寿命，应使用 RP 柱或者 C_{18} 柱进行预处理。

4. 5-氯-2-（吡啶偶氮）-1, 3-二氨基苯分光光度法测定钴

取经过滤、加酸酸化的水样于烧杯中，采用硝酸-高氯酸消解体系，于电热板上加热至溶液无黑色残渣为止。

参 考 文 献

安丽, 曹同, 俞膺浩. 不同苔藓植物对重金属富集能力的比较. 上海师范大学学报(自然科学版), 2006, (06): 64-70

曹同, 郭水良, 娄玉霞, 等. 2014. 苔藓植物对环境的指示与响应 [M]. 北京: 科学出版社

付爱瑞, 陈庆芝, 罗治定, 等. 2011. 碱熔-电感耦合等离子体发射光谱法测定大气颗粒物样品中无机元素[J]. 岩矿测试, 30(6): 751-755

乐小亮, 毛慧, 吴晶. 2015. 废气铅的测定中玻璃纤维滤筒的消解方法[J]. 理化检验-化学分册, 51(1): 108-110

李国刚, 吕怡兵, 王超, 等. 2015. 环境空气颗粒物来源解析监测实例[M]. 北京: 中国环境科学出版社

孙宗光, 黄业茹, 毕彤, 等. 2002. 水和废水监测分析方法(第四版)[M]. 北京: 中国环境出版社: 324-333

唐尚明. 1982. 污染植物的预处理——植物试样的消解[J]. 农业环境科学学报, (04): 18-21

滕恩江, 许秀艳, 薛荔栋, 等. 2013. 分析测试技术(1 版)[M]. 北京: 中国环境出版社, 26-28

中国科学院中国孢子植物志编辑委员会. 2000. 中国苔藓植物志[M]. 北京: 科学出版社

朱兰保, 盛蒂, 许晖. 2007. 蔬菜地土壤重金属酸消解测定方法研究初探. 中国农学通报, (03): 420-423

邹本东, 徐子优, 华蕾. 2007. 密闭微波消解电感耦合等离子体发射光谱(ICP-AES)法同时测定大气颗粒物 PM_{10} 中的 18 种无机元素[J]. 中国环境监测, 23(1): 6-10

Allajbeu S, Qarri F. 2017. Contamination scale of atmospheric deposition for assessing air quality in Albania evaluated from most toxic heavy metal and moss biomonitoring. Air Qual Atmos Health, 10: 587-599

Castello M. 2007. A Comparison between two moss species used as transplants for airborne trace element biomonitoring in NE Italy. Environ Monit Assess, 133: 267-276

Demkovova L, Bobul'ska L. 2017. Biomonitoring of heavy metals contamination by mosses and lichens around Slovinky tailing pond (Slovakia). Journal of Environmental Science And Health, Part A, (52): 30-36

GB 5009.12—2017. 食品安全国家标准 食品中铅的测定

GB 5009.123—2014. 食品安全国家标准 食品中铬的测定

GB 5009.13—2017. 食品安全国家标准 食品中铜的测定

GB 5009.14—2017. 食品安全国家标准 食品中锌的测定

GB 5009.15—2014. 食品安全国家标准 食品中镉的测定

GB 5009.16—2014. 食品安全国家标准 食品中锡的测定

GB 5009.17—2014. 食品安全国家标准 食品中总汞及有机汞的测定

GB 5009.268—2016. 食品安全国家标准 食品中多元素的测定

GB 7466—1987. 水质 总铬的测定

GB/T 15505—1995. 水质 硒的测定 石墨炉原子吸收分光光度法

GB/T 22290—2008. 茶叶中稀土元素的测定 电感耦合等离子体质谱法

GB/T 7467—1987. 水质 六价铬的测定 二苯碳酰二肼分光光度法

GB/T 7475—1987. 水质 铜、锌、铅、镉的测定 原子吸收分光光度法

Grodzinska K, Szarek-Lukaszewska G, Godzik B. 1999. Survey of heavy metal deposition in Poland using mosses as indicators. The Science of the Total Environment, 229: 41-51

Ljubič Mlakar T, Horvat M. 2011. Biomonitoring with epiphytic lichens as a complementary method for the study of mercury contamination near a cement plant. Environ Monitor Assess, 181: 225-241

HJ 485—2009. 水质 铜的测定 二乙基二硫代氨基甲酸钠分光光度法

HJ 486—2009. 水质 铜的测定 2, 9-二甲基-1, 10-菲萝啉分光光度法

HJ 489—2009. 水质 银的测定 3,5-Br2-PADAP 分光光度法

HJ 490—2009. 水质 银的测定 铬试剂 2B 分光光度法

HJ 493—2009. 水质 样品的保存和管理技术规定

HJ 539—2015. 环境空气铅的测定 石墨炉原子吸收分光光度法

HJ 550—2015. 水质 钴的测定 5-氯-2-(吡啶偶氮)-1, 3-二氨基苯分光光度法

HJ 602—2011. 水质 钡的测定 石墨炉原子吸收分光光度法

HJ 603—2011. 水质 钡的测定 火焰原子吸收分光光度法

HJ 657—2013. 空气和废气颗粒物中铅等金属元素的测定 电感耦合等离子体质谱法

HJ 673—2013. 水质 钒的测定 石墨炉原子吸收分光光度法

HJ 677—2013. 水质 金属总量的消解 硝酸消解法

HJ 678—2013. 水质 金属总量的消解 微波消解法

HJ 694—2014. 水质 汞、砷、硒、铋、锑的测定 原子荧光法

HJ 700—2014. 水质 65 种元素的测定 电感耦合等离子体质谱法

HJ 748—2015. 水质 铊的测定 石墨炉原子吸收分光光度法

HJ 776—2015. 水质 32 种元素的测定 电感耦合等离子体发射光谱法

HJ 777—2015. 空气和废气颗粒物中金属元素的测定 电感耦合等离子体发射光谱法

HJ 779—2015. 环境空气六价铬的测定 柱后衍生离子色谱法

HJ 812—2016 水质 可溶性阳离子(Li^+、Na^+、NH_4^+、K^+、Ca^{2+}、Mg^{2+})的测定 离子色谱法

Špirić z, Vučkovič I, Stafilov T et al. 2013. Air pollution study in croatia using moss biomonitoring and ICP–AES and AAS analytical techniques. Arch Environ Contam Toxicol, (65): 33-46

Szarek-Łukaszewska G K, Grodzińska S B. 2002. Heavy metal concentration in the moss, pleurozium schreberi in the Niepołomice forest, Poland: Changes during 20 Years. Environmental Monitoring and Assessment, 10(79): 231-23

第八章 质量保证和质量控制

第一节 概　述

　　质量保证和质量控制是使分析数据具有代表性、准确性、精密性、可比性和完整性的重要保证之一，是监测分析工作的重要组成部分。《质量管理体系　基础和术语》（GB/T 19000—2016/ISO 9000：2005）中指出，质量保证和质量控制都是质量管理的一部分，质量保证致力于提供质量要求会得到满足的信任，质量控制致力于满足质量要求。

　　样品分析过程的质量控制，主要体现在分析方法的选择、样品的制备、样品的前处理、样品分析等的质量控制要求。根据控制对象的不同，样品分析质量控制可分为实验室内质量控制及实验室间质量控制。实验室内质量控制是分析者对分析质量进行自我控制及内部质控人员对其实施质量控制技术管理的过程，又称为内部质量控制。实验室间质量控制是为了评价实验室从事特定测试活动的技术能力，了解分析结果是否符合数据的五性质量要求，督促各实验室加强内部质量控制，最大限度降低系统误差。实验室内质量控制主要涉及监测分析方法的适应性检验、全程序空白、校准曲线、精密度、准确度、密码样、质量控制图、人员比对、方法比对、留样复测、仪器比对等方面，实验室间质量控制涉及实验室间比对、能力验证、测量审核等。

　　本章主要阐述重金属分析过程中几个关键的实验室内自我控制措施。分析者在进行样品前处理之前就需要了解并重点关注。

　　（1）空白试验。指对不含待测物质的样品用与实际样品同样的操作步骤进行的试验。对应的样品称为空白样品，简称空白。影响空白值大小的因素有纯水的质量、试剂的纯度、试剂配制的质量、玻璃器皿的清洁程度、测量仪器的灵敏度和精密度、仪器的适用和操作、实验室内的洁净状况、分析人员的操作水平和经验等。重金属分析时，实验用水质量、试剂纯度及器皿清洁度是尤其需要关注的。每批样品的分析都要同步测定至少一个全程序空白，若有检出，应查找原因，并予以纠正。

　　（2）方法检出限。指用特定分析方法在给定的置信度（通常是99%）内可从样品中定性检出待测物质的最低浓度或最小量。检出限受仪器的灵敏度和稳定性、全程序空白实验值及其波动性的影响。计算检出限的通常做法是，按照样品分析的全部步骤，重复7次空白试验，将各测定结果换算为样品中的浓度或含量，计算 7 次平行测定的标准偏差 S，方法检出限为 3.143 倍的 S。通常将 4 倍检出限作为方法的测定下限。

（3）准确度。指测试结果与接受参照值间的一致程度，是方法系统误差和随机误差的综合指标，可采用分析有证标准物质、加标回收测定（加标量为样品含量的 0.5～2 倍，但加标后的浓度应不超过方法上限浓度值的 0.9 倍）来进行检验。若标准样品或质控样品的测定值超过允许范围的 10%，应查找原因，并予以纠正。加标回收率在 70%～130%，准确度合格，痕量分析的加标回收率可放宽至 60%～140%。在进行加标回收率测定时，需将有证标准物质/标准样品加入环境样品中，并与环境样品同步进行全程序消解，不可将有证标准物质/标准样品直接加入消解好的环境样品中。加入的有证标准物质/标准样品尽量与环境样品的形态保持一致。

（4）精密度。指独立测试结果间的一致程度。检验分析方法的精密度时，通常分析标准溶液（浓度可选在校准曲线上限浓度值的 0.1 倍和 0.9 倍）、实际水样和水样加标 3 种，求得批内、批间和总标准偏差，偏差值应等于（或小于）方法规定的值。每批样品需要做 10% 的平行双样测定；样品量少时，至少做一份样品的平行双样。平行双样测定结果符合质控要求的，以平均值报出；若不符合质控要求，应在样品允许的保存期内加测一次，取符合要求的两个测定结果的平均值报出。

（5）校准曲线。校准曲线包括工作曲线和标准曲线。工作曲线是用与样品分析完全相同的方式分析标准溶液所得到的数据绘制。标准曲线是分析标准溶液，与工作曲线相比，标准曲线分析的标准溶液通常省略了样品前处理。校准曲线至少要有 6 个浓度点（含零浓度点）。分光光度法用校准曲线定量时，必须检验校准曲线的相关系数和截距是否正常，斜率是否符合要求。校准曲线不得长期使用。AAS、ICP-MS 等仪器分析方法校准曲线的制作，要与样品测定同时进行。

（6）方法比对。使用不同的分析方法分析同一个样品，当分析结果一致时，认为工作质量可接受，不一致时要分析原因，并予以纠正。在没有标准样品的情况下，可采取这种方法验证分析结果是否准确。

（7）仪器比对。同一人员采用不同的仪器对同一样品进行分析，其误差和不确定度应在允许范围内。

（8）留样复测。在样品的保存期内，再次对样品进行分析，其误差和不确定度应在允许范围内。

第二节　重金属分析前处理质量控制要求

重金属分析中，样品前处理是继样品采集、样品制备与保存后的又一关键环节，对样品分析结果的准确性起着关键作用。样品的前处理环节未控制好，后续采用再先进的仪器、再严格的质控措施，其分析结果也是不可信的。

一、普适性质量控制要求

（一）环境条件要求

实验室布局合理，清洁整齐，温度、湿度、防尘、噪声、抗干扰等满足监测工作要求。用水、用电、用气安全，废水、废渣、废气、废液等合理处理处置。

（二）人员素质要求

人员要持证上岗，要熟悉所采用的监测分析方法，熟悉所采用的仪器设备的操作使用。

（三）仪器设备及玻璃器皿要求

仪器设备要专人保管及维护，要检定合格，并在有效期内使用。玻璃器皿要清洁，属计量器皿的需通过检定。

实验过程中所使用的容量瓶、移液管、量筒、烧杯等最好要用硝酸（1∶1）浸泡过夜；消解罐要用硝酸煮沸 1 h，然后用去离子水冲洗干净。酸缸里的硝酸溶液要经常更换，因经常浸泡器皿会使酸缸里的重金属含量增加，时间长了会污染器皿。

（四）实验用水及试剂要求

实验用水及试剂要符合分析方法中规定的要求。配制基准溶液、标准溶液、稀释标准工作溶液的分析用水，应符合《分析实验室用水规格和试验方法》（GB 6682—2008）实验二级水标准，其电导率应不超过 0.10 mS/m（25℃）。

分析时均使用符合国家标准的优级纯试剂，如消解过程中需要的硝酸、盐酸、氢氟酸等。配制标准溶液必须使用基准试剂、基准物质和标准物质。标准储备液的浓度、稳定性、保存方法、有效期应严格遵循分析方法中的规定。

（五）空白试验要求

采用和试样制备相同的步骤和试剂，制备全程序空白试样，并按试样测定步骤进行测定。每批样品至少制备 1 个以上的空白试样，空白试样中待测元素的浓度应低于该元素方法测定下限。

（六）校准曲线要求

校准曲线要有 6 个以上标准系列浓度点（包括零浓度点），线性回归时，各浓度点的测量信号值要减去零浓度点的测量信号值。校准曲线的相关系数一般应大于 0.999，直线截距一般要控制在 ±0.005 内。

（七）精密度要求

每批次样品每个分析项目均需做至少 10% 的平行双样分析，平行双样合格率应不低于 95%，最大允许相对偏差一般要达到表 8-1 的要求。

表 8-1　一般情况下平行双样最大允许偏差

序号	含量范围/（mg/kg）	最大允许相对偏差/%
1	>100	±5
2	10～100	±10
3	1.0～10	±20
4	0.1～1.0	±25
5	<0.1	±30

（八）准确度要求

标准样品和质控样品测定值必须落在样品保证值（在 95% 的置信水平）范围内，否则本批次样品分析结果无效，需要重新分析。对于无标准样品或质控样品的分析项目，要做不少于 10% 的加标回收，加标回收率一般要在 80%～110%。加标物质的形态应与待测物的相同，加标量要根据被测组分含量而定。含量高的加入被测组分含量的 0.5～1.0 倍，含量低的加 2～3 倍，但加标后被测组分的总量不得超出方法测定上限的 0.9 倍。

（九）数据处理要求

分析数据记录规范，内容齐全，有效数字要符合要求。电脑记录要定期存入专用存储设备，并按规定审核存档。数据计算与修约要遵守《数值修约规则与极限数值的表示和判定》（GB/T 8170—2008）。分析过程失误造成的离群数据应剔除。可疑数据要经过离群检验后才能确定是否剔除。低于检出限的测定结果以"未检出"表示，统计时按最低检出限的二分之一计算。测定结果的有效位数一般保留三位，含量低的可只保留两位。精密度一般只取一位有效数字，特殊情况最多取两位。有效位数不应超过方法检出限的最低位数。

（十）数据审核要求

监测数据要严格三级审核后才能报出。一般情况下，分析人员负责一级审核，质量监督员或其他持证人员负责二级审核，分析人员所在部门负责人或单位授权人员负责三级审核。

二、不同介质重金属前处理质量控制要求

（一）土壤中重金属分析前处理要求

土壤基质复杂，土壤与污染物种类繁多，不同污染物在不同土壤中的样品前处理方法及测定方法各异。各种方法需要注意的问题也会有所不同，要针对各种方法的关键环节进行科学的质控，才能保证监测数据的科学准确。

1. 土壤酸消解质量控制要求

（1）称量。称量前要检查天平放置是否水平，用标准砝码检验天平显示数值是否在允许范围内。按方法要求准确称量样品，称量精确到 0.1 mg，做好记录。

（2）加酸。先用几滴水润湿样品，然后按照方法要求的量及顺序依次加入各种酸，酸加入顺序不可颠倒，每加完一种酸要适当摇匀。

如在采用盐酸-硝酸-氢氟酸-高氯酸消解法进行土壤样品消解时，少量水（润湿）→10 mL 盐酸（蒸发至剩 2～3 mL 时）→5mL 硝酸（HNO_3）→5 mL 氢氟酸（HF）→3 mL 高氯酸（$HClO_4$）→内容物呈黏稠状白色或淡黄色→取下冷却水定容。在非水介质或者水量很少的介质中，$HClO_4$ 是一种强酸，然而在硝酸和高氯酸共同存在的体系中，硝酸会夺取高氯酸中的 H^+，从而使溶液呈现碱性（$HNO_3 + HClO_4 \rightarrow NO_2^+ + H_2O + ClO_4^-$），这样会使硝酸的消解作用减弱。同时，高氯酸具有强氧化性，会把硝酸中含有的低价态氮氧化物氧化生成 NO_2 气体（棕黄色烟雾），从而降低了高氯酸的消解作用。所以，要在加入硝酸后消解至硝酸烟雾挥发殆尽再加入高氯酸。在加入高氯酸之前加入氢氟酸，一方面能够保证良好的飞硅效果，另一方面有机物未消解完全时加入高氯酸会发生强烈反应，致使瓶中内容物溅出，甚至发生爆炸。

同时，酸加入量也要进行控制。称取样品之后用水湿润是为了把消解容器壁上的土壤样品冲洗到容器底部，既可以避免加入试剂时将土壤样品"冲起"，又可以防止在消解过程中加热不均而发生"暴沸"。在保证将土壤全部润湿的前提下，加水量越少越好。加酸量一般是由样品的称取量及土样的性质来决定。称样量加大的时候加入的酸的量也应相应增多。含硅质较多的样品要反复加入氢氟酸进行消解，以便彻底破坏土壤的矿物晶格。含有机质较多的样品（如褐土样）要反复加入高氯酸。如果消解容器壁内有黑色物质附着或者样品经消解并蒸至近干时液体呈深灰色，说明有机物没有消解完全，需加入高氯酸继续消解，必要时盖上消解容器的盖子，长时间回流加热，最后蒸发至近干。消解土壤样品时，消解效果的好坏与加酸量不成正比。由于各种酸中会含有少量的重金属，酸加入得越多，

越会增加带入杂质的风险。而且，加入酸的量越大，消解所需时间越长，工作量越大。

（3）消解。电热板消解要控制消解温度，保持样品处于微沸状态即可，避免干烧或样品暴沸溅出损失。消解过程中要经常摇动坩埚，最终消解好的样品应呈不流动的黏稠状，颜色为白色或淡黄色（含铁较高的土壤），没有明显沉淀物存在。微波消解及高压密闭消解要严格按照消解的升温程序及维持时间进行操作，消解完成待罐体冷却到室温后方可打开盖子。

在赶酸环节，驱赶酸雾的时间一定要充分，消解完全后样品酸度应小于 2%，且不含高氯酸。氢氟酸一定要驱赶干净，否则会损坏玻璃器皿 [$SiO_{2(s)}+4HF_{(aq)} \longrightarrow SiF_{4(g)}+2H_2O$；$SiF_{4(g)}+2HF_{(aq)}=H_2(SiF_6)_{(aq)}$]。判断高氯酸赶尽的标准是白色烟雾减少，杯内是透明、可流动的膏状物。消解温度在国标中没有明确指出，但是温度要严格控制，温度过高，分解试样时间缩短了，但会导致测定结果偏低。根据实际经验，刚开始加热时，温度不要过高，否则容易"暴沸"，一般将温度控制在 120℃ 左右即可。当加入氢氟酸后，加热时间会加长，这时的温度可以适当调高到 200℃ 左右，此温度下消解器皿不易变形，消解效果好，所需时间也被缩短。当加入高氯酸后温度要保持适中且不能超过 250℃，否则高氯酸会大量冒烟，使样品中重金属元素损失。

（4）定容。将消解好的样品用稀酸溶解，全部转移到干净的容量瓶中，定容至刻度，最好放置过夜后再上机测定。使用带盖的聚四氟乙烯容器进行消解时需要注意，在每次移走容器盖前，一定要将容器盖上凝结的液滴回流到容器内，既可以避免试样的损失，又防止酸液滴落在加热仪器及通风设备上。

2. 土壤碱熔质量控制要求

（1）称量。要求同土壤酸消解质量控制要求。

（2）加碱。预先用少量碱熔剂覆盖坩埚底部，然后将样品放入坩埚内，再加入碱熔剂，用玻璃棒轻轻搅拌样品，使之与碱熔剂混合均匀，最后再覆盖一层碱熔剂。

（3）熔融。按升温程序要求缓慢升温，到达指定温度后维持足够长的时间，使样品与碱熔剂熔融成一个整体，熔融体内没有气泡及不熔物。降温时也要缓慢，避免骤冷导致坩埚开裂。

（4）定容。待熔块降温到 60~80℃ 时，按方法要求将熔块溶解并转移定容，最好放置过夜后再上机测定。

3. 土壤压片/玻璃熔片质量控制要求

（1）压片。用于压片的待测样品粒度尽量与标准样品的保持一致。压片时的压力、停留时间等要与标准样品制作时一致。压好的样品压片与标准样品的压片，表面平滑程度及厚度等要尽量保持一致。

（2）玻璃熔片。在玻璃熔片中，无论是制作标准样品熔片还是制作待测样品熔片，熔片中所加入的熔剂、脱模剂、氧化剂的量要一致，熔片时的温度、保留时间及冷却方式、冷却时间尽量保持一致。熔片色泽均匀、透明、表面光洁、无瑕疵、无气泡。

4. 土壤浸提质量控制要求

（1）称量、加酸环节的要求同土壤酸消解质量控制要求。

（2）溶浸。需要加热溶浸的要控制温度，避免液体暴沸，加热过程中要经常摇动，使其受热均匀，加热蒸发到近干即可，不可蒸干。需要振荡的，要控制振荡时的温度、频次、时间等条件。

（3）定容。将浸提好的样品用中速滤纸过滤，将滤液转移到容量瓶中定容至刻度，最好放置过夜后再上机测定。

（二）颗粒物中重金属分析前处理要求

颗粒物来源广泛，一般情况下颗粒物中的金属含量较低，同时颗粒物采样时需要用到滤膜或滤筒，因此增加了前处理环节的复杂程度。

1. 颗粒物酸消解质量控制要求

（1）称量、消解、定容环节的要求同土壤酸消解质量控制要求。

（2）加酸。先将称量好的滤纸或滤筒样品用特氟龙材质的剪刀剪碎放于消解容器中，剪碎过程中避免样品流失，然后用几滴水润湿样品，按照方法要求的量及顺序依次加入各种酸，酸加入顺序不可颠倒，每加完一种酸要适当摇匀。

2. 颗粒物碱熔质量控制要求

（1）称量。要求同土壤酸消解质量控制要求。

（2）灰化。将称量好的滤纸或滤筒样品用特氟龙材质的剪刀剪碎放于坩埚中，剪碎过程中避免样品流失。按方法要求置于马弗炉中，按规定的升温程序及保持时间进行灰化。

（3）加碱。在灰化好的坩埚内加入碱熔剂，用玻璃棒轻轻搅拌样品，使之与碱熔剂混合均匀，最后再覆盖一层碱熔剂。

（4）熔融。按升温程序要求缓慢升温，到达指定温度后维持足够长的时间，使样品与碱熔剂熔融成一个整体，熔融体内没有气泡及不熔物。降温时也要缓慢，避免骤冷导致坩埚开裂。

（5）定容。待熔块降温到 60～80℃ 时，按方法要求将熔块溶解并转移定容，最好放置过夜后再上机测定。

3. 颗粒物浸提质量控制要求

（1）称量、消解、定容环节的要求同土壤酸消解质量控制要求。

（2）加酸。先将称量好的滤纸或滤筒样品用特氟龙材质的剪刀剪碎放于消解容器中，剪碎过程中避免样品流失，然后用几滴水润湿样品，按照方法要求的量及顺序依次加入各种酸，酸加入顺序不可颠倒，每加完一种酸要适当摇匀。

（三）沉积物中重金属分析前处理要求

沉积物虽然大部分是地表土壤因水土流失冲积在水体中而形成，结构性质与土壤相似，但由于长期浸泡在水中，沉积物有机质含量普遍比土壤的高，样品前处理也有其特点。

1. 沉积物酸消解质量控制要求

沉积物的称量、加酸、消解、定容环节的要求与土壤酸消解质量控制要求基本相同，但是消解有机质高的沉积物时，酸的用量与土壤可能不同，而且加完酸后要放置一段时间才能进行消解操作，以免反应过程太激烈致少量样品溅出。

2. 沉积物碱熔质量控制要求

沉积物的称量、加碱、熔融、定容环节的要求与土壤碱熔质量控制要求基本相同，但是在处理有机质含量高的沉积物样品时，碱熔升温过程要缓慢，持续时间要加长，以免反应过程太激烈致少量样品溅出。

3. 沉积物压片/玻璃熔片质量控制要求

沉积物的压片/玻璃熔片的要求同土壤压片/玻璃熔片质量控制要求。

4. 沉积物浸提质量控制要求

沉积物的称量、加酸、溶浸、定容的要求同土壤浸提质量控制要求。

（四）生物中重金属分析前处理要求

生物体中有机物质含量高，样品消解时需要特别注意。生物酸消解时的称量、加酸、定容的要求同土壤酸消解质量控制要求。但是，生物体有机质高，加完酸后需放置一段时间，待反应平稳后再进行消解操作。消解时宜先低温消解，待反应趋于平缓后再升高温度，避免反应过于激烈，造成样品损失。

（五）水中重金属分析前处理要求

测定水中溶解的金属时，样品采集后立即通过 0.45 μm 滤膜过滤，将滤液酸化，按方法要求上机测试。过滤时要弃去最初的滤液。

测定水中金属总量时，要对样品进行消解。消解时移取的水样要准确定量，需准确到 0.01mL，按消解方法要求依次加入相应的酸进行消解，消解过程中要避免溶液暴沸，避免蒸干，待消解完全后用中速滤纸（预先用酸洗涤）过滤，定容，最后按方法要求上机测试。

参 考 文 献

李国刚. 2010. 环境监测质量管理工作指南. 北京: 中国环境科学出版社

中国环境监测总站. 1994. 环境水质监测质量保证手册. 北京: 化学工业出版社

GB 17378.6—2007. 海洋监测规范第 6 部分: 生物体分析

HJ/T 166—2004. 土壤监测技术规范

第三篇　重金属仪器分析技术

重金属的监测分析技术多采用化学分析法和仪器分析法。以物质的化学反应为基础的分析方法称为化学分析法，它是传统的分析方法，常被称为"经典分析法"。化学分析法主要包括重量分析法和滴定分析法，以及试样的处理和一些分离、富集、掩蔽等化学手段。化学分析法是分析化学科学重要的分支，随着技术的发展和进步，仪器分析法逐步得到应用和推广。仪器分析就是利用能直接或间接地表征物质的各种特性（如物理性质、化学性质、生理性质等）的实验现象，通过探头或传感器、放大器、分析转化器等转变成人可直接感受的已认识的关于物质成分、含量、分布或结构等信息的分析方法。也就是说，仪器分析是利用各种学科的基本原理，采用电学、光学、精密仪器制造、真空、计算机等先进技术探知物质化学特性的分析方法。因此仪器分析是体现学科交叉、科学与技术高度结合的一个综合性极强的科技分支。这类方法通常是通过测量光、电、磁、声、热等物理量而得到分析结果，而测量这些物理量，一般要使用比较复杂或特殊的仪器设备，故称为仪器分析。仪器分析除了可用于定性和定量分析外，还可用于结构、价态、状态分析，微区和薄层分析，微量及超痕量分析等，是分析化学发展的方向。

由于仪器分析法具有灵敏度高、检出限低、选择性好、操作简单、分析速度快、容易实现自动化等优点，目前环境介质中重金属的监测优先选用仪器分析法，包括紫外-可见分光光度法、原子吸收分光光度法、冷原子吸收法、原子荧光光谱法、X射线荧光光谱法、电感耦合等离子体光谱法、电感耦合等离子体质谱法等。

第九章　单元素分析仪器概述

第一节　紫外-可见分光光度法

一、概述

紫外-可见分光光度法（ultraviolet-visible spectrophotometry）又称紫外-可见分子吸收光谱法（ultraviolet-visible molecular absorption spectrometry，UV-Vis）。它是研究分子吸收 190～750 nm 波长范围内的吸收光谱。紫外-可见吸收光谱主要产生于分子价电子在电子能级间的跃迁，是研究物质电子光谱的分子方法。通过测定分子对紫外-可见光的吸收，可以用于鉴定和定量测定大量的无机化合物和有机化合物。在化学和临床实验室所采用的定量分析技术中，紫外-可见分光光度法是应用最广泛的方法之一。

二、工作原理

当一束强度为 I_0 的单色光垂直照射某物质的溶液后，由于一部分光被体系吸收，因此透射光的强度降至 I，则根据朗伯-比尔（Lambert-Beer）定律溶液的透光率 T 为

$$A=\varepsilon bc$$

式中，A——吸光度；

　　　b——溶液层厚度，cm；

　　　c——溶液的浓度，g/dm^3；

　　　ε——吸光系数。

其中吸光系数与溶液的本性、温度及波长等因素有关。溶液中其他组分（如溶剂等）对光的吸收可用空白液扣除。

由上式可知，当固定溶液层厚度 b 和吸光系数 ε 时，吸光度 A 与溶液的浓度呈线性关系。在定量分析时，首先需要测定溶液对不同波长光的吸收情况（吸收光谱），从中确定最大吸收波长，然后以此波长的光为光源，测定一系列已知浓度 c 的溶液的吸光度 A，作出 A-c 工作曲线。在分析未知溶液时，根据测量的吸光度 A，查工作曲线即可确定出相应的浓度。这便是分光光度法测量浓度的基本原理。

三、适用元素

紫外-可见分光光度法一般来讲适用于能与生色团络合的过渡金属离子，如铬、汞、铅、砷、镉、锌、铜、铁、锰、银、镍、钒、钴、铍、钛、硼、硒、锡、铝等。大多数无机金属离子本身没有紫外-可见吸收，但不少过渡金属离子与含生色团的试剂反应所生成的络合物及许多水合无机离子，即可产生电荷迁移跃迁或配位场跃迁，产生紫外-可见吸收。故紫外-可见分光光度法测定无机金属离子需加入显色剂与其络合显色，并消除共存离子的干扰。基体复杂的样品，如土壤消解后经常会有色度和浊度的干扰，所以现有的紫外-可见分光光度法测定土壤中的金属元素并不多，常见报道的有铬和砷两个元素。

四、国内外常见仪器

国内的厂家及型号主要有上海分析仪器总厂的 75 和 76 系列、上海棱光的 S51/2/ 3/4、天美科学仪器有限公司 8500、北京普析通用仪器公司 TU2 系列、北京瑞利分析仪器公司 UV1/9100 系列、天津光学仪器厂的 WFZ 系列等。国外的厂家及型号主要有铂金埃尔默（PE）的 Lambda 系列、瓦里安的 Cary 系列，哈希的 DR 系列，贝克曼的 DU 系列，日立的 U3 系列，岛津的 UV 系列、MS、PharmaSpec 及 Bio 系列，安捷伦的 HP 系列，海洋光学的 S 系列、USB2000 及 PC2000 系列，赛默飞的 Genesys 系列等。

五、注意事项

（1）根据配合物的稳定性不同，可以利用控制酸度的方法提高反应的选择性，以保证主反应进行完全。例如，双硫腙能与 Hg^{2+}、Pb^{2+}、Cu^{2+}、Ni^{2+}、Cd^{2+} 等十多种金属离子形成有色配合物，其中与 Hg^{2+} 生成的配合物最稳定，在 $0.5mol/L$ H_2SO_4 介质中仍能定量进行，而上述其他离子在此条件下不发生反应。

（2）使用掩蔽剂消除干扰是常用的有效方法。选取的条件是掩蔽剂不与待测离子作用，掩蔽剂及它与干扰物质形成的配合物的颜色应不干扰待测离子的测定。

（3）可以采用预先分离的方法，如沉淀、萃取、离子交换、蒸发和蒸馏及色谱分离法（包括柱色谱、纸色谱、薄层色谱等）。此外，还可以利用化学计量学方法实现多组分同时测定，以及利用导数光谱法、双波长法等新技术来消除干扰。

（4）拿取吸收池时，手指应拿毛玻璃面的两侧，装盛样品以池体的 2/3～4/5 为宜，使用挥发性溶液时应加盖密封，透光面需用擦镜纸由上而下擦拭干净，检视应无溶剂残留。吸收池放入样品室时应注意方向的一致性。样品测试后用专门的清洗溶剂或蒸馏水冲洗干净，晾干防尘保存。

第二节 原子吸收分光光度法

一、概述

原子吸收光谱法理论实际上正式诞生于 1955 年，澳大利亚物理学家沃尔什（A.Walsh）发表了一篇著名的论文，首先提出了将原子吸收光谱应用于分析化学的观点，并阐述了其分析原理和应用实践。1958 年，第一台商品型火焰原子吸收仪器问世。1959 年，里沃夫（L'vov）提出电热原子化技术，发表了第一篇关于石墨炉原子吸收分析法的论文，大大提高了原子吸收的灵敏度。1961 年，马斯曼对石墨炉装置进行了重大改进，发展了无火焰分析原子吸收分析法，同年，美国铂金埃尔默公司推出了第一台石墨炉原子吸收光谱商品仪器。1990 年，美国铂金埃尔默公司推出了世界上第一台 PE4100 型横向加热石墨炉原子吸收分光光度计。1970 年，北京科学仪器厂生产了我国第一台单光束火焰原子吸收分光光度计。1975 年，北京第二光学仪器厂的 WFD-Y3 型石墨炉原子吸收光谱商品仪器通过鉴定。1998 年，北京普析通用仪器公司生产了我国第一台 TAS-986 型横向加热石墨炉原子吸收分光光度计。2004 年德国耶拿公司在世界上首次推出了 ContrAA 300 型顺序扫描连续光源火焰原子吸收光谱商品仪器。近几年来，随着高光谱分辨能力的中阶梯光栅光谱仪技术和具有多通道检测能力的半导体图像传感器技术的日趋成熟，使用连续光源做原子吸收分光光度计（CS-AAS）的光源已经成为可能，并且它有可能成为未来原子吸收分光光度计的发展方向。

二、工作原理

原子吸收光谱仪或原子吸收分光光度计、原子吸收光谱法、原子吸收分光光度法均简称为 AAS，它是基于蒸气相中待测元素的基态原子对其共振辐射的吸收强度来定量试样中该元素含量的一种仪器分析方法。或者说当空心阴极灯发射的待测元素特征光波通过待测元素的原子蒸气时，待测元素的基态原子蒸气对特征光波产生吸收，未被吸收的部分透射过去。待测元素的浓度越大，光的吸收量也越多，透射光越弱，即入射光强 I_0、透射光 I 与待测元素浓度 c 三者间的关系符合郎伯-比尔定律，因此，将已知浓度的待测元素标准溶液对光的吸收与未知样品对光的吸收进行比较，就可求得未知样品中待测元素的含量。

三、适用元素

原子吸收分光光度法分为火焰原子吸收、石墨炉原子吸收、氢化物原子吸收及冷原子吸收。火焰原子吸收可达 ng/cm 级，石墨炉原子吸收法可达到 $10^{-10} \sim 10^{-14}$ g。原子吸收分光光度法能够测定的元素多达 70 多个，包括铜、铅、锌、镉、铬、铁、锰、镍、钴、铍、钡、钒、锑等。氢化物原子吸收是氢化物发生装置与原子吸收装置联用，可以用于测定砷、锑、硒、汞、锡、铅、镉等易形成氢化物的元素。冷原子吸收主要用于测定汞。

四、国内外常见仪器

目前，中国的原子吸收仪器发展很快，已有重大突破。但高档原子吸收光谱仪与国外还有一定差距。在火焰、石墨炉方面，中国与国外的差距已经很小，特别是在火焰方面，差距更小。国内品牌主要有普析通用、上海精科、北分瑞利、美析等。现主打型号为北京普析通用公司的 TAS-986/990、上海精科公司的 4501、北分瑞利公司的 200/210、美析 AA1800。在石墨炉方面，有北京普析通用公司的 TAS-986/990。国外品牌主要有安捷伦公司、铂金埃尔默公司、耶拿公司和赛默飞公司。现主打型号为美国安捷伦公司的 AA280、AA240FS；铂金埃尔默公司的 AA800；耶拿公司的 ZEEnit700P、contrAA700 连续光源；赛默飞公司的 iCE3000 系列。

五、注意事项

（1）更换元素灯时需要对其位置进行微调，灯电流的设置不能超过元素灯所标识的最大电流值，一般选用厂家推荐工作电流或额定最大工作电流值的 30%～60%。

（2）现在的仪器大多可以自动绘制标准曲线，直接读出浓度值，应注意是否出现稀释或输入信息错误的情况，且一定要注意在标准曲线的线性范围内进行测试。

（3）仪器长时间使用后灵敏度会发生变化，建议每测定 10～20 个样品测定一个标准溶液来进行校正。

（4）若有基体干扰，可采用标准加入法定量，或加入合适的基体改进剂；若有背景吸收，可采用自吸收法或塞曼效应扣除背景吸收。无此条件，可采用邻近吸收线法扣除背景吸收，在测量浓度许可时，也可采用稀释方法减少背景吸收。

第三节　冷原子吸收法

一、概述

冷原子吸收法主要是用于测定汞的一种方法。汞是一种唯一在常温下就可以气化成为单原子状态的元素。在 0~30℃，空气饱和汞蒸气浓度在 2.45~35.6mg/Nm³，可以实现常温原子光谱测定。而传统的原子吸收分光光度计火焰原子化器工作温度为 2100~2400℃，石墨炉原子化器工作温度为 2900~3000℃。1972年 R.A.卡尔等已将此法用来测定海水中汞，至此冷原子吸收法开始得到化学界的重视。冷原子吸收测汞，在我国是在 20 世纪 70 年代末期开始使用，这是环境汞监测划时代的进步。近年来，冷原子吸收法已经广泛用于环境监测、食品、药物检测、医疗等领域。目前，采用冷原子吸收法测定试样中汞主要有两大类方法。

（1）试样消解后用测汞仪测定。即试样经消解处理，使样品中以各种形式存在的汞转化为可溶态汞离子进入溶液，然后用盐酸羟胺还原过剩的氧化剂，用氯化亚锡将汞离子还原成汞原子，用净化空气作载气将汞原子载入冷原子吸收测汞仪的吸收池进行测定。

（2）试样不需要消解直接进测汞仪进行测定（直接测汞法）。即样品通过自动进样器导入仪器中，首先让被测样品在一定温度下与氧气混合加热，通过干燥、分解、氧化被分析样品，使其中各种形态的含汞成分以气态释放出来。接着用载气将上述含汞成分带入恒温于固定温度的催化管，通过催化剂的催化反应把各种形态的含汞成分都转变为气态汞原子。这些气态汞原子随后进入齐化管，与其中的贵金属生成汞齐从而被固定富集在齐化管中。最后通过快速加热齐化管瞬间释放富集的汞原子并用载气快速带入吸收池测定汞含量。

二、工作原理

冷原子吸收法测定汞的工作原理是基于元素汞在室温、不加热的条件下就可挥发成汞蒸气，并对波长 253.7nm 的紫外线具有强烈的吸收作用，在一定的范围内，汞的浓度和吸收值成正比，符合朗伯-比尔定律。

三、适用元素

冷原子吸收只适用于测定汞元素。

四、国内外常见仪器

目前市面上的测汞仪主流产品包括 Leeman Labs 公司的 Hydra AA、Cetac 公司的 M-6000、Mercury instruments 公司的 Aula 254、Milestone 公司的 DMA-80、NIC 公司的 RA3000 系列、LUMEX 公司的 RA915 系列。

五、注意事项

（1）含汞废气需经配套的吸附装置或吸收液无害化处理后才能排放。

（2）对于有机质含量高的样品，必须要考虑有机质对汞测定的干扰。

（3）实验操作时应按规定佩戴防护用具，溶液配制和试样制备等应在通风橱中操作。实验人员应有基本的前处理化学知识和全面安全概念，保证电热板、微波消解等仪器操作过程的可靠性和安全性。

（4）保持室内湿度小于 75%，确保仪器光学系统不结水汽，防止影响仪器工作。

（5）保持稳定的室内温度。温度变化，容易导致仪器灵敏度下降，结果差距变大。

（6）如果在正常状态下仪器灵敏度下降，可能是汞灯老化发黑，或者是光电转化元件老化，可以开机目测检查，及时更换。

（7）不能将消解后仍发热的样品进行分析，否则水汽进入吸收池，会严重影响测定。

（8）按不同消解方式，采用不同的汞还原办法。普通酸性氧化处理的样液，可以采取酸性氯化亚锡还原；处于强络合状态的消解液、有机汞，要用碱性氯化亚锡或碱性抗坏血酸还原，再测定。

（9）由于实验室环境中的苯、甲苯、氨水、丙酮、氮氧化物对波长 253.7 nm 的紫外线有吸收，达到一定浓度时，测汞仪就会有响应。因此，在进行冷原子吸收法测汞时应避免同时使用以上试剂。

（10）玻璃器皿用前要以酸性重铬酸钾仔细冲洗，再以纯水洗净，不用时将玻璃器皿充满纯水，汞蒸气发生瓶每次使用后应该用酸性高锰酸钾（4 体积 H_2SO_4 + 1 体积 50 g/L 的高锰酸钾溶液）洗涤，以氧化可能残留的低浓度的锡离子。

（11）及时更换新的干燥剂，防止水蒸气在光度池壁上冷凝。

第四节　原子荧光光谱法

一、概述

原子荧光光谱法（AFS）是一种痕量分析技术，是原子光谱法中的一个重要分支，是介于原子吸收光谱法（AAS）和原子发射光谱法（AES）之间的光谱分析技术。它是基态原子（一般为蒸气状态）吸收合适的特定频率的辐射而被激发至高能态后，激发态原子在去激发过程中以光辐射形式发射出特征波长的荧光。

1859 年 Kirchhoof 研究太阳光谱时就开始了原子荧光理论的研究，1902 年 Wood 等首先观测到了钠的原子荧光，到 20 世纪 20 年代，研究原子荧光的人日益增多，发现了许多元素的原子荧光。用锂火焰来激发锂原子的荧光由 BOGROS 作过介绍，1912 年 Wood 用汞弧灯辐照汞蒸气观测汞的原子荧光。NiGhols 和 Howes 用火焰原子化器测到了钠、锂、锶、钡和钙的微弱原子荧光信号，Terenin 研究了镉、铊、铅、铋、砷的原子荧光。1934 年 Mitchll 和 Zemansky 对早期原子荧光研究进行了概括性总结。1962 年在第 10 次国际光谱学会议上，阿克玛德（Alkemade）介绍了原子荧光量子效率的测量方法，并预言这一方法可能用于元素分析。1964 年美国佛罗里达州立大学 Winefodner 明确提出火焰原子荧光光谱法可以作为一种化学分析方法，并且导出了原子荧光的基本方程式，进行了汞、锌和镉的原子荧光分析。1969 年，Holak 研究出氢化物气体分离技术并用于原子吸收光谱法测定砷。1971 年 Larkins 用空心阴极灯作光源，并采用火焰原子化器和光电倍增管检测，测定了 Au、Bi、Co、Hg、Mg、Ni 等 20 多种元素。1974 年，Tsujiu 等将原子荧光光谱和氢化物气体分离技术相结合，提出了气体分-非色散原子荧光光谱测定砷的方法。1976 年 Technicon 公司推出了世界上第一台原子荧光光谱仪 AFS-6。20 世纪 70 年代，以西北大学杜文虎、上海冶金研究所、西北有色地质研究院郭小伟等为首的我国科学工作者致力于原子荧光的理论和应用研究。尤其郭小伟致力于氢化物发生（HG）与原子荧光的联用技术研究，取得了杰出成就，成为我国原子荧光商品仪器的奠基人，为原子荧光光谱法首先在我国的普及和推广打下了基础。1983 年郭小伟等研制了双通道原子荧光光谱仪，后将技术转让给北京地质仪器厂，即现在的北京海光仪器有限公司，开创了领先世界水平的有我国自主知识产权分析仪器的先河。

20 世纪 80 年代初，美国 Baird 公司推出了 AFS-2000 型 ICP-AFS 仪器。20 世纪 90 年代，英国 PSA 公司开始生产 HG-AFS。21 世纪初加拿大 AURGRA 开始生产 HG-AFS。

无论是原子荧光仪器的研发，还是分析技术的研究，我国均处于国际领先水平。目前原子荧光光谱分析技术已广泛用于各个领域，如环保、卫生防疫、地质、冶金、食品、质检等。

二、工作原理

试样经预处理后，在酸性介质中加入硼氢化钾溶液，待测元素形成相应的氢化物，由载气（氩气）直接导入石英管原子化器中，进而在氩氢火焰中原子化。基态原子受待测元素空心阴极灯光源的激发，产生原子荧光，通过检测原子荧光的相对强度，利用荧光强度与试样中待测元素的含量成正比的关系，计算样品中相应成分的含量。

三、适用元素

AFS 能够测量的元素比较多，目前用于氢化物原子荧光测定的元素主要限于砷、锑、硒、锡、锗、铅、镉、铋、汞等。汞因为易产生记忆效应，一般选择测汞仪（冷原子吸收法）测量。

AFS 对进样溶液中酸体系的要求比较低，其酸含量可以高达 10%～20%，这是 AFS 分析的一大优势，样品经前处理消解后可以不用进行赶酸处理，具有操作简单、节省时间、降低劳力等优势。

四、国内外常见仪器

目前国内 AFS 主流产品以北京海光和北京吉天两大厂家生产的为首；国外生产 AFS 产品的厂家主要有英国 PSA 公司和加拿大 AURORA 两家。

按进样方式，原子荧光光谱仪可分为蠕动泵（连续流动、流动注射、断续流动、间歇泵）为进样氢化物反应系统的原子荧光光谱仪及顺序注射泵为进样氢化物反应系统的原子荧光光谱仪。

（1）连续流动法。

样品及还原剂均以不同的速度在管中流动并在混合器中混合，产生氢化物。

优点：提供的信号是连续信号。

缺点：严重浪费样品和还原剂。

（2）流动注射法。

与连续流动法类似，样品是通过采样阀进行"采样"、"注射"切换，并间隔输送到反应器中，因而所得的信号为峰状信号。

优点：定量进样，相对连续流动节省试剂；分析速度快。

缺点：结构复杂；国产电磁阀容易漏液；容易产生交叉污染引发记忆效应。

（3）断续流动法。

是介于前两种方法之间的一种进样模式，利用计算机控制蠕动泵的转速和时间，定时定量采样进行测定。

优点：定量进样，节省试剂；记忆效应小。

缺点：泵管易老化损坏造成进样精度差，有脉动效应，氢化物会有损失。

（4）间歇泵法。

在断续流动法的基础上采用间歇排液的方式减少氢化物的损失。

（5）顺序注射法。

采用柱塞泵代替蠕动泵。

优点：克服蠕动泵的缺陷，消除了气泡对反应的影响，丰富了仪器的功能，提高了仪器的性能。

缺点：仪器成本较高，测量速度较慢。

五、注意事项

（1）不能进高浓度的样品，否则会污染进样系统。对于未知样品，建议先稀释 50～100 倍再进样测试，然后根据稀释后的荧光值调整稀释度。

（2）酸的纯度、器皿清洁度、环境（主要是汞污染）、管路残留等均可能影响测定。

（3）砷和锑可同时测定；测定砷和锑的关键是将 As（V）、Sb（V）还原为 As（III）、Sb（III），常用各 50 g/L 硫脲和抗坏血酸作还原剂，可在 2%～30%的盐酸、硫酸、硝酸和王水介质中测定。由于在低酸度时锑易水解，应在测定溶液过程中保持 10～20 g/L 酒石酸浓度，防止因锑水解造成的测定结果偏低。

（4）铋和汞可以在同一体系中同时测定；铋含量超过汞含量 250 倍时，铋对汞的测定结果产生正干扰。应该对测定结果进行校正。

（5）硒和碲可以在同一体系中同时测定。测定硒和碲均需要把 Se（VI）和 Te（VI）还原为 Se（IV）和 Te（IV），最佳还原剂是 6～8 mol/L 盐酸。高酸度（4～5 mol/L 盐酸）和铁盐（200 mg Fe^{3+}/L）可消除部分过渡金属的干扰；如果使用硫酸，必须进行除硒处理。

（6）对于汞的测定，可以采用大灯电流预热，预热时间不低于 30 min，然后采用小灯电流测定；硼氢化钾溶液浓度越低，测汞灵敏度越高，同时还可大大降低各种干扰，但不能低于 0.01%。有些汞空心阴极灯稳定性较差，基线变化大，应随时校正空白。

（7）对于硒的测定，Se（VI）完全不与硼氢化钾反应，故测总 Se 时应将消解好的样品用 10%～20%的盐酸将 Se（VI）还原成 Se（IV）。

参 考 文 献

郭明才，陈金东，李蔚，等. 2012. 原子吸收光谱分析应用指南. 青岛：中国海洋大学出版社

倪一，黄梅珍. 2004. 紫外可见分光光度计的发展与现状. 现代科学仪器，3: 3-7

齐文启，孙宗光，石金宝，等. 2006. 环境监测实用技术. 北京：中国环境科学出版社

武汉大学化学系. 2001. 仪器分析. 1 版. 北京：高等教育出版社

中国环境监测总站. 1992. 土壤元素的近代分析方法. 1 版. 北京：中国环境科学出版社

第十章 多元素分析仪器概述

第一节 X射线荧光光谱法

一、概述

X射线荧光光谱（XRF）是一种确定各种材料化学组成的分析技术。X射线荧光光谱分析具有样品前处理简单、分析速度快、重现性好和无损测定的优点，应用范围广泛，包括材料、冶金、地质、生物、环境监测等领域，是样品多元素同时测定的有效途径之一。

自1895年伦琴（W.C.Roentgen）发现X射线之后不久，莫塞莱（H.G.J.M bseley）于1913年建立了X射线光谱分析法，为X射线荧光光谱分析奠定了理论基础。20世纪50年代，随着电子技术、计数技术和高真空技术的进步，X射线荧光光谱新技术得到发展，60年代初发明半导体探测器后，对X荧光进行能谱分析成为可能，随后，X射线荧光光谱分析广泛用于生产和许多学科领域。70年代以来，由于计算机技术突飞猛进的发展，为X射线光谱分析提供了强有力的工具，仪器、分析技术和应用软件也得到全面发展。其分析精度、灵敏度和准确度进一步提高，所需标样数也逐渐减少，可分析的元素范围越来越广，检出限越来越低。因此，商品X射线荧光光谱的发展相当迅猛，很多仪器公司都相应地开发出不同型号的X射线荧光仪。

当能量高于原子内层电子结合能的高能X射线与原子发生碰撞时，驱逐一个内层电子而出现一个空穴，使整个原子体系处于不稳定的激发态，激发态原子寿命为 $10^{-12} \sim 10^{-14}$s，然后自发地由能量高的状态跃迁到能量低的状态，这个过程称为驰豫过程。驰豫过程既可以是非辐射跃迁，也可以是辐射跃迁。当较外层的电子跃迁到空穴时，所释放的能量随即在原子内部被吸收而逐出较外层的另一个次级光电子，此称为俄歇效应，亦称次级光电效应或无辐射效应，所逐出的次级光电子称为俄歇电子。它的能量是特征的，与入射辐射的能量无关。当较外层的电子跃入内层空穴所释放的能量不在原子内被吸收，而是以辐射形式放出，便产生X射线荧光，其能量等于两能级之间的能量差。因此，X射线荧光的能量或波长是特征性的，与元素有一一对应的关系。图10-1给出了X射线荧光和俄歇电子产生过程示意图。K层电子被逐出后，其空穴可以被外层中任一电子所填充，从而可产生一系列的谱线，称为 K 系谱线：由 L 层跃迁到 K 层辐射的 X 射线称为 K_α 射线，由 M 层跃迁到 K 层辐射的 X 射线称为 K_β 射线。同样，L 层电子被逐出可以产生 L 系辐射（图 10-2）。

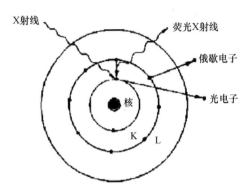

图 10-1　荧光 X 射线及俄歇电子产生过程示意图

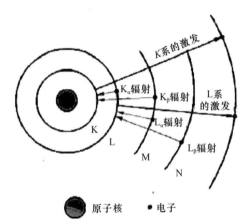

图 10-2　产生 K 系和 L 系辐射示意图

如果入射的 X 射线使某元素的 K 层电子激发成光电子后 L 层电子跃迁到 K 层，此时就有能量 ΔE 释放出来，且 $\Delta E = E_K - E_L$，这个能量以 X 射线形式释放，产生的就是 K_α 射线，同样还可以产生 K_β 射线、L 系射线等。莫塞莱发现，荧光 X 射线的波长 λ 与元素的原子序数 Z 有关，其数学关系为 $\lambda = K(Z-S)^{-2}$，这就是莫塞莱定律，式中 K 和 S 是常数。

而根据量子理论，X 射线可以看成由一种量子或光子组成的粒子流，每个光子具有的能量为

$$E = h\nu = h\,C/\lambda$$

式中，E——X 射线光子的能量，keV；

　　　h——普朗克常量；

ν——光波的频率；

C——光速。

因此，只要测出荧光 X 射线的波长或者能量，就可以知道元素的种类，这就是荧光 X 射线定性分析的基础。此外，荧光 X 射线的强度与相应元素的含量有一定的关系，据此，可以进行元素定量分析。

X 射线荧光光谱仪的工作原理就是用 X 射线照射试样时，试样可以被激发出各种波长的荧光 X 射线，波长色散型荧光光谱仪（WD-XRF）是由分光晶体将荧光光束色散后，测定各种元素的含量。而能量色散型 X 射线荧光光谱仪是借助高分辨率敏感半导体检测器与多道分析器将未色散的 X 射线按光子能量分离 X 射线光谱线，根据各元素能量的高低来测定各元素的量。由于原理不同，故仪器结构也不同，见图 10-3 和图 10-4。

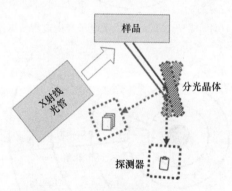

图 10-3　波长色散型荧光光谱仪

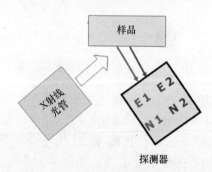

图 10-4　能量色散型荧光光谱仪

波长色散型荧光光谱仪，一般由光源（X 射线管）、样品室、分光晶体和检测系统等组成。为了准确测量衍射光束与入射光束的夹角，分光晶体系安装在一个精密的测角仪上，还需要一庞大而精密并复杂的机械运动装置。晶体的衍射造成强度的损失，要求作为光源的 X 射线管的功率要大，一般为 2～3 kW·h。但 X 射线管的效率极低，只有 1%的电功率转化为 X 射线辐射功率，大部分电能均转化为热能产生高温，所以 X 射线管需要专门的冷却装置（水冷或油冷），因此波谱仪的价格往往比能谱仪高。能量色散型荧光光谱仪，一般由光源（X 射线管）、样品室和检测系统等组成，与波长色散型荧光光谱仪的区别在于它不用分光晶体。两者比较见表 10-1。

表 10-1　能量色散型和波长色散型荧光光谱仪性能对比

参数	能量色散型荧光光谱仪	波长色散型荧光光谱仪
测定元素范围	Na～U	Be～U
灵敏度	轻元素不理想，重元素较好	轻元素尚可，重元素较好
分辨率	轻元素不理想，重元素较好	对轻、重元素均较好
精密度	好	很好
功率消耗	1～600W	50～4000W
测量方式	同时测量全谱（<500kCPS）	测量单元素谱（<3000kCPS）
读取特征谱强度方式	谱峰面积	峰高
干扰谱线	逃逸峰、和峰	高次线、晶体荧光（可以用 PHA 去除）

总体来说 X 射线荧光光谱分析与其他分析方法相比，具有明显不同的特点。

（1）与原级 X 射线发射法相比，不存在连续光谱，以散射线为主构成的本底强度小，峰底比（谱线与本底强度的比值）和分析灵敏度显著提高。

（2）与光学光谱法相比，X 射线光谱的产生来自原子内层电子的跃迁，所以除轻元素外，X 射线光谱基本上不受化学键的影响，定量分析中的基体吸收和元素间激发（增强）效应较易于校正或克服；同时，元素谱线的波长不随原子序数呈周期性变化，而是服从莫塞莱定律，因而谱线简单，谱线的干扰现象比较少。

（3）制样一般比较简单，适合于多种类型的固态和液态物质的测定，并易于实现分析过程的自动化，由于样品在激发过程中不受破坏，强度测量的再现性好，便于进行无损分析。

由于具有上述特点，X 射线荧光光谱分析法近二三十年来取得了蓬勃发展，目前已广泛地应用于各个生产领域和科研部门，成为一项极重要的分析手段。

二、工作原理

能量色散型 X 射线荧光光谱法原理如下。X 射线管产生的初级 X 射线照射到平整、均匀的样品表面上时，被测元素释放出特征 X 射线荧光直接进入检测器。经电子学系统处理得到不同能量（元素）的 X 射线荧光能谱。采用全谱图拟合或特定峰面积积分的方式获取特征 X 射线荧光强度，其强度大小与试样中该元素的质量分数成正比。

波长色散型 X 射线荧光光谱法原理如下。X 射线管产生的初级 X 射线照射到平整、均匀的样品表面时，被测元素释放出特征 X 射线经晶体分光后，探测器在选择的特征波长相对应 2θ 角处测量 X 射线荧光强度，其强度大小与试样中该元素的质量分数成正比。

三、适用元素

X 射线荧光光谱分析法能够进行多元素同时测定，波长色散型适用于 Be～U 的元素，而能量色散型适用于 Na～U 的元素（图 10-5）。

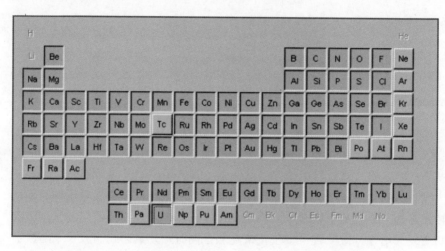

图 10-5　X 射线荧光光谱分析法适用元素图（亮色部分）

四、国内外常见仪器

目前，市面上的 X 射线荧光光谱仪主流产品包括 6 个品牌：中国天瑞、荷兰帕纳科、德国布鲁克、日本理学、美国热电、日本岛津。下面分别对这 6 个品牌的 X 射线荧光光谱仪产品进行介绍。国内品牌天瑞仪器，其中主打型号 EDX1800BSX 荧光光谱仪为能量色散型，WDX400E 为波长色散型。荷兰帕纳科公司拥有波长色散和能量色散两种类型，能量色散为 Epsilon 3 或者 Epsilon 5；波长色散型为 Axios 系列。德国布鲁克公司也拥有波长色散型和能量色散型两种类型，能量色散型为 S2 系列，波长色散型为 S8 系列。日本理学公司主要生产波长色散型，主打型号为 Primus II，是一款上照式仪器。美国热电公司生产波长色散型和能量色散型两种类型，L QUANT'X 型为能量色散 X 射线荧光，ARL PERFORM X 型为波长色散型 X 射线荧光光谱仪。日本岛津公司也生产波长色散型和能量色散型两种类型，

EDX-7000/8000 是岛津公司的能量色散型 X 射线荧光光谱仪，LAB CENTER XRF-1800 型是岛津公司一款波长色散型 X 射线荧光光谱仪。

五、注意事项

（1）X 射线荧光光谱仪从根本上来说是一种相对测量仪器，因此在使用过程中，需要定期对仪器进行维护和校准。

（2）为保证有害元素含量的控制效果，X 射线荧光光谱仪的测量数据应与其他的测量手段结合起来使用。

（3）被测量样品的处理与测量精度的关系如下。从 X 射线荧光光谱分析理论上说，对被测量样品进行必要的处理是必需的；一般来说，样品处理得越好，则测量精度就会越高，测量结果越可靠。在实际使用过程中，应该尽量对被测量样品进行必要的物理处理。

（4）X 射线荧光光谱仪在测量过程中不要突然断电，否则容易出现光管损坏。

（5）不要分析压得不坚实的样品，如有裂纹的压片。如果大块样品掉到了样品室，一定要重视，不能再进行样品分析。

（6）光管头上的铍窗是有毒的，而且比较贵重，一旦铍窗破损，整根光管就会报废，请注意，绝对不能用任何物体碰光管头上的铍窗。如果有样品掉到铍窗上，只能用吸耳球将铍窗上的样品轻轻吹掉，不要用酒精棉擦。

第二节　电感耦合等离子体发射光谱法

一、概述

自 20 世纪 60 年代电感耦合等离子体（ICP）问世以来，由于它具有灵敏度高、稳定性好、基体效应小、线性范围宽及多元素同时测定等优点，以 ICP 为光源的发射光谱仪在分析领域内得到越来越广泛的应用。就 ICP 发射光谱技术硬件的发展史来看大致经历了四个时代。

第一代：以棱镜为分光元件，以感光板为测量器的摄谱仪。

第二代：以固定棱镜或光栅为分光元件，以多个光电倍增管（PMT）为检测器的多道直读 ICP 光谱仪时代。

第三代：以转动平面光栅为分光元件，以单个光电倍增管为检测器的单道扫描 ICP 光谱仪时代。

第四代：以中阶梯光栅+光栅或棱镜构成的二维色散系统为分光系统，以平面固体检测器为检测器的全谱直读 ICP 时代。

从 ICP 技术的发展历程来看，中阶梯光栅系统取代全息光栅，平面固体检测器取代光电倍增管，使得全谱直读型 ICP-AES 的分析性能有了质的飞跃。仪器进样系统的模块化设计也使得仪器的维护更加简单方便。

ICP-AES 分析方法的主要优点如下。①检出限低，许多元素可以达到 1 g/L 的检出限；②测量的动态范围宽，可达 5～6 个数量级；③准确度好；④基体效应小；⑤精密度高；⑥多元素同时测定。这些优点已使得 ICP-AES 成为实验室分析应用的常规分析手段。同时 ICP 的研究和应用得到快速发展，应用范围非常广泛，有钢铁及其合金、有色金属、地质样品和矿石、无机非金属材料、食品和饮料、生物样品的分析。特别是在环境样品中的应用，如水质、煤灰、固废、土壤、水系沉积物等，国内外已经将 ICP-AES 方法作为标准方法进行推荐。ICP-AES 是原子发射光谱的一大发展，也将越来越发挥其无可替代的重要作用。

ICP-AES 仪器分为三个部分：进样系统、等离子体系统、光谱仪及检测器。

（一）进样系统

进样系统主要包括气体控制系统和进样装置系统。目前商品仪器均采用氩气等离子体，使用纯度在 99.9%以上的氩气。氩气由高压氩气钢提供，经过二次减压控制后，一般通过质量、流量控制器分三路供给炬管。第一路是外气流，通常流量为 10～18 L/min；第二路是中间气流，通常流量为 1 L/min；第三路是中心气流，流速小于 1 L/min。进样系统的另一个重要组成部分是雾化器和雾室，它将待测样品溶液以气溶胶的形式导入等离子体。雾化器分为气动雾化器和超声波雾化器两种类型。商品仪器以气动雾化器为标准配置，超声波雾化器为选件。气动雾化器又分为同心型雾化器、交叉型雾化器、高盐分雾化器和高压雾化器等几种类型，以直角交叉型雾化器和玻璃同心雾化器的应用最为普通。

在 ICP 光谱中，对雾化器的要求一般为具有较低的吸出速率（如<1 mL/min）、具有较高的雾化效率、记忆效应小、稳定性好，适于高盐分溶液的雾化并具有较好的抗腐蚀能力。

（二）等离子体系统

等离子体装置是由高频发生器和炬管组成，它是 ICP 光谱仪器的核心部分，其作用是提供分析物蒸发、原子化、激发和电离的能量。高频发生器是能量的提供者，高频电磁场的能量通过线圈耦合至等离子体，维持 ICP 稳定地放电，使分析物的激发态原子（或离子）产生辐射信号。

1. 高频发生器

商品仪器的高频发生器多采用 27.12 MHz 和 40.68 MHz 两种频率，功率在 1.5～2.5 kW。ICP 光谱仪器对高频发生器的要求是功率和频率要稳定。

目前商品仪器配备的高频发生器主要是自激式或他激式两种类型，都是很成熟的设计，均能保证 ICP 放电的稳定。

2. 炬管

在 ICP 仪器中使用的炬管主要是三层同心石英炬管。石英炬管是 ICP 的关键部件，环状结构的等离子体就是通过炬管形成的，它的作用至关重要。炬管将放电的等离子体与负载线圈隔开以防止短路，通过外气流冷却炬管并限制等离子体的大小。炬管的形状及结构参数对 ICP 放电性能及工作气体的耗量影响极大。中间管外径与外管的内径比值称为结构因子，结构因子大的外管可以提高外气流的上升速度，使冷却效果提高并避免产生湍流。中间管采用喇叭形或流线形，结合采用喷嘴式的外气流入口，容易形成稳定的等离子体，内管一般是可卸载的，便于清洗和更换。炬管的尺寸，常规炬管的外管内径是 18 mm，中间管外径为 16~17 mm，内管出口内径为 1.5 mm。经过改进的节省氩气的炬管，总的体积缩小近 1/3，但几个主要参数不变。商品仪器中可以选购防止氢氟酸腐蚀的特殊材料的炬管（主要指中心管）。

ICP 仪器对炬管的要求主要是易点火、等离子体稳定、耗气少、功耗低和具有良好的耦合效率。

（三）光谱仪及检测器

这里所讲的光谱仪是 ICP 仪器装置的组成部分，它是由光学系统和检测器件组成的。光学系统包括外光路和内光路两部分，从 ICP 光源辐射出的待测元素的特征光波达到光谱仪的入射狭缝，这一路程称为外光路；光由入射狭缝经分光系统光栅分光达到出射狭缝，这一路程为内光路。检测器是测量分析信号的器件。ICP 光谱测量的信号是光信号，通常是采用光电倍增管作为检测器，将光的信号转为放大的电信号进行测量。除光电倍增管之外，还可以采用析像管、光敏二极管阵列、光导摄像管。近年来，电荷耦合检测器（CCD）及电荷注入检测器（CID）已得到普遍应用。

1. CID

CID 的感光面积只有 196 mm^2，可以同时检测所有元素的所有谱线。测量时，谱线选择余地宽，可有效地避开干扰，如 P 的测定，当使用 231.6 nm、214.0 nm 时，Cu、Fe 均会产生干扰，而使用 177.8 nm 线时，Ca 又会产生干扰，由于 Cu、Fe、Ca 均为常见元素，因而当测 P 时，上述谱线均不理想。但此时若选用 178.2 nm 线，则 Cu、Fe、Ca 及其他常见元素均无干扰，不需采用任何校正即可获得准确的测量结果。在进行高含量元素测定时，可以选择弱线测定，在日常分析工作中经常遇到要测量 ng/mL 级的痕量元素的情况，同时又要测定

其中几百甚至上千 μg/mL 级的高含量元素的情况，不用稀释样品，同时可有效避开干扰。CID 可拍全谱照片，这一独特的功能可将样品中所有元素的所有谱线全部记录下来，即记录了元素的"指纹"照片，可将其存入硬盘和光盘，待日后再分析。

2. CCD

CCD 具有 888×1272=1120000 个感光点，每次测定可以得到整个 CCD 的三维立体图像，可直接观察干扰情况，并可以通过图像上谱线的位置与强度进行定性和半定量分析。CCD 具有抗溢流特性，利用表面阱中和过剩电荷，有效防止电子溢流。检测器在–30℃下工作，降低了暗电流。

3. SCD

SCD 是分段式电荷耦合检测器，将 13 mm×19 mm 的 CCD 分成 235 个子阵列，每个子阵列有 70～80 个微元，以控制一条相应的谱线或一区段的谱图。

二、工作原理

ICP-AES 利用等离子体激发光源（ICP）使试样蒸发气化，离解或分解为原子状态，原子可进一步电离成离子状态，原子及离子在光源中激发发光。利用分光系统将光源发射的光分解为按波长排列的光谱，之后利用光电器件检测光谱，根据测定得到的光谱波长对试样进行定性分析，按发射光强度进行定量分析。

三、适用元素

ICP-AES 法测定的是样品中的多种元素，它可以进行定性分析、半定量分析和定量分析，现已普遍用于水利、环境、冶金、地质、化学制剂、石油化工、食品等领域的样品分析中。截止到 20 世纪 80 年代初，用 ICP 发射光谱法就已测定过多达 78 种元素，目前除惰性气体不能进行检测和元素周期表右上方的那些电离能高、难以激发的非金属元素如 C、N、O、F、Cl 及元素周期表中碱金属族的 H、Rb 的测定结果不好外，它可以分析元素周期表中的绝大多数元素。

四、国内外常见仪器

ICP-AES 主要为单道扫描型和全谱直读型，另有个别的多道型。目前，全谱直读型 ICP-AES 占据了绝大部分的市场份额。

全谱直读型 ICP-AES 基本采用中阶梯光栅+棱镜二维分光系统。中阶梯光栅系统是采用较低色散的棱镜或其他色散元件作为辅助色散元件，安装在中阶梯光栅的前或后来形成交叉色散，获得二维色散图像。它主要依靠高级次、大衍射角、更大的光栅宽度来获得高分辨率。耶拿借助来源于卡尔蔡司的光学技术优势，设计了独特的分光系统，使得其产品 PQ9000 的光谱分辨率能达到 3pm，达到了相当于发射谱线自然宽度的理想目标，在目前市场上同类产品中是最高分辨率的 ICP-AES。

全谱直读型 ICP-AES 使用的检测器主要是 20 世纪 90 年代早期发展的固态检测器。固态检测器主要指以半导体硅片为基材的光敏元件制成的多元阵列集成电路式的焦平面检测器，包括 CCD、SCD、CID。

国内已经有不少仪器厂家生产 ICP-AES，其中聚光科技、钢研纳克、北京豪威量等公司有少量 ICP-AES 生产和销售。其他厂商，如北京海光、北京瑞利、天瑞仪器、北京华科易通等每年也有小批量销售。聚光科技在 2013 年 5 月正式推出了全谱直读 ICP-AES 新产品 ICP-5000，成为国内首台商品化的全谱直读 ICP-AES。而钢研纳克的 PlasmaCCD、天瑞仪器的 ICP-3000 也在 2013 年正式上市。进口 ICP-AES 中，主要以珀金埃尔默（PE）、赛默飞世尔（Thermo Fisher）、安捷伦（Aglient）三大品牌为主，有耶拿、岛津、利曼、斯派克、澳大利亚 GBC 等多个品牌。进口 ICP-AES 主要是全谱直读型。

五、注意事项

（1）在 ICP-AES 仪器开机前和使用过程中，确保室温固定在 20～25℃，以免光学原件受温度变化影响产生谱线漂移，造成测定数据不稳定。

（2）在 ICP 仪器开机前和使用过程中，确保室内湿度控制在 45%～60%，以免过大的湿度影响高频发射器，容易导致等离子体点不燃，严重时高压击毁元件，损坏高频发射器及电路主板。

（3）在 ICP-AES 仪器开机前和使用过程中，需打开抽风系统，排除工作时产生的有毒气体，避免有毒气体留在室内，对分析人员的健康造成危害。

（4）要经常除尘和防尘，在断开电源的情况下，用干燥洁净的纱布（或小毛刷、吸尘器）将各个部位的积尘清理干净。

（5）ICP-AES 必须使用高纯氩气，纯度要求 99.99%以上，以免造成等离子体点不燃或是等离子体火焰熄灭。

（6）ICP-AES 仪器在运行中，确保气流稳定。注意不要让进样管弯曲太厉害，以免载气流量不稳定造成脉动，影响测定。且在 ICP-AES 仪器运行工作中经常观察减压阀，确保氩气压力在 0.6～0.7MPa。

（7）要定期用稀硝酸、去离子水清洗雾化器和炬管，特别是测定高盐溶液之后，不及时清洗容易造成雾化器堵塞，炬管喷嘴积有的盐分会造成气溶胶通道不正常。

（8）开机测定前，务必事先安排好各项准备工作，切忌短暂的时间间隔里开开停停，避免仪器频繁开启造成损坏。由于仪器每次开机时，瞬时电流大大高于正常工作电流，瞬时的脉冲冲击容易造成功率灯丝断丝、碰线及短路等。

（9）每次运行完成，确保样品溶液、标准溶液远离仪器，减少挥发对仪器的腐蚀。用去离子水清洗进样系统后，排空进样管里的水分，使进样系统保持干燥。

（10）循环冷却水必须用蒸馏水，防止结垢。要定期清洗循环冷却水机的过滤网，抽换循环冷却使用水。

（11）ICP-AES 仪器长时间不使用时，每周必须开机一次，每次至少达到 30min以上。

第三节　　电感耦合等离子体质谱法

一、概述

电感耦合等离子体质谱（ICP-MS）是 20 世纪 80 年代发展起来的新的分析测试技术。它以独特的接口技术将 ICP 的高温（7000K）电离特性与四极杆质谱计的灵敏快速扫描的优点相结合而形成一种新型的元素和同位素分析技术，可分析几乎地球上所有元素。

1975～1983 年美国、英国、加拿大科学家联手合作，共同解决了一系列关键技术问题。①ICP 高温与射频场问题；②高温等离子体与质谱接口问题；③如何降低等离子体对地电位问题。1983 年，加拿大 Sciex 公司和英国 VG 公司同时推出商品仪器 ELAN250 和 VD PlasmaQuad。随后，1988～1989 年英国 VG 公司、NU Instrument 公司、Micromass 公司，德国 Finnigan MAT 公司和日本 JEOL 公司，相继开发出元素分析的高分辨等离子体质谱（HR-ICP-MS）和同位素分析的多接受器等离子体质谱（MC-ICP-MS）。1990 年初 Sciex 公司和英国 VG 公司都推出涡流分子泵的高真空室的新一代仪器。1993 年德国 Finnigan MAT 公司推出 ELEMENT，以后改进为 ELEMENT2。2000 年冬季等离子体光谱化学会议（Winter Conference on Plasma Spectra-chemistry）标志着 ICP-MS 仪器将急剧增长。

近年来，国际上 ICP-MS 生产商推出了多款 ICP-MS，安捷伦（以前的 HP）和日本的 Yokogawa 电气于 1963 年联合创办企业，于 1987 年推出世界上第一台计算机控制的 ICP-MS，1994 年推出世界上第一款台式 ICP-MS HP 4500，2012 年创新性地推出了"耐受更高基体"的 8800 ICP-MS/MS，2014 年 2 月推出 7900ICP-MS，2015 年 6 月又发布了 7800 ICP-MS。

珀金埃尔默于 1983 年推出第一台 ICP-MS Elan 250，之后一直在 Elan 平台上。Elan 也是最早使用 CRC 反应池技术的。2010 年发布 NexION 300 电感耦合等离子体质谱仪，推出通用池技术，结束了碰撞池和反应池的争论，在一台仪器上，同时具有碰撞池和反应池两种技术，并在三锥接口、90°偏转离轴的离子光学降低噪声方面进行了创新。2014 年 5 月，珀金埃尔默发布了其新一代 NexION 350 系列 ICP-MS，2017 年 1 月推出了最新款的 NexION® 2000 ICP-MS。

赛默飞于 1984 年推出第一台商品化 ICP-MS，目前的 ICP-MS 分两种，四极杆的最新型号为 2012 年推出的 iCAP Q，高分辨磁式包括 ELEMENT2、ELEMENT XR 单接收 ICP-MS 及 NEPTUNE Plus 多接收等离子质谱仪。

耶拿的 ICP-MS 发源于 Varian 于 1993 年推出的 ICP-MS，Varian 被安捷伦收购后，ICP-MS 部分给了 Bruker，后耶拿在 2014 年收购布鲁克 ICP-MS 产品线，并于 2015 年 2 月推出 Plasma Quant MS 和 Plasma Quant MS Elite。

德国斯派克分析仪器公司隶属于阿美特克集团公司材料分析仪器部，2010 年推出的 SPECTRO MS，是第一台可同时扫描周期表中几乎所有元素的 ICP-MS。SPECTRO MS 是一种基于 Mattauch-Herzog 设计的双聚焦扇形场质谱仪，它拥有全新的离子光学和首创的检测器技术，是可进行 $^6\mathrm{Li}\sim^{238}\mathrm{U}$ 全质谱范围同时测量的无机质谱仪器。

天瑞仪器在 2012 年推出首台国产 ICP-MS 2000 型号之后，于 2014 年推出带有碰撞反应池的 ICP-MS 2000E。

聚光科技开发出了全球体积最小并可用于车载的 Expec 7000 ICP-MS，采用具有自主知识产权的自激式全固态射频电源技术、两次离轴式离子传输技术、四极杆驱动技术、高速动态碰撞池技术、基于分类和版本的方法管理系统和智能化数据分析技术，填补了国产无机质谱的空白。

钢研纳克于 2015 年 10 月发布了 Plasma MS 300 电感耦合等离子体质谱仪，在国内首次成功开发激光剥蚀进样系统，实现了 ICP-MS 固体直接进样，实现了四极杆、离子传输系统、ICP 源、碰撞反应池系列 ICP-MS 关键技术的国产化。

东西分析在 2013 年收购了澳大利亚 GBC，并获得了其产品 Optimass 9500 电感耦合等离子体直角加速式飞行时间质谱仪。

普析通用也开发出了 ELEXPLORER 样机。

二、工作原理

ICP-MS 是以 ICP 为离子源，以质谱计进行检测的无机多元素分析技术。样品经消解处理后，以水溶液的气溶胶形式引入氩气流中，然后进入由射频能量激发的处于大气压下的氩等离子体中心区，等离子体的高温使样品去溶剂化、气化解离和电离。部分等离子体经过不同的压力区进入真空系统，在真空系统内，正离子被拉出并按照其质荷比分离。检测器将离子转换成电子脉冲，然后由积分测量线路计数。电子脉冲的大小与样品中分析离子的浓度有关。通过与已知的标准或参考物质比较，实现未知样品的痕量元素定量分析。自然界出现的每种元素都有一个简单的或几个同位素，每个特定同位素离子给出的信号与该元素在样品中的浓度呈线性关系。

三、适用元素

ICP-MS 可以分析大部分元素，并可以进行多元素同时测定。

ICP-MS 能够进行多元素同时测定，因此涉及混合标样的配制。配制混合标样时应该遵循元素与元素之间的匹配性及干扰性、各元素的灵敏度及测量范围等原则。对于 ICP-MS 来讲，大多数元素都能一起配制，可以参照国家环境保护部标准样品研究所或其他有资质的单位出售的混标溶液来进行配制。

四、国内外常见仪器

目前，国内外各领域的许多实验室已拥有数千台不同类型的 ICP-MS 仪器，其数量仍将持续上升，国产品牌有天瑞仪器、聚光科技、钢研纳克、普析通用等。进口产品主流品牌包括 Aglient、PE、Thermo Fisher、岛津、布鲁克、耶拿等；目前 ICP-MS 仪器主要分四极杆、扇形磁场和飞行时间质谱仪。这三类仪器都有其各自的特点。在三类仪器中，四极杆 ICP-MS 价格最低，成为一般实验室的常规元素分析技术，目前该仪器主要用于分析方法研究和实际应用。目前串联四极杆质谱仪（除了在碰撞/反应池之后的四极杆质量分析器 Q_2 外，在其前再连接一个四极杆质量分析器 Q_1）正成为四极杆 ICP-MS 发展的趋势，其工作过程为，用 Q_1 剔除待测元素离子和干扰离子之外的基体离子，减轻碰撞/反应池压力以精确剔除干扰离子。飞行时间等离子体质谱仪（ICP-TOFMS）依据离子飞行时间与其质量平方根成正比原理设计制造，与 ICP-MS 相比具有分析速度快、分辨率较高的优点，目前在市场上应用不多。磁质谱仪（ICP-SFMS）工作原理是不同质荷比离子具有不同曲率半径，改变磁场强度可将不同离子聚焦在检测器狭缝上，具有背景噪声非常低、分辨率非常高等优点；ICP-SFMS 又分为 HR-ICP-SFMS 和 MC-ICP-SFMS。 HR-ICP-SFMS 主要用于元素浓度分析，其分辨率为 ICP-MS 的 10～50 倍，在分析复杂基体样品时可以有效去除干扰离子，使测试结果更为准确。与 HR-ICP-SFMS 相比，MC-ICP-SFMS 可以有效消除离子源随时间的波动，使同位素比值测定精密度大大改善，其同位素比值分析精密度 RSD 可达 0.002%，主要用于地质、核科学等领域中的同位素示踪实验、同位素稀释法、同位素比值分析。

五、注意事项

（1）ICP-MS 仪器工作条件要求，确保温度保持在 18～26℃，相对湿度要小于 60%，最好配备一台除湿机。

（2）仪器间跟气体钢瓶室分开，实验室的防尘设施要齐全，走道与仪器间应有过渡房间。

（3）仪器要使用 220V、60A 的专用电源，还要安装好断路保护器。

（4）氩气的纯度要在 99.99%以上，调试仪器时用气量比较大，用三通管使两钢瓶并联使用。

（5）ICP-MS 仪器在运行过程中，分析溶液样品时，同时引入内标溶液，内标溶液的范围在 70%～120%。

（6）前处理过程选择合适的无机酸。对于 ICP-MS 而言，无机酸干扰从小到大的顺序为 $H_2O_2 < HNO_3 < HF$，$HClO_4 < H_3PO_4 < H_2SO_4$。另外，硫酸、磷酸、氢氟酸相对来说对锥口腐蚀较大。

（7）控制合适的进样酸度。一般来说，总酸度控制在 5%以下，2%以下为最佳，少量样品可以超过 10%，磷酸不能超过 1%。

（8）进样溶液中可溶性固体<0.2%。因此针对不同类型的样品，选择合理的稀释倍数。未知样品一般稀释 100～1000 倍。

（9）ICP-MS 仪器点火后，应预热 30min 以上，以防波长漂移；用调谐溶液对仪器的灵敏度、氧化物和双电荷进行调谐，在仪器的灵敏度、氧化物、双电荷满足要求的条件下，调谐溶液中所含元素信号强度的 RSD≤5%。调谐液一般为 1.00μg/L 的 Li、In、Co、U 等混合溶液。

（10）在涵盖待测元素的质量范围内进行质量校正和分辨率校验，如质量校正结果与真实值差别超过±0.1u 或调谐元素信号的分辨率在 10%峰高所对应的峰宽超过 0.6～0.8u 的范围，应依照仪器使用说明书的要求对质谱进行校正。

参 考 文 献

吉昂, 陶光仪, 卓沿军, 等. 2003. X 射线荧光光谱分析. 北京: 科学出版社

刘凤枝, 李玉浸, 万晓红, 等. 2015. 土壤环境分析技术. 北京: 化学工业出版社

楼蔓藤. 2002. X 射线荧光光谱分析法标准化的进展. 岩矿测试, 21(1): 42-48

齐文启, 孙宗光, 石金宝, 等. 2006. 环境监测实用技术. 北京: 中国环境科学出版社

王焕香, 解光武. 2007. X 射线荧光光谱分析法在环境分析中的应用. 化工文摘, 4: 59-60

赵晨. 2007. X 射线荧光光谱仪原理和应用探讨. 理论与研究, 测试技术卷(2): 4-7

Jenkins R, de Vries J. 1972. Practical X-Ray Spectrometry(2nd Edn). London: Macmillan

Tertian R, Claisse F. 1982. Principles of Quantitative X-Ray Fluorescence Analysis. Heyden, Son Ltd

第十一章 重金属实用分析方法

第一节 土壤中重金属实用分析方法

土壤重金属污染，是指人类活动将重金属带入土壤中，致使土壤中重金属元素的含量超过背景值，并可能造成现存的或潜在的土壤质量退化、生态与环境恶化的现象。土壤中重金属的测定方式随着检测技术的进步不断更新，特别是在样品前处理方面。现行常见的测试手段主要有原子吸收、原子荧光、电感耦合等离子体发射光谱和电感耦合等离子体质谱法等。前处理方式主要有电热板消解、微波消解和水浴消解等。结合实际工作的经验，将在实验中常用的方法一一列出（表 11-1），供环境监测人员参考选择。

表 11-1　土壤中重金属测定的实用分析方法

序号	方法名称	消解体系/加热方式	测定元素及检出限/（mg/kg）		备注
1	土壤质量 汞的测定 冷原子吸收分光光度法（直接测汞仪）	直接测定	Hg	0.13	取样量为 0.1 g
2	土壤质量 重金属的测定 原子吸收分光光度法	硝酸-氢氟酸-盐酸-高氯酸/电热板；硝酸-氢氟酸-高氯酸/电热板；硝酸-氢氟酸-双氧水/电热板；硝酸-氢氟酸-双氧水/微波；硝酸-氢氟酸-盐酸/微波	Pb	1.0（火焰法）；0.1（石墨炉法）	取样量为 0.5 g，消解后定容体积为 50 mL
			Cr	5.0（火焰法）	
			Ni	5.0（火焰法）	
			Cu	1.0（火焰法）	
			Zn	0.5（火焰法）	
			Co	1.5（火焰法）	
			Mn	0.54（火焰法）	
			Cd	1.0（火焰法）；0.01（石墨炉法）	
			V	0.48（石墨炉法）	
			Tl	0.05（石墨炉法）	
3	土壤质量汞、砷、锑、硒、铋的测定 原子荧光分光光度法	王水/水浴；王水/微波	As	0.01	取样量为 0.5 g，消解后定容体积为 50 mL
			Sb	0.01	
			Se	0.01	
			Bi	0.01	
			Hg	0.002	
4	土壤质量 重金属的测定 电感耦合等离子体发射光谱法	硝酸-氢氟酸/微波	Mn	1.0	取样量为 0.5 g，消解后定容体积为 50 mL
			Ni	2.0	
			V	1.0	

续表

序号	方法名称	消解体系/加热方式	测定元素及检出限/（mg/kg）		备注
4	土壤质量 重金属的测定 电感耦合等离子体发射光谱法	硝酸-氢氟酸/微波	Cu	4.0	取样量为 0.5 g，消解后定容体积为 50 mL
			Zn	0.9	
			Cr	3.0	
			Pb	0.093	
			Cr	0.033	
5	土壤质量 重金属的测定 电感耦合等离子体质谱法	硝酸-氢氟酸-盐酸-高氯酸/电热板；硝酸-氢氟酸-双氧水/微波	As	0.43	取样量为 0.5 g，消解后定容体积为 50 mL
			Ni	0.088	
			Zn	0.16	
			V	0.45	
			Mn	0.049	
			Co	0.0019	
			Tl	0.00026	
			Sb	0.010	
6	土壤中 Zn、Pb、Ni、Cd、Co、Mn、Cr、V、Cu 等重金属有效态测定 1.0mol/L HCl 浸提法	1.0mol/L HCl 浸提	Zn	—	
			Cu	—	
			V	—	
			Cr	—	
			Mn	—	
			Co	—	
			Cd	—	
			Pb	—	
			Ni	—	
7	土壤　8 种有效态元素的测定 二乙烯三胺五乙酸浸提-电感耦合等离子体发射光谱法	二乙烯三胺五乙酸浸提	Zn	0.5	取样量为 10.0g，浸提液体积为 20mL
			Cu	0.005	
			Fe	0.04	
			Mn	0.02	
			Zn	0.04	
			Cd	0.007	
			Co	0.02	
			Ni	0.03	
			Pb	0.05	
8	土壤和沉积物 12 种金属元素的测定 王水提取-电感耦合等离子体质谱法	王水提取	Cd	0.09	取样量为 0.10g，消解后定容体积为 50mL
			Co	0.04	
			Cu	0.6	
			Cr	2	
			Mn	0.7	

序号	方法名称	消解体系/加热方式	测定元素及检出限/（mg/kg）		备注
8	土壤和沉积物12种金属元素的测定 王水提取-电感耦合等离子体质谱法	王水提取	Ni	2	取样量为0.10g，消解后定容体积为50mL
			Pb	2	
			Zn	7	
			V	0.7	
			As	0.6	
			Mo	0.1	
			Sb	0.3	

一、土壤质量 汞的测定 冷原子吸收分光光度法（直接测汞仪）

（一）适用范围

本方法规定了测定土壤中汞的冷原子吸收分光光度法（直接测汞仪）。

本方法适用于土壤中汞的测定。当称取 0.1 g（精确至 0.1 mg）土壤样品进行测量时，本方法的检出限为 0.13 mg/kg，方法测定下限为 0.52 mg/kg。

本方法数据来源于环保部公益性行业专项《重点防控重金属关键先进监测技术适用性研究》（201309050）。

（二）样品的制备

准确称取 0.1g（精确至 0.1mg）磨碎混匀的 100 目的土壤样品置于样品舟（镍舟）中，然后将样品舟放入直接测汞仪中测定。用超纯水代替土壤样品做全程序空白。

（三）分析步骤

1. 仪器工作条件

仪器开机后先预热 0.5 h。设定相应的土壤测定方法。本方法中推荐的仪器条件为干燥温度 300℃、干燥时间 60 s、分解温度 850℃、分解时间 150 s、等待时间 60 s。

2. 汞的校准曲线的绘制

准确移取汞标准使用液 0.00 mL、0.50 mL、1.00 mL、2.00 mL、3.00 mL、5.00 mL 于 100 mL 容量瓶中，用 1%硝酸定容至标线，摇匀，其汞浓度为 0.00μg/L、10.0μg/L、20.0 μg/L、40.0 μg/L、70.0 μg/L 和 100.0 μg/L。按仪器测量条件由低到高浓度顺序，各取 100 μL 该标准序列于样品舟中进行吸光度测定，得到汞的质量分别为 0.00 μg、1.00 μg、2.00 μg、4.00 μg、7.00 μg、10.0 μg。用减去空白的吸光度与相

对应的汞的质量（μg）绘制校准曲线。获得汞的校准曲线方程为 $Y=0.0466X+0.0069$，线性相关系数（r）为 0.9997，满足环境监测要求。

3. 空白试验

用试剂水代替土壤试样做空白试验，采用与试样相同的制备和测定方法，所用试剂量也相同。在测定土壤样品的同时进行空白实验，该空白即为实验室全程序空白。

4. 样品测定

按仪器工作条件，先做空白实验，后将称有土壤样品的样品舟放入测汞仪中直接测定。若样品中待测元素浓度超出校准曲线范围，需减少取样量重新测定。

（四）结果计算

土壤样品中汞的含量 w（mg/kg）按照式（11-1）计算：

$$w = \frac{m_1 - m_0}{m \times (1-f)}$$
（11-1）

式中，w——土壤中汞质量浓度，mg/kg；

$\quad\quad m_1$——由校准曲线查得的试液中汞质量，μg；

$\quad\quad m_0$——由校准曲线查得汞全程序试剂空白的质量，μg；

$\quad\quad m$——称取试样的质量，g；

$\quad\quad f$——试样中水分的含量，%。

（五）精密度和准确度

1. 精密度

3 家实验室对土壤实际样品样 1、样 2 和样 4 进行测定，实验室内 RSD 范围分别为 2.0%～5.7%、1.2%～3.3% 和 1.8%～2.8%；实验室间 RSD 范围分别为 14.5%、12.9% 和 13.3%。重复性限 r 分别为 0.026 mg/kg、0.016 mg/kg 和 0.093 mg/kg；再现性限 R 分别为 0.094 mg/kg、0.088 mg/kg 和 0.122 mg/kg。

2. 准确度

3 家实验室对土壤 GSS-4、GSS-5 和 GSS-9 进行测定，相对误差分别为 –7.7%～5.7%、4.9%～41.0% 和 –4.7%～–3.0%；相对误差的平均值分别为 –0.48%±13.6%、17.0%±41.6% 和 –3.9%±1.72%。

3. 加标回收率

采用直接测汞仪测定土壤中汞，3 家实验室测定实际样品样 1、样 2 和样 4 的加标回收率范围分别为 105%～105.4%、97.1%～99.8% 和 91.2%～97.8%。

二、土壤质量 重金属的测定 原子吸收分光光度法

（一）适用范围

本方法规定了测定土壤中钒、铊、镉、铅的石墨炉原子吸收分光光度法及土壤中铅、铬、镍、铜、锌、钴、锰、镉的火焰原子吸收分光光度法。

火焰原子吸收法测定土壤中铅、铬、镍、铜、锌、钴、锰、镉的检出限及测定下限见表 11-2；石墨炉原子吸收法测定土壤中钒、铊、镉、铅检出限见表 11-3。本方法主要数据来源于"重点防控重金属关键先进监测技术适用性研究"（201309050）。

表 11-2　火焰原子吸收法测定土壤中各金属的检出限及测定下限

序号	元素	检出限/（mg/kg）	测定下限/（mg/kg）
1	铅	1.0	4.0
2	铬	5.0	20
3	镍	5.0	20
4	铜	1.0	4.0
5	锌	0.5	2.0
6	钴	1.5	6.0
7	锰	0.54	2.2
8	镉	1.0	4.0

表 11-3　石墨炉原子吸收法测定土壤中各金属的检出限及测定下限

序号	元素	检出限/（mg/kg）	测定下限/（mg/kg）
1	钒	0.48	1.93
2	铊	0.05	0.23
3	镉	0.01	0.04
4	铅	0.1	0.4

（二）干扰与消除

火焰原子吸收法：可用氘灯背景校正器或 Zeeman 效应背景校正器扣除干扰。

石墨炉原子吸收法：可采用塞曼效应校正法或连续光谱灯背景校正法校正背景。基体比较复杂时，可采用标准加入法和基体改进剂消除基体干扰。

（三）样品前处理

1. 硝酸-氢氟酸-盐酸-高氯酸/电热板消解（钴、锰、铬、镍、铜、锌）

称取 100 目土壤样品干重 0.1～0.5 g，精确至 0.0001 g。置于聚四氟乙烯坩埚内，加 2～3 滴水湿润试样。加 10.0 mL 浓硝酸、2 mL 氢氟酸、2 mL 盐酸和 1.0 mL

高氯酸，180℃加盖消煮约 1 h，揭盖飞硅、赶酸，温度控制在210℃，蒸至溶液呈黏稠状（注意防止烧干）。取下烧杯稍冷，加入 0.5 mL 浓硝酸，温热溶解可溶性残渣，转移至 50.0 mL 比色管中，冷却后用超纯水定容至标线，摇匀。静置过夜，取上清液经适当稀释后再进行测试。

2. 硝酸-氢氟酸-高氯酸/电热板消解（铅、铬、镍、铜、锌、钴）

称取 100 目土壤样品干重 0.1～0.5g，精确至 0.0001 g。置于聚四氟乙烯坩埚内，加2～3 滴水湿润试样。加 10.0 mL 浓硝酸、3 mL 氢氟酸和 2.0 mL 高氯酸，180℃加盖消煮约 1 h，揭盖飞硅、赶酸，温度控制在 210℃，蒸至溶液呈黏稠状（注意防止烧干）。取下烧杯稍冷，加入 0.5 mL 浓硝酸，温热溶解可溶性残渣，转移至 50.0 mL 比色管中，冷却后用超纯水定容至标线，摇匀。静置过夜，取上清液经适当稀释后再进行测试。

3. 硝酸-氢氟酸-双氧水/电热板消解（钒、铊）

称取 100 目土壤样品干重 0.1～0.5 g，精确至 0.0001 g。置于聚四氟乙烯坩埚内，加2～3 滴水湿润试样。只加 15 mL 浓硝酸，170℃加盖消煮约 1 h，揭盖赶酸，温度控制在 180℃，蒸至溶液呈黏稠状（注意防止烧干）。取下烧杯稍冷，加入 0.5 mL 浓硝酸，温热溶解可溶性残渣，转移至 50.0 mL 比色管中，冷却后用超纯水定容至标线，摇匀。静置过夜，取上清液经适当稀释后再进行测试。

4. 硝酸-氢氟酸-双氧水/微波消解（锰、钒、铊、镉）

称取 100 目土壤样品干重 0.1～0.5g，精确至 0.0001 g。置于微波消解罐内，加 5.0 mL 浓硝酸、2.0 mL 氢氟酸和 2.0 mL 双氧水，按照一定消解条件（表 11-4）进行消解，消解完后冷却至室温，将消解液转移至 50 mL 聚四氟乙烯烧杯中电热板加热赶酸，温度控制在 180℃，蒸至溶液呈黏稠状（注意防止烧干）。取下烧杯稍冷，加入 0.5 mL 浓硝酸，温热溶解可溶性残渣，转移至 50.0 mL 比色管中，冷却至室温后用超纯水定容至标线，摇匀。静置过夜，取上清液稀释适当倍数再上机测试。

5. 硝酸-氢氟酸-盐酸/微波消解（铅、铜、锌、镍）

称取 100 目土壤样品干重 0.1～0.5 g，精确至 0.0001 g。置于微波消解罐内，加 5.0 mL 浓硝酸、2.0 mL 氢氟酸和 2.0 mL 盐酸，按照一定消解条件（表 11-4）进行消解，消解完后冷却至室温，将消解液转移至 50 mL 聚四氟乙烯烧杯中电热板加热赶酸，温度控制在 180℃，蒸至溶液呈黏稠状（注意防止烧干）。取下烧杯稍冷，加入 0.5 mL 浓硝酸，温热溶解可溶性残渣，转移至 50.0 mL 比色管中，冷却至室温后用超纯水定容至标线，摇匀。静置过夜，取上清液稀释适当倍数再上机测试。

表 11-4　微波升温程序

步骤	温度/℃	升温时间/min	保持时间/min
1	室温～150	7	3
2	150～180	5	20

（四）分析步骤

1. 仪器工作条件

各实验室仪器型号不尽相同，最佳测定条件也会有所不同，可根据仪器使用说明书调至最佳工作状态。本方法推荐的石墨炉法仪器工作参数如表 11-5 所示、推荐的火焰法仪器工作参数如表 11-6 所示。

表 11-5　石墨炉法仪器工作参数

元素	钒（V）	镉（Cd）	铊（Tl）	铅（Pb）
测定波长/nm	318.4	228.8	276.8	283.3
灯电流/mA	12.5	5.0	10.0	7.5
通带宽度/nm	1.3	0.5	0.5	1.3
干燥温度/℃/时间/s	80～120/20	90～110/30	85～120/45	80～100/5
灰化温度/℃/时间/s	900/10	600/10	250/4	450～500/5
原子化温度/℃/时间/s	2800/5	1200/3	2200/3	2500/5
除残温度/℃/时间/s	2900/3	2450/4	2200/2	2600/3
原子化阶段是否停气	是	是	是	是
氩气流速/（L/min）	3.0	3.0	3.0	3.0
进样量/μL	10	10	10	10
基体改进剂	—	磷酸二氢铵	0.02%硝酸钯+3%抗坏血酸	磷酸二氢铵
基体改进剂/μL	—	5	5	5

表 11-6　火焰法仪器工作参数

元素	铅（Pb）	铬（Cr）	镍（Ni）	铜（Cu）	锌（Zn）	钴（Co）	锰（Mn）	镉（Cd）
测定波长/nm	283.3	357.9	232.0	324.7	213.8	240.7	279.5	228.8
灯电流/mA	8.0	7.0	12.5	4	5	12	7.0	5.0
通带宽度/nm	0.5	0.7	0.2	0.4	0.4	0.2	1.0	0.5
火焰类型	乙炔-空气，氧化型	空气-乙炔，还原型	空气-乙炔，氧化型	乙炔-空气，氧化型	乙炔-空气，氧化型	空气-乙炔，氧化型	乙炔-空气，氧化型	乙炔-空气，氧化型

2. 校准曲线

在容量瓶中配制金属元素标准系列（单标或混标），其标准曲线点如表 11-7 和表 11-8 所示，介质为 1%硝酸。用减去空白的吸光度与相对应金属元素的质量浓度来绘制校准曲线。

表 11-7　重金属元素校准曲线配制浓度（石墨炉原子吸收法）

浓度/（μg/L） 元素	1	2	3	4	5	6
Tl	0	5.0	10.0	15.0	20.0	25.0
Cd	0	0.50	1.00	1.50	2.00	2.50
V	0	25.0	50.0	75.0	100.0	150.0
Pb	0	5.0v	10.0	15.0	20.0	25.0

表 11-8　重金属元素校准曲线配制浓度（火焰原子吸收法）

浓度/（mg/L） 元素	1	2	3	4	5	6
Pb	0	0.50	1.00	2.00	3.00	5.00
Cr	0	0.50	1.00	2.00	3.00	5.00
Ni	0	0.50	1.00	2.00	3.00	5.00
Cu	0	0.250	0.50	1.50	2.50	5.00
Zn	0	0.050	0.10	0.30	0.50	1.00
Co	0	0.050	0.10	0.50	1.00	2.00
Mn	0	0.50	1.00	2.00	3.00	5.00
Cd	0	0.020	0.040	0.060	0.080	0.100

3. 样品测定

按所选工作条件，测定试剂空白和试样的吸光度。由吸光度值在校准曲线上查得对应金属元素含量。如试样在测定前进行了稀释，应将测定结果乘以相应的稀释倍数。

注：石墨炉法在开始测量前需将石墨管空烧 1～2 次，通过测量试剂空白来检测试剂污染情况，石墨管空烧后先不进样品，启动石墨炉程序，检查石墨管中重金属的残留情况。

（五）结果计算

土壤样品中待测金属元素的含量（石墨炉法）w（mg/kg）按照式（11-2）计算：

$$w = \frac{(C_1 - C_0) \times V}{m \times (1 - f) \times 1000} \tag{11-2}$$

式中，w——土壤中待测金属质量浓度，mg/kg；

C_1——由校准曲线查得的试液中待测金属质量浓度，μg/L；

C_0——由校准曲线查得待测金属全程序试剂空白的浓度，μg/L；

V——试液定容的体积，mL；

m——称取试样的质量，g；

f——试样中水分的含量，%。

土壤样品中待测金属元素的含量（火焰法）w（mg/kg）按照式（11-3）计算：

$$w = \frac{(C_1 - C_0) \times V}{m \times (1 - f)} \tag{11-3}$$

式中，w——土壤中待测金属质量浓度，mg/kg；

C_1——由校准曲线查得的试液中待测金属质量浓度，mg/L；

C_0——由校准曲线查得待测金属全程序试剂空白的浓度，mg/L；

V——试液定容的体积，mL；

m——称取试样的质量，g；

f——试样中水分的含量，%。

（六）精密度和准确度

分别采用"样品前处理"部分提到的几种混合酸消解法对原地质矿产部化探分析质量监控站提供的 4 种土壤有证标准标准样品（GSS-9、GSS-16，GSS-4，GSS-5）和 4 种土壤实际样品进行了准确度和精密度的测定（平行 6 次）。测定结果如表 11-9 和表 11-10 所示。

表 11-9　方法的精密度实验结果

序号	消解体系	加热方式	元素	相对标准偏差
1	硝酸-氢氟酸-盐酸-高氯酸	电热板	锰、铬、镍、铜	0.2%～5.3%（锰）、2.4%～3.0%（铬）、5.5%～9.4%（镍）、9.4%（铜）
2	硝酸-氢氟酸-高氯酸	电热板	铅、铬、镍、铜、锌、钴	1.5%～4.9%（铅），1.4%～10.1%（铬），1.8%～10.7%（镍），1.3%～2.3%（铜），1.2%～2.3%（锌），2.9%～14.5%（钒），1.1%～2.7%（钴）
3	硝酸-氢氟酸-双氧水	电热板	钒、铊	3.0%～7.8%（钒）、5.5%～16.6%（铊）
4	硝酸-氢氟酸-双氧水	微波	钒、镉、锰、铊	2.3%～10.1%（钒）、0.6%～4.5%（镉）、1.6%～3.3%（锰）、4.5%～10.0%（铊）
5	硝酸-氢氟酸-盐酸	微波	铅、铜、锌、镍	1.3%～5.4%（铅）、8.3%～10.9%（铜）、0.8%～3.1%（锌）、2.4%～5.7%（镍）

表 11-10　方法的准确度实验结果

序号	消解体系	加热方式	元素	相对误差
1	硝酸-氢氟酸-盐酸-高氯酸	电热板	锰、铬、镍、铜	−13.7%～1.8%（锰）、−4.9%～−1.9%（铬）、−3.6%～−1.7%（镍）、−6.4%～−2.9%（铜）
2	硝酸-氢氟酸-高氯酸	电热板	铅、铬、镍、铜、锌、钒、钴	−26.7%～2.0%（铅），−2.3%～16.0%（铬），−11.4%～−1.6%（镍），1.7%～16.4%（铜），−12.4%～−5.1%（锌），−26.8%～−10.2%（钒），0.4%～7.2%（钴）
3	硝酸-氢氟酸-双氧水	电热板	钒、铊	−22.5%～−0.54%（钒）、−6.4%～5.5%（铊）

续表

序号	消解体系	加热方式	元素	相对误差
4	硝酸-氢氟酸-双氧水	微波	钒、镉、锰、铊	−10.3%～−2.0%（钒）、−15.6%～−8.6%（镉）、−9.4%～−1.8%（锰）、−6.4%～5.5%（铊）
5	硝酸-氢氟酸-盐酸	微波	铅、铜、锌、镍	−14.6%～−0.8%（铅）、1.6%～4.9%（铜）、−6.5%～5.0%（锌）、−12.7%～−5.0%（镍）

分别采用"样品前处理"部分提到的几种混合酸消解法对不同浓度含量的 3 种土壤实际样品按 0～1 倍量添加对应的水标样进行加标回收测定（平行 6 次）。测定结果见表 11-11。

表 11-11　实际样品加标回收率实验结果

序号	消解体系	加热方式	元素	加标回收率
1	硝酸-氢氟酸-盐酸-高氯酸	电热板	锰、铬、镍、铜	96.0%～116%（锰）、88%～94%（铬）、88%～96%（镍）、86%～97%（铜）
2	硝酸-氢氟酸-高氯酸	电热板	铅、铬、镍、铜、锌、钴	90%～100%（铬），90.4%～112（钴）
3	硝酸-氢氟酸-双氧水	电热板	钒、铊	100%～117%（钒）、92%～94%（铊）
4	硝酸-氢氟酸-双氧水	微波	钒、镉、锰、铊	117%～118%（钒）、96.5%～113%（锰）、95%～105%（铊）
5	硝酸-氢氟酸-盐酸	微波	铅、铜、锌、镍	89%～98%（镍）、89%～103%（铜）

三、土壤质量　汞、砷、锑、硒、铋的测定　原子荧光分光光度法

（一）适用范围

本方法规定了测定土壤中砷、锑的原子荧光分光光度法。当样品称样量为 0.5000g，定容体积为 50.0 mL 时，王水水浴-原子荧光光度法测定土壤中汞、砷、锑、硒和铋的方法检出限分别为 0.008mg/kg、0.006 mg/kg、0.012 mg/kg、0.007mg/kg 和 0.01 mg/kg，测定下限分别为 0.032mg/kg、0.024mg/kg、0.048 mg/kg、0.028mg/kg 和 0.04 mg/kg。当样品称样量为 0.5000g，定容体积为 50.0 mL 时，微波-原子荧光光度法测定土壤中砷、锑、硒和铋的方法检出限均为 0.01 mg/kg，测定下限均为 0.04 mg/kg；测定汞的检出限为 0.002mg/kg，测定下限为 0.008mg/kg。

本方法包括水浴消解和微波消解两部分，水浴消解部分的数据来源于"重点防控重金属关键先进监测技术适用性研究"（201309050）和一线工作人员工作实践，微波消解部分的数据来源于标准《土壤和沉积物　汞、砷、硒、铋、锑的测定　微波消解/原子荧光法》（HJ 680—2013）。

（二）样品的制备

1. 水浴消解

称取 100 目土壤样品干重 0.1～0.5 g，精确至 0.0001 g，置于 50 mL 比色管中，

加入 10 mL 王水（1+1），加塞于水浴锅中煮沸 2 h，期间摇动 3～4 次。取下冷却，用超纯水定容至刻度，摇匀静置，取上清液经适当稀释后再进行测试。用超纯水代替土壤样品做全程序空白。

2. 微波消解

称取 100 目土壤样品干重 0.1～0.5 g（样品中元素含量低时，可将样品称取量提高至 1.0 g）。置于溶样杯中，用少量实验用水润湿。 在通风橱中，先加入 6 mL 盐酸，再慢慢加入 2 mL 硝酸，轻轻摇动使样品与消解液充分接触。若有剧烈化学反应，待反应结束后再将溶样杯置于消解罐中密封。消解罐放入保护外壳后，将消解罐装入消解支架，然后放入微波消解仪的炉腔中，确认主控消解罐上的温度传感器及压力传感器均已与系统连接好。可参考表 11-12 推荐的升温程序进行微波消解，消解程序结束后冷却。待罐内温度降至室温后在通风橱中取出，缓慢泄压放气，打开消解罐盖。把玻璃小漏斗插于 50 mL 容量瓶的瓶口，用慢速定量滤纸将消解后溶液过滤、转移入容量瓶中，实验用水洗涤溶样杯及沉淀，将所有洗涤液并入容量瓶中，用实验用水定容至标线，混匀后静置。

表 11-12　微波消解升温程序

步骤	升温时间/min	目标温度/℃	保持时间/min
1	5	100	2
2	5	150	3
3	5	180	25

（三）分析步骤

1. 仪器工作条件

原子荧光光度计开机预热，按照仪器使用说明书设定灯电流、负高压、载气流量、屏蔽气流量等工作参数，推荐参考条件如表 11-13 所示。

表 11-13　仪器测试条件

元素	灯电流/mA	负高压/V	原子化温度/℃	载气流量 /（mL/min）	屏蔽气流量 /（mL/min）	波长/nm
汞	15～40	230～300	200	400	800～1000	253.7
砷	40～80	230～300	200	300～400	400～800	193.7
锑	40～80	230～300	200	300～400	400～700	217.6
硒	40～80	230～300	200	300～400	400～700	196.0
铋	40～80	230～300	200	300～400	400～700	306.8

仪器条件优化原则：对于砷、硒、锑和铋元素，以 1.0μg/L 的标准溶液，能产生 100 左右荧光强度为宜；对于汞元素，0.10μg/L 的标准溶液产生 100 左右荧光强度为宜。对于测定低浓度含量的砷、汞、硒、锑和铋，应适当调高仪器灵敏

度，并采用低浓度校准曲线测量。

2. 校准曲线的制备

砷、汞、硒、锑和铋的校准曲线点及盐酸和硫脲溶液（10%硫脲-2.5%抗坏血酸溶液）的加入量如表 11-14 所示。测定砷、锑的校准曲线在加入盐酸、硫脲溶液后需放置 30min（室温低于 25℃的需加热）后再测定。

表 11-14　校准系列各元素的浓度

元素	校准曲线点 /（μg/L）	加入浓盐酸体积 /mL	加入硫脲溶液体积 /mL	最终定容体积 /mL
汞	0，0.1，0.2，0.5，1.0，2.0	1.0	—	10.0
砷	0，1.0，2.0，5.0，10.0，20.0	1.0	1.0	10.0
锑	0，1.0，2.0，5.0，10.0，20.0	1.0	1.0	10.0
硒	0，0.5，1.0，2.5，5.0，10.0	1.0	—	10.0
铋	0，1.0，2.0，5.0，10.0，20.0	1.0	—	10.0

3. 绘制校准曲线

按照仪器参考条件，以 1%～2%硼氢化钾-0.5%氢氧化钾溶液（测定砷、硒、铋、锑）或 0.1%硼氢化钾-0.05%氢氧化钾溶液（测定汞）为还原剂、5%盐酸为载流，由低浓度到高浓度顺次测定校准系列标准溶液的原子荧光强度。用扣除空白的校准系列的原子荧光强度为纵坐标，溶液中相对应的元素含量（μg/L）为横坐标，绘制校准曲线。

4. 空白试验

用试剂水代替土壤试样做空白试验，采用与试样相同的制备和测定方法，所用试剂量也相同。在测定土壤样品的同时进行空白实验，该空白即为实验室全程序空白。

5. 样品测定

取土壤消解液适量按校准曲线的相同的处理方式和相同的工作条件，对消解样品进行测试。若样品中待测元素浓度超出校准曲线范围，需稀释后重新测定。

对于土壤中汞、硒、铋的测定，一般不用稀释，直接取消解后的上清液测定，需要注意的是：汞、硒、铋校准曲线的酸介质应与消解液保持一致。消解后的样品应在 2～3 天内分析完。

（四）结果计算

土壤样品中待测金属的含量 w（mg/kg）按照式（11-4）计算：

$$w = \frac{(C_1 - C_0) \times V}{m \times (1 - f) \times 1000} \tag{11-4}$$

式中，w——土壤中待测金属质量浓度，mg/kg；

C_1——由校准曲线查得的试液中待测金属质量浓度，μg/L；

C_0——由校准曲线查得待测金属全程序试剂空白的浓度，μg/L；

V——试液定容的体积，mL；

m——称取试样的质量，g；

f——试样中水分的含量，%。

（五）精密度和准确度

1. 精密度

采用水浴消解法测定土壤标准样品及实际样品中砷、汞、硒、锑和铋的 RSD 范围分别为 1.8%～5.7%、3.9%～12.5%、1.0%～5.5%、5.8%～10.4%和 0.8%～6.2%。

采用微波消解法，6 家实验室对汞、砷、硒、铋和锑的标准样品进行测定，实验室内 RSD 分别为汞 1.4%～11.7%、砷 0.7%～8.9%、硒 0.8%～23.1%、铋 1.5%～19.4%、锑 1.8%～11.7%；实验室间 RSD 分别为汞 3.4%～11.2%、砷 3.1%～4.4%、硒 3.9%～9.5%、铋 4.9%～7.6%、锑 3.4%～10.0%。

2. 准确度

采用水浴消解法测定土壤标准样品中砷、汞、硒、锑和铋的相对误差范围分别为–9.2%～4.5%、–3.9%～15.4%、–20.2%～–7.8%、–13.0%～3.4%和–4.7%～7.0%。

采用微波消解法，6 家实验室对汞、砷、硒、铋、锑的标准土壤样品进行测定，相对误差分别为汞–12.5%～12.5%、砷–7.5%～4.7%、硒–25.0%～8.6%、铋–12.7%～8.8%、锑–15.8%～11.1%。

四、土壤质量 重金属的测定 电感耦合等离子体发射光谱法

（一）适用范围

本方法规定了测定土壤中 6 种重金属元素的电感耦合等离子体发射光谱法。

本方法适用于土壤中铜（Cu）、铬（Cr）、镍（Ni）、锌（Zn）、钒（V）、锰（Mn）等金属元素的测定。

当称取 0.5 g（精确至 0.1 mg）试样消解，定容至 50 mL，本方法测定各金属元素的检出限及测定下限见表 11-15。本方法数据来源于"重点防控重金属关键先进监测技术适用性研究"（201309050）。

（二）干扰及消除

1. 光谱干扰

光谱干扰主要包括了连续背景和谱线重叠干扰。目前常用的校正方法是背景

表 11-15　测定元素检出限及测定下限（mg/kg）

元素	水平		垂直	
	检出限	测定下限	检出限	测定下限
Mn	1.00	6.00	0.40	2.00
Ni	0.70	3.00	2.00	6.00
V	1.00	6.00	1.00	5.00
Cu	4.00	16.00	0.60	2.00
Zn	0.90	4.00	0.40	2.00
Cr	3.00	11.00	3.00	12.0

扣除法（根据单元素和混合元素试验确定扣除背景的位置及方式）和干扰系数法，也可以在混合标准溶液中采用基体匹配的方法消除其影响。

2. 非光谱干扰

非光谱干扰主要包括化学干扰、电离干扰、物理干扰及去溶剂干扰等，在实际分析过程中各类干扰很难分开。是否予以补偿和校正，与样品干扰元素的浓度有关。此外，物理干扰一般由样品的黏滞程度及表面张力变化而致，尤其是当样品中含有大量可溶盐或样品酸度过高时，都会对测定产生干扰。消除此类干扰的最简单方法是将样品稀释。但应保证待测元素的含量高于测定下限。

（三）样品的制备

称取 100 目土壤样品干重 0.5 g，精确至 0.0001 g。置于微波消解罐内，加 5.0 mL 浓硝酸、3.0 mL 氢氟酸，按照一定消解条件进行消解，消解完后冷却至室温，将消解液转移至 50 mL 聚四氟乙烯烧杯中电热板加热赶酸，温度控制在 180℃，蒸至溶液呈黏稠状（注意防止烧干）。取下烧杯稍冷，加入 0.5 mL 浓硝酸，温热溶解可溶性残渣，转移至 50.0 mL 比色管中，冷却至室温后用超纯水定容至标线，摇匀。静置过夜，取上清液稀释适当倍数再上机测试。

1. 试样的保存

消解后试样保存于聚乙烯瓶中，保证试样 pH<2。

2. 试剂空白的制备

用超纯水代替试样，采用和试样制备相同的步骤和试剂，制备全程序试剂空白。

（四）分析步骤

1. 仪器调谐及工作条件

点燃等离子体后，仪器需预热稳定 20 min。

各实验室仪器型号不尽相同，最佳测定条件也会有所不同，可根据仪器使用说明书调至最佳工作状态。本方法推荐的仪器工作参数如表 11-16 所示。

表 11-16　ICP-AES 仪器主要工作参数

名称	参数
高频发生器功率/W	1050
辅助气流量/（L/min）	0.20
等离子体气流量/（L/min）	12.0
蠕动泵速/（r/min）	20.0

2. 校准曲线的绘制

在聚四氟乙烯容量瓶中配制各重金属标准系列，其标准曲线点如表 11-17 所示，介质为 1%硝酸。按从低到高的顺序依次测定各金属标准溶液，在仪器工作条件下，标准溶液进入 ICP 后，仪器自动给出各元素的校准方程及线性相关系数，各元素的线性相关系数应大于 0.9990，校准曲线的浓度范围可根据测量需要进行调整。

表 11-17　重金属元素校准曲线配制浓度

浓度/（mg/L）　元素	1	2	3	4	5
Cu、Zn、Mn、Ni、Cr、V	0	0.1	0.5	1.0	5.0

3. 样品测定

分析每个样品前，先用洗涤空白溶液冲洗系统直到信号降至最低（通常约 30 s），待分析信号稳定后（通常约 30 s）才可开始测定样品。若样品中待测元素浓度超出校准曲线范围，需经稀释后重新测定。

（五）结果计算

土壤样品中重金属的含量 w（mg/kg）按照式（11-5）计算：

$$w = \frac{(C_1 - C_0) \times V}{m \times (1 - f)} \tag{11-5}$$

式中，w——土壤中重金属质量浓度，mg/kg；

　　C_1——由校准曲线查得的试液重金属质量浓度，mg/L；

　　C_0——由校准曲线查得重金属全程序试剂空白的浓度，mg/L；

　　V——试液定容的体积，mL；

　　m——称取试样的质量，g；

　　f——试样中水分的含量，%。

（六）精密度和准确度

1. 精密度

实验室内采用硝酸-氢氟酸/微波消解体系分别对原地质矿产部化探分析质量监控站提供的 4 种土壤有证标准标准样品（GSS-9、GSS-16、GSS-4、GSS-5）和 4 种土壤实际样品进行了测定（平行 6 次）。测定结果表明，本方法测定土壤中重金属 RSD 为 Mn（5.3%～0.7%）、Ni（6.4%～14.3%）、V（2.9%～0.9%）、Cu（10.1%～2.9%）、Zn（3.6%～0.6%）、Cr（5.2%～1.2%）。

2. 准确度

实验室内采用硝酸-氢氟酸/微波消解体系分别对原地质矿产部化探分析质量监控站提供的 4 种土壤有证标准样品（GSS-9、GSS-16、GSS-4、GSS-5）进行准确度测定（平行 6 次）。测定结果表明，本方法测定土壤中重金属相对误差为 Mn（–16.5%～6.6%）、Ni（6.8%～4.8%）、V（–14.4%～–3.6%）、Cu（–8.9%～–5.2%）、Zn（10.8%～4.8%）、Cr（–20.9%～–2.8%）。

五、土壤质量 重金属的测定 电感耦合等离子体质谱法

（一）适用范围

本方法规定了测定土壤中 10 种重金属元素的电感耦合等离子体质谱法。

本方法适用于土壤中铅（Pb）、铬（Cr）、砷（As）、镍（Ni）、锌（Zn）、钒（V）、锰（Mn）、钴（Co）、铊（Tl）、锑（Sb）等金属元素的测定。本方法采用在线内标法和稀释法结合消除基体效应。

当取样量为 0.5000 g，定容体积为 50.0 mL 时，采用电热板消解法测定土壤中各金属的检出限为 Pb（0.093 mg/kg）、Cr（0.033 mg/kg）、As（0.43 mg/kg）、Ni（0.088 mg/kg）、Zn（0.14 mg/kg）、V（0.45 mg/kg）、Mn（0.034 mg/kg）、Co（0.0016 mg/kg）、Tl（0.00023mg/kg）、Sb（0.010 mg/kg）；采用微波消解法测定土壤中各金属的检出限为 Pb（0.027 mg/kg）、Cr（0.014 mg/kg）、As（0.052 mg/kg）、Ni（0.012 mg/kg）、Zn（0.16 mg/kg）、V（0.006 mg/kg）、Mn（0.049 mg/kg）、Co（0.0019 mg/kg）、Tl（0.00026 mg/kg）、Sb（0.0094 mg/kg）。

本方法数据来源于"重点防控重金属关键先进监测技术适用性研究"（201309050）。

（二）干扰及消除

1. 质谱型干扰

质谱型干扰不能分辨出相同质量的干扰，包含同量异位素干扰，同量多原

子（分子）干扰，氧化的、双电荷干扰，对这些种类型干扰，可采用选择无干扰同位素、优化仪器调谐条件、采用 EPA method 200.8 中推荐的干扰修正方程（表 11-18）等方法消除，必要时使用屏蔽矩来消除或减小干扰。

表 11-18　测定元素使用的修正方程

元素	修正方程
Pb	$^{208}Pb=^{207}Pb+1\times^{206}Pb+1\times^{209}Pb$
Cr	—
As	$^{75}As=^{75}As-3.127\times[^{77}Se-(0.815\times^{82}Se)]$
Ni	—
Zn	
V	$^{51}V=^{51}V-3.127\times[^{53}Cr-(0.113\times^{52}Cr)]$
Mn	—
Co	—
Tl	—
Sb	$^{123}Sb=^{123}Sb-0.127189\times^{125}Te$

2. 非质谱型干扰

非质谱型干扰即指总固体溶解量过高引起的干扰，应控制水样使可溶性总固体含量不大于 0.1%，重质量元素或易电离元素的干扰，常用方式为稀释样品，选择适当内标元素，最后还可采用标准加入法进行测定。

（三）样品制备

1. 电热板消解

称取 100 目土壤样品干重 0.1～0.5 g，精确至 0.0001 g，置于聚四氟乙烯坩埚内，加 2～3 滴水湿润试样。加 10.0 mL 浓硝酸、2.0 mL 氢氟酸、2 mL 盐酸和 1.0 mL 高氯酸，180℃加盖消煮约 1 h，揭盖飞硅、赶酸，温度控制在 210℃，蒸至溶液呈黏稠状（注意防止烧干）。取下烧杯稍冷，加入 0.5 mL 浓硝酸，温热溶解可溶性残渣，转移至 50.0 mL 比色管中，冷却后用超纯水定容至标线，摇匀。静置过夜，取上清液经适当稀释后再进行测试。

2. 微波消解

称取 100 目土壤样品干重 0.1～0.5 g，精确至 0.0001 g。置于微波消解罐内，加 5.0 mL 浓硝酸、2.0 mL 氢氟酸和 2.0 mL 双氧水，按照一定消解条件进行消解，消解完后冷却至室温，将消解液转移至 50 mL 聚四氟乙烯烧杯中电热板加热赶酸，温度控制在 180℃，蒸至溶液呈黏稠状（注意防止烧干）。取下烧杯稍冷，加入 0.5 mL

浓硝酸，温热溶解可溶性残渣，转移至 50.0 mL 比色管中，冷却至室温后用超纯水定容至标线，摇匀。静置过夜，取上清液稀释适当倍数再上机测试。

（四）分析步骤

1. 仪器调谐及工作条件

点燃等离子体后，仪器需预热稳定 30 min。在此期间，可用质谱仪调谐溶液进行质量校正和分辨率查验。需测定质谱仪调谐溶液至少 4 次以上，并确认所测定的调校溶液中所含元素信号强度的相对标准偏差≤5%。

各实验室仪器型号不尽相同，最佳测定条件也会有所不同，可根据仪器使用说明书调至最佳工作状态。本方法推荐的仪器工作参数如表 11-19 所示。

表 11-19　ICP-MS 仪器工作参数

名称	参数	名称	参数
进样系统	石英雾化器/室	等离子体功率	1372 W
冷却气	13.02 L/min	辅助气	0.8 L/min
雾化气	0.81 L/min	测量模式	跳峰测定
蠕动泵转速	30 r/min	截取锥类型	镍锥
采样锥类型	镍锥	雾化器温度	4℃
采样深度	100 mm	计数模式	脉冲计数
通道数	3	数据采集时间	10 ms
样品测定次数	3	—	—

2. 校准曲线的绘制

在聚四氟乙烯容量瓶中配制各重金属标准系列，其标准曲线点如表 11-20 所示，介质为 1%硝酸。在样品雾化之前通过蠕动泵在线加入 1 μg/L ^{105}Rh 内标溶液，按从低到高的顺序依次测定各金属标准溶液，在仪器工作条件下，标准溶液进入 ICP-MS 后，仪器自动给出各元素的校准方程及线性相关系数，各元素的线性相关系数应大于 0.9990，校准曲线的浓度范围可根据测量需要进行调整。

表 11-20　重金属元素校准曲线配制浓度

元素 ＼ 浓度/（μg/L）	1	2	3	4	5	6
Tl	0	0.1	0.5	1.0	5.0	10.0
Cr、Co、Ni、V、Sb	0	0.5	1.0	5.0	10.0	50.0
Pb、Zn、Mn、As	0	1.0	5.0	10.0	50.0	100.0

3. 样品测定

分析每个样品前，先用洗涤空白溶液冲洗系统直到信号降至最低（通常约30 s），待分析信号稳定后（通常约30 s）才可开始测定样品。样品测定时应在线加入内标溶液，若样品中待测元素浓度超出校准曲线范围，需经稀释后重新测定。

（五）结果计算

土壤样品中重金属的含量 w（mg/kg）按照式（11-6）计算：

$$w = \frac{(C_1 - C_0) \times V}{m \times (1-f) \times 1000} \tag{11-6}$$

式中，w——土壤中重金属质量浓度，mg/kg；

C_1——由校准曲线查得的试液重金属质量浓度，μg/L；

C_0——由校准曲线查得重金属全程序试剂空白的浓度，μg/L；

V——试液定容的体积，mL；

m——称取试样的质量，g；

f——试样中水分的含量，%。

（六）精密度和准确度

1. 精密度

采用电热板和微波 2 种前处理方式分别对原地质矿产部化探分析质量监控站提供的 4 种土壤有证标准物质（GSS-9、GSS-16、GSS-4、GSS-5）和 4 种土壤实际样品进行了测定（平行 6 次）。采用电热板/硝酸-氢氟酸-盐酸-高氯酸消解法测定土壤中重金属的相对标准偏差为 Pb（0.6%～4.2%）、Cr（0.9%～9.0%）、As（2.8%～17.2%）、Ni（1.7%～10.6%）、Zn（1.3%～13.2%）、V（1.4%～9.5%）、Mn（1.1%～10.6%）、Co（1.9%～8.7%）、Tl（1.0%～11.0%）、Sb（1.0%～12.7%）；采用微波/硝酸-氢氟酸-双氧水消解法测定土壤中重金属室间相对标准偏差为 Pb（1.1%～8.3%）、Cr（0.9%～5.1%）、As（1.5%～5.4%）、Ni（0.5%～6.3%）、Zn（1.1%～8.7%）、V（1.3%～6.0%）、Mn（1.9%～6.3%）、Co（1.7%～6.1%）、Tl（0.9%～3.3%）、Sb（1.0%～3.7%）。

2. 准确度

采用电热板和微波 2 种前处理方式分别对原地质矿产部化探分析质量监控站提供的 4 种土壤有证物质（GSS-9、GSS-16、GSS-4、GSS-5）进行准确度测定（平行 6 次）。采用电热板消解法测定土壤中重金属的相对误差为 Pb（-6.8%～-0.2%）、Cr（-2.5%～4.8%）、As（-19.4%～-1.3%）、Ni（-10.0%～5.3%）、Zn（-2.3%～

7.5%）、V（–6.6%～6.1%）、Mn（–3.5%～9.2%）、Co（–10.6%～–1.5%）、Tl（–11.7%～12.1%）、Sb（–6.5%～15.5%）；采用微波消解法测定土壤中重金属室间相对误差为 Pb（–8.9%～–3.2%）、Cr（–4.4%～1.1%）、As（–3.9%～12.8%）、Ni（–1.5%～7.5%）、Zn（–5.7%～10.9%）、V（–8.9%～–2.8%）、Mn（–6.8%～–2.5%）、Co（–8.3%～–0.7%）、Tl（–6.9%～8.7%）、Sb（6.8%～17.4%）。

3. 加标回收率

采用电热板和微波 2 种前处理方式对实际样品按 0.5～3 倍量添加对应的水样进行加标回收测定。测定结果表明，采用电热板/硝酸-氢氟酸-盐酸-高氯酸消解法测定土壤中重金属加标回收率范围为 Pb（81.1%～104%）、Cr（82.2%～100%）、As（73.5%～98.8%）、Ni（88.0%～99.7%）、Zn（73.0%～102%）、V（89.2%～101%）、Mn（74.4%～109%）、Co（88.3%～97.7%）、Tl（86.8%～98.0%）、Sb（88.7%～100%）；采用微波/硝酸-氢氟酸-双氧水消解法测定土壤中重金属加标回收率范围为 Pb（79.3%～103%）、Cr（85.4%～104%）、As（69.3%～85.5%）、Ni（85.6%～105%）、Zn（78.8%～96.5%）、V（84.9%～101%）、Mn（81.0%～106%）、Co（82.6%～99.3%）、Tl（78.7%～94.5%）、Sb（82.6%～105%）。

六、土壤中 9 种重金属有效态测定 1.0mol/L HCl 浸提法

（一）适用范围

本方法规定了用 1mol/L 盐酸溶液作为浸提剂，浸提出土壤中有效态重金属 Zn、Pb、Ni、Cd、Co、Mn、Cr、V、Cu 9 种重金属，并使用 ICP-AES 或 ICP-MS 加以定量测定的方法。

本方法适用于盐酸浸提土壤中 Zn、Pb、Ni、Cd、Co、Mn、Cr、V、Cu 9 种有效态重金属的测定。

本方法数据来源于"重点防控重金属关键先进监测技术适用性研究"（201309050）。

（二）试样的制备

1. 去杂和风干（仅对未风干的新鲜土样）

首先应剔除土壤以外的侵入体，如植物残根、昆虫尸体和砖头石块等，之后将样品平铺在干净的纸上，摊成薄层，于室内阴凉通风处风干，切忌阳光直接曝晒。风干过程中应经常翻动样品，加速其干燥。风干场所应防止酸、碱等气体及灰尘的污染。当土壤达到半干状态时，需及时将大土块捏碎，以免干后结成硬块，不易压碎。

2. 磨细和过筛

用四分法分区适量风干样品，用研钵研磨至样品全部通过 100 目孔径的尼龙筛。过筛后的土样应充分混合均匀，装入玻璃广口瓶、塑料瓶或洁净的土样袋中，备用。

（三）分析步骤

1. 土壤有效态重金属的浸提

称取待测土壤样品 10.00 g 于 250 mL 塑料广口瓶中，加入提取剂 50 mL，水平振荡 14 h，离心后取上清液至 25 mL 比色管中待测(若离心后上清液仍混浊，可用 0.45 μm 微孔滤膜过滤)。上机分析低浓度试样采用 ICP-MS，高浓度试样采用 ICP-AES。

如果测定需要的试液数量较大，则可改变称取试样，但应保证样液比为 1：5，同时保证浸提使用的容器应足够大，确保试样的充分振荡。

2. 空白试液的制备

除不加试样外，试剂用量和操作步骤与 1 相同。

3. ICP-AES 测定试样溶液中重金属的含量

方法工作曲线的绘制，按表 11-21 所示，配制重金属的混合标准溶液系列。吸取一定量的重金属混合标准溶液或标准储备溶液，置于同一组 100 mL 容量瓶中，用 1mol/L 盐酸稀释至刻度，混匀。

表 11-21　等离子体发射光谱法的混合标准溶液系列

序号	Zn、Pb、Ni、Cd、Co、Mn、Cr、V、Cu	
	加入标准溶液体积/mL	相应浓度/（μg/mL）
1	0	0
2	0.50	5.0
3	1.00	10.0
4	2.50	25.0
5	5.00	50.0

注：标准溶液系列的配制可根据试样溶液中待测元素含量高低适当调整。

测定前，根据待测元素性质，参照仪器使用说明书，对波长、射频发生器频率、功率、工作气体流量、观测高度、提升量、积分时间等仪器工作条件进行选择，调整仪器至最佳工作状态。

以 1mol/L 盐酸为标准工作溶液系列的最低标准点，用等离子体发射光谱仪测量混合标准溶液中重金属的强度，经处理各元素的分析数据，得出方法工作曲线。

试液的测定与标准曲线绘制的步骤相同，以 1mol/L 盐酸为低标，标准溶液系列中浓度最高的标准溶液（应尽量接近试样溶液浓度并略高一些）为高标，校准方法工作曲线，然后依次测定空白试液和试样溶液中重金属的浓度。

4. 电感耦合等离子体质谱测定试样溶液中重金属的含量

按照浓度需求，配制重金属的混合标准溶液系列。吸取一定量的重金属混合标准溶液或标准储备溶液，置于同一组 100 mL 容量瓶中，用 1 mol/L 盐酸稀释至刻度，混匀，使得含有重金属浓度分别为 0 μg/L、0.5 μg/L、1.0 μg/L、5.0 μg/L、10.0 μg/L、20.0 μg/L、40.0 μg/L、50.0 μg/L。

测定前，根据待测元素性质、不同型号的仪器最佳工作标准模式、碰撞/反应池模式进行选择，调整仪器至最佳工作状态。进而对仪器进行调谐。

以 1 mol/L 盐酸为标准工作溶液系列的最低标准点，用等离子体质谱仪测量混合标准溶液中重金属的强度，经处理各元素的分析数据，得出方法工作曲线。

试液的测定与方法工作曲线绘制的步骤相同，以 1mol/L 盐酸为低标，标准溶液系列中浓度最高的标准溶液（应尽量接近试样溶液浓度并略高一些）为高标，校准方法工作曲线，然后依次测定空白试液和试样溶液中重金属的浓度。

（四）结果计算

土壤有效态元素含量 w，以质量分数表示，单位为 mg/kg，按式（11-7）计算：

$$w = \frac{(\rho - \rho_0) \cdot V \cdot D}{m} \tag{11-7}$$

式中，ρ——试样溶液中有效态元素的浓度，mg/L；

ρ_0——空白试液中有效态元素的浓度，mg/L；

V——加入的 1mol/L 盐酸体积，mL；

D——试样溶液的稀释倍数；

m——试样的质量，g。

七、土壤 8 种有效态元素的测定　二乙烯三胺五乙酸浸提-电感耦合等离子体发射光谱法

（一）适用范围

本方法规定了二乙烯三胺五乙酸（DTPA）浸提测定土壤中有效态元素的电感耦合等离子体发射光谱法。本方法摘至于标准 HJ 804—2016。

本方法适用于土壤中铜（Cu）、铁（Fe）、锰（Mn）、锌（Zn）、镉（Cd）、钴（Co）、镍（Ni）、铅（Pb）8 种有效态元素的测定。

当取样量为 10.0g，浸提液体积为 20mL 时，本方法的检出限和测定下限见表 11-22。

表 11-22 方法检出限和测定下限（mg/kg）

元素	铜	铁	锰	锌	镉	钴	镍	铅
方法检出限	0.005	0.04	0.02	0.04	0.007	0.02	0.03	0.05
测定下限	0.02	0.16	0.08	0.16	0.028	0.08	0.12	0.2

（二）干扰和消除

1. 光谱干扰

光谱干扰包括谱线重叠干扰和连续背景干扰等。选择合适的分析线可避免光谱线的重叠干扰，表 11-23 为待测元素在建议分析波长下的主要光谱干扰。使用仪器自带的校正软件或干扰系数法来校正光谱干扰，当存在单元素干扰时，可按式（11-8）求得干扰系数。

$$K_t = （Q'-Q）/Q_t \qquad (11-8)$$

式中，K_t——干扰系数；

Q'——干扰元素加分析元素的质量浓度，μg/L；

Q——分析元素的质量浓度，μg/L；

Q_t——干扰元素的质量浓度，μg/L。

表 11-23 待测元素的主要光谱干扰

待测元素	波长/nm	干扰元素	待测元素	波长/nm	干扰元素
Cu	324.75	Fe、Al、Ti	Cd	228.80	As
Mn	257.61	Fe、Mg、Al	Co	228.62	Ti
Zn	213.86	Ni、Cu	Ni	231.60	Co
Cd	214.44	Fe	Pb	220.35	Al
	226.50	Fe			

通过配制一系列已知干扰元素含量的溶液在分析元素波长的位置测定其 Q'，根据式（11-8）求出 K_t，然后进行人工扣除或计算机自动扣除。

连续背景干扰一般用仪器自带的扣除背景的方法消除。

2. 非光谱干扰

非光谱干扰主要包括化学干扰、电离干扰、物理干扰及去溶剂干扰等，其干扰程度与样品基体性质有关。消除或降低此类干扰的有效方法是稀释法或基体匹配法（即除目标物外，使用的标准溶液的组分与试样溶液一致）。

（三）样品制备

按照《土壤环境监测技术规范》（HJ/T 166—2004）的要求，将采集的样品在实验室进行风干、粗磨、细磨至过孔径 2.0mm（10 目）尼龙筛。

称取 10.0g（准确至 0.01g）样品，置于 100mL 三角瓶中。加入 20mL 浸提液，将瓶塞盖紧。在 20℃±2℃下，以 160～200 r/min 的振荡频率振荡 2h。将浸提液缓慢倒入离心管中，离心 10min，上清液经中速定量滤纸重力过滤后于 48h 内进行测定。

如果测定需要的浸提液体积较大，可适当增加取样量，但应保证样品和浸提液比为 1∶2（*m/v*），同时应使用体积匹配的浸提容器，以确保样品的充分振荡。

按照《土壤 干物质和水分的测定 重量法》（HJ 613—2011）测定土壤样品的干物质含量。

（四）分析步骤

1. 仪器测定参考条件

按照仪器使用说明书优化 RF 功率、雾化器压力、载气流速、冷却气流速等工作参数，测定参考条件见表 11-24。

表 11-24　仪器测定参考条件

元素	检测波长/nm	次检测波长/nm	RF 功率	雾化器压力	载气流速	冷却气流速	测定次数
铜	324.75	327.40					
铁	259.94	238.20					
锰	257.61	293.31					
锌	213.86	202.55					
镉	214.44	226.50	1100W	55psi[①]	1.4L/min	19L/min	3 次
钴	228.62	238.89					
镍	231.60	221.65					
铅	220.35	217.00					

2. 校准曲线

分别移取一定体积的各元素标准溶液置于同一组 100mL 容量瓶中，用浸提液稀释定容至刻度，混匀。制备至少 5 个浓度点的标准系列，标准系列溶液浓度见表 11-25。标准曲线的浓度范围可根据测定实际需要进行调整。将标准系列溶液依次导入雾化器，按优化的仪器参考条件（表 11-24）依次从低浓度到高浓度进行分析。以质量浓度为横坐标，以其对应的响应值为纵坐标建立标准曲线。

3. 试样测定

在试样测定前，先用 2%硝酸溶液冲洗系统直至信号降至最低，待分析信号稳定后方能开始测定。将制备好的样品倒入进样管中，按与标准曲线建立相同的操

---

① 1psi=6894.757 Pa。

表 11-25　标准系列溶液浓度

元素	C_0/（mg/L）	C_1/（mg/L）	C_2/（mg/L）	C_3/（mg/L）	C_4/（mg/L）	C_5/（mg/L）
铜	0.00	0.25	0.50	1.00	2.00	4.00
铁	0.00	5.00	10.0	20.0	40.0	80.0
锰	0.00	2.00	5.00	10.0	20.0	30.0
锌	0.00	0.20	0.50	1.00	2.00	4.00
镉	0.00	0.01	0.02	0.04	0.08	0.12
钴	0.00	0.10	0.20	0.30	0.40	0.50
镍	0.00	0.05	0.25	0.50	0.75	1.00
铅	0.00	0.50	1.00	1.50	2.00	5.00

作步骤进行试样的测定。若样品中待测元素浓度超出校准曲线的范围，需要稀释以后重新测定，稀释倍数为 f。

4. 空白试验

按照与试样测定相同的操作步骤条件测定空白试样。

（五）结果计算

土壤样品中各有效态元素的含量 w（mg/kg），按式（11-9）计算：

$$w = \frac{(\rho - \rho_0) \times V \times f}{m \times W_{dm}} \times 10^{-3} \qquad (11\text{-}9)$$

式中，w——土壤样品中有效态元素的含量，mg/kg；

　　　ρ——由标准曲线查得试液中有效态元素的质量浓度，μg/L；

　　　ρ_0——空白溶液中有效态元素的质量浓度，μg/L；

　　　V——试样的定容体积，mL；

　　　f——试样溶液的稀释倍数；

　　　m——称取土壤样品的质量，g；

　　　W_{dm}——土壤样品干物质含量，%。

（六）精密度和准确度

1. 精密度

6 家实验室分别对 3 个不同含量水平的统一土壤标准样品和 2 个不同浓度的实际土壤样品进行 6 次平行测定。测定结果的精密度见表 11-26。

2. 准确度

6 家实验室分别对 3 个不同含量水平的有证土壤标准样品进行 6 次平行测定，对 2 个不同浓度的实际土壤样品进行 6 次加标回收率测定。测定结果的精密度见表 11-27。

表 11-26 方法的精密度汇总表

名称	样品编号	平均值 / (mg/kg)	实验室内相对标准偏差/%	实验室间相对标准偏差/%	重复性限 r/ (mg/kg)	再现性限 R/ (mg/kg)
铜	标准样品 1	1.18	0.91~2.7	3.7	0.072	0.138
	标准样品 2	1.84	0.47~5.8	6.5	0.138	0.360
	标准样品 3	0.238	2.1~11	9.5	0.050	0.078
	实际样品 1	1.24	0.42~2.4	6.3	0.093	0.234
	实际样品 2	0.283	0.67~6.0	10	0.028	0.083
铁	标准样品 1	53.3	0.45~5.1	7.4	3.50	11.4
	标准样品 2	38.8	0.36~2.8	7.3	1.64	8.05
	标准样品 3	22.5	0.28~5.7	15	1.73	9.38
	实际样品 1	26.9	0.52~2.4	6.8	0.99	5.22
	实际样品 2	79.6	0.67~3.2	3.0	4.39	7.73
锰	标准样品 1	16.7	0.36~4.8	6.9	1.17	3.39
	标准样品 2	22.3	0.57~2.9	5.7	1.01	3.70
	标准样品 3	5.71	0.43~8.0	9.4	0.62	1.60
	实际样品 1	16.9	0.48~5.3	14	1.61	6.76
	实际样品 2	7.92	0.52~2.3	1.8	0.31	0.48
锌	标准样品 1	1.04	1.7~4.6	3.0	0.09	0.12
	标准样品 2	2.24	0.24~6.0	6.3	0.17	0.43
	标准样品 3	0.54	0.51~5.8	8.6	0.05	0.14
	实际样品 1	1.14	0.72~5.7	13	0.11	0.42
	实际样品 2	0.67	1.0~3.7	12	0.05	0.22
镉	标准样品 1	0.040	1.0~4.2	2.1	0.005	0.005
	标准样品 2	0.116	0.92~5.8	2.6	0.012	0.014
	标准样品 3	0.016	3.3~6.8	10	0.003	0.005
	实际样品 1	0.021	2.8~8.7	12	0.004	0.008
	实际样品 2	0.020	2.2~12	17	0.004	0.010
钴	标准样品 1	0.13	1.9~6.4	12	0.02	0.05
	标准样品 2	0.10	1.8~7.3	7.3	0.01	0.02
	标准样品 3	0.08	1.0~8.8	12.2	0.01	0.03
	实际样品 1	0.13	1.4~4.4	15	0.01	0.06
	实际样品 2	0.02	9.1~15	14	0.01	0.01
镍	标准样品 1	0.27	1.5~16	7.4	0.06	0.08
	标准样品 2	0.42	0.36~6.3	3.4	0.04	0.05
	标准样品 3	0.07	1.8~11	8.8	0.01	0.02
	实际样品 1	0.23	1.2~5.2	6.7	0.02	0.05
	实际样品 2	0.06	2.9~6.9	14	0.01	0.03

名称	样品编号	平均值 /（mg/kg）	实验室内相对 标准偏差/%	实验室间相对 标准偏差/%	重复性限 r/（mg/kg）	再现性限 R/（mg/kg）
铅	标准样品1	1.62	0.94～6.2	3.9	0.16	0.23
	标准样品2	1.57	1.6～7.5	5.9	0.20	0.32
	标准样品3	1.52	1.7～14.7	18	0.29	0.79
	实际样品1	1.18	0.70～4.6	8.8	0.11	0.31
	实际样品2	5.25	1.0～5.7	6.7	0.46	1.07

表 11-27 方法的准确度汇总表

名称	样品编号	认定值和不确 定度/（mg/kg）	测定平均值 /（mg/kg）	相对误差范围 /%	相对误差 最终值/%	加标回收率 范围/%	加标回收率 最终值/%
铜	标准样品1	1.17±0.07	1.18	−3.4～7.7	0.93±7.5	—	—
	标准样品2	1.85±0.17	1.84	−9.2～9.2	−0.33±13	—	—
	标准样品3	0.24±0.04	0.238	−15～13	−0.70±19	—	—
	实际样品1	—	1.24	—	—	86.7～113	99.7±21.0
	实际样品2	—	0.283	—	—	85.9～97.9	92.1±8.8
铁	标准样品1	55±7	53.3	−12～6.6	−3.1±14	—	—
	标准样品2	38±5	38.8	−9.7～13	2.1±15	—	—
	标准样品3	23±5	22.5	−18～16	−2.0±29	—	—
	实际样品1	—	26.9	—	—	90.8～114	102±18.0
	实际样品2	—	79.6	—	—	93.9～106	99.9±10.2
锰	标准样品1	17.3±2.5	16.7	−11～4.1	−3.4±13	—	—
	标准样品2	23±3	22.3	−12～1.7	−2.9±11	—	—
	标准样品3	5.7±0.7	5.71	−12～13	0.12±19	—	—
	实际样品1	—	16.9	—	—	90.0～139	106±35.4
	实际样品2	—	7.92	—	—	89.9～105	95.8±10.2
锌	标准样品1	1.08±0.09	1.04	−6.5～0.93	−3.6±5.6	—	—
	标准样品2	2.4±0.3	2.24	−14～3.3	−6.5±12	—	—
	标准样品3	0.53±0.08	0.54	−14～8.3	1.7±18	—	—
	实际样品1	—	1.14	—	—	81.2～112	93.8±21.4
	实际样品2	—	0.67	—	—	83.2～102	94.0±12.8
镉	标准样品1	0.040±0.003	0.040	−2.8～2.5	−0.74±4.0	—	—
	标准样品2	0.12±0.01	0.116	−6.7～0.0	−3.4±5.0	—	—
	标准样品3	0.016±0.004	0.016	−19～12	0.10±21	—	—
	实际样品1	—	0.021	—	—	87.4～102	94.7±11.3
	实际样品2	—	0.020	—	—	92.0～114	99.5±18.0

续表

名称	样品编号	认定值和不确定度/（mg/kg）	测定平均值/（mg/kg）	相对误差范围/%	相对误差最终值/%	加标回收率范围/%	加标回收率最终值/%
钴	标准样品 1	0.13±0.04	0.13	−18～15	1.3±24	—	—
	标准样品 2	0.10±0.03	0.10	−11～10	0.62±15	—	—
	标准样品 3	0.083±0.018	0.08	−20～15	−1.9±24	—	—
	实际样品 1	—	0.13	—	—	83.6～104.8	95.9±15.7
	实际样品 2	—	0.02	—	—	85.6～110.8	98.4±18.6
镍	标准样品 1	0.27±0.03	0.27	−11～7.8	0.98±15	—	—
	标准样品 2	0.43±0.04	0.42	−7.7～0.27	−3.4±6.7	—	—
	标准样品 3	0.072±0.012	0.07	−11～11	1.0±18	—	—
	实际样品 1	—	0.23	—	—	91.3～105	95.5±10.0
	实际样品 2	—	0.06	—	—	89.7～104	95.0±12.9
铅	标准样品 1	1.7±0.2	1.62	−12～−1.2	−4.9±7.5	—	—
	标准样品 2	1.6±0.2	1.57	−12～2.5	−2.0±12	—	—
	标准样品 3	1.5±0.4	1.52	−25～21	1.5±36	—	—
	实际样品 1	—	1.18	—	—	88.8～110	97.1±15.0
	实际样品 2	—	5.25	—	—	90.7～104	95.7±9.54

八、土壤和沉积物 12 种金属元素的测定 王水提取-电感耦合等离子体质谱法

（一）适用范围

本方法规定了测定土壤和沉积物王水提取液中 12 种金属元素的电感耦合等离子体质谱法。本方法摘自标准 HJ 803—2016。

本方法适用于土壤和沉积物中镉（Cd）、钴（Co）、铜（Cu）、铬（Cr）、锰（Mn）、镍（Ni）、铅（Pb）、锌（Zn）、钒（V）、砷（As）、钼（Mo）、锑（Sb）12 种金属元素的测定。若通过验证，本标准也可适用于其他金属元素的测定。

当取样量为 0.10g，消解后定容体积为 50mL 时，本标准的方法检出限和测定下限见表 11-28。

表 11-28 方法检出限和测定下限/（mg/kg）

方法	项目	镉	钴	铜	铬	锰	镍	铅	锌	钒	砷	钼	锑
电热板消解	方法检出限	0.07	0.03	0.5	2	0.7	2	2	7	0.7	0.6	0.1	0.3
	测定下限	0.28	0.12	2.0	8	2.8	8	8	28	2.8	2.4	0.4	1.2
微波消解	方法检出限	0.09	0.04	0.6	2	0.4	1	2	1	0.4	0.4	0.05	0.08
	测定下限	0.36	0.16	2.4	8	1.6	4	8	4	1.6	1.6	0.20	0.32

（二）干扰和消除

1. 质谱干扰

质谱干扰主要包括多原子离子干扰、同量异位素干扰、氧化物和双电荷离子干扰等。

多原子离子干扰是 ICP-MS 最主要的干扰来源，可以利用干扰校正方程、仪器优化及碰撞反应池技术加以解决，常见的多原子离子干扰见表 11-29。同量异位素干扰可以使用干扰校正方程进行校正，或在分析前对样品采用化学分离等方法进行消除，主要的干扰校正方程见表 11-30。氧化物干扰和双电荷干扰可通过调节仪器参数降低影响。

表 11-29　ICP-MS 测定中常见的多原子离子干扰

多原子离子	质量数	受干扰元素	多原子离子	质量数	受干扰元素
$^{14}N^1H^+$	15	—	$^{40}Ar^{81}Br^+$	121	Sb
$^{16}O^1H^+$	17	—	$^{35}Cl^{16}O^+$	51	V
$^{16}O^1H_2^+$	18	—	$^{35}Cl^{16}O^1H^+$	52	Cr
$^{12}C_2^+$	24	Mg	$^{37}Cl^{16}O^+$	53	Cr
$^{12}C^{14}N^+$	26	Mg	$^{37}Cl^{16}O^1H^+$	54	Cr
$^{12}C^{16}O^+$	28	Si	$^{40}Ar^{35}Cl^+$	75	As
$^{14}N_2^+$	28	Si	$^{40}Ar^{37}Cl^+$	77	Se
$^{14}N_2^1H^+$	29	Si	$^{32}S^{16}O^+$	48	Ti
$^{14}N^{16}O^+$	30	Si	$^{32}S^{16}O^1H^+$	49	Ti
$^{14}N^{16}O^1H^+$	31	P	$^{34}S^{16}O^+$	50	V, Cr
$^{16}O_2^1H^+$	32	S	$^{34}S^{16}O^1H^+$	51	V
$^{16}O_2^1H_2^+$	33	S	$^{34}S^{16}O_2^+$, $^{32}S_2^+$	64	Zn
$^{36}Ar^1H^+$	37	Cl	$^{40}Ar^{32}S^+$	72	Ge
$^{38}Ar^1H^+$	39	K	$^{40}Ar^{34}S^+$	74	Ge
$^{40}Ar^1H^+$	41	K	$^{31}P^{16}O^+$	47	Ti
$^{12}C^{16}O_2^+$	44	Ca	$^{31}P^{17}O^1H^+$	49	Ti
$^{12}C^{16}O_2^1H^+$	45	Se	$^{31}P^{16}O_2^+$	63	Cu
$^{40}Ar^{12}C^+$, $^{36}Ar^{16}O^+$	52	Cr	$^{40}Ar^{31}P^+$	71	Ga
$^{40}Ar^{14}N^+$	54	Cr, Fe	$^{40}Ar^{23}Na^+$	63	Cu
$^{40}Ar^{14}N^1H^+$	55	Mn	$^{40}Ar^{39}K^+$	79	Br
$^{40}Ar^{16}O^+$	56	Fe	$^{40}Ar^{40}Ca^+$	80	Se
$^{40}Ar^{16}O^1H^+$	57	Fe	$^{130}Ba^{2+}$	65	Cu
$^{40}Ar^{36}Ar^+$	76	Se	$^{132}Ba^{2+}$	66	Cu
$^{40}Ar^{38}Ar^+$	78	Se	$^{134}Ba^{2+}$	67	Cu
$^{40}Ar_2^+$	80	Se	TiO	62~66	Ni、Cu、Zn

多原子离子	质量数	受干扰元素	多原子离子	质量数	受干扰元素
$^{81}Br\,^1H^+$	82	Se	ZrO	106-112	Ag、Cd
$^{79}Br\,^{16}O^+$	95	Mo	MoO	108-116	Cd
$^{81}Br\,^{16}O^+$	97	Mo	$^{93}Ar\,^{16}O^+$	109	Ag
$^{81}Br\,^{16}O\,^1H^+$	98	Mo			

表 11-30　ICP-MS 测定中常用的干扰校正方程

元素	干扰校正方程
^{51}V	$[51]M\times1-[53]M\times3.127+[52]M\times0.353$
^{75}As	$[75]M\times1-[77]M\times3.127+[82]M\times2.733-[83]M\times2.757$
^{82}Se	$[82]M\times1-[83]M\times1.009$
^{98}Mo	$[98]M\times1-[99]M\times0.146$
^{111}Cd	$[111]M\times1-[108]M\times1.073-[106]M\times0.712$
^{114}Cd	$[114]M\times1-[118]M\times0.027-[108]M\times1.63$
^{115}In	$[115]M\times1-[118]M\times0.016$
^{208}Pb	$[206]M\times1+[207]M\times1+[208]M\times1$

注：1. "M"为通用元素符号。
　　2. 在仪器配备碰撞反应池的条件下，选用碰撞反应池技术消除干扰时，可忽略上述干扰校正方程。

2. 非质谱干扰

非质谱干扰主要包括基体效应、空间电荷效应和物理干扰等。其干扰程度与样品基体性质有关，通常采用稀释样品、内标法、优化仪器条件等措施来消除和降低干扰。

（三）样品制备

按照《土壤环境监测技术规范》（HJ/T 166—2004）和《海洋监测规范　第 5 部分：沉积物分析》（GB 17378.5—2007）的要求，将采集的样品进行风干、粗磨、细磨至过孔径 0.15 mm（100 目）筛。样品的制备过程应避免沾污和待测元素损失。

1. 电热板消解

向 100 mL 锥形瓶中加入 15 mL 王水，加入 3 或 4 粒小玻璃珠，放上回流漏斗，在电热板上加热至微沸，让王水蒸气浸润整个锥形瓶内壁约 30 min，冷却后弃去，用去离子水洗净锥形瓶内壁待用。

称取待测样品 0.1 g（准确到 0.0001 g），置于 100 mL 锥形瓶中，加入 6 mL 王水溶液（1+1），放上回流漏斗，于电热板上加热，保持王水处于微沸状态 2 h（即可见到王水蒸气在瓶壁和回流漏斗上回流，但反应又不能过于剧烈而导致样品溢出）。消解结束后静置冷却至室温，提取液经慢速定量滤纸过滤后收集于 50 mL

容量瓶。待提取液滤尽后，再用少量硝酸溶液清洗回流漏斗、锥形瓶和滤渣至少3 次，洗液一并收集于 50 mL 容量瓶中，去离子水定容至刻度。

2. 微波消解

称取待测样品 0.1 g（准确到 0.0001 g），置于聚四氟乙烯密闭消解罐中，加入6 mL 王水。将消解罐安置于消解罐支架上，放入微波消解仪中，参照仪器说明书中优化功率、升温时间、温度、保持时间等参数。可参考表 11-31 中的消解程序进行消解，消解结束后冷却至室温。打开密闭消解罐，消解液经慢速定量滤纸过滤后收集于 50mL 容量瓶中。待提取液滤尽后，用少量的硝酸溶液（1+1）清洗聚四氟乙烯消解罐的盖子内壁、罐体和滤渣至少 3 次，洗液一并收集于 50mL 容量瓶中，去离子水定容至刻度。

表 11-31　微波消解参考程序

步骤	升温时间/min	目标温度/℃	保持时间/min
1	5	120	2
2	4	150	5
3	5	185	40

试样制备的同时，按照《土壤 干物质和水分的测定 重量法》（HJ 613—2011）测定土壤样品的干物质含量；按照《海洋监测规范 第 5 部分：沉积物分析》（GB 17378.5—2007）测定沉积物样品中的含水率。

（四）分析步骤

1. 仪器调谐

电感耦合等离子体质谱仪开机预热，按照仪器使用说明书进行调谐，使质量轴、分辨率、灵敏度、氧化物干扰和双电荷干扰等参数满足仪器说明书要求；调谐液中所含元素信号强度的相对标准偏差应≤5%。在涵盖待测元素的质量范围内进行质量校正和分辨率校验，如质量校正结果与真实值差值超过±0.1amu 或调谐元素信号的分辨率在 10%峰高处所对应的峰宽超过 0.65～0.8amu 的范围，应依照仪器使用说明书对质谱进行校正。

2. 仪器参考条件

仪器参考条件见表 11-32，推荐使用和同时检测的同位素质量数及对应内标物见表 11-33。

表 11-32　仪器参考条件

功率	雾化器	采样锥和截取锥	载气流速	采样深度	内标加入方式	检测方式
1240W	高盐雾化器	镍	1.10L/min	6.9mm	在线加入内标：锗、铟、铋等多元素混合标准溶液	自动测定 3 次

表 11-33　推荐使用和同时检测的同位素质量数及对应内标物

元素	质量数	内标	元素	质量数	内标
镉	111，114	Rh 或 In	铅	206，207，208	Re 或 Bi
钴	59	Sc 或 Ge	锌	66，67，68	Ge
铜	63，65	Ge	钒	51	Sc 或 Ge
铬	52，53	Sc 或 Ge	砷	75	Ge
锰	55	Sc 或 Ge	钼	95，98	Rh
镍	60，62	Sc 或 Ge	锑	121，123	Rh 或 In

注：有下划线标示的为推荐使用的质量数

3. 标准曲线

分别移取一定体积的各元素标准使用液置于同一组 100mL 容量瓶中，用硝酸溶液（0.5mol/L）稀释至刻度，混匀。以硝酸溶液（0.5mol/L）为标准系列的最低浓度点，制备至少 5 个浓度点的标准系列。内标元素标准使用液可直接加入待测溶液中，也可以通过蠕动泵在线加入。内标应选择样品中不含有的元素，或浓度远大于试样本身含量的元素。标准系列溶液浓度见表 11-34。标准曲线的浓度范围可根据测定实际需要进行调整。将标准系列溶液依次导入雾化器，按优化的仪器参考条件依次从低浓度到高浓度进行分析。以质量浓度为横坐标，以其对应的响应值为纵坐标建立标准曲线。

表 11-34　标准系列溶液浓度

元素	C_0/（μg/L）	C_1/（μg/L）	C_2/（μg/L）	C_3/（μg/L）	C_4/（μg/L）	C_5/（μg/L）
镉	0.00	0.200	0.400	0.600	0.800	1.00
钴	0.00	10.0	20.0	40.0	60.0	80
铜	0.00	25.0	50.0	75.0	100	150
铬	0.00	25.0	50.0	100	150	200
锰	0.00	200	400	600	800	1000
镍	0.00	10.0	20.0	50.0	80.0	100
铅	0.00	20.0	40.0	60.0	80.0	100
锌	0.00	20.0	40.0	80.0	160	320
钒	0.00	20.0	40.0	80.0	160	320
砷	0.00	10.0	20.0	30.0	40.0	50.0
钼	0.00	1.00	2.00	3.00	4.00	5.00
锑	0.00	1.00	2.00	3.00	4.00	5.00

4. 测定

在试样测定前，先用 2%硝酸溶液冲洗系统直至信号降至最低，待分析信号稳定后方能开始测定。按与标准曲线建立相同的操作步骤进行试样的测定。若试样中待测元素浓度超出标准曲线的范围，需要稀释以后重新测定，稀释倍数为 f。

5. 空白试验

按照与试样相同的测定条件测定空白试样。

（五）结果计算

土壤样品中各金属元素的含量 w（mg/kg）按式（11-10）计算：

$$w = \frac{(\rho - \rho_0) \times v \times f}{m \times W_{dm}} \times 10^{-3} \qquad (11\text{-}10)$$

式中，w——土壤中金属元素的含量，mg/kg；

ρ——由标准曲线查得试样中金属元素的质量浓度，µg/L；

ρ_0——空白试样中该金属元素的质量浓度，µg/L；

V——试样的定容体积，mL；

f——试样溶液的稀释倍数；

m——称取试样的质量，g；

W_{dm}——土壤样品干物质的含量，%。

（六）精密度和准确度

1. 精密度

6 家实验室分别用电热板消解法和微波消解法对 5 个不同含量水平的统一标准土壤样品和沉积物样品进行测定，电热板消解法的精密度汇总数据见表 11-35；微波消解法的精密度汇总数据见表 11-36。

表 11-35　方法的精密度汇总表（电热板消解）

名称	样品编号	平均值 / （mg/kg）	实验室内相对标准偏差/%	实验室间相对标准偏差/%	重复性限 r/ （mg/kg）	再现性限 R/ （mg/kg）
	土壤标样 1	0.13	3.4～28	19	0.04	0.08
	土壤标样 2	0.14	2.8～18.	29	0.04	0.12
镉	土壤标样 3	0.22	1.6～9.7	26	0.04	0.16
	土壤标样 4	0.15	1.5～14	31	0.04	0.14
	土壤标样 5	0.11	5.1～19	31	0.04	0.10
	土壤标样 1	9.47	0.91～11	17	1.64	4.69
	土壤标样 2	9.50	0.66～6.1	20	1.10	5.43
钴	土壤标样 3	12.6	0.49～9.4	18	2.08	6.48
	土壤标样 4	8.97	0.47～6.1	25	0.83	6.37
	土壤标样 5	8.46	0.51～3.7	18	0.64	4.39

续表

名称	样品编号	平均值 / (mg/kg)	实验室内相对标准偏差/%	实验室间相对标准偏差/%	重复性限 r/ (mg/kg)	再现性限 R/ (mg/kg)
铜	土壤标样 1	18.6	2.3～6.7	17	2.2	9.2
	土壤标样 2	19.6	1.7～4.1	32	1.6	17.7
	土壤标样 3	20.8	1.3～11	24	3.1	14.3
	土壤标样 4	18.7	1.4～8.2	40	3.2	21.1
	土壤标样 5	15.4	0.52～8.2	26	2.4	11.4
铬	土壤标样 1	35	1.2～8.9	16	5	17
	土壤标样 2	32	1.3～10	33	4	30
	土壤标样 3	39	2.2～9.4	30	6	34
	土壤标样 4	29	1.8～6.2	38	3	31
	土壤标样 5	26	2.1～13	28	6	21
锰	土壤标样 1	420	0.57～11	18	73.5	217
	土壤标样 2	414	0.96～8.3	15	49.1	183
	土壤标样 3	502	1.1～8.2	12	71.7	179
	土壤标样 4	397	0.63～6.6	13	43.4	149
	土壤标样 5	383	0.46～5.6	15	38.4	167
镍	土壤标样 1	21	1.7～15	16	4	10
	土壤标样 2	26	0.88～7.2	22	3	16
	土壤标样 3	30	1.4～12	19	5	17
	土壤标样 4	24	2.4～10	32	5	22
	土壤标样 5	20	2.5～8.1	24	3	14
铅	土壤标样 1	21	1.7～17	23	5	15
	土壤标样 2	20	1.6～11	27	4	16
	土壤标样 3	29	1.6～15	27	5	22
	土壤标样 4	19	3.1～9.5	47	4	25
	土壤标样 5	15	0.42～6.4	40	2	17
锌	土壤标样 1	59	0.98～19	7.8	17	20
	土壤标样 2	55	0.88～13	15	12	25
	土壤标样 3	79	0.72～15	15	16	36
	土壤标样 4	49	1.2～7.8	14	8	20
	土壤标样 5	47	1.3～7.4	14	7	19
钒	土壤标样 1	36.6	1.9～6.1	21	4.5	21.6
	土壤标样 2	30.3	2.0～13	19	6.5	17.4
	土壤标样 3	41.6	1.3～7.8	20	6.0	24.5
	土壤标样 4	27.1	1.3～5.0	20	3.1	15.2
	土壤标样 5	27.6	1.7～13	18	6.4	15.3

名称	样品编号	平均值 / (mg/kg)	实验室内相对标准偏差/%	实验室间相对标准偏差/%	重复性限 r/ (mg/kg)	再现性限 R/ (mg/kg)
砷	土壤标样 1	6.5	1.3～12	15	1.2	3.0
	土壤标样 2	9.8	0.51～6.0	27	1.0	7.5
	土壤标样 3	5.0	0.90～15	25	1.0	3.6
	土壤标样 4	10.1	0.44～11	30	2.1	8.7
	土壤标样 5	6.8	0.63～6.3	15	1.0	3.1
钼	土壤标样 1	0.4	2.9～12	12	0.1	0.2
	土壤标样 2	0.4	1.2～16	15	0.1	0.2
	土壤标样 3	0.4	0.78～14	21	0.1	0.2
	土壤标样 4	0.5	1.2～18	16	0.1	0.2
	土壤标样 5	0.5	0.66～18	9.8	0.2	0.2
锑	土壤标样 1	0.5	1.7～9.9	19	0.1	0.3
	土壤标样 2	0.8	0.83～9.5	21	0.2	0.5
	土壤标样 3	0.5	1.2～2.	44	0.2	0.7
	土壤标样 4	0.5	1.0～9.7	28	0.1	0.4
	土壤标样 5	0.4	1.9～5.5	37	0.1	0.4

注：标准土壤样品编号含义如下。1：GBW07425（GSS-11）；2：GBW07427（GSS-13）；3：GBW07428（GSS-14）；4：GBW07447（GSS-18）；5：GBW07448（GSS-19）

表 11-36　方法的精密度汇总表（微波消解）

名称	样品编号	平均值 / (mg/kg)	实验室内相对标准偏差/%	实验室间相对标准偏差/%	重复性限 r/ (mg/kg)	再现性限 R/ (mg/kg)
镉	土壤标样 1	0.13	1.9～14	6.6	0.02	0.03
	土壤标样 2	0.12	1.8～8.0	4.2	0.02	0.02
	土壤标样 3	0.20	2.3～14	11	0.05	0.08
	土壤标样 4	0.15	2.7～6.3	3.1	0.02	0.21
	土壤标样 5	0.10	1.4～22	12	0.03	0.05
钴	土壤标样 1	9.46	0.46～6.3	22	1.16	5.95
	土壤标样 2	9.28	0.56～5.6	20	0.84	5.38
	土壤标样 3	11.4	1.0～17	9.8	2.73	4.00
	土壤标样 4	8.24	0.64～9.6	20	1.36	4.66
	土壤标样 5	8.54	1.2～15	14	1.71	3.76
铜	土壤标样 1	18.8	1.3～5.1	14	1.9	7.3
	土壤标样 2	19.1	0.63～7.3	17	2.5	9.3
	土壤标样 3	21.1	1.8～16	23	4.3	14.0
	土壤标样 4	18.2	3.6～20	21	5.4	11.7
	土壤标样 5	14.3	1.5～12	14	2.4	6.2

续表

名称	样品编号	平均值 / (mg/kg)	实验室内相对标准偏差/%	实验室间相对标准偏差/%	重复性限 r/ (mg/kg)	再现性限 R/ (mg/kg)
铬	土壤标样 1	42	1.2~17	15	10	20
	土壤标样 2	41	1.4~9.2	8.1	6	11
	土壤标样 3	47	1.6~7.7	8.5	6	12
	土壤标样 4	40	0.52~8.0	18	5	21
	土壤标样 5	33	2.3~8.0	9.6	5	10
锰	土壤标样 1	508	1.1~9.2	4.0	71.0	86.5
	土壤标样 2	486	0.78~10	11	68.1	158
	土壤标样 3	587	0.52~14	9.5	103	182
	土壤标样 4	496	0.60~20	7.0	136	157
	土壤标样 5	456	0.79~11	7.8	62.8	115
镍	土壤标样 1	23	0.89~9.3	14	3	9
	土壤标样 2	25	0.98~8.5	14	4	10
	土壤标样 3	29	1.4~6.7	9.7	3	8
	土壤标样 4	23	1.9~9.5	13	4	9
	土壤标样 5	19	1.9~5.9	13	2	7
铅	土壤标样 1	22	1.1~7.7	6.6	3	5
	土壤标样 2	20	2.2~17	9.9	5	7
	土壤标样 3	29	1.4~9.1	8.8	4	8
	土壤标样 4	17	2.8~9.1	19	3	10
	土壤标样 5	17	2.4~17	21	4	11
锌	土壤标样 1	64	3.1~5.0	8.3	7	16
	土壤标样 2	65	2.6~6.2	9.6	9	19
	土壤标样 3	95	1.0~10	18	11	48
	土壤标样 4	60	1.5~10	26	10	45
	土壤标样 5	52	2.0~6.1	10	6	16
钒	土壤标样 1	49.8	0.85~7.2	18	6.0	25.4
	土壤标样 2	54.4	1.8~5.3	8.8	4.7	14.0
	土壤标样 3	65.3	2.6~10	4.9	10.8	13.3
	土壤标样 4	55.0	2.2~4.0	15	5.3	24.0
	土壤标样 5	48.6	2.5~5.6	10	5.9	14.9
砷	土壤标样 1	6.8	1.8~16	17	1.6	3.6
	土壤标样 2	9.1	3.2~17	11	2.0	3.4
	土壤标样 3	5.8	1.2~9.7	23	1.1	3.9
	土壤标样 4	9.3	3.2~9.4	11	1.6	3.2
	土壤标样 5	6.9	3.1~16	8.3	1.8	2.3

名称	样品编号	平均值 / （mg/kg）	实验室内相对标准偏差/%	实验室间相对标准偏差/%	重复性限 r/（mg/kg）	再现性限 R/（mg/kg）
钼	土壤标样 1	0.37	2.6～8.8	17	0.05	0.18
	土壤标样 2	0.32	4.0～7.2	18	0.05	0.17
	土壤标样 3	0.37	2.2～13	8.2	0.08	0.11
	土壤标样 4	0.45	2.9～6.9	24	0.07	0.31
	土壤标样 5	0.39	2.6～12	18	0.07	0.21
锑	土壤标样 1	0.44	1.9～10	16	0.09	0.22
	土壤标样 2	0.81	1.1～9.2	12	0.15	0.30
	土壤标样 3	0.57	2.0～16	16	0.14	0.28
	土壤标样 4	0.65	2.8～16	5.7	0.14	0.83
	土壤标样 5	0.53	1.0～16	48	0.20	0.74

2. 准确度

6 家实验室分别用电热板消解法和微波消解法对 2 个不同含量水平的统一标准土壤样品和沉积物样品进行测定，电热板消解法的准确度汇总数据见表 11-37；微波消解法的准确度汇总数据见表 11-38。

表 11-37　方法的准确度汇总表（电热板消解）

名称	样品编号	平均值/（mg/kg）	加标回收率/%	加标回收率最终值/%
镉	土壤标样 1	0.13	91.6～105	97.4
	土壤标样 4	0.15	91.6～104	96.7
钴	土壤标样 1	9.47	83.3～109	91.9
	土壤标样 4	8.97	88.3～110	95.4
铜	土壤标样 1	18.6	75.8～105	91.9
	土壤标样 4	18.7	88.0～110	98.5
铬	土壤标样 1	35	71.5～110	91.8
	土壤标样 4	29	81.0～104	95.9
锰	土壤标样 1	420	88.2～109	97.0
	土壤标样 4	397	92.5～110	104
镍	土壤标样 1	21	76.2～114	94.2
	土壤标样 4	24	92.3～120	98.4
铅	土壤标样 1	21	74.7～106	91.5
	土壤标样 4	19	89.8～107	99.8
锌	土壤标样 1	59	81.5～117	95.7
	土壤标样 4	49	91.8～120	101
钒	土壤标样 1	36.6	85.2～111	97.4
	土壤标样 4	27.1	95.8～109	101

名称	样品编号	平均值/（mg/kg）	加标回收率/%	加标回收率最终值/%
砷	土壤标样 1	6.5	85.1～98.1	92.7
	土壤标样 4	10.1	92.4～106	97.7
钼	土壤标样 1	0.4	76.2～112	93.5
	土壤标样 4	0.5	87.7～109	95.1
锑	土壤标样 1	0.5	54.9～106	86.2
	土壤标样 4	0.5	60.8～113	90.2

表 11-38　方法的准确度汇总表（微波消解）

名称	样品编号	平均值/（mg/kg）	加标回收率/%	加标回收率最终值/%
镉	土壤标样 1	0.13	86.0～107	98.8
	土壤标样 4	0.15	94.2～119	102
钴	土壤标样 1	9.46	80.7～107	95.2
	土壤标样 4	8.24	85.2～105	94.6
铜	土壤标样 1	18.8	86.0～107	94.7
	土壤标样 4	18.2	78.2～106	94.6
铬	土壤标样 1	42	74.3～100	91.6
	土壤标样 4	40	88.9～115	103
锰	土壤标样 1	508	88.4～110	95.5
	土壤标样 4	496	81.2～102	95.4
镍	土壤标样 1	23	76.2～117	94.5
	土壤标样 4	23	87.6～118	98.5
铅	土壤标样 1	22	75.2～106	94.6
	土壤标样 4	17	90.3～104	96.2
锌	土壤标样 1	64	89.3～114	99.8
	土壤标样 4	60	104～109	106
钒	土壤标样 1	49.8	85.6～103	98.1
	土壤标样 4	55.0	90.4～107	97.9
砷	土壤标样 1	6.8	73.2～107	92.0
	土壤标样 4	9.3	79.4～98.7	90.6
钼	土壤标样 1	0.37	85.6～115	94.8
	土壤标样 4	0.45	88.9～105	96.9
锑	土壤标样 1	0.44	72.1～110	97.5
	土壤标样 4	0.65	70.3～109	90.3

第二节　颗粒物中重金属实用分析方法

目前，用于无机测定的各种方法基本都可用于测定颗粒物重金属，主要包括分光光度法、中子活化法（INAA）、X 射线荧光光谱法（XRF）、原子吸收分光光度法（AAS）、原子荧光光谱法（AFS）、电感耦合等离子体发射光谱法（ICP-OES）、电感耦合等离子体质谱法（ICP-MS）等。INAA 分析周期较长，操作技术比较复杂，在我国目前配置尚少。分光光度法操作烦琐、检出限高，因此在国内应用较少。当样品中元素浓度较高时，若分析的项目少则优先选择 FAAS，若分析的项目多则优先选择 ICP-OES；当样品中元素浓度很低时可选择 GFAAS 或 ICP-MS。若进行多元素总量分析优选 XRF；若进行多元素非总量分析，先用 ICP-OES 筛选并分析高含量的元素，再用 ICP-MS 分析痕量的元素。各类仪器的性能指标见表 11-39。

表 11-39　仪器性能指标

仪器	FL-AAS	GF-AAS	AFS	ICP-OES	ICP-MS	XRF
成本	便宜	略贵	便宜	较贵	贵	贵
灵敏度	低	高	高	较低	高	较低
检出限	$10^{-8}\sim10^{-6}$	$10^{-12}\sim10^{-9}$	$10^{-12}\sim10^{-9}$	$10^{-9}\sim10^{-6}$	$10^{-12}\sim10^{-9}$	$10^{-6}\sim10^{-4}$
线性范围	$10^2\sim10^3$	10^2	10^3	$10^4\sim10^6$	$10^8\sim10^{12}$	$10^5\sim10^6$
同位素分析能力	无	无	无	无	有	无
可分析元素数目	较少	较少	少	较多	多	较多
可同时分析元素	单元素	单元素	1～3 元素	多元素	多元素	多元素
一次进样分析速度	最快	慢	快	快	快	慢
干扰程度	较少	少	少	多	少	较多
样品特殊要求	无	无	无	无	有	有
操作难易程度	易	难	易	较难	较难	较难

对 AAS、AFS、ICP-OES、ICP-MS、WDXRF 测试颗粒物中重金属项目，本节主要介绍了仪器参数条件、结果计算、实验注意事项、仪器维护；论述了如何选择实验参数条件、常见问题及排除方法；同时，结合课题成果和现有监测分析方法标准，汇总了颗粒物中重金属的方法检出限（表 11-40）；针对颗粒物中六价铬的测定，简要说明了溶液配制、分析步骤和注意事项。相关原理、术语等详见相关监测分析方法标准。

表 11-40　方法检出限和测定下限（μg/m³）

元素	钙	镉	铬	铜	铁	钾	镁	锰	钠	镍	铅	锌
方法检出限	0.10	0.25	0.15	0.25	0.15	0.25	0.01	0.05	0.05	0.15	0.10	0.25
方法测定下限	0.40	1.0	0.60	1.0	0.60	1.0	0.04	0.20	0.20	0.60	0.40	1.0

注：参考了对应项目水监测分析方法标准中的方法检出限

一、颗粒物中金属的测定　火焰原子吸收分光光度计法

（一）适用范围

本方法规定了测定环境空气颗粒物中钙、镉、铜等的火焰原子吸收分光光度计法，无组织排放颗粒物等样品中相关项目可参考本方法。

当采样体积 10.0 m³（标准状态）、样品定容体积 50.0 mL 时，本方法测定各金属元素的检出限和检测下限见表 11-40。其他元素如果证实能满足相关标准要求，亦可使用。

（二）分析步骤

1. 仪器条件设定

仪器参数可参照制造商说明书进行设定，表 11-41 列出了各元素的参考条件，表中除火焰类型外其他参数通过实验确定。

表 11-41　仪器参考条件

元素	钙	镉	铬	铜	铁	钾	镁	锰	钠	镍	铅	锌
波长/nm	422.7	228.8	357.9	324.8	302.1	766.5	202.6	279.5	589.0	232.0	283.3	213.9
狭缝宽度/nm	0.7	0.7	0.7	0.7	0.2	0.7	0.7	0.2	0.4	0.2	0.7	0.7
灯电流/mA	3.0	5.0	20.0	3.0	4.0	2.0	4.0	6.0	2.0	3.0	8.0	5.0
火焰类型	贫燃	贫燃	富燃	贫燃	贫燃	贫燃	贫燃	贫燃	贫燃	中性	中性	贫燃
线性范围/（mg/L）	5.00	2.00	5.00	5.00	10.00	2.00	10.00	2.00	2.00	2.00	10.00	5.00
基体干扰消除	硝酸镧	氘灯	氘灯	氘灯	氘灯	硝酸铯	硝酸镧	氘灯	硝酸铯	氘灯	氘灯	氘灯

2. 校准曲线建立

标准曲线溶液浓度参考范围见表 11-41，该范围没有考虑燃烧头偏转。

结合标准曲线溶液浓度参考范围，建议在此范围内配置 3～4 个点建立校准曲线。将标准溶液依次导入发射光谱仪进行测定，以浓度（mg/L）为横坐标、元素响应强度为纵坐标进行线性回归，计算校准曲线斜率，相关系数不小于 0.999。

3. 消解制备试样分析

滤膜样品和空白实验的消解制备，参见第七章第二节。按照与校准曲线相同的仪器条件进行测试，若超出曲线范围则用（2+98）硝酸溶液稀释后再测试。

（三）结果计算

颗粒物样品中元素含量按式（11-11）计算：

$$C_i = \frac{(\rho_i - \rho_{i0}) \times 50}{V_{std}} \times \frac{A_t}{A_a}$$ 　　　　　　（11-11）

式中，C_i——颗粒物中待测 i 元素的含量，$\mu g/m^3$；

　　　　ρ_i——消解制备试样中 i 元素的浓度，mg/L；

　　　　ρ_{i0}——空白实验中待测 i 元素的浓度，mg/L；

　　　　A_t——样品滤膜的采样面积，cm^2；

　　　　A_a——消解制备时所取样品滤膜面积，cm^2；

　　　　V_{std}——标准状态下采样体积，m^3；

　　　　50——消解制备试样定容体积，mL。

（四）准确度和精密度

参见第七章第二节。

（五）注意事项

1. 仪器参数的选择

（1）波长。波长即分析线的选择，要综合考虑灵敏度、稳定性、线性范围特别是谱线干扰程度。在紫外区，待测元素分析线越短越容易受光散射（火焰中未分解的固体微粒）和分子吸收（碱金属卤化物）等背景干扰。

（2）狭缝宽度。无邻近线通过狭缝时，狭缝宽则分析线光强度大，信噪比好；在保证只有分析线通过出射狭缝到达光电倍增管检测器的前提下，尽可能选用较宽的狭缝宽度，以得到较好的信噪比和准确度。

（3）灯电流。灯电流越小，吸收线多普勒越宽和自吸收效应越少，则灵敏度高；灯电流太小，就需要增加负高压以保证信号输出，噪声则会增加，读数不稳定，测定精密度差。对于钙、铁、钾、镁、钠等高含量元素分析，提高灯电流以提高测试精度，对其他元素，降低灯电流以获得足够高的灵敏度。

（4）火焰类型。火焰类型不同，其温度（贫燃火焰类型温度最高）和氧化还原氛围直接影响原子化效率。铬、钼等元素在火焰中易形成难离解的氧化物需要的还原氛围，即富燃火焰。

（5）燃烧头高度。火焰类型一旦确定，火焰不同区域的温度和氧化还原氛围不同，致使待测元素的自由原子密度及干扰成分浓度不同；选择最佳燃烧头高度，让光束从火焰原子密度最大区域通过，以获得较高灵敏度和避免干扰。通过改变燃烧头高度，测定吸光度随其变化曲线，根据曲线获得最佳燃烧头高度。

（6）基体干扰消除。硝酸铯和硝酸镧分别用于钾、钠、钙和镁测定时，消除电离干扰和铝离子干扰；火焰原子吸收光谱法通常用氘灯扣背景。

2. 其他事项

①在使用新器皿、新试剂时应先做空白实验，以确保空白满足测试准确度要求；②所用器皿均需（1+4）硝酸浸泡过夜，依次用自来水、实验用水冲洗后方可使用；③仪器点火后需充分预热，要检查校正波长位置；当吸光度波动较大时，多是燃烧缝隙脏（燃烧缝隙脏时火焰不均匀）、燃气质量及压力、气体温度漏气等引起的。

二、颗粒物中铅和镉的测定　石墨炉原子吸收分光光度计法

（一）适用范围

本方法规定了测定环境空气颗粒物中铅和镉的石墨炉原子吸收分光光度计法，无组织排放颗粒物等样品中相关项目可参考本方法。

当采样体积 10.0 m^3（标准状态）、样品定容体积 50.0 mL 时，本方法测定铅和镉的检出限分别为 9.0 ng/m^3 和 0.03 ng/m^3，对应测定下限分别为 36 ng/m^3 和 0.12 ng/m^3。

其他元素或条件（如变更基体改进剂和程序升温）如果证实能满足相关标准要求，亦可使用。

（二）分析步骤

1. 仪器条件设定

仪器参数可参照制造商说明书进行设定，仪器参考条件见表 11-42。

表 11-42　仪器参考条件

元素	铅	镉
激发光源	铅空心阴极灯	镉空心阴极灯
测定波长/nm	283.3	228.8
灯电流/mA	8.0	8.0
狭缝宽度/nm	0.5	0.5
干燥温度/℃/时间/s	105/20，120/15	105/20，120/15
灰化温度/℃/时间/s	700/20	600/20
原子化温度/℃/时间/s	1600/5	1500/3
清除温度/℃/时间/s	2500/3	2450/3
基体改进剂进样量/μL	2.0	2.0
样品进样量/μL	20	20
背景校正方式	塞曼	塞曼
线性范围/（μg/L）	40.0	2.00

2. 校准曲线建立

标准曲线溶液浓度参考范围见表 11-42，如果选择次灵敏线如镉 326.1 nm 则线性范围可达 200 μg/L。

结合标准曲线溶液浓度参考范围，建议在此范围内配置 3～4 个点建立校准曲线。将标准溶液依次导入发射光谱仪进行测定，以浓度（μg/L）为横坐标、元素响应强度为纵坐标进行线性回归，计算校准曲线斜率，相关系数不低于 0.995。

3. 消解制备试样分析

滤膜样品和空白实验的消解制备，参见第七章第二节。按照与校准曲线相同的仪器条件进行测试，若超出曲线范围则用（2+98）硝酸溶液稀释后再测试。

（三）结果计算

颗粒物样品中元素含量按式（11-12）计算：

$$C_i = \frac{(\rho_i - \rho_{i0}) \times 50}{V_{std} \times 1000} \times \frac{A_t}{A_a} \tag{11-12}$$

式中，C_i——颗粒物中待测 i 元素的含量，μg/m^3；

ρ_i——消解制备试样中 i 元素的浓度，μg/L；

ρ_{i0}——空白实验中待测 i 元素的浓度，μg/L；

A_t——样品滤膜的采样面积，cm^2；

A_a——消解制备时所取样品滤膜面积，cm^2；

V_{std}——标准状态下采样体积，m^3；

50——消解制备试样定容体积，mL；

1000——单位换算系数。

（四）准确度和精密度

见第七章第二节。

（五）注意事项

1. 升温程序的设置

（1）干燥阶段。其目的是蒸发样品中的溶剂或所含水分。干燥温度的选择应避免样品剧烈沸腾、飞溅，一般要比样品制备中所用酸试剂沸点和水沸点略高 5℃，最好采用斜坡升温模式。干燥时间依据进样体积确定，对于 10.0 μL、20.0 μL 的进样体积，干燥时间可设为 15 s、20 s。干燥阶段、灰化阶段又可均设置不同阶段。

（2）清除阶段。清除阶段又称出残阶段、净化阶段，其目的是去除残余待测元素和高沸点杂质。清除温度一般高于原子化温度 100～200℃，清除时间一般小于 5 s。

（3）灰化阶段。灰化和原子化阶段，均与元素特性、样品基体、基体改进剂密切相关。灰化的目的是保证待测元素没有明显损失的前提下尽量破坏基体组分，除去样品中易挥发的组分，以消除基体干扰。在保证待测元素不损失的条件下尽可能采用较高的灰化温度和较长的灰化时间，亦采用斜坡升温模式。氯化铅是较易挥发的金属氯化物，石墨炉原子吸收法分析铅应通过加入磷酸氢二铵等基体改进剂减少灰化损失。

（4）原子化阶段。原子化温度由元素及其化合物的性质决定。灰化温度和原子化温度，是通过实验"温度-原子吸收的信号值"曲线来确定的，在保证获得最大吸光度的前提下尽量使用较低的原子化温度（过高的原子化温度，会缩短石墨管的使用寿命，同时可能降低测定灵敏度）；原子化阶段采用的是最大功率升温模式，该模式具有灵敏度高、实际原子化温度较低的优点。原子化时间是能使吸收信号在原子化阶段回到基线的最短时间。该阶段决定峰形，同时可以判断灰化、原子化阶段参数是否合理。

2. 试样空白高的原因及排除

记忆效应、实验用水污染、试剂本底高、消解过程及器皿污染等可致使试样空白某种元素的信号高。连续进 2 针空气，如果信号差异大说明石墨管被污染，可以空烧石墨管 2 或 3 次；信号差异小说明不是记忆效应引起的石墨管污染。连续进 2 针纯水，信号差异大则说明实验用水被污染。用不同器皿配制适当浓度的试剂并分别进 2 针，借此判断是器皿污染还是试剂本底高。如果空白信号还是高，应该从消解过程寻找污染源头。

3. 原子化峰型异常及排除

正常原子化峰型为"尖、光、对称"。原子化峰型异常情况如下：①半个峰。若看不到左侧峰，适当降低灰化温度以使原子化 1.0 s 再出峰；若看不到右侧峰，可能是灰化温度或原子化温度偏低造成。②扁平峰。适当提高原子化温度以形成尖锐的峰。③拖尾峰。样品浓度太高或原子化温度偏低，致使原子化不充分。④双峰。进样针未调整好致使样品在石墨管部位；或者该元素以 2 种化合物存在，以磷酸氢二铵和硝酸镁作基体改进剂测铅出现双峰。

4. 其他事项

①在使用新器皿、新试剂时应先做空白实验，以确保空白满足测试准确度要求；②所用器皿均需（1+4）硝酸浸泡过夜，依次用自来水、实验用水冲洗后方可使用；③仪器点火后要充分预热，要检查校正波长位置。

三、颗粒物中金属的测定 原子荧光光谱法

（一）适用范围

本方法规定了测定环境空气颗粒物中汞、砷、硒、铋和锑的原子荧光光谱法，无组织排放颗粒物等样品中相关项目可参考本方法。

当采样体积 10.0 m^3（标准状态）、样品定容体积 50.0 mL 时，本方法的检出限和检测下限见表 11-43。其他元素如果证实能满足相关标准要求，亦可使用。

表 11-43　方法检出限和测定下限/（ng/m³）

元素	汞	砷	硒	铋	锑
方法检出限	0.47	2.36	0.645	0.045	0.675
测定下限	1.88	9.44	2.58	0.18	2.7

（二）分析步骤

1. 仪器条件设定

结合仪器制造厂商推荐条件设置仪器参数，仪器参考条件见表 11-44。

表 11-44　仪器参考条件

元素	负高压/V	灯电流/mA	原子化预热温度/℃	原子化高度/mm	载气流量/（mL/min）	屏蔽气流量/（mL/min）	积分方式
汞	200～280	15～30	200	8～10	400	600～1000	峰面积
砷	200～300	40～80	200	8～10	400	900～1000	峰面积
硒	200～300	60～80	200	8～10	400	600～1000	峰面积
铋	200～300	40～80	200	8～10	400	900～1000	峰面积
锑	200～300	40～80	200	8～10	400	600～1000	峰面积

2. 校准曲线建立

汞、砷、硒、铋、锑的校准溶液浓度最高点，应分别不高于 10.00 μg/L、40.00 μg/L、20.00 μg/L、20.00 μg/L、40.00 μg/L；结合标准曲线溶液浓度范围（表 11-45），建议在此范围内配置 3～5 个点建立校准曲线。砷、铋和锑与汞的校准曲线溶液分别要加入预还原剂溶液和重铬酸钾溶液保存，且砷、铋和锑与汞溶液与预还原剂需要 30 min 的反应时间（当室温低于 15℃时，置于 30℃水浴中保温 20 min）。

以硼氢化钾溶液为还原剂，（5+95）盐酸溶液为载流，由低浓度到高浓度顺次测定标准溶液的原子荧光强度。用扣除零浓度空白的校准系列原子荧光强度为纵坐标，溶液中相对应的元素浓度（μg/L）为横坐标，绘制标准曲线；校准曲线相关系数不小于 0.999。

表 11-45　校准曲线溶液

元素	浓度范围/（μg/L）	标准溶液基体	反应时间/min
汞	0～2.000	（5+95）硝酸+0.05%重铬酸钾溶液	—
砷	0～20.00	（1+9）盐酸+1.0%硫脲-抗坏血酸混合溶液	30
硒	0～10.00	（5+95）盐酸	—
铋	0～20.00	（5+95）盐酸+1.0%硫脲-抗坏血酸混合溶液	30
锑	0～20.00	（5+95）盐酸+1.0%硫脲-抗坏血酸混合溶液	30

3. 消解制备试样分析

滤膜样品和空白实验的消解制备，参见第七章、第八章的第二节。分别取适量体积经消解制备的试样于 50.0 mL 比色管中（稀释倍数 f 为比色管定容体积 50.0 mL 与适量体积 V_x 之比），按照表 11-46 加入浓盐酸和硫脲-抗坏血酸混合溶液，混匀。放置 30 min 后用实验用水定容至 50.0 mL 标线，混匀。按照与校准曲线相同的仪器条件进行测试。

表 11-46　定容 50 mL 时试剂加入量（mL）

试剂	汞	砷、铋和锑	硒
浓盐酸	2.5	2.5	10.0
硫脲-抗坏血酸混合溶液	—	10.0	—

（三）结果计算

颗粒物样品中元素含量按式（11-13）计算：

$$C_i = \frac{\rho_i \times f_i - \rho_{i0}}{V_{std}} \times \frac{A_t}{A_a} \times \frac{50}{1000} \qquad (11\text{-}13)$$

式中，C_i——颗粒物中待测 i 元素的含量，μg/m³；

ρ_i——消解制备试样分析阶段比色管中 i 元素的浓度，μg/L；

f_i——比色管定容体积数 50.0 与适量体积数 V_x 之比；

ρ_{i0}——空白实验中待测 i 元素的浓度，μg/L；

A_t——样品滤膜的采样面积，cm²；

A_a——消解制备时所取样品滤膜面积，cm²；

V_{std}——标准状态下采样体积，m³。

50——消解制备试样定容体积，mL；

1000——单位换算系数。

（四）准确度和精密度

见第七章第二节。

（五）注意事项

1. 仪器参数的选择

调整高强度空心阴极灯位置和原子化器高度，以使光斑中心聚焦；调节灯电流及负高压，满足样品分析对灵敏度的要求；结合出峰起始和结束时间，设置延迟时间和积分时间。

（1）光电倍增管。其负高压的高低与仪器输出的荧光强度、背景信号水平有密切的关系。在一定范围内，负高压越高，灵敏度越高，荧光信号越强，检出限降低，但噪声会增大，稳定性也会相对变差。相反负高压过低时，灵敏度降低，检出限随之升高，往往又达不到实验要求。当灵敏度满足测定要求时应尽可能采用较低的负高压。实际操作中负高压可根据具体信号强度及元素灯的灵敏度进行选择，一般在 300 V 左右。

（2）原子化器高度。它是指原子化器顶部距光电倍增管中心的距离，即光轴与原子化顶部的距离。其决定了激发光源照射在氩氢火焰上的位置，调节其高度的主要目的是使元素灯发光照射在原子化效率最高、最稳定的区域，以获得最大荧光强度。当原子化器高度过高时，空气中的氧会进入原子化器使金属原子氧化，导致信号强度下降；原子化器高度过低，会导致气相干扰，使空白本底值升高，方法灵敏度下降。原子化器高度的调节还与载气流量大小有关。

（3）载气流量。载气的主要作用是携带被测元素的氢化物（如砷为 AsH_3、汞为 Hg 蒸气）到原子化器进行原子化；载气流量的大小直接影响荧光信号的强度和氩氢火焰的稳定性。载气流量较小时，氩氢火焰不稳定，重现性差，极小时仪器可能会无法运行或是没有荧光信号；载气流量较大时，原子蒸气会被稀释冲淡，导致原子化效率降低，荧光信号值降低，过大时还可能导致氩氢火焰被冲断，无法形成氩氢火焰，使测量没有信号。载气流速范围一般为 600～1000 mL/min。

（4）屏蔽气流量。屏蔽气的主要作用是对原子化环境氛围进行屏蔽，防止氢化物与空气中氧分子等接触导致荧光猝灭现象。屏蔽气流量过小会造成屏蔽效果不好，氩氢火焰肥大，信号不稳定；流量过大时，氩氢火焰变得细长，会影响原子化效率，信号也会变得不稳定且灵敏度降低。一般屏蔽气流量采用 800～1000 mL/min。

2. 仪器使用

①仪器信号低时，要对"水封是否添加、还原剂是否失效、是否进样、高强度空心阴极灯"等依次排查。②温度对氢化反应影响较大，要保证实验室温度不低于 15℃和湿度不大于 75%且波动较小，同时保证管路密封性以防止剧毒氢化物溢出。③峰形差的原因与排废蠕动泵的压力、仪器污染、注射程序、延迟时间和积分时间等有关。④仪器点火后要充分预热，汞灯预热时间较长（一般不低

于 30 min），可以采用大电流预热小电流分析或通过 test 模式预热（进样针和还原剂管路可以同时进实验用水）。⑤对于高浓度样品及未知样品，要事先稀释或通过 ICP-OES 测试判定其浓度范围。⑥汞使用浓度为 0.5%～1.0%硼氢化钾溶液作还原剂，其他元素采用 1.0%～2.0%的还原剂溶液。

3. 其他事项

①在使用新器皿、新试剂时应先做空白实验，以确保空白满足测试准确度要求。②所用器皿均需（1+4）硝酸浸泡过夜，依次用自来水、实验用水冲洗后方可使用。③如果仪器被污染特别是汞，首要解决二级气液分离器之后的管路和石英炉芯污染，之前的管路可以通过酸冲洗掉；其次对载流槽及进样针内外壁要清洗干净；必要时用（1+4）硝酸维护清洗石英原子化炉芯。④玻璃纤维滤膜中砷含量一般较高，通常用聚乙烯氧化吡啶和甘油混合液浸泡过的滤纸采集空气中的砷。⑤其他元素如果证实能满足相关标准要求，亦可使用。

四、颗粒物中金属的测定　电感耦合等离子体发射光谱法

（一）适用范围

本方法规定了测定环境空气颗粒物中铝、铅、铬等金属的电感耦合等离子体发射光谱法，无组织排放颗粒物等样品中相关项目可参考本方法。

当采样体积 150 m³（标准状态）、样品定容体积 50.0 mL 时，本方法的检出限和检出下限见表 11-47。其他元素如果证实能满足相关标准要求，亦可使用。

表 11-47　方法检出限和测定下限（μg/m³）

元素	铝	银	砷	钡	铍	铋	钙	镉	钴	铬	铜	铁	钾
方法检出限	0.03	0.003	0.004	0.002	0.003	0.006	0.07	0.003	0.003	0.006	0.003	0.03	0.02
测定下限	0.12	0.012	0.016	0.008	0.012	0.024	0.28	0.012	0.012	0.024	0.012	0.12	0.08

元素	镁	锰	钠	镍	铅	硅	锶	锡	锑	钛	钒	锌	锆
方法检出限	0.03	0.003	0.05	0.04	0.05	0.14	0.003	0.01	0.004	0.003	0.004	0.02	0.01
测定下限	0.12	0.012	0.20	0.16	0.20	0.56	0.012	0.04	0.016	0.012	0.016	0.08	0.04

注：以表 11-47 元素波长作为分析线计算的方法检出限和测定下限。

（二）分析步骤

1. 仪器条件设定

（1）仪器参数：结合仪器制造厂商推荐条件设置仪器参数 RF 功率、雾化器流量、观测高度、观测方式，参考范围见表 11-48。

表 11-48 仪器参数参考条件

射频功率/kW	雾化器压力/psi	观测高度/mm	轴向观测	径向观测
900～1400	22～35	13～17	银、硒、镉等低含量元素	硅、铁、钾等高含量元素

（2）特征谱线。特征谱线的选择要结合谱线干扰、待测元素及仪器的光学分辨率的含量，见表 11-49。

2. 校准曲线建立

基于颗粒物样品实际化学组成，标准曲线溶液浓度参考范围见表 11-50，各元素的线性范围与仪器的观测方式、特征谱线和检测器类型（相比电感耦合检测器 CCD，电荷注入检测器 CID 更容易信号饱和，致使线性范围较窄）有关。

结合标准曲线溶液浓度参考范围，建议在此范围内配置 3～4 个点建立校准曲线。将标准溶液依次导入发射光谱仪进行测定，以浓度（mg/L）为横坐标、元素响应强度为纵坐标进行线性回归，计算校准曲线斜率，相关系数不低于 0.999。

3. 消解制备试样分析

滤膜样品和空白实验的消解制备，参见第七章第二节。按照与校准曲线相同的仪器条件进行测试，若超出曲线范围则用（2+98）硝酸溶液稀释后再测试。

（三）结果计算

颗粒物样品中元素含量按式（11-14）计算：

$$C_i = \frac{(\rho_i - \rho_{i0}) \times 50}{V_{std}} \times \frac{A_t}{A_a} \tag{11-14}$$

式中，C_i——颗粒物中待测 i 元素的含量，$\mu g/m^3$；

ρ_i——消解制备试样中 i 元素的浓度，mg/L；

ρ_{i0}——空白实验中待测 i 元素的浓度，mg/L；

A_t——样品滤膜的采样面积，cm^2；

A_a——消解制备时所取样品滤膜面积，cm^2；

V_{std}——标准状态下采样体积，m^3；

50——消解制备试样定容体积，mL。

（四）准确度和精密度

见第七章第二节和参考《空气和废气 颗粒物中金属元素的测定 电感耦合等离子体发射光谱法》（HJ 777—2015）。

表 11-49　部分元素参考波长

元素	铝	银	砷	钡	铍	铋	钙	镉	钴	铬	铜	铁	钾
波长/nm 波长1	396.153	328.068	193.696	233.527	313.107	223.061	317.933	228.802	228.616	267.716	327.393	238.204	766.490
波长2	308.215	328.289	188.979	455.403	313.042	306.766	315.887	214.440	238.892	205.560	324.752	239.562	404.721
波长3	394.401	243.778	197.197	493.408	234.861	222.821	393.366	226.502	230.786	283.563	224.700	259.939	769.896

元素	镁	锰	钠	镍	铅	硅	锶	锡	锑	钛	钒	锌	锆
波长/nm 波长1	285.213	257.610	589.592	231.604	220.353	221.667	407.771	189.927	206.836	334.940	292.464	206.200	339.198
波长2	279.077	259.372	330.237	221.648	217.000	251.611	421.552	235.485	217.582	336.121	310.230	213.857	343.823
波长3	280.271	260.568	588.995	232.003	283.306	198.898	460.733	283.998	231.146	337.279	290.880	202.548	—

表 11-50　标准溶液浓度参考范围

元素	浓度范围/（mg/L）
钴、铬、铜、镍、铅、砷、银、铍、铋、镉、锑、锶、钒、锌等	0.00～1.00
钡、锰、钛、锆等	0.00～5.00
铝、铁、钙、镁、钠、钾、硅等	0.00～10.00

（五）注意事项

1. 仪器参数的选择

射频功率、雾化器流量、观测高度等参数直接影响电子密度、激发温度及其空间分布。它们对分析性能有极其明显的影响，而这种影响是极其复杂的，需要通过实验加以选择。在选择时必须兼顾如何获得较强的检测能力、较小的基体效应和适合多元素的测定。在实际选择工作条件时，往往需要根据具体情况，进行综合平衡加以折中。

（1）射频功率。谱线强度都随功率的增加而增大，功率过大会导致背景辐射增强，信背比变差。一般选用的功率为 900～1400 kW，对于易激发又易电离元素（元素周期表中第 ⅠA、ⅡA）可选用 750～950 kW 低功率，对于较难激发的砷、硒、镉、锑等元素时可选用 1350 kW 的功率。

（2）雾化气流量。其大小直接影响雾化器提升量、雾化效率、雾滴粒烃、气溶胶在通道中的停留时间等。雾化压力通常在 22～35 psi 间选择：对于较难激发元素的测定，可选用较小的雾化压力（24～26 psi），使气溶胶在通道中停留较长的时间，更有利于激发射；对于易激发又易电离的元素的测定，可选用较高雾化压力（32～35 psi），使气溶胶在通道中停留时间较短，且雾化得更好，以获得更低的检出限。

（3）观测高度。观测高度是指 RF 线圈顶部作为起点，沿着等离子体方向的距离，其概念类似于 ICP-MS 的采样深度。对于较难激发的原子谱线的元素，它们的最佳激发区在 ICP 通道偏低的位置；对于具有较易激发的离子谱线的元素（元素周期表中第 ⅡA、ⅢB、ⅣB 元素），其最佳激发区则应在 ICP 通道偏高的位置；易激发又易电离的碱金属元素，在通道较低位置则绝大部分成为很难激发的离子状态。最佳观测高度因元素而异，一般以 1.0 mg/L 的镉元素来调试、选择最佳的观测位置。

（4）观测方式。径向观测具有高的耐基体效应和消除易电离元素干扰，适合测高含量元素；轴向观测适合测低含量元素。对于未知样品，可以同时选择两种观测方式，结合干扰和浓度选择合适结果。

2. 特征谱线的选择

样品分析前，初步判定元素含量，微量、痕量元素优先选择灵敏度高的特征谱线，主量、次量元素选择次灵敏线或非灵敏线。样品分析后，结合谱图轮廓选择干扰小（通过分析波长和干扰波长的发射强度及样品中相对含量判断）、峰形好、背景小的特征谱线。

3. 其他事项

①在使用新器皿、新试剂时应先做空白实验，以确保空白满足测试准确度要求。②所用器皿均需（1+4）硝酸浸泡过夜，依次用自来水、实验用水冲洗后方可使用。③仪器点火前要确保排废液正常，点火后要充分预热；要检查校正波长位置。对于小于 200 nm 的谱线，部分制造商仪器要对光室用氩气充分驱气。

五、颗粒物中金属的测定 电感耦合等离子体质谱法

（一）适用范围

本方法规定了测定环境空气颗粒物中铍、镉、铅等金属的电感耦合等离子体质谱法，无组织排放颗粒物等样品中相关项目可参考本方法。

当采样体积 150 m³（标准状态）、样品定容体积 50.0 mL 时，本方法的检出限和检出下限见表 11-51。其他元素如果证实能满足相关标准要求，亦可使用。

表 11-51　方法检出限和测定下限（ng/m³）

元素	铍	硼	钒	铬	锰	钴	镍	铜	锌	镓	砷
方法检出限	0.03	2.4	0.1	1	0.3	0.03	0.5	0.7	3	0.02	0.7
测定下限	0.12	9.6	0.4	4	1.2	0.12	2	2.8	12	0.08	2.8

元素	锶	钼	镉	银	锡	锑	钡	铊	铅	钍	铀
方法检出限	0.2	0.03	0.03	0.08	1	0.09	0.4	0.03	0.6	0.03	0.01
测定下限	0.8	0.12	0.12	0.32	4	0.36	1.6	0.12	2.4	0.12	0.04

（二）分析步骤

1. 仪器条件设定

1）仪器参数的选择

点燃等离子体后，仪器需预热稳定 30 min。采用质谱仪调谐液观察仪器的灵敏度、氧化物、双电荷、质量轴、分辨率等性能指标，以使参数满足要求（表 11-52）。采用含有中、低、高质量数元素的合适浓度 P/A 调谐液，对检测器的脉冲和模拟模式进行交叉校正。

通过调节射频功率、炬管位置、载气流量、雾化室温度、采样深度、提取透镜电压等仪器以及碰撞气流量、检测器电压等参数，使仪器的灵敏度、氧化物、

双电荷等性能指标满足要求；通过调整四极杆参数质量增益/补偿和轴增益/补偿，使仪器的质量轴和分辨率等性能指标满足要求。仪器厂家不同，型号不同，工作参数有所不同。以 Agilent ICP-MS 7700x 为例，工作参数见表 11-53。

表 11-52　ICP-MS 性能指标

分析模式	标准模式	碰撞模式
灵敏度/cps	Be>5, In>30, Bi>20（或 Li>5, Y>30, Tl>20）	Co>3
灵敏度的精密度	≤5.0%	≤5.0%
氧化物	$^{156}CeO^+/^{140}Ce^+$≤3.0%（或 $^{154}BaO^+/^{138}Ba^+$≤3.0%）	$^{156}CeO^+/^{140}Ce^+$≤1.0%
双电荷	$^{138}Ba^{2+}/^{138}Ba^+$≤3.0%（或 $^{140}CeO^{2+}/^{140}Ce^+$≤3.0%）	$^{138}Ba^{2+}/^{138}Ba^+$≤3.0%（或 $^{140}CeO^{2+}/^{140}Ce^+$≤3.0%）
质量轴/amu	≤0.05	
分辨率（10%峰宽）/amu	0.65～0.85	

表 11-53　仪器参考条件

射频功率/W	采样深度/mm	水平位置/mm	垂直位置/mm	载气流量/(L/min)	雾化室温度/℃	提取透镜电压/V	氦气流量/(mL/min)	质量增益	质量补偿	轴增益	轴补偿
1550	8	−0.1	0.1	1.05	2.0	−195	4.5	138	127	1.0016	0

2）方法参数

推荐使用的同位素、内标元素和分析模式见表 11-54。定量分析一般采用跳峰方式采集数据，据第一电离能的大小设置驻留时间长短，据管线长度和样品提升速度设置提升时间和冲洗时间。

表 11-54　方法参数

元素	铍	硼	钒④	铬②	锰	钴	镍	铜	锌	镓	砷④⑤
分析质量数	9	11	51	52/53	55	59	60	63	66	71	75
分析模式	标准	标准	碰撞	碰撞	碰撞	碰撞	碰撞	碰撞	碰撞	碰撞	碰撞
内标元素①	^{103}Rh、^{159}Tb、^{165}Ho、^{169}Tm、^{175}Lu、^{185}Re										
线性范围⑥/(μg/L)	100	100	100	100	1000	100	500	500	500	500	500

元素	锶	钼	镉②④⑤	银②	锡	锑	钡	铊	铅③	钍	铀
分析质量数	88	95	111/114	107/109	118	121	137	205	208	232	238
分析模式	碰撞	碰撞	碰撞	碰撞	碰撞	碰撞	碰撞	标准	标准/碰撞	标准/碰撞	标准/碰撞
内标元素①	^{103}Rh、^{159}Tb、^{165}Ho、^{169}Tm、^{175}Lu、^{185}Re										
线性范围⑥/(μg/L)	500	100	100	100	100	100	1000	100	500	100	100

注：①选择其中之一作内标元素。②同时分析，以低的为准。③铅因 ^{206}Pb、^{207}Pb、^{208}Pb 放射性成因，用校正方程：$^{208}Pb=^{206}M+^{207}M+^{208}M$。④干扰物含量低时，可通过校正方程在标准模式下分析。⑤对第一电离能较高的元素，可以增加积分时间。⑥ICP-MS 检测器有 P/A 模式，实际线性范围更宽。

2. 校准曲线建立

基于颗粒物样品实际化学组成，标准曲线溶液浓度参考范围见表11-54；ICP-MS线性范围较宽，可根据实际情况扩大或减小线性范围。

结合标准曲线溶液浓度参考范围，建议在此范围内配置3~4个点建立校准曲线。将标准溶液依次导入发射光谱仪进行测定，以浓度（μg/L）为横坐标、元素响应强度为纵坐标进行线性回归，计算校准曲线斜率，相关系数不低于0.999。

3. 消解制备试样分析

滤膜样品和空白实验的消解制备，参见第七章第二节。按照与校准曲线相同的仪器条件进行测试，若超出曲线范围建议用（2+98）硝酸溶液稀释后再测试。

（三）结果计算

颗粒物样品中元素含量按式（11-15）计算：

$$C_i = \frac{(\rho_i - \rho_{i0}) \times 50}{V_{std} \times 1000} \times \frac{A_t}{A_a} \qquad （11\text{-}15）$$

式中，C_i——颗粒物中待测 i 元素的含量，μg/m³；

ρ_i——消解制备试样中 i 元素的浓度，μg/L；

ρ_{i0}——空白实验中待测 i 元素的浓度，μg/L；

A_t——样品滤膜的采样面积，cm²；

A_a——消解制备时所取样品滤膜面积，cm²；

V_{std}——标准状态下采样体积，m³；

50——消解制备试样定容体积，mL；

1000——单位换算系数。

（四）准确度和精密度

参考《空气和废气 颗粒物中铅等金属元素的测定 电感耦合等离子体质谱法》（HJ 657—2013）。

（五）注意事项

1. 仪器参数的设置

仪器参数合理设置，可以提高灵敏度和降低氧化物、双电荷、质量轴偏差，在分析复杂样品基体时，可以适当牺牲灵敏度以提高抗干扰性（降低氧化物和双电荷产率）。①在一定范围内，射频功率越高、载气流量越大、雾化室温度越低、采样深度越长，灵敏度和双电荷越高，氧化物产率越低；提取透镜电压越大、检测器电压（慎用）越高，灵敏度越好。②质量轴通过轴增益和补偿两个参数优化。增大轴增益，则高质量数元素的质量数增大；增大轴补偿，则所有元素的质量数变大。③分辨率通过质量增益和补偿两个参数调节。增大质量增益，可以使高质量数峰宽变窄；增大质量补偿，有利于所有质量数峰变窄。

2. 质量数的选择

元素质荷比的选择主要考虑质谱干扰，应选择丰度高、干扰少的同位素。

（1）不选择存在同量异位素或双电荷干扰的质量数。特别是该干扰在样品中含量大且同位素对应的丰度高，而待测元素含量小、同位素丰度低的情况。如 V, Cr, Cd 分别不选择质量数 50、50、54、106、108、110、113、116 进行分析，见表 11-55；$^{65}Cu^+$、$^{69}Ga^+$、$^{116}Cd^+$ 因分别受 $^{130}Ba^{2+}$、$^{136}Ba^{2+}$、$^{232}Th^{2+}$ 的干扰而不选择。对于同位素只有一个的元素如铍、锰、砷、铊，则要通过校正方程、分析模式、反应气体等方式降低质谱干扰对该同位素带来的正干扰。

表 11-55　部分元素的质谱干扰

目标同位素（丰度）	多原子离子干扰（丰度）
^{50}V（0.25%）	$^{50}Ti^+$（5.400%）、$^{50}Cr^+$（4.345%）、$^{36}Ar^{14}N^+$（0.336%）、$^{40}Ar^{10}B^+$（19.82%）、$^{1}H^{49}Ti^+$（5.499%）、$^{16}O^{34}S^+$（4.200%）、$^{16}O^{1}H^{33}S^+$（0.748%）、$^{15}N^{35}Cl^+$（0.277%）、$^{13}C^{37}Cl^+$（0.267%）、$^{18}O^{1}H^{31}P^+$（0.200%）、$^{18}O^{32}S^+$（0.190%）、$^{14}N^{36}S^+$（0.020%）
^{51}V（99.75%）	$^{12}C^{39}K^+$（92.232%）、$^{40}Ar^{11}B^+$（79.780%）、$^{16}O^{35}Cl^+$（75.590%）、$^{14}N^{37}Cl^+$（24.141%）、$^{1}H^{50}Ti^+$（5.399%）、$^{1}H^{50}Cr^+$（4.344%）、$^{16}O^{1}H^{34}S^+$（4.199%）、$^{1}H^{50}V^+$（0.250%）、$^{18}O^{1}H^{32}S^+$（0.190%）
^{50}Cr（4.35%）	$^{50}Ti^+$（5.400%）、$^{50}V^+$（0.250%）、$^{36}Ar^{14}N^+$（0.336%）、$^{40}Ar^{10}B^+$（19.82%）、$^{1}H^{49}Ti^+$（5.499%）、$^{16}O^{34}S^+$（4.200%）、$^{16}O^{1}H^{33}S^+$（0.748%）、$^{15}N^{35}Cl^+$（0.277%）、$^{13}C^{37}Cl^+$（0.267%）、$^{18}O^{1}H^{31}P^+$（0.200%）、$^{18}O^{32}S^+$（0.190%）、$^{14}N^{36}S^+$（0.020%）
^{52}Cr（83.79%）	$^{40}Ar^{12}C^+$（98.504%）、$^{36}Ar^{16}O^+$（0.336%）、$^{12}C^{40}Ca^+$（95.875%）、$^{13}C^{39}K^+$（1.026%）、$^{1}H^{51}V^+$（99.735%）、$^{16}O^{1}H^{35}Cl^+$（75.578%）、$^{16}O^{36}S^+$（0.020%）
^{53}Cr（9.50%）	$^{40}Ar^{13}C^+$（1.096%）、$^{16}O^{1}H^{36}Ar^+$（0.336%）、$^{106}Pd^{2+}$（27.33%）、$^{12}C^{41}K^+$（6.656%）、$^{13}C^{40}Ca^+$（1.066%）、$^{14}N^{39}K^+$（92.917%）、$^{1}H^{52}Cr^+$（83.776%）、$^{16}O^{37}Cl^+$（24.172%）、$^{18}O^{35}Cl^+$（0.152%）、$^{16}O^{1}H^{36}S^+$（0.020%）
^{54}Cr（2.37%）	$^{54}Fe^+$（5.800%）、$^{40}Ar^{14}N^+$（99.235%）、$^{14}N^{40}Ca^+$（96.586%）、$^{16}O^{1}H^{37}Cl^+$（24.169%）、$^{16}O^{3}H^{35}Cl^+$（0%）、$^{17}O^{2}H^{35}Cl^+$（0%）、$^{18}O^{1}H^{35}Cl^+$（0.152%）、$^{1}H^{53}Cr^+$（9.50%）、$^{12}C^{42}Ca^+$（0.640%）、$^{15}N^{39}K^+$（0.341%）
^{75}As	$^{38}Ar^{37}Cl^+$（0.015%）、$^{40}Ar^{35}Cl^+$（75.467%）、$^{16}O^{59}Co^+$（99.762%）、$^{12}C^{63}Cu^+$（68.409%）、$^{16}O^{1}H^{58}Ni^+$（68.097%）、$^{14}N^{61}Ni^+$（1.126%）、$^{16}O^{1}H^{58}Fe^+$（0.279%）、$^{36}Ar^{39}K^+$（0.314%）、$OH^{56}Fe^+$（0.183%）、$^{150}Sm^{2+}$（7.40%）、$^{150}Nd^{2+}$（5.640%）
^{106}Cd（1.25%）	$^{106}Pd^+$（27.33%）、$^{16}O^{1}H^{89}Y^+$（99.747%）、$^{16}O^{90}Zr^+$（51.328%）、$^{40}Ar^{60}Zn^+$（27.788%）、$^{12}C^{94}Zr^+$（17.189%）、$^{14}N^{92}Zr^+$（17.087%）、$^{14}N^{92}Mo^+$（14.786%）、$^{12}C^{94}Mo^+$（9.148%）、$^{13}C^{93}Nb^+$（1.100%）、$^{18}O^{88}Sr^+$（0.165%）
^{108}Cd（0.89%）	$^{108}Pd^+$（26.46%）、$^{40}Ar^{68}Zn^+$（18.725%）、$^{14}N^{94}Zr^+$（17.316%）、$^{16}O^{92}Zr^+$（17.109%）、$^{12}C^{96}Mo^+$（16.497%）、$^{18}O^{92}Mo^+$（14.805%）、$^{16}O^{1}H^{91}Zr^+$（11.192%）、$^{14}N^{94}Mo^+$（9.216%）、$^{12}C^{96}Ru^+$（5.459%）、$^{12}C^{96}Zr^+$（2.769%）、$^{15}N^{93}Nb^+$（0.366%）、$^{18}O^{1}H^{89}Y^+$（0.200%）、$^{13}C^{95}Mo^+$（0.175%）、$^{18}O^{90}Zr^+$（0.103%）
^{110}Cd（12.49%）	$^{110}Pd^+$（11.720%）、$^{16}O^{1}H^{93}Nb^+$（99.747%）、$^{12}C^{98}Mo^+$（23.865%）、$^{40}Ar^{72}Ge^+$（20.418%）、$^{16}O^{94}Zr^+$（17.339%）、$^{14}N^{96}Mo^+$（16.619%）、$^{16}O^{94}Mo^+$（9.228%）、$^{14}N^{96}Ru^+$（5.500%）、$^{14}N^{96}Zr^+$（2.790%）、$^{12}C^{98}Ru^+$（1.859%）、$^{40}Ar^{70}Zn^+$（0.598%）、$^{36}Ar^{74}Ge^+$（0.123%）、$^{13}C^{97}Mo^+$（0.105%）

目标同位素（丰度）	多原子离子干扰（丰度）
^{111}Cd（12.80%）	$^{12}C^{99}Rc^+$（0.0%）、$^{40}Ar^{71}Ga^+$（39.740%）、$^{16}O^1H^{94}Zr^+$（17.336%）、$^{16}O^{95}Mo^+$（15.882%）、$^{12}C^{99}Ru^+$（12.560%）、$^{14}N^{97}Mo^+$（9.515%）、$^{16}O^1H^{94}Mo^+$（9.227%）、$^{36}Ar^{75}As^+$（0.337%）、$^{13}C^{98}Mo^+$（0.265%）、$^{18}O^{93}Nb^+$（0.200%）
^{112}Cd（24.13%）	$^{112}Sn^+$（0.970%）、$^{40}Ar^{72}Ge^+$（27.29%）、$^{16}O^{96}Mo^+$（16.640%）、$^{16}O^1H^{95}Mo^+$（15.880%）、$^{14}N^{98}Mo^+$（24.042%）、$^{12}C^{100}Ru^+$（12.461%）、$^{12}C^{100}Mo^+$（9.524%）、$^{16}O^{96}Ru^+$（5.507%）、$^{16}O^{96}Zr^+$（2.793%）、$^{14}N^{98}Ru^+$（1.873%）、$^{13}C^{99}Tc^+$（0%）、$^{18}O^1H^{93}Nb^+$（0.200%）、$^{13}C^{99}Ru^+$（0.140%）
^{113}Cd（12.22%）	$^{113}In^+$（4.300%）、$^{12}C^{101}Ru^+$（16.813%）、$^{16}O^1H^{96}Mo^+$（16.638%）、$^{14}N^{99}Ru^+$（12.654%）、$^{16}O^{97}Mo^+$（9.527%）、$^{40}Ar^{73}Ge^+$（7.769%）、$^{16}O^1H^{96}Ru^+$（5.506%）、$^{16}O^1H^{96}Zr^+$（2.793%）、$^{13}C^{100}Ru^+$（0.139%）、$^{13}C^{100}Mo^+$（0.106%）
^{114}Cd（28.73%）	$^{114}Sn^+$（0.650%）、$^{40}Ar^{74}Ge^+$（36.354%）、$^{12}C^{102}Ru^+$（31.252%）、$^{16}O^{98}Mo^+$（24.073%）、$^{14}N^{100}Ru^+$（12.554%）、$^1H^{113}Cd^+$（12.218%）、$^{14}N^{100}Mo^+$（9.595%）、$^{16}O^1H^{97}Mo^+$（9.526%）、$^1H^{113}In^+$（4.299%）、$^{16}O^{98}Ru^+$（1.876%）、$^{40}Ar^{74}Se^+$（0.896%）、$^{12}C^{102}Pd^+$（1.009%）、$^{15}N^{99}Tc^+$（0.0%）、$^{13}C^{101}Ru^+$（0.187%）
^{116}Cd（7.49%）	$^{116}Sn^+$（14.530%）、$^{14}N^{102}Ru^+$（31.484%）、$^{12}C^{104}Ru^+$（18.494%）、$^{16}O^1H^{99}Ru^+$（12.668%）、$^{16}O^{100}Ru^+$（12.570%）、$^{16}O^{100}Mo^+$（9.607%）、$^{12}C^{104}Pd^+$（11.017%）、$^{40}Ar^{76}Se^+$（8.964%）、$^{40}Ar^{76}Ge^+$（7.769%）、$^{13}C^{103}Rh^+$（1.100%）、$^{14}N^{102}Pd^+$（1.016%）、$^{36}Ar^{80}Se^+$（0.167%）、$^{232}Th^{2+}$（100%）

（2）一般不选择大概率质谱干扰质量数（样品中主次量元素和消解试剂元素形成质谱干扰的可能性大）。如分析海水中的铜，则要选择 $^{65}Cu^+$ 而不能选择受 $^{63}ArNa^+$ 干扰的 $^{63}Cu^+$；样品采用盐酸制备，铬选择质量数 52，其原因一是 ^{52}Cr 丰度高，二是 $^{16}O^{37}Cl$ 形成概率是 $^{16}O^1H^{35}Cl^+$ 的数个量级；样品中若存在大量钼形成的 MoO^+ 干扰 $^{111}Cd^+$、$^{114}Cd^+$，此时要同时选择分析，以分析结果低的数据更接近真实情况。

3. 内标元素的选择

内标元素的加入，可以对基体、仪器漂移进行有效补偿，并根据待测样品和标准溶液中内标元素计数的差异计算出校正系数，以此对待测样品的各元素浓度进行校正。理论上，内标应选择与待测元素物理性质相近的元素，且该元素某同位素不受质谱干扰，从而保证待测元素与内标元素的电离、质谱等行为特征相似。实验发现，内标元素应优先考虑样品中不存在、理化性质和放射性稳定的元素，内标元素同位素应不受样品中同量异位素、双电荷离子、多原子离子等质谱干扰。结合地壳中元素含量及质谱干扰，优先选择表 11-55 中的某个元素，如 ^{103}Rh 或 ^{185}Re。

对于未知样品，可以预选择多个内标元素，将分析空白标准溶液时内标元素的信号值作为基数信号值，以未知样品分析时对应内标元素的信号值与该基数信号值相除获得百分比，该百分比越接近 100%，则越应选择该内标元素参与校正计算；如果仪器能显示内标元素回收率曲线，亦可直接从该曲线变化来选择合适内标元素。

4. 仪器使用

仪器点火前一定要确保通风、循环水、蠕动泵、载气等正常且已开通；点火后要等雾化室温度满足表 11-53 和分析室压力稳定后，再进行仪器调谐、P/A 调谐及样品分析。

在使用新器皿、新试剂时应先做空白实验，以确保空白满足测试准确度要求。所用器皿均需（1+4）硝酸浸泡过夜，依次用自来水、实验用水冲洗后方可使用。

对于样品和酸的要求。①样品要求。如果待测样品溶液非清净，要先过滤以免堵塞雾化器。如果雾化室堵塞，可以采用惰性气体反吹喷嘴，含硅类颗粒堵塞采用（1+19）氢氟酸清洗并及时用纯水洗涤，有机颗粒堵塞采用浓硝酸煮沸清洗。②酸的要求。硝酸、双氧水产生的质谱干扰和非质谱干扰相对最小，优先选择硝酸；对于经氢氟酸消解的样品，建议使用耐氢氟酸进样系统或将其赶尽；对于样品的酸度，适当降低以保护采样锥和截取锥。

对于分析项目的要求。①ICP-MS 为痕量分析仪器，不建议用于颗粒物中钾、钠、钙、镁、铁、铝等高含量元素的分析，但要关注这些元素形成的质谱干扰对待测元素的影响，如 $^{40}Ar^{26}Mg^+$ 的 $^{66}Zn^+$。②如果仪器配有氢气反应模式，亦可以用于硒的分析；其他元素如果证实能满足相关标准要求，亦可使用。③如果仪器被硼污染，可以采用稀氨水消除。

对于仪器维护的要求。①在维护保养雾化器、矩管、采样锥、截取锥时，最好不要超声。②仪器点火前要确保排废液正常，仪器点火失败主要从氩气质量和漏气角度考虑。③灵敏度极低且波动很大，多是雾化器管路没有插好；若灵敏度较低而波动较小，可以考虑维护采样锥和截取锥；若灵敏度大小适宜而波动较大，可能是进样管没有卡好或老化需要更换。

六、颗粒物中金属的测定 波长色散 X 射线荧光法

波长色散 X 射线荧光（WDXRF）法测试颗粒物中元素，无需样品消解，是一种非破坏性的无损分析方法；其分析的为颗粒物中元素的总量。

（一）适用范围

本方法规定了测定环境空气颗粒物中铍、镉、铅等金属的电感耦合等离子体质谱法，无组织排放颗粒物等样品中相关项目可参考本方法。

使用直径 47 μm 滤膜、采样体积 24.0 m³（标准状态）时，本方法的检出限和检出下限见表 11-56。其他元素如果证实能满足相关标准要求，亦可使用。

表 11-56　方法检出限和测定下限（μg/m³）

元素	钠	镁	铝	硅	磷	硫	氯	钾	钙
方法检出限	0.072	0.007	0.009	0.036	0.007	0.039	0.06	0.008	0.021
测定下限	0.288	0.028	0.036	0.144	0.028	0.156	0.24	0.032	0.084
元素	钛	钒	铬	锰	铁	钴	镍	铜	锌
方法检出限	0.017	0.033	0.049	0.019	0.038	0.031	0.012	0.052	0.031
测定下限	0.068	0.132	0.196	0.076	0.152	0.124	0.048	0.208	0.124
元素	镓	砷	硒	锶	镉	锡	锑	钡	铅
方法检出限	0.03	0.027	0.038	0.036	0.09	0.052	0.081	0.14	0.093
测定下限	0.12	0.108	0.152	0.144	0.36	0.208	0.324	0.56	0.372

（二）样品处理

1. 样品裁剪

小流量采样器采集的颗粒物样品可直接放入样品杯。大、中流量采样器采集的石英滤膜/特氟龙滤膜颗粒物样品需用直径为 47 mm 圆刀或陶瓷剪刀裁剪成直径为 47 mm 的滤膜圆片，待测。上述操作应避免样品测量面被沾污。

2. 样品压片

首先将样品杯杯口朝下放置于平整桌面上，铺上 4.0 μm 麦拉膜，将样品滤膜用镊子小心地从滤膜盒中取出，尘面朝下放置在铺好的麦拉膜上面，用麦拉膜将样品膜包裹平整，用样品杯压紧，盖上样品杯盖之后待测。

（三）分析步骤

1. 测量条件优化

参照仪器厂商提供的数据库选择最佳工作条件，主要包括 X 光管高压和电流、元素的分析谱线及背景点、分光晶体、准直器、探测器、脉冲高度分布（PHA）和滤光片。分析谱线峰位、背景及测量时间，结合实际调整。仪器参考条件见表 11-57。

2. 校准曲线建立

在仪器软件界面上建立、输入标准样品数据；按照优化后的测量条件测量薄膜标样、漂移校正样品。据线性回归校正模型和测试结果，建立校准曲线。

3. 滤膜样品测量

按照与标准样品相同的测量条件测量空白滤膜和样品滤膜。根据样品滤膜和空白滤膜中目标元素特征峰强度测量值及校准曲线斜率计算样品滤膜元素含量。

表 11-57 仪器参考条件

元素	谱线	光管		滤光片(Al)/μm	准直器	分光晶体	2θ/(°)		测量时间/s		探测器	PHA/keV
		电压/kV	电流/mA				峰位	背景	峰位	背景		
钠	K_α	30	100	—	0.23dg	XS-55	24.883	23.177	20	10	FPC	50~150
镁	K_α	30	100	—	0.23dg	XS-55	20.657	23.176	20	10	FPC	40~160
铝	K_α	30	100	—	0.46dg	PET	144.602	147.882	16	8	FPC	40~250
硅②	K_α	30	100	—	0.46dg	PET	108.998	111.951	10	4	FPC	40~250
磷	K_α	30	100	—	0.46dg	PET	89.431	92.539	20	10	FPC	50~150
硫	K_α	30	100	—	0.46dg	PET	75.722	79.598	10	5	FPC	40~250
氯	K_α	30	100	—	0.23dg	PET	65.446	66.620	20	10	FPC	50~150
钾	K_α	50	60	—	0.46dg	LiF200	136.647	141.200	20	10	FPC	50~150
钙	K_α	50	60	—	0.46dg	LiF200	113.110	108.001	6	2	FPC	40~250
钛	K_α	50	60	—	0.23dg	LiF200	86.142	82.500	20	10	FPC	50~150
钒	K_α	50	60	—	0.23dg	LiF200	76.936	78.136	20	10	SC	50~150
铬	K_α	60	50	100	0.23dg	LiF200	69.351	66.500	20	10	FPC	50~150
锰	K_α	60	50	100	0.23dg	LiF200	62.973	66.500	20	10	SC	50~150
铁	K_α	60	50	200	0.23dg	LiF200	57.529	54.500	10	4	SC	50~150
钴	K_α	60	50	200	0.23dg	LiF200	52.799	54.500	20	10	SC	50~150
镍	K_α	60	50	200	0.23dg	LiF200	48.668	50.145	20	10	SC	50~150
铜	K_α	60	50	200	0.46dg	LiF200	45.048	46.950	20	10	SC	50~150
锌	K_α	60	50	200	0.46dg	LiF200	41.817	39.800, 46.950	20	10	SC	50~150

续表

元素	谱线	光管 电压/kV	光管 电流/mA	滤光片（Al）/μm	准直器	分光晶体	2θ/（°）峰位	2θ/（°）背景	测量时间/s 峰位	测量时间/s 背景	探测器	PHA/keV
镓	Kα	60	50	200	0.23dg	LiF200	38.915	39.936	20	10	SC	50~150
砷	Kα①	60	50	500	0.23dg	LiF200	34.003	31.100, 39.800	20	10	SC	50~150
硒	Kα	60	50	500	0.23dg	LiF200	31.890	31.200	20	10	SC	50~150
锶	Kα	60	50	500	0.23dg	LiF200	25.151	26.000	20	10	SC	50~150
镉	Lα	30	100	12	0.23dg	PET	53.789	54.920	20	10	FPC	50~150
锡	Lα	30	100	—	0.23dg	LiF200	126.745	124.670	20	10	FPC	50~150
锑	Lα	30	100	—	0.23dg	LiF200	117.327	124.670	20	10	FPC	50~150
钡	Lα	30	100	—	0.23dg	LiF200	87.162	82.500	20	10	FPC	50~150
铅	Lβ	60	50	500	0.23dg	LiF200	28.265	26.011, 31.172	20	10	SC	50~150

注：①谱线 PbL_α 与 AsK_α 存在谱线重叠干扰，通过仪器软件进行干扰系数校正。②硅需采用聚丙烯或特氟龙滤膜采样分析。

4. 结果计算

颗粒物样品中元素含量按式（11-16）计算：

$$C = \frac{(\rho - \rho_0) \times A}{V_{std}} \tag{11-16}$$

式中，C——颗粒物中待测元素的含量，$\mu g/m^3$；

$\quad\quad\rho$——样品滤膜中待测元素的浓度，$\mu g/cm^2$；

$\quad\quad\rho_0$——空白滤膜中待测元素的浓度，$\mu g/cm^2$；

$\quad\quad A$——样品滤膜的采样面积，cm^2；

$\quad\quad V_{std}$——标准状态下采样体积，m^3。

（四）准确度和精密度

参见《环境空气 颗粒物中无机元素的测定 波长色散 X 射线荧光光谱法》（HJ 830—2017）。

（五）注意事项

1. 样品环节

①颗粒物负载量不宜超过 100 $\mu g/cm^2$，可以通过控制采样时间调控滤膜上颗粒物负载量。过多会导致样品基体效应，偏离薄样品假设，影响分析结果的准确性。②样品采集、保存及处理环节应避免滤膜尘面沾污、保持平整。

2. 仪器参数的选择

①谱线选择。一般应该选择 K_α 以获得最高灵敏度。因镉和锡等 5 个元素的 K_α 吸收限能量较高而选择低强度的 L 线系；铅的 PbL_α（0.1175 nm）与 AsK_α（0.1177 nm）存在严重的谱线重叠因而选择 PbL_β。②X 光管电压与电流之积应该不大于其功率的 80%，X 光管电压一般选取 3 倍以上待测元素对应特征谱线的激发电势；对于低含量的轻元素，选择高电流有利于获得足够、稳定的 X 射线强度。③滤光片能强烈吸收波长短于其吸收限的靶材 X 射线干扰，同时消除连续谱线的散射线。④粗细准直器均能过滤掉发散的 X 射线，分别用于提高灵敏性、减少谱线干扰。⑤PET 晶体易潮解，因此要开机保持光室恒温。⑥2θ 联动机构有稍许偏差，加之元素在样品中价态可能不一样甚至差异较大，谱线峰位和背景以实际扫描结果为准，背景据干扰情况和分析峰的强度选择 0～2 个。⑦延长测试时间可以提高灵敏度，但对样品滤膜及仪器样品窗（下照式）不利。⑧闪烁计数器 SC、流气型正比计数器 FPC 分析范围以 0.2 nm 波长为界限，SC 对波长小于 0.2 nm 的谱线探测效率高，探测器的选择与元素及特征谱线有关。⑨脉冲高度分析器 PHA 要选择上、下限以消除电噪声、二次线，同时要选择合理范围以避免脉冲堆积。

3. 分析方法

①在满足测定要求前提下，建议降低表 11-57 中 X 光管电压并尽量减少测量时间。②更换氩-甲烷气体后，要对校准曲线做漂移校正。

4. 特殊元素

①氯等卤族元素具有溢出效应，不建议做精密度实验；同时应避免受污染。②价态差异大致使硫存在谱线位移；该项目受颗粒粒径、压力影响很大；同时应避免受污染。③其他元素如果证实能满足相关标准要求，亦可使用。

5. 仪器维护

①断电后或长期未做样时，在测试样品前进行光管老化检查。②光谱室、检测器、氩-甲烷气体等维修或更换后，要对准直器、测角仪、2θ联动机、SC、FPC、谱线峰位进行校准。

七、颗粒物中六价铬的测定 柱后衍生离子色谱法

该部分内容引自《环境空气 六价铬的测定 柱后衍生离子色谱法》（HJ 779—2015）和公益课题成果。

（一）适用范围

本标准规定了测定环境空气颗粒物中六价铬的离子色谱法。

本标准适用于环境空气颗粒物中六价铬的测定。

当采样体积为 21 m³（标准状态），提取液体积为 10 mL，进样量为 1 mL 时，本方法的检出限为 0.005 ng/m³，测定下限为 0.020 ng/m³。

（二）主要溶液

1. 淋洗液：0.250 mol/L 硫酸铵+0.100 mol/L 氢氧化铵

称取 66 g 优级纯硫酸铵溶解于水中，加入 14 mL 优级纯氨水，摇匀，稀释定容至 2000 mL。立即转入淋洗瓶中，可加入氮气保护以免吸收空气中的 CO_2。

2. 衍生试剂

称取 0.50 g 二苯碳酰二肼溶解于色谱级甲醇中，并用色谱级甲醇稀释至 100 mL。将 28mL 优级纯浓硫酸缓缓加入 300 mL 水中，并稀释至 500 mL。将二苯碳酰二肼溶液转移至硫酸水溶液中，加水稀释至 1000 mL，并转移到衍生试剂瓶中，可加氮气，压力 6～9 psi，防止气泡产生。避光保存，且不超过 3 天。

（三）分析步骤

1. 设置仪器条件

根据仪器使用说明书优化测量条件或参数。参考条件为淋洗液流速 1 mL/min，柱后衍生试剂流速 0.33 mL/min，混合管路 750 μL，紫外可见检测器检测波长为 530 nm。

2. 建立校准曲线

配制浓度为 0 μg/L、0.10 μg/L、0.20 μg/L、0.50 μg/L、1.00 μg/L、2.00 μg/L、5.00 μg/L 的六价铬校准曲线溶液。按其浓度由低到高的顺序注入离子色谱仪，测定仪器响应值及保留时间；以六价铬浓度为横坐标，对应的吸光度为纵坐标，绘制标准曲线。

3. 试样制备

参见第七章第二节。

4. 试样测定

按照与绘制标准曲线相同的色谱条件和步骤，将试样注入离子色谱仪测定六价铬浓度，以保留时间定性，仪器响应值定量。

5. 结果计算

颗粒物样品中元素含量按式（11-17）计算：

$$\rho = \frac{(\rho_s - \rho_0) \times 10 \times f}{V_{std}} \qquad （11\text{-}17）$$

式中，ρ——样品滤膜中六价铬的含量，ng/m³；

　　　ρ_s——样品滤膜中六价铬的浓度，ng/mL；

　　　ρ_0——空白滤膜中六价铬的浓度，ng/mL；

　　　10——试样溶液体积，mL；

　　　f——稀释倍数；

　　　V_{std}——标准状态下采样体积，m³。

（四）精确度和准确度

使用纤维素滤膜进行采样，采样前对滤膜进行了加标，采样结束后立即测定结果，结果见表 11-58。1～8#样品为小流量采样，流速约 16 L/min，采样体积约 20 m³；9～10#样品为中流量采样，流速约 100 L/min，采样体积约 130 m³。实际样品测定的浓度范围为 0.014～0.048 ng/m³，加标回收率为 81%～102%，平行样品精密度为 4.0%～6.2%。

表 11-58　实际样品测定结果

滤膜编号	浓度测定结果 /（ng/mL）	空气采集体积 /m³	空气中的浓度 /（ng/m³）	加标回收率 /%	平行相对偏差 /%
1#（PM$_{2.5}$）	0.0312	21.16	0.015		
2#（1#平行样品）	0.0302	21.32	0.014		4.0
3#（PM$_{10}$）	0.0492	21.53	0.023		
4#（3#平行样加标）	5.1542	20.97	2.458	102	
5#（PM$_{2.5}$）	0.1539	23.00	0.067		
6#（5#平行样品）	0.1695	23.79	0.071		6.2
7#（PM$_{10}$）	0.2515	22.78	0.110		
8#（7#平行样加标）	1.8724	22.12	0.846	81	
9#（PM$_{2.5}$）	0.628	130.53	0.048		
10#（PM$_{10}$）	1.128	128.97	0.088		

（五）注意事项

①如出现干扰六价铬测定的杂峰，则应根据实验室需要适当调整淋洗液流速，使干扰峰与目标峰分离。②柱后衍生过程中，泵压不稳定或室温变化而产生的气泡会影响测定，可通过氮气加压保护来降低影响。③实验所用器具均不可用酸浸泡清洗，尽量使用聚丙烯（PP）或聚四氟乙烯（PTFE）材质的一次性器皿，避免空白值较高。④经碳酸氢钠溶液浸泡过的采样滤膜，可能会导致采样过程中流量的下降，应配置高性能的采样系统。⑤滤膜的制备和预处理应在洁净的环境中进行，避免污染。有条件的实验室，可将相关操作在有氮气吹扫的手套箱中进行。

针对颗粒物中重点防控的 14 项重金属，方法检出限参见表 11-59。因工作局限，加之分析仪器性能，未能研究所有重金属在各方法中的检出限。

表 11-59　大气颗粒物中 14 种重点防控重金属的方法检出限

序号	元素	FL-AAS μg/m³	GF-AAS ng/m³	AFS ng/m³	ICP-OES μg/m³	ICP-MS ng/m³	WDXRF μg/m³
1	钒	—	—	—	0.004	0.1	0.033
2	铬	0.15	—	—	0.006	1.0	0.049
3	锰	0.05	—	—	0.003	0.3	0.019
4	钴	—	—	—	0.003	0.03	0.031
5	镍	0.15	—	—	0.04	0.5	0.012
6	铜	0.25	—	—	0.003	0.7	0.052
7	锌	0.25	—	—	0.02	3.0	0.031
8	砷	—	—	2.36	0.004	0.7	0.027
9	镉	0.25	0.03	—	0.003	0.03	0.090

续表

序号	元素	FL-AAS	GF-AAS	AFS	ICP-OES	ICP-MS	WDXRF
		$\mu g/m^3$	ng/m^3	ng/m^3	$\mu g/m^3$	ng/m^3	$\mu g/m^3$
10	银	—	—	—	0.003	0.08	—
11	锑	—	—	0.675	0.004	0.09	0.081
12	汞	—	—	0.47	—	—	—
13	铊	—	—	—	—	0.03	—
14	铅	0.10	9.0	—	0.05	0.6	0.093

注：FL-AAS、GF-AAS、AFS、ICP-OES、ICP-MS、WDXRF 计算方法检出限的条件分别是采样体积 10.0 m^3 （标准状态）、定容体积 50.0 mL，采样体积 10.0 m^3（标准状态）、定容体积 50.0 mL，采样体积 10.0 m^3（标准状态）、定容体积 50.0 mL，采样体积 150 m^3（标准状态）、定容体积 50.0 mL，采样体积 150 m^3（标准状态）、定容体积 50.0 mL，直径 47 μm 滤膜、采样体积 24.0 m^3（标准状态）

第三节　沉积物中重金属实用分析方法

目前，我国尚未建立河流和湖泊沉积物重金属监测技术方法体系，现行沉积物的测定方法多参照土壤或海洋沉积物的测定方法，亟须开发专门适合于沉积物中重金属测定的分析方法。河流和湖泊沉积物中重金属元素准确分析取决于两方面，一方面是样品前处理技术，另一方面是所选用监测分析方法的准确性。表 11-60 列出了常见沉积物重金属元素不同方法的检出限，供环境监测人员参考选择。

表 11-60　沉积物中重金属分析方法检出限汇总

序号	方法名称	消解体系	元素	方法检出限 / (mg/kg)	备注
1	河流和湖泊　沉积物中铜、锌、锰的测定　火焰原子吸收分光光度法	微波消解、电热板消解	铜（Cu）	1.0	称样量为 0.50 g，消解后定容体积为 50 mL
			锌（Zn）	0.5	
			锰（Mn）	1.5	
2	河流和湖泊　沉积物中铅、镉、镍、铬的测定　石墨炉原子吸收分光光度法	微波消解、电热板消解	铅（Pb）	0.1	称样量为 0.25 g，消解后定容体积为 50 mL
			镉（Cd）	0.02	
			镍（Ni）	0.2	
		微波消解	铬（Cr）	0.05	
3	河流和湖泊沉积物中汞、砷的测定　氢化物发生原子荧光光谱法	水浴消解、石墨消解	汞（Hg）	0.002	称样量为 0.50 g，消解后定容体积为 50 mL
			砷（As）	0.005	
4	河流和湖泊　沉积物中汞的测定　冷原子吸收分光光度法	直接测定	汞（Hg）	0.002	称样量为 0.20 g
5	河流和湖泊　沉积物中金属元素的测定　电感耦合等离子体发射光谱法	微波消解、电热板消解	银（Ag）	0.20	称样量为 0.25 g，消解后定容体积为 50 mL
			镉（Cd）	0.20	
			钴（Co）	0.40	
			铬（Cr）	1.00	
			铜（Cu）	0.80	
			锰（Mn）	0.40	

续表

序号	方法名称	消解体系	元素	方法检出限 /（mg/kg）	备注
5	河流和湖泊　沉积物中金属元素的测定　电感耦合等离子体发射光谱法	微波消解、电热板消解	镍（Ni）	0.80	
			铅（Pb）	2.00	
			钒（V）	1.00	
			锌（Zn）	2.00	
			锑（Sb）	0.80	
6	河流和湖泊　沉积物中金属元素的测定　电感耦合等离子体质谱法	微波消解、电热板消解	镉（Cd）	0.05	称样量为 0.25 g，消解后定容体积为 50 mL
			铬（Cr）	0.09	
			钴（Co）	0.009	
			铜（Cu）	0.05	
			铅（Pb）	0.06	
			锰（Mn）	0.01	
			镍（Ni）	0.05	
			银（Ag）	0.01	
			铊（Tl）	0.03	
			钒（V）	0.25	
			锌（Zn）	0.18	
			砷（As）	0.14	
			锑（Sb）	0.04	

一、河流和湖泊　沉积物中铜、锌、锰的测定　火焰原子吸收分光光度法

（一）适用范围

本方法规定了测定河流和湖泊沉积物中金属元素的火焰原子吸收分光光度法。

本方法适用于河流和湖泊沉积物中铜（Cu）、锌（Zn）、锰（Mn）3 种金属元素的测定。若通过验证，本方法也可适用于其他金属元素的测定。

当沉积物样品量在 0.500 g 时，铜的方法检出限为 1.0 mg/kg，测定下限为 4.0 mg/kg。锌的方法检出限为 0.5 mg/kg，测定下限为 2.0 mg/kg。锰的方法检出限为 1.5 mg/kg，测定下限为 6.0 mg/kg。

（二）干扰和消除

当沉积物中铁含量大于 100 mg/L 时抑制锌的吸收，加入硝酸镧可消除共存成分的干扰。含盐量高时，往往出现非特征吸收，可通过背景校正加以克服。

影响锰原子吸收法准确度的主要干扰是化学干扰，当硅的浓度大于 50 mg/L 时，对锰的测定出现负干扰，且干扰的程度随硅的浓度增加而增加。

锰的光谱线较复杂，为克服光谱干扰，应选择小的光谱通带。

（三）样品

1. 制备

将采集好的样品（一般不少于 500 g）混匀后用四分法缩分至约 100 g，自然风干或冷冻干燥，除去石子和动植物残体等异物，用木棒或玛瑙棒研压，通过 2 mm 尼龙筛除去砂砾。再用玛瑙研钵将其研磨至全部通过 100 目（孔径 0.149 mm）尼龙筛，混匀后备用。

2. 试样前处理

1）微波消解法

参见第七章第一节中用的前处理方法"（二）微波消解 1. 硝酸-盐酸-氢氟酸消解"。

2）电热板消解法

参见第七章第一节中常用的前处理方法"（一）电热板消解 （1）盐酸-硝酸-氢氟酸-高氯酸消解"。

（四）分析步骤

1. 仪器条件

不同型号仪器的最佳测试条件不同，可根据仪器使用说明书自行选择。通常本方法采用表 11-61 中的测量条件。

表 11-61　仪器测量条件

元素	铜	锌	锰
测定波长/nm	324.8	213.8	279.5
狭缝宽度/nm	1.2	0.4	0.4
灯电流/mA	7.0	7.0	7.0
火焰性质	氧化性	氧化性	氧化性
其他可测定波长/nm	327.4，225.8	307.6	—

2. 校准曲线绘制

1）铜、锌标准曲线的绘制

参照表 11-62，在 100 mL 容量瓶中，使用 1%硝酸溶液稀释混合标准使用液，配制至少 5 个标准工作溶液，其浓度范围应包括试液中铜、锌的浓度。

2）锰标准曲线的绘制

在 100 mL 容量瓶中，使用 1%硝酸溶液稀释锰标准使用液，配制至少 5 个标准工作溶液，其浓度范围应包括试液中锰的浓度。

表 11-62　标准曲线溶液浓度

混合标准使用液加入体积/mL	0.00	0.50	1.00	2.00	3.00	4.00	5.00
校准曲线溶液浓度 Cu/（mg/L）	0.00	0.25	0.50	1.00	1.50	2.00	2.50
校准曲线溶液浓度 Zn/（mg/L）	0.00	0.10	0.20	0.40	0.60	0.80	1.00

3. 样品测定

每个试样测定前，先用洗涤空白溶液校零，在测定标准溶液的同时，测量样品溶液和空白溶液的吸光度。若样品中待测元素浓度超出校准曲线范围，需经稀释后重新测定。

4. 空白实验

按照与试样相同的测定条件测定空白溶液。

（五）结果计算与表示

1. 结果计算

沉积物中金属元素的质量浓度按式（11-18）计算：

$$w = \frac{(\rho_1 - \rho_0) \times V_0}{m \times (1 - f)} \tag{11-18}$$

式中，w——沉积物中金属元素的质量浓度，mg/kg；

ρ_1——由校准曲线计算试样中元素的质量浓度，mg/L；

ρ_0——由校准曲线计算空白溶液中元素的浓度，mg/L；

V_0——消解后的定容体积，mL；

m——消解样品的质量，g；

f——含水率，%。

2. 结果表示

测定结果保留 3 位有效数字。

（六）精密度和准确度

1. 精密度

实验室测定 3 个沉积物有证标准样品（GSD5a、GSD17、GSD21）的相对标准偏差、重复性、再现性等精密度指标见表 11-63。

2. 准确度

实验室对沉积物实际样品和有证标准样品的加标回收测定结果见表 11-64 和表 11-65。

（七）注意事项

（1）分析所用器皿均需用（1+1）HNO_3 溶液浸泡 24 h，用去离子水洗净后方

表 11-63　方法的精密度

元素	标准物质	保证值	测定均值/（mg/kg）	室内相对标准偏差/%
	GSD5a	118±4	118.8	3.5
Cu	GSD17	26.5±1	27.2	1.7
	GSD21	296±10	297.9	2.1
	GSD5a	263±5	261.2	2.6
Zn	GSD17	579±17	617.7	2.1
	GSD21	289±6	291.8	4.2
	GSD5a	917±25	910.0	1.4
Mn	GSD17	1490±40	1518.4	0.69
	GSD21	829±9	831.8	0.67

表 11-64　方法的准确度（实际样品）

元素	实际样品平均值/（mg/kg）	加标量/μg	加标回收率终值（$\bar{P} \pm 2S\bar{P}$）
Cu	139.8	100	101.2±11.6
	292.5	200	112.8±5.4
Zn	485.0	100	95.4±8.8
	1336.0	200	106.3±5.6
Mn	4327.2	500	75.8±31.9
	2466.3	500	57.0±33.6

表 11-65　方法的准确度（有证标准样品）

元素	标准物质	标样保证值	测定平均值/（mg/kg）	相对误差终值/%（$\overline{RE} \pm 2S\overline{RE}$）
	GSD5a	118±4	118.8	0.68±8.3
Cu	GSD17	26.5±1	27.2	2.6±0.92
	GSD21	296±10	297.9	0.64±12.5
	GSD5a	263±5	261.2	0.68±13.6
Zn	GSD17	579±17	617.7	6.7±25.9
	GSD21	289±6	291.8	0.97±24.5
	GSD5a	917±25	910.0	0.76±25.5
Mn	GSD17	1490±40	1518.4	1.9±21.0
	GSD21	829±9	831.8	0.34±11.1

可使用。

（2）样品消解时，注意反应罐使用的温度压力限制，装配反应罐时必须检查各个连接部件的严密性。

（3）当向消解罐加入酸溶液时，在盖上罐体之前应观察反应的进行情况，如果反应强烈，需在反应完全停止后才可将罐盖上。

（4）对于怀疑污染严重的沉积物，事先最好先用半定量分析法扫描样品，确定其中的高浓度元素。由此获取的信息可以避免样品分析期间对检测器的潜在损害，同时鉴别浓度超过线性范围的元素。

二、河流和湖泊 沉积物中铅、镉、镍、铬的测定 石墨炉原子吸收分光光度法

（一）适用范围

本方法规定了测定河流和湖泊沉积物中金属元素铅、镉、镍、铬的石墨炉原子吸收分光光度法。

本方法适用于河流和湖库沉积物中铅、镉、镍、铬的测定。

当取样量为 0.25 g，消解后定容体积为 50 mL 时，测定沉积物中的铅、镉、镍和铬的方法检出限分别为 0.1 mg/kg、0.02 mg/kg、0.2 mg/kg 和 0.05mg/kg。

（二）干扰和消除

用塞曼法扣除背景干扰；测定铅元素、镉元素时使用 10 mg/L 硝酸钯溶液做基体改进剂，测定镍元素时不需加基体改进剂，测定铬元素时使用 100 mg/L 硝酸钯溶液做基体改进剂。

（三）样品

1. 制备

将采集好的样品（一般不少于 500g）混匀后用四分法缩分至约 100g，自然风干或冷冻干燥，除去石子和动植物残体等异物，用木棒或玛瑙棒研压，通过 2mm 尼龙筛除去砂砾。再用玛瑙研钵将其研磨至全部通过 100 目（孔径 0.149mm）尼龙筛，混匀后备用。

2. 试样前处理

1）微波消解法（适用于铅、镉、镍、铬）

参见第七章第一节常用的前处理方法"（二）微波消解 1. 硝酸-盐酸-氢氟酸消解"。

2）电热板消解法（适用于铅、镉、镍）

参见第七章第一节常用的前处理方法"（一）电热板消解（1）盐酸-硝酸-氢氟酸-高氯酸消解"。

（四）分析步骤

1. 仪器条件

参考表 11-66 所列条件设定仪器，使仪器处于最佳工作状态。

表 11-66 仪器推荐工作条件表

条件	Pb	Cd	Ni	Cr
光源	铅空心阴极灯	镉空心阴极灯	镍空心阴极灯	铬空心阴极灯
灯电流/mA	8	8	20	10
测定波长/nm	228.8	283.3	232	357.9
狭缝宽度/nm	0.2	0.2	0.2	0.2
干燥温度/℃/时间/s	110～130/50s	110～130/50s	110～130/50s	110～130/50s
灰化温度/℃/时间/s	700/20s	500/20s	1100/20s	700/20s
原子化温度/℃/时间/s	1900/5s	1500/5s	2300/5s	2400/5s
清除温度/℃/时间/s	2450/3s	2450/3s	2450/3s	2450/3s
原子化阶段是否停气	是	是	是	是
氩气流速/（mL/min）	300	300	300	300
基体改进剂/μL	5	5	0	5
进样量/μL	20	20	20	20
背景校正方式	塞曼背景校正	塞曼背景校正	塞曼背景校正	塞曼背景校正

2. 校准曲线绘制

通过设定标准使用溶液的不同进样体积，由自动进样器直接进样和仪器软件完成标准曲线绘制。

3. 样品测定

按与绘制校准曲线相同的分析步骤，测定试样吸光度和浓度。

4. 空白实验

按照与试样相同的测定条件测定空白溶液。

（五）结果计算与表示

1. 结果计算

沉积物中的铅、镉、镍和铬的含量 w 按照式（11-19）计算：

$$w = \frac{(\rho_1 - \rho_0) \times V_0}{m \times (1-f)} \qquad (11-19)$$

式中，w——沉积物中铅、镉、镍、铬的质量浓度，mg/kg；

ρ_1——由校准曲线计算出试液中铅、镉、镍和铬的浓度，μg/L；

ρ_0——由校准曲线计算出铅、镉、镍和铬空白的浓度，μg/L；

V_0——试液的定容体积，mL；

m——试样的质量，g；

f——试样中水分的含量，%。

2. 结果表示

测定结果保留 3 位有效数字；当样品含量较低时，根据检出限情况保留 1 位或 2 位有效数字。

（六）精密度和准确度

实验室测定 5 种沉积物有证标准样品（GSD-2、GSD-7a、GSD-15、GSD-18、GSD-21）和 2 种实际样品测定的准确度和精密度结果见表 11-67～表 11-80。

表 11-67　准确度与精密度测试结果——微波消解法（GSD-2）

平行号		镉	铅	镍	铬
测定结果 /（mg/kg）	1	0.112	34.8	4.5	26.9
	2	0.113	33.1	4.8	24.9
	3	0.107	33.4	4.3	26.7
	4	0.105	33.1	5.0	26.0
	5	0.110	33.7	4.9	26.8
	6	0.102	35.8	4.8	25.5
平均值 $\bar{x}_i$ /（mg/kg）		0.108	34.0	4.7	26.1
参考值/（mg/kg）		0.108±0.009	35±2	4.7±0.7	25±4
相对标准偏差 RSD/%		3.94	3.21	5.60	3.11

表 11-68　准确度与精密度测试结果——微波消解法（GSD-7a）

平行号		镉	铅	镍	铬
测定结果 /（mg/kg）	1	5.62	556	21.5	43.9
	2	5.59	561	21.7	43.9
	3	5.65	549	21.5	43.7
	4	5.29	560	21.9	43.5
	5	5.56	567	21.4	43.6
	6	5.41	548	21.4	42.6
平均值 $\bar{x}_i$ /（mg/kg）		5.52	557	21.6	43.5
参考值/（mg/kg）		5.6±0.6	555±19	22±0.6	43±1
相对标准偏差 RSD/%		2.54	1.32	0.91	1.11

表 11-69　准确度与精密度测试结果——微波消解法（GSD-15）

平行号		镉	铅	铬
测定结果 /（mg/kg）	1	0.34	216	61.7
	2	0.34	213	61.9
	3	0.35	213	62.7
	4	0.33	212	60.6
	5	0.33	210	60.9
	6	0.33	210	59.1

续表

平行号	镉	铅	铬
平均值 $\bar{x}_i$ /（mg/kg）	0.34	212	61.2
参考值/（mg/kg）	0.34±0.02	210±6	61±4
相对标准偏差 RSD/%	2.43	1.06	2.05

表 11-70　准确度与精密度测试结果——微波消解法（GSD-18）

平行号		镉	铅	镍	铬
测定结果 /（mg/kg）	1	0.092	22.2	4.7	9.5
	2	0.09	21.0	4.4	8.5
	3	0.087	22.0	4.5	7.9
	4	0.089	21.5	4.6	7.3
	5	0.095	22.0	4.5	8.4
	6	0.097	22.0	4.3	7.5
平均值 $\bar{x}_i$ /（mg/kg）		0.092	21.8	4.5	8.2
参考值/（mg/kg）		0.095±0.01	22±1	4.7±0.5	8.4±1.2
相对标准偏差 RSD/%		4.12	2.06	3.14	9.79

表 11-71　准确度与精密度测试结果——微波消解法（GSD-21）

平行号		镉	铅	镍	铬
测定结果 /（mg/kg）	1	0.76	25.7	12.9	30.9
	2	0.77	26.4	12.5	31.9
	3	0.75	25.9	12.7	33.5
	4	0.76	26.3	13.0	33.2
	5	0.75	26.7	13.6	32.2
	6	0.75	26.3	12.7	31.3
平均值 $\bar{x}_i$ /（mg/kg）		0.76	26.2	12.9	32.2
参考值/（mg/kg）		0.76±0.03	26±1	13.4±0.9	32±4
相对标准偏差 RSD/%		1.08	1.37	2.98	3.19

表 11-72　准确度与精密度测试结果——电热板消解法（GSD-2）

平行号		镉	铅	镍
测定结果 /（mg/kg）	1	1.42	98.6	30.9
	2	1.29	98.2	31.7
	3	1.35	101	30.1
	4	1.39	100	30.5
	5	1.45	98.5	31.8
	6	1.46	99.7	32.0
平均值 $\bar{x}_i$ /（mg/kg）		1.39	99.3	31.2
参考值/（mg/kg）		1.37±0.1	102±4	31±1
相对标准偏差 RSD/%		4.64	1.09	2.50

表 11-73　准确度与精密度测试结果——电热板消解法（GSD-7a）

平行号		镉	铅	镍
测定结果 /（mg/kg）	1	5.73	550	21.9
	2	5.83	551	22.4
	3	5.78	558	21.5
	4	5.74	550	21.2
	5	5.40	565	21.6
	6	5.75	550	21.1
平均值 $\bar{x}_i$ /（mg/kg）		5.70	554	21.6
参考值/（mg/kg）		5.6±0.6	555±19	22±0.6
相对标准偏差 RSD/%		2.69	1.03	2.21

表 11-74　准确度与精密度测试结果——电热板消解法（GSD-15）

平行号		镉
测定结果 /（mg/kg）	1	0.35
	2	0.35
	3	0.34
	4	0.36
	5	0.36
	6	0.38
平均值 $\bar{x}_i$ /（mg/kg）		0.36
参考值/（mg/kg）		0.34±0.02
相对标准偏差 RSD/%		3.83

表 11-75　准确度与精密度测试结果——电热板消解法（GSD-17）

平行号		镉	铅
测定结果 /（mg/kg）	1	4.39	338
	2	4.79	328
	3	4.80	329
	4	4.53	328
	5	4.71	326
	6	4.71	328
平均值 $\bar{x}_i$ /（mg/kg）		4.66	330
参考值/（mg/kg）		4.3±0.5	341±15
相对标准偏差 RSD/%		3.48	1.29

表 11-76　准确度与精密度测试结果——电热板消解法（GSD-21）

平行号	镉	镍
1	0.75	13.8
2	0.76	14.2
3	0.74	13.6
4	0.77	13.5
5	0.77	14.2
6	0.77	13.9
平均值 $\bar{x}_i$ /（mg/kg）	0.76	13.9
参考值/（mg/kg）	0.76±0.03	13.4±0.9
相对标准偏差 RSD/%	1.66	2.12

测定结果/（mg/kg）

表 11-77　样品 1-加标回收（微波）

元素	镉	铅	镍	铬
样品值/（mg/kg）	31.0	830.2	33.8	60.2
加标样品测定值/（mg/kg）	66.0～73.4	1590～1658	66～70.8	83.8～91.6
回收率/%	83.8～101.3	86.8～91.8	76.5～85.7	51.9～71.1

表 11-78　样品 2-加标回收（微波）

元素	镉	铅	镍	铬
样品值/（mg/kg）	3.59	232.7	28.3	71.2
加标样品测定值/（mg/kg）	5.25～5.57	567.5～580.8	43.3～46.0	88.4～101.9
回收率/%	75.6～93.3	75.3～78.7	64.3～80.6	69.4～129.1

表 11-79　样品 1-加标回收（电热板）

元素	镉	铅	镍
样品值/（mg/kg）	15.9	1115.1	60.5
加标样品测定值/（mg/kg）	54.5～56.6	1897.2～2176.3	92.1～95.7
回收率/%	93.4～100.5	83.0～84.9	72.9～80.9

表 11-80　样品 2-加标回收（电热板）

元素	镉	铅	镍
样品值/（mg/kg）	3.3	228	30.1
加标样品测定值/（mg/kg）	22.2～24.3	585.2～616.1	104.1～107.3
回收率/%	94.5～105.8	88.5～95.0	86.7～89.9

（七）注意事项

（1）分析所用器皿均需用（1+1）HNO₃ 溶液浸泡 24 h 后，用去离子水洗净后方可使用。

（2）样品消解时，注意反应罐使用的温度压力限制，装配反应罐时必须检查各个连接部件的严密性。

（3）当向消解罐加入酸溶液时，在盖上罐体之前应观察反应的进行情况，如果反应强烈，需在反应完全停止后才可将罐盖上。

三、河流和湖泊沉积物中汞、砷的测定　氢化物发生原子荧光光谱

（一）适用范围

本方法规定了测定河流和湖泊沉积物中汞、砷的氢化物发生原子荧光光谱法。

本方法适用于河流和湖泊沉积物中汞（Hg）、砷（As）元素的测定。若通过验证，本方法也可适用于硒、铋、锑元素的测定。

当沉积物样品量为 0.5000 g，定容体积为 50mL 时，水浴消解和石墨消解测定汞的检出限均为 0.002 mg/kg，测定下限为 0.008 mg/kg；水浴消解和石墨消解测定砷的检出限为 0.005 mg/kg，测定下限为 0.020 mg/kg。

（二）样品

1. 制备

将采集好的样品（一般不少于 500 g）混匀后用四分法缩分至约 100 g，自然风干或冷冻干燥，除去石子和动植物残体等异物，用木棒或玛瑙棒研压，通过 2 mm尼龙筛除去砂砾。再用玛瑙研钵将其研磨至全部通过 100 目（孔径 0.149 mm）尼龙筛，混匀后备用。

2. 试样前处理

1）水浴消解法

参见第七章第一节常用的前处理方法"（四）水浴消解"。

2）石墨炉消解法

参见第七章第一节常用的前处理方法"（三）全自动消解"。

3）试样溶液的分取及试剂的加入

移取一定量制备好的上述试液，置于 50 mL 容量瓶中，按照表 11-81 规定加入适量的盐酸、硫脲+抗坏血酸混合溶液，用去离子水定容至标线，混匀。室温放置 30 min；当室温低于 15℃时，应置于 30℃水浴中保温 20 min。

表 11-81　定容 50mL 时试剂加入量（mL）

名称	汞（不稀释）	汞（稀释）	砷
盐酸	—	2.5	2.5
硫脲+抗坏血酸混合溶液	—	—	10.0

注：试液分取后，定容容器也可选用100mL、25mL 或 10mL 比色管等，加入试剂的量按比例增减。

（三）分析步骤

1. 仪器的操作条件

不同型号的仪器其最佳工作条件不同，应按照仪器使用说明书进行操作。

2. 仪器调试

开机后预热至少 20 min，不同型号氢化物发生原子荧光光度计的最佳工作条件不同，应按照仪器使用说明书进行操作。本标准给出的仪器参考条件见表 11-82。

表 11-82　原子荧光光度计的参考条件

元素	灯电流/mA	负高压/V	原子化器温度/℃
汞	30	270	200
砷	60	270	200

3. 校准

1）汞标准系列溶液的制备

分别移取 0 mL、0.50 mL、1.00 mL、2.00 mL、4.00 mL、6.00 mL、8.00 mL、10.00 mL 汞标准溶液于 8 个 100 mL 容量瓶中，分别加入 2.5 mL 盐酸，用去离子水定容至标线，混匀，得到浓度为 0 μg/L、0.25 μg/L、0.50 μg/L、1.00 μg/L、2.00 μg/L、3.00 μg/L、4.00 μg/L、5.00 μg/L 的标准系列溶液。

2）砷标准系列溶液的制备

分别移取 0 mL、1.00 mL、2.00 mL、3.00 mL、4.00 mL、6.00 mL、8.00 mL、10.00 mL 砷标准溶液于 8 个 100 mL 容量瓶中，分别加入 2.5 mL 盐酸，用去离子水定容至标线，混匀，得到浓度为 0 μg/L、1.00 μg/L、2.00 μg/L、3.00 μg/L、4.00 μg/L、6.00 μg/L、8.00 μg/L、10.00 μg/L 的标准系列溶液。

3）绘制校准曲线

按照仪器参考条件，以硼氢化钾溶液为还原剂、盐酸溶液为载流液，由低浓度到高浓度顺次测定校准系列标准溶液的原子荧光强度。用扣除空白的校准系列的原子荧光强度为纵坐标，溶液中相对应的元素含量（μg/L）为横坐标，建立校准曲线。校准曲线的浓度范围可根据测量需要进行调整。

4. 测定

将制备好的试样导入氢化物发生原子荧光光度计中，按照与绘制校准曲线相同仪器分析条件进行测定。

5. 空白试验

将制备好的空白试样导入氢化物发生原子荧光光度计中，按照与绘制校准曲线相同的仪器分析条件进行测定。

（四）结果计算与表示

1. 结果计算

沉积物样品中待测元素含量 w 按式（11-20）计算：

$$w = \frac{(\rho_1 - \rho_0) \times V_0 \times V_2}{m \times (1 - f) \times V_1}$$ 　　　（11-20）

式中，w——沉积物中金属元素的质量浓度，mg/kg；

ρ_1——由校准曲线计算试样中元素的质量浓度，mg/L；

ρ_0——由校准曲线计算空白中元素的浓度，mg/L；

V_0——消解后的定容体积，mL；

V_1——分取试液的体积，mL；

V_2——测定试液的定容体积，mL；

m——消解样品的质量，g；

f——含水率，%。

2. 结果表示

测定结果保留 3 位有效数字。

（五）准确度和精密度

氢化物发生原子荧光光谱法测定沉积物中的汞，全自动消解相对误差范围为 −8.93%～1.03%，相对标准偏差范围为 1.7%～3.2%；水浴消解相对误差范围为 −12.5%～−3.45%，相对标准偏差范围为 1.8%～2.9%。

氢化物发生原子荧光光谱法测定沉积物中的砷，全自动消解相对误差范围为 −13.3%～0.88%，相对标准偏差范围为 2.7%～4.4%；水浴消解相对误差范围为 −2.65%～−5.67%，相对标准偏差范围为 1.7%～4.6%。

准确度和精密度测试数据见表 11-83。

表 11-83　方法的精密度和准确度及加标回收率测试数据汇总表

原子荧光法	GSD-7a	GSD-19	GSD-7a	GSD-5a	实样 1	实样 2	实样 3	实样 4
	砷	砷	汞	汞	砷	汞	砷	汞
	12.0	2.64	1.57	0.283	9.23	0.263	22.9	1.00
	11.6	2.65	1.52	0.283	9.52	0.258	23.0	1.00
全自动消解	11.6	2.62	1.51	0.299	9.73	0.25	23.7	0.947
	10.4	2.61	1.57	0.299	9.46	0.251	23.6	0.950
	11.4	2.50	1.49	0.297	10.1	0.257	23.1	0.969
	11.1	2.60	1.51	0.299	10.2	0.257	23.2	0.977
平均值 X/（mg/kg）	11.4	2.60	1.53	0.293	9.71	0.256	23.2	0.974
标准偏差 S/（mg/kg）	0.50	0.07	0.03	0.01	0.35	0.00	0.30	0.02
相对标准偏差 RSD/%	4.4	2.7	2.0	3.2	3.6	1.7	1.3	2.2
真值范围/（mg/kg）或加标回收率/%	11.3±1.0[a]	3.0±0.4[a]	1.68±0.27[a]	0.29±0.03[a]	88.9～97.9[b]	92.1～100.5[b]	93.6～99.4[b]	92.5～97.9[b]

续表

原子荧光法	GSD-7a	GSD-19	GSD-7a	GSD-5a	实样 1	实样 2	实样 3	实样 4
	砷	砷	汞	汞	砷	汞	砷	汞
	11.1	2.77	1.46	0.295	10.1	0.262	25.8	1.02
	11.9	2.80	1.48	0.287	10.2	0.261	25.7	1.03
水浴消解	11.1	2.88	1.47	0.284	9.90	0.261	25.5	1.09
	10.3	2.83	1.52	0.281	9.88	0.262	25.5	1.09
	10.7	2.87	1.47	0.269	10.0	0.272	25.4	1.06
	10.6	2.84	1.43	0.265	10.0	0.272	25.2	1.05
平均值 X/（mg/kg）	11.0	2.83	1.47	0.280	10.0	0.270	25.5	1.06
标准偏差 S/（mg/kg）	0.51	0.05	0.03	0.01	0.11	0.00	0.20	0.03
相对标准偏差 RSD/%	4.6	1.7	1.8	2.9	1.1	1.9	0.8	2.5
真值范围/（mg/kg）或加标回收率/%	11.3±1.0[a]	3.0±0.4[a]	1.68±0.27[a]	0.29±0.03[a]	92.5~100.5[b]	89.3~102.5[b]	92.2~105.6[b]	97.1~109.6[b]

注：表中 a 表示真值范围，b 表示加标回收率范围

（六）注意事项

（1）分析所用器皿均需用（1+1）HNO_3 溶液浸泡 24 h，用去离子水洗净后方可使用。

（2）当向消解罐中加入酸溶液时，在盖上罐体之前应观察反应的进行情况，如果反应强烈，需在反应完全停止后才可将罐盖上。

（3）对于怀疑污染严重的沉积物，事先最好先用半定量分析法扫描样品，确定其中的高浓度元素。由此获取的信息可以避免样品分析期间对检测器的潜在损害，同时鉴别浓度超过线性范围的元素。

四、河流和湖泊 沉积物中汞的测定 冷原子吸收分光光度法

（一）适用范围

本方法规定了测定河流和湖泊沉积物中汞的冷原子吸收分光光度法。

本方法适用于河流和湖泊沉积物中汞（Hg）元素的测定。

当沉积物样品量在 0.2000 g 时，本方法测定汞的检出限为 0.002 mg/kg，测定下限为 0.008 mg/kg。

（二）样品制备

将采集好的样品（一般不少于 500 g）混匀后用四分法缩分至约 100 g，自然

风干或冷冻干燥,除去石子和动植物残体等异物,用木棒或玛瑙棒研压,通过 2 mm 尼龙筛除去砂砾。再用玛瑙研钵将其研磨至全部通过 100 目（孔径 0.149 mm）尼龙筛,混匀后备用。

（三）分析步骤

1. 仪器的操作条件

不同型号的仪器最佳工作条件不同,应按照仪器使用说明书进行操作。

2. 仪器调试

开机后预热至少 20 min,不同型号仪器的最佳工作条件不同,应按照仪器使用说明书进行操作。

3. 校准曲线

称取有证标准沉积物 0 g、0.005 g、0.01 g、0.02 g、0.04 g、0.06 g、0.08 g、0.10 g（精确到 0.0001 g）放入各个进样舟,按质量从小到大顺序依次将进样舟放入热解装置,测定校准系列,以总汞的含量（pg）为横坐标,以峰面积为纵坐标,建立校准曲线。校准曲线的浓度范围可根据测量需要进行调整。

4. 测定

测定前,所有进样舟先放进热解装置进行灼烧处理,冷却后备用。将称取好的试样放入进样舟,然后将进样舟放入热解析装置中,按照与绘制校准曲线相同的仪器分析条件进行测定。

（四）结果计算与表示

1. 结果计算

沉积物样品中待测元素含量 w 按式（11-21）计算:

$$w = \frac{\rho}{(1-f) \times 1000} \tag{11-21}$$

式中,w——沉积物中金属元素的质量浓度,mg/kg;

ρ——由校准曲线计算试样中元素的质量浓度,ng/g;

f——含水率,%。

2. 结果表示

测定结果保留 3 位有效数字。

（五）精密度和准确度

1. 精密度

实验室内对 2 种沉积物有证标准样品（GSD-7a、GSD-17）和 2 种沉积物实际样品平行测定 6 次，相对标准偏差范围为 1.79%～1.86%。

2. 准确度

实验室内对 2 种沉积物有证标准样品（GSD-7a、GSD-17）和 2 种沉积物实际样品平行测定 6 次，相对误差范围为 1.8%～2.9%。

准确度和精密度测试数据见表 11-84。

表 11-84　方法的精密度和准确度及加标回收率测试数据汇总表

冷原子吸收	GSD-7a	GSD-17	样品 1	样品 2
	汞	汞	汞	汞
	1.77	0.108	0.280	1.08
	1.71	0.110	0.289	1.06
测汞仪直接固体进样 /（mg/kg）	1.66	0.107	0.280	1.05
	1.63	0.112	0.280	1.08
	1.82	0.112	0.287	1.07
	1.65	0.108	0.293	1.05
平均值 X/（mg/kg）	1.71	0.110	0.285	1.07
标准偏差 S/（mg/kg）	0.07	0.00	0.01	0.01
相对标准偏差 RSD/%	4.0	1.8	1.8	1.2
	真值/（mg/kg）：1.68±0.27	真值/（mg/kg）：0.108±0.011	回收率：96.2%～107.2%	回收率：98.9%～111.3%

（六）注意事项

对于怀疑污染严重的沉积物，事先最好先用半定量分析法扫描样品，确定其中的高浓度元素。由此获取的信息可以避免样品分析期间对检测器的潜在损害，同时鉴别浓度超过线性范围的元素。

五、河流和湖泊 沉积物中金属元素的测定 电感耦合等离子体发射光谱法

（一）适用范围

本方法规定了河流和湖泊沉积物中重金属元素的电感耦合等离子体发射光谱测定方法。

本方法适用于河流和湖泊沉积物和沉积物中镉（Cd）、钴（Co）、铬（Cr）、铜（Cu）、锰（Mn）、镍（Ni）、铅（Pb）、钒（V）、锌（Zn）、锑（Sb）、银（Ag）等元素的电感耦合等离子体发射光谱法。

方法检出限为 0.20～2.00 mg/kg，测定下限为 0.80～8.00 mg/kg，详见表 11-85。

表 11-85　各元素检出限和测定下限

元素	检出限/（mg/kg）	测定下限/（mg/kg）
Ag	0.20	0.80
Cd	0.20	0.80
Co	0.40	1.60
Cr	1.00	4.00
Cu	0.80	3.20
Mn	0.40	1.60
Ni	0.80	3.20
Pb	2.00	8.00
V	1.00	4.00
Zn	2.00	8.00
Sb	0.80	3.20

（二）干扰和消除

电感耦合等离子体发射光谱法通常存在的干扰大致可分为两类。一类是光谱干扰，主要包括连续背景和谱线重叠干扰，另一类是非光谱干扰，主要包括化学干扰、电离干扰、物理干扰及去溶剂干扰等，在实际分析过程中各类干扰很难截然分开。在一般情况下，必须予以补偿和校正。此外，物理干扰一般由样品的黏滞程度及表面张力变化而致，尤其是当样品中含有大量可溶盐或样品酸度过高时，都会对测定产生干扰。消除此类干扰的最简单方法是将样品稀释。

1. 基体元素的干扰

表 11-86 列出了待测元素在建议的分析波长下的主要光谱干扰。

表 11-86　元素间干扰

测定元素	测定波长/nm	干扰元素	测定元素	测定波长/nm	干扰元素
Co	228.616	Ti、Fe		205.552	Fe、Mo
	230.78	Fe、Ni	Cr	267.716	Fe、Mo
Ag	328.068	Mn、Ti		283.563	Mn、V、Mg
	214.438	Fe	Cu	324.754	Mo、Ti、Fe
Cd	226.502	Fe、Ni、Ti	Mn	257.610	Fe、Al、Mg
	228.80	Fe、As	Ni	231.604	Fe、Co
Zn	213.856	Cu、Ni、Fe		290.88	Fe、Mo
	202.548	Cu、Al	V	292.402	Fe、Mo、Ti
Sb	206.833	Al、Cr、Mo		311.07	Ti、Fe、Mn
Pb	220.353	Al、Fe			

2. 干扰的校正

目前常用的校正方法是背景扣除法（根据单元素试验确定扣除背景的位置及方式）及干扰系数法，当存在单元素干扰时，可按式（11-22）求得干扰系数。

$$K_t = (Q' - Q)/Q_t \qquad (11-22)$$

式中，K_t——干扰系数；

　　　Q'——干扰元素加分析元素的含量；

　　　Q——分析元素的含量；

　　　Q_t——干扰元素的含量。

通过配制一系列已知干扰元素含量的溶液在分析元素波长的位置测定其 Q'，根据上述公式求出 K_t，然后进行人工扣除或计算机自动扣除。

（三）样品

1. 制备

将采集好的样品（一般不少于 500 g）混匀后用四分法缩分至约 100 g，自然风干或冷冻干燥，除去石子和动植物残体等异物，用木棒或玛瑙棒研压，通过 2 mm 尼龙筛除去砂砾。再用玛瑙研钵将其研磨至全部通过 100 目（孔径 0.149 mm）尼龙筛，混匀后备用。

2. 试样的制备

1）微波消解法

参见第七章第一节常用的前处理方法"（二）微波消解 1. 硝酸-盐酸-氢氟酸消解"。

2）电热板消解法

参见第七章第一节常用的前处理方法"（一）电热板消解（1）盐酸-硝酸-氢氟酸-高氯酸消解"。

（四）分析步骤

1. 仪器条件

不同型号的仪器其最佳工作条件不同，应按照仪器使用说明书进行操作。参考测量条件见表 11-87。

表 11-87　工作参数表

高频功率/W	载气流量/（L/min）	辅助气流量/（L/min）	蠕动泵转速/（r/min）	积分时间/s
1150	0.75	0.5	50	5～15

2. 校准曲线绘制

将已配好的混合标准系列溶液按浓度从低到高的顺序，分别导入电感耦合等离子体原子发射光谱仪中，测定系列工作溶液中各待测元素的光谱强度。以光谱强度为纵坐标，元素浓度为横坐标，绘制标准曲线。校准曲线的浓度范围可根据测量需要进行调整。

3. 样品测定

分析样品前，先用洗涤空白溶液冲洗系统，待分析信号稳定后开始分析样品。测定样品过程中，若样品中待测元素浓度超出校准曲线范围，需经稀释后重新测定。

4. 空白实验

按样品预处理相同的步骤制备试剂空白溶液，采用与试样相同的测定条件测定空白溶液。如果空白值过高，则应检查试剂的纯度或仪器的漂移，必要时对试剂进行纯化处理或对仪器进行校准。

（五）结果计算与表示

1. 结果计算

沉积物中金属元素含量 w 按式（11-23）计算：

$$w = \frac{(\rho_1 - \rho_0) \times V_0 \times F}{m \times (1-f)}$$ （11-23）

式中，w——沉积物中金属元素的质量浓度，mg/kg；

ρ_1——由校准曲线计算试样中元素的质量浓度，mg/L；

ρ_0——由校准曲线计算空白中元素的浓度，mg/L；

V_0——消解后的定容体积，mL；

m——消解样品的质量，g；

f——含水率，%；

F——稀释因子。

2. 结果表示

测定结果保留 3 位有效数字。

（六）精密度和准确度

1. 精密度

采用微波消解和电热板消解对沉积物标准物质（GSD-5a、GSD-7a、GSD-15、GSD-17、GSD-18、GSD-21）平行测定 6 次。测定结果表明，微波消解法精密度范围为 Cd（1.2%～9.6%）、Co（1.2%～7.8%）、Cr（0.6%～8.9%）、Cu（1.0%～14%）、Mn（0.8%～3.6%）、Ni（0.8%～8.7%）、Pb（1.1%～8.7%）、Sb（2.2%～

16%)、V（1.1%~3.7%）、Zn（1.7%~5.4%）、Ag（2.9%~16%）；电热板消解精密度范围为 Cd（0.9%~6.0%）、Co（1.0%~12%）、Cr（0.7%~4.1%）、Cu（1.5%~9.6%）、Mn（0.5%~2.1%）、Ni（1.4%~8.5%）、Pb（0.7~16%）、Sb（3.7%~12%）、V（0.6%~12%）、Zn（0.8%~5.3%）、Ag（3.5%~18%）。

2. 准确度

采用微波消解和电热板消解对沉积物标准物质（GSD-5a、GSD-7a、GSD-15、GSD-17、GSD-18、GSD-21）平行测定 6 次。测定结果表明，微波消解法相对误差范围为 Cd（–3.8%~14%）、Co（–19%~59%）、Cr（–9.3%~4.0%）、Cu（–13%~8%）、Mn（–19%~–0.04%）、Ni（–7.5%~0.07%）、Pb（–8.2%~–1.7%）、Sb（2.7%~35%）、V（–5.6%~7.2%）、Zn（–8.2%~–1.3%）、Ag（–32%~19%）；电热板消解相对误差范围为 Cd（–2.4%~22%）、Co（–3.5%~–0.4%）、Cr（–9.2%~–0.8%）、Cu（–0.9%~6.9%）、Mn（–10%~–0.1%）、Ni（–12%~2.4%）、Pb（–26%~–1.9%）、Sb（5.8%~38%）、V（–2.4%~1.6%）、Zn（0.3%~14%）、Ag（–35%~24%）。

（七）注意事项

（1）器皿的准备。所使用的坩埚和玻璃容器先用硝酸（1+1）浸泡，然后用自来水和试剂水依次冲洗干净，放在干净的环境中晾干。对于新使用的或怀疑受污染的容器，应用热盐酸（1+1）浸泡至少 2 h，再用热硝酸浸泡至少 2 h，然后用试剂水洗干净，放在干净的环境中晾干。

（2）仪器点火后要预热 10 min 以上，以防波长漂移。

（3）含量太低的元素，可适当增加称样量或减少定容体积，也可在浓缩后测定。

（4）样品酸消解的操作应在通风厨内进行，并应按规定佩戴防护器具，避免接触皮肤和衣服。

六、河流和湖泊 沉积物中金属元素的测定 电感耦合等离子体质谱法

（一）适用范围

本方法规定了测定河流和湖泊沉积物中金属元素的电感耦合等离子体质谱法。

本方法适用于河流和湖泊沉积物中银（Ag）、砷（As）、镉（Cd）、钴（Co）、铬（Cr）、铜（Cu）、锰（Mn）、镍（Ni）、铅（Pb）、锑（Sb）、铊（Tl）、钒（V）、锌（Zn）13 种金属元素的测定。若通过验证，本方法也可适用于其他金属元素的测定。

当沉积物样品量在 0.2500 g 时，方法检出限为 0.009～0.250 mg/kg，测定下限为 0.036～1.000 mg/kg，见表 11-88。

表 11-88 各元素的方法检出限和定量下限

元素	检出限/（mg/kg）	测定下限/（mg/kg）
镉（Cd）	0.05	0.20
铬（Cr）	0.09	0.36
钴（Co）	0.009	0.036
铜（Cu）	0.05	0.20
铅（Pb）	0.06	0.24
锰（Mn）	0.01	0.04
镍（Ni）	0.05	0.20
银（Ag）	0.01	0.04
铊（Tl）	0.03	0.12
钒（V）	0.25	1.00
锌（Zn）	0.18	0.72
砷（As）	0.14	0.56
锑（Sb）	0.04	0.16

（二）干扰和消除

1. 质谱型干扰

质谱型干扰主要包括同量异位素重叠干扰、多原子离子重叠干扰、氧化物和双电荷干扰等。消除同量异位素的干扰可以使用数学方程式进行校正或在分析前对样品进行化学分离。但最主要的方法是使用数学方程式进行校正。

多原子离子重叠干扰是样品本身和等离子体本身未完全分解的分子发生电离等，在离子化时相互结合，形成多原子离子。在实际分析中，只有少数的这种离子才会产生严重的干扰效应。多原子离子干扰可以利用数学校正方程、仪器优化及碰撞反应池技术加以解决。常见的多原子离子干扰见表 11-89。

表 11-89 ICP-MS 测定中常见的多原子离子干扰

多原子离子	质量	干扰元素	多原子离子	质量	干扰元素
NH^+	15	—	$^{81}BrO^+$	97	Mo
OH^+	17	—	$^{81}BrOH^+$	98	Mo
OH_2^+	18	—	$^{81}ArBr^+$	121	Sb
C_2^+	24	—	$^{35}ClO^+$	51	V
CN^+	26	—	$^{35}ClOH^+$	52	Cr
CO^+	28	—	$^{37}ClO^+$	53	Cr

续表

多原子离子	质量	干扰元素	多原子离子	质量	干扰元素
N_2^+	28	—	$^{37}ClOH^+$	54	Cr
N_2H^+	29	—	$Ar^{35}Cl^+$	75	As
NO^+	30	—	$Ar^{37}Cl^+$	77	Se
NOH^+	31	—	$^{32}SO^+$	48	Ti
O_2^+	32	—	$^{32}SOH^+$	49	Ti
OH^+	33	—	$^{34}SO^+$	50	V，Cr
$^{36}ArH^+$	37	—	$^{34}SOH^+$	51	V
$^{38}ArH^+$	39	—	SO_2^+、S_2^+	64	Zn
$^{40}ArH^+$	41	—	$Ar^{32}S^+$	72	—
CO_2^+	44	—	$Ar^{34}S^+$	74	—
CO_2H^+	45	Sc	PO^+	47	
ArC^+、ArO^+	52	Cr	POH^+	48	
ArN^+	54	Cr	PO_2^+	63	Cu
$ArNH^+$	55	Mn	ArP^2	71	—
ArO^+	56	—	$ArNa^+$	63	Cu
$ArOH^+$	57	—	ArK^+	79	
$^{40}Ar^{36}Ar^+$	76	Se	$ArCa^+$	80	—
$^{40}Ar^{38}Ar^+$	78	Se	TiO	62~66	Ni、Cu、Zn
$^{40}Ar_2^+$	80	Se	ZrO	106~112	Ag、Cd
$^{81}BrH^+$	82	Se	MoO	108~116	Cd
$^{79}BrO^+$	95	Mo			

氧化物和双电荷干扰是由于样品基体不完全解离或由于在等离子体尾焰中解离元素再结合而产生的，通过调节仪器参数可以降低影响。

2. 非质谱型干扰

非质谱型干扰主要包括基体抑制干扰、空间电荷效应干扰、物理效应干扰等。非质谱型干扰程度与样品基体性质有关，通过内标法、仪器条件最佳化等措施可以消除。

（三）样品

1. 制备

将采集好的样品（一般不少于 500 g）混匀后用四分法缩分至约 100 g，自然风干或冷冻干燥，除去石子和动植物残体等异物，用木棒或玛瑙棒研压，通过 2 mm 尼龙筛除去砂砾。再用玛瑙研钵将其研磨至全部通过 100 目（孔径 0.149 mm）尼龙筛，混匀后备用。

2. 全量试样前处理

1）微波消解法

参见第七章第一节常用的前处理方法"（二）微波消解　1. 硝酸-盐酸-氢氟酸消解"。

2）电热板消解法

参见第七章第一节常用的前处理方法"（一）电热板消解（1）盐酸-硝酸-氢氟酸-高氯酸消解"。

3）试剂空白的制备

用去离子水代替试样，采用和试样制备相同的步骤和试剂，制备全程序试剂空白。

4）含水率的测定

对于全消解的样品，按照《土壤　干物质和水分的测定　重量法》（HJ 613—2011）的规定测定含水率。

（四）分析步骤

1. 仪器的操作条件

不同型号的仪器最佳工作条件不同，应按照仪器使用说明书进行操作。

2. 仪器调谐

点燃等离子体后，仪器需预热稳定 30 min。然后用质谱仪调谐溶液进行仪器的调谐。质谱仪必须至少调谐 4 次，以确认所测定的调谐溶液中所含元素信号强度的相对标准偏差≤5%。必须针对待测元素所涵盖的质量数范围进行质量校正和分辨率校验，如质量校正结果与真实值差别超过 0.1 amu 以上或分析信号的分辨率在 5%波峰高度时的宽度约为 1 amu 以上时，应依照仪器使用说明书的要求对质谱进行校正。

3. 校准曲线的绘制

在容量瓶中依次配制一系列待测元素标准溶液。取一定体积的标准使用液，使用 1%硝酸溶液进行稀释，浓度分别为 0 μg/L、1.0 μg/L、5.0 μg/L、10.0 μg/L、20.0 μg/L、50.0 μg/L、100.0 μg/L、200.0 μg/L，内标标准溶液可直接加入各样品中，也可在样品雾化之前通过蠕动泵自动加入，使溶液中内标的浓度为 50.0 μg/L。用 ICP-MS 进行测定，建立校准曲线。校准曲线的浓度范围可根据测量需要进行调整。

4. 测定

每个试样测定前，先用洗涤空白溶液冲洗系统直到信号降至最低（通常约 30 s），待分析信号稳定后（通常约 30 s）才可开始测定。试样测定时应加入内标标准品溶液。若样品中待测元素浓度超出校准曲线范围，需经稀释后重新测定。各金属元素的定量离子、监测离子及各内标对应的待测元素见表 11-90。

表 11-90 各金属元素的定量离子、监测离子及各内标对应的待测元素

元素名称	类型	定量内标	定量离子	监测离子
铑（Rh）	内标 I	—	103	—
银（Ag）	待测元素	I	107	109
砷（As）	待测元素	I	75	
镉（Cd）	待测元素	I	114	111
铬（Cr）	待测元素	I	52	53，50
钴（Co）	待测元素	I	59	—
铜（Cu）	待测元素	I	63	65
锰（Mn）	待测元素	I	55	
镍（Ni）	待测元素	I	60	61，62
锑（Sb）	待测元素	I	123	121
铊（Tl）	待测元素	I	205	203
钒（V）	待测元素	I	51	50
锌（Zn）	待测元素	I	66	68，67
铋（Bi）	内标	—	209	—
铅（Pb）	待测元素	II	208	207，206

测定时，试样溶液中的酸浓度必须控制在 2%以内，以降低真空界面的损坏程度，并且减少各种同重多原子离子干扰。此外，当试样溶液中含有盐酸时，会存在多原子离子的干扰，可通过表 11-91 所列的校正方程进行校正，也可通过反应池技术等手段进行校正。

表 11-91 ICP-MS 测定中常用干扰校正方程

同位素	干扰校正方程
51	[51]×1−[53]×3.127 + [52]×0.353351
75	[75]×1−[77]×3.127+ [82]×2.548505
82	[82]×1−[83]×1.009
111	[111]×1−[108]×1.073+ [106]×0.764
114	[114]×1−[118]×0.02311
208	[208]×1 +[206]×1 + [207]×1

5. 空白实验

按照与试样相同的测定条件测定空白溶液。

（五）结果计算与表示

1. 结果计算

沉积物中金属元素的质量浓度按式（11-24）计算：

$$w = \frac{(\rho_1 - \rho_0) \times V_0}{m \times (1 - f)} \tag{11-24}$$

式中，w——沉积物中金属元素的质量浓度，mg/kg；

　　　ρ_1——由校准曲线计算试样中元素的质量浓度，mg/L；

　　　ρ_0——由校准曲线计算空白中元素的浓度，mg/L；

　　　V_0——消解后的定容体积，mL；

　　　m——消解样品的质量，g；

　　　f——含水率，%。

2. 结果表示

测定结果保留 3 位有效数字。

（六）准确度和精密度

1. 准确度

采用电热板和微波 2 种前处理方式分别对 5 种沉积物有证标准样品（GSD-2a、GSD-7a、GSD-15、GSD-18、GSD-21）平行测定 6 次。测定结果表明，采用微波消解法测定沉积物中重金属相对误差为 Cd（−9.8%～−2.3%）、Co（−13%～2.0%）、Cr（−13%～1.7%）、Cu（−8.1%～3.0%）、Mn（−1.6%～0.4%）、Ni（−9.8%～−2.8%）、Pb（−2.7%～3.6%）、V（−5.9%～−0.1%）、Zn（−5.1%～1.9%）、Ag（−22%～4.5%）、Sb（−7.2%～8.1%）、As（−3.4%～7.2%）、Tl（−7.6%～2.7%）；采用电热板消解法测定沉积物中重金属相对误差为 Cd（−19.0%～15.0%）、Co（−10.0%～−2.8%）、Cr（−16.0%～−6.4%）、Cu（−0.2%～86.0%）、Mn（−22.0%～−6.4%）、Ni（0.2%～6.1%）、Pb（−4.9%～10.0%）、V（−29%～−5.4%）、Zn（−0.2%～22.0%）、Ag（−64%～13.0%）、Sb（−29%～21.0%）、As（−64.0%～14.0%）、Tl（−15.0%～−0.6%）。

2. 精密度

采用电热板和微波 2 种前处理方式分别对 5 种沉积物有证标准样品（GSD-2a、GSD-7a、GSD-15、GSD-18、GSD-21）平行测定 6 次。测定结果表明；采用微波消解法测定沉积物中重金属相对偏差为 Cd（2.4%～4.2%）、Co（1.4%～3.4%）、Cr（0.7%～7.0%）、Cu（0.9%～3.6%）、Mn（0.6%～3.8%）、Ni（3.0%～5.0%）、Pb（1.6%～3.3%）、V（1.5%～2.8%）、Zn（1.4%～3.1%）、Ag（4.2%～18.0%）、Sb（2.9%～5.9%）、As（1.6%～4.6%）、Tl（1.5%～9.6%）；采用电热板消解法测

定沉积物中重金属相对偏差为 Cd（1.0%～8.0%）、Co（0.9%～13.0%）、Cr（1.5%～16.0%）、Cu（1.9%～30.0%）、Mn（1.1%～13.0%）、Ni（1.4%～15.0%）、Pb（1.5%～13.0%）、V（0.9%～28.0%）、Zn（1.2%～6.1%）、Ag（4.6%～23.0%）、Sb（1.8%～19.0%）、As（2.3%～49.0%）、Tl（1.8%～14.0%）。

（七）注意事项

（1）分析所用器皿均需用（1+1）HNO_3 溶液浸泡 24 h，用去离子水洗净后方可使用。

（2）样品消解时，注意反应罐使用的温度压力限制，装配反应罐时必须检查各个连接部件的严密性。

（3）当向消解罐加入酸溶液时，在盖上罐体之前应观察反应的进行情况，如果反应强烈，需在反应完全停止后才可将罐盖上。

（4）对于怀疑污染严重的沉积物，事先最好先用半定量分析法扫描样品，确定其中的高浓度元素。由此获取的信息可以避免样品分析期间对检测器的潜在损害，同时鉴别浓度超过线性范围的元素。

第四节　生物中重金属实用分析方法

一、生物中重金属实用分析方法（鱼和贝）

重金属进入水体后，经过食物链在不同营养级生物间转移并在生物体内积累，随着营养级别的提高，有害物质累积量会越来越多。测定生物体内的重金属含量，即可说明生物体受污染危害情况，也表明环境污染状况。用于生物机体中重金属检测的方法主要有中子活化法（NAA）、电化学方法、原子荧光光度法（AFS）、原子吸收分光光度法（AAS）、电感耦合等离子体原子发射光谱法（ICP-OES）、电感耦合等离子体质谱分析技术（ICP-MS）、生物分析法等。样品中重金属元素准确分析取决于两方面，一方面是样品前处理技术，另一方面是所选用监测分析方法的准确性。表 11-92 和表 11-93 列出了生物体重金属元素不同方法检出限。

表 11-92　生物体中重金属实用分析方法检出限汇总

测定元素	消解方式	消解体系	测定方法	检出限	备注
总砷	微波消解	硝酸	ICP-MS	0.003mg/kg	称样量为 1g，定容体积为 25mL
	高压密闭	硝酸	ICP-MS		
	湿法消解	硝酸-高氯酸-硫酸	AFS	0.01mg/kg	称样量为 1g，定容体积为 25mL
	干灰化法	硝酸镁-氧化镁-盐酸			

续表

测定元素	消解方式	消解体系	测定方法	检出限	备注
铅	湿法消解	硝酸-高氯酸	GFAA FLAA（萃取） 二硫腙比色法 ICP-MS ICP-OES	GFAA：0.02mg/kg FLAA：0.4mg/kg 比色法：1mg/kg	称样量为0.5g，定容体积为10mL
	微波消解	硝酸	GFAA ICP-MS ICP-OES		
铜	湿法消解	硝酸-高氯酸	GFAA FLAA ICP-MS ICP-OES	GFAA：0.02mg/kg FLAA：0.2mg/kg	称样量为0.5g，定容体积为10mL
	微波消解	硝酸			
	压力罐消解	硝酸			
	干灰化法	（直接灰化）-硝酸			
锌	湿法消解	硝酸-高氯酸	FLAA ICP-MS ICP-OES 二硫腙比色法 （湿法和干灰化）	FLAA：1mg/kg 二硫腙比色法：7mg/kg	FLAA：称样量为0.5g，定容体积为25mL 二硫腙比色法：称样量为1g，定容体积为25mL
	微波消解	硝酸			
	压力罐消解	硝酸			
	干灰化	（直接灰化）-硝酸			
镉	压力罐消解	硝酸-过氧化氢	GFAA	0.001mg/kg	称样量为0.5g，定容体积为10mL
	微波消解	硝酸-过氧化氢			
	湿法消解	硝酸-高氯酸			
	干灰化法	（直接灰化）-硝酸-高氯酸			
锡	湿法消解	硝酸-高氯酸	AFS 苯芴酮比色法	AFS：2.5 mg/kg 苯芴酮比色法：20 mg/kg	AFS：称样量为1g，定容体积为25mL 苯芴酮比色法：称样量为1g，定容体积为5mL
总汞	压力罐消解	硝酸	AFS CAAS	AFS：0.003mg/kg CAAS：0.002mg/kg	称样量为0.5g，定容体积为25mL
	微波消解	硝酸			
	回流消解法	硝酸-硫酸			
铁	湿法消解	硝酸-高氯酸	FLAA ICP-MS ICP-OES	FLAA：0.75mg/kg	称样量为0.5g，定容体积为25mL
	微波消解	硝酸			
	压力罐消解	硝酸			
	干灰化	（直接灰化）-硝酸			
钾、钠	微波消解	硝酸	FLAA AES ICP-MS ICP-OES	FLAA：钾2mg/kg；镁8mg/kg； AES：钾2mg/kg；镁8mg/kg	称样量为0.5g，定容体积为25mL
	压力罐消解	硝酸			

续表

测定元素	消解方式	消解体系	测定方法	检出限	备注
钾、钠	湿法消解 干式消解法	硝酸-高氯酸 （直接灰化）-硝酸			
钙	微波消解	硝酸	FLAA ICP-MS ICP-OES	FLAA：0.5mg/kg 滴定法：100mg/kg	FLAA：称样量为 0.5g，定容体积为 25mL 滴定法：称样量为4g， 定容体积为25mL，取 1.00mL 测定
	压力罐消解	硝酸			
	湿法消解 干式消解法	硝酸-高氯酸 （直接灰化）-硝酸	FLAA 滴定法 ICP-MS ICP-OES		
硒	湿法消解	硝酸-高氯酸	AFS 荧光分光光度法	AFS：0.002mg/kg 荧光分光光度法： 0.01mg/kg	AFS：称样量为0.5g， 定容体积为 10mL 荧光分光光度法：称 样量为1g，萃取液体 积为 3mL
	微波消解	硝酸-过氧化氢	AFS		
铬	微波消解	硝酸	GFAA	0.01mg/kg	称样量为0.5g，定容 体积为 10mL
	湿法消解	硝酸-高氯酸			
	高压消解	硝酸			
	干灰化	（直接灰化）-硝酸			
锑	湿法消解	硝酸-高氯酸	AFS	0.01mg/kg	称样量为0.5g，定容 体积为 10mL
	微波消解	硝酸-过氧化氢			
	压力罐消解	硝酸			
镍	微波消解	硝酸	GFAA	0.02mg/kg	称样量为0.5g，定容 体积为 10mL
	湿法消解	硝酸-高氯酸			
	压力罐消解	硝酸			
	干灰化法	（直接灰化）-硝酸			
铝	湿法消解	硝酸-硫酸	ICP-MS ICP-OES GFAA	GFAA：0.3 mg/kg	称样量为0.5g，定容 体积为 25mL
	微波消解	硝酸			
	压力罐消解	硝酸			
镁	湿法消解	硝酸-高氯酸	FLAA ICP-MS ICP-OES	FLAA：0.6 mg/kg	称样量为1g，定容体 积为 25mL
	微波消解	硝酸			
	压力罐消解	硝酸			
	干灰化法	（直接灰化）-硝酸			

续表

测定元素	消解方式	消解体系	测定方法	检出限	备注
锰	湿法消解	硝酸-高氯酸	FLAA ICP-MS ICP-OES	FLAA：0.2 mg/kg	称样量为0.2g，定容 体积为25mL
	微波消解	硝酸			
	压力罐消解	硝酸			
	干灰化法	（直接灰化）-硝酸			
金属多元素	微波消解	硝酸	ICP-MS ICP-OES	GB 5009.268-2016	见表11-93
	压力罐消解	硝酸	ICP-MS ICP-OES		
	湿法消解	硝酸-高氯酸	ICP-OES		
	干式消解法	（直接灰化）-硝酸	ICP-OES		

表 11-93 生物体中重金属实用分析方法（ICP-OES/ICP-MS）检出限汇总

序号	元素名称	检出限/（mg/kg）		备注
		ICP-MS	ICP-OES	
1	硼	0.1	0.2	
2	钠	1	3	
3	镁	1	5	
4	铝	0.5	0.5	
5	钾	1	7	
6	钙	1	5	
7	钛	0.02	0.2	
8	钒	0.002	0.2	
9	铬	0.05	—	
10	锰	0.1	0.1	
11	铁	1	1	
12	钴	0.001	—	
13	镍	0.2	0.5	称样量0.5g；定容体积50mL； 样品前处理方法为微波消解法 及压力罐消解法
14	铜	0.05	0.2	
15	锌	0.5	0.5	
16	砷	0.002	—	
17	硒	0.01	—	
18	锶	0.2	0.2	
19	钼	0.01	—	
20	镉	0.002	—	
21	锡	0.01	—	
22	锑	0.01	—	
23	钡	0.02	0.1	
24	汞	0.001	—	
25	铊	0.0001	—	
26	铅	0.02	—	

（一）鱼和贝　砷和汞的测定　原子荧光分光光度法

1. 适用范围

本方法适用于测定鱼和贝中汞和砷。

当取样量为 5.0 g，消解后定容体积为 25.0 mL 时，测定鱼和贝中汞和砷的方法检出限分别为 0.002 mg/kg、0.01 mg/kg，测定下限分别为 0.008 mg/kg、0.04 mg/kg。

2. 样品和试样的制备

1）样品制备与保存

用食品加工机将鱼类和贝类样品打成匀浆或碾磨成匀浆，储于洁净的塑料瓶中，并标明标记，于–18～–16℃冰箱中保存备用。

2）试样的制备

（1）微波消解法。称取约 5g（精确到 0.001g）样品置于微波消解罐内，加入 10mL 硝酸和 5 mL 过氧化氢，静置过夜。将消解罐密封后放于微波消解仪内，参照表 11-94 设定微波消解参数进行样品消解，消解完毕后待消解罐温度降低至室温，将消解罐取出、放气，置电热板上以 80℃加热赶去棕色气体，冷却后用 1%硝酸溶液将内容物转移定容至 25mL 容量瓶或比色管，混匀待测。

表 11-94　微波消解仪工作参数

升温时间/min	消解温度/℃	保持时间/min
5	室温～120	3
3	120～180	15

（2）电热板湿式消解法。称取约 5g（精确到 0.001g）样品于锥形瓶或高脚烧杯中，放数粒玻璃珠，加入 10mL 硝酸、0.5mL 高氯酸，加盖浸泡过夜，加一小漏斗于电热板消解（参考条件见表 11-95）。若消化液呈棕褐色或黄色，补加硝酸，消解至冒白烟，消化液呈无色透明或略带黄色，取下锥形瓶，冷却后用 1%硝酸溶液将内容物转移定容至 25mL 容量瓶或比色管，混匀待测（不适用于汞元素的前处理）。

表 11-95　湿式消解参考步骤

温度/℃	保温时间/h
120	0.5～1
180	2～4
200～220	—

3. 分析步骤

1）仪器工作条件

参考表 11-96 所列条件设定，使仪器处于最佳工作状态。

表 11-96 仪器参考测量条件

元素	负高压/V	灯电流/mA	载气流速 / (mL/min)	屏蔽气流速 / (mL/min)
砷	260	50~80	400	800
汞	240	30	400	800

2）校准曲线绘制

分别移取 0.00 mL、0.20 mL、0.40 mL、1.00 mL、2.00 mL、3.00 mL 浓度为 500 μg/L 的砷标准使用液于 50 mL 容量瓶中，各加入 10 mL 硫脲+抗坏血酸溶液及 5 mL 盐酸，用纯水定容至刻度，摇匀，放置 30 min。砷标准系列浓度见表 11-97。

表 11-97 各元素标准系列（μg/L）

元素	标准系列					
砷	0.00	2.00	4.00	10.0	20.0	30.0
汞	0.00	0.20	0.40	1.00	2.00	3.00

分别移取 0.00 mL、0.20 mL、0.40 mL、1.00 mL、2.00 mL、3.00 mL 浓度为 50.0 μg/L 的汞标准使用液于 50 mL 容量瓶中，各加入 5 mL 盐酸用纯水定容至刻度，摇匀。汞标准系列浓度见表 11-97。

以 5%盐酸溶液为载流，硼氢化钾溶液作还原剂，按照仪器测量条件，将标准系列溶液由低浓度到高浓度依次引入仪器进行原子荧光强度的测定。以原子荧光强度为纵坐标，以元素标准系列质量浓度为横坐标，绘制各元素的校准曲线。

3）空白试验

用试剂水代替试样做空白试验，采用与试样相同的制备和测定方法，所用试剂量也相同。在测定鱼或贝样品的同时进行空白实验，该空白即为实验室全程序空白。

4）样品测定

砷元素：移取 5.0mL 试样于 10mL 比色管中，加入 2mL 硫脲+抗坏血酸溶液及 1mL 盐酸，用纯水定容至刻度，摇匀，放置 30 min。按照与绘制标准曲线相同的条件测定试样的原子荧光强度。

汞元素：移取 5.0mL 试样于 10mL 比色管中，加入 1mL 盐酸，用纯水定容至刻度，摇匀。按照与绘制标准曲线相同的条件进行测定。

4. 结果计算

$$w = \frac{(\rho_1 - \rho_0) \times V_0}{m} \times 2 \times 10^{-3} \tag{11-25}$$

式中，w——鱼或贝中元素（汞或砷）的含量，mg/kg；

ρ_1——由校准曲线查得试样中元素的质量浓度，μg/L；

ρ_0——实验室空白试样中元素的质量浓度，μg/L；

V_0——消解后试样的定容体积，mL；

m——鱼或贝样品的称取量，g。

5. 精密度与准确度

1）精密度

测定实际鱼或河蚌样品砷汞，采用微波消解相对偏差分别为 11.5% 和 3.5%；采用电热板湿法消解测定砷，相对偏差为 10.2%。

2）准确度

对实际鱼或河蚌样品砷和汞进行加标回收实验，采用微波消解加标回收率分别为 102% 和 97.6%，采用电热板湿法消解测定砷的加标回收率为 90%。

（二）鱼和贝　铅、镉、铬和铜的测定　石墨炉原子吸收分光光度法

1. 适用范围

本方法适用于测定鱼和贝中的铅、镉、铬和铜。

当取样量为 5.0 g，消解后定容体积为 25.0 mL 时，测定鱼和贝中铅、镉、铬和铜的方法检出限分别为 0.05 mg/kg、0.005 mg/kg、0.05mg/kg 和 0.05 mg/kg，测定下限分别为 0.20 mg/kg、0.02 mg/kg、0.20 mg/kg 和 0.20 mg/kg。

2. 干扰及消除

低于 500mg/L 的 K、Na、Ca、Mg 等共存元素，在有基体改进剂的情况下对铅、镉、铬和铜的测定无干扰。

3. 样品和试样的制备

1）样品制备与保存

见原子荧光法。

2）试样的制备

见原子荧光法。

4. 分析步骤

1）仪器工作条件

按照仪器使用说明书设定灯电流、灰化温度、灰化时间、原子化温度、原子化时间等参数。推荐参考条件见表 11-98。

表 11-98　仪器参考测量条件

条件	Pb	Cd	Cr	Cu
光源	铅空心阴极灯	镉空心阴极灯	铬空心阴极灯	铜空心阴极灯
灯电流/mA	10	5	15	15
测定波长/nm	283.3	228.8	357.9	324.8
通带宽度/nm	0.7	0.7	0.7	0.7

续表

条件	Pb	Cd	Cr	Cu
干燥温度/℃/时间/s	110~130/95	110~130/95	110~130/105	110~130/95
灰化温度/℃/时间/s	900/50	600/50	1400/55	1100/55
原子化温度/℃/时间/s	1700/4	1600/4	2100/6	1700/5
清除温度/℃/时间/s	2400/4	2400/4	2450/4	2450/4
原子化阶段是否停气	是	是	是	是
氩气流量/（mL/min）	250	250	250	250
基体改进剂体积/μL	2~5	2~5	2~5	2~5
进样体积/μL	20	20	20	20
背景校正方式	塞曼背景校正	塞曼背景校正	塞曼背景校正	塞曼背景校正

2）校准曲线绘制

仪器自动将 20μL 样品和 2~5μL 基体改进剂注入石墨炉，仪器自动配制各元素校准曲线，各元素校准系列见表 11-99。

表 11-99　各元素标准系列（μg/L）

元素	标准系列					
铅	0.00	5.00	10.0	20.0	30.0	50.0
镉	0.00	0.20	0.40	0.80	1.60	2.00
铬	0.00	5.00	10.0	20.0	30.0	50.0
铜	0.00	5.00	10.0	20.0	30.0	50.0

3）空白试验

用试剂水代替试样做空白试验，采用与试样相同的制备和测定方法，所用试剂量也相同。在测定鱼或贝样品的同时进行空白实验，该空白即为实验室全程序空白。

4）样品测定

仪器自动进样从校准曲线上查出样品中被测元素的浓度，也可用浓度直读法进行测定。

5. 结果计算

$$w = \frac{(\rho_1 - \rho_0) \times V_0}{m} \times 10^{-3} \qquad (11-26)$$

式中，w——鱼或贝中元素（铅、镉、铬和铜）的含量，mg/kg；

ρ_1——由校准曲线查得试样中元素的质量浓度，μg/L；

ρ_0——实验室空白试样中元素的质量浓度，μg/L；

V_0——消解后试样的定容体积，mL；

m——鱼或贝样品的称取量，g。

6. 精密度和准确度

1）精密度

测定实际鱼或河蚌样品铬、铜和铅，采用微波消解相对偏差分别为 9.1%、8.3% 和 16.0%；采用电热板湿法消解相对偏差分别为 11.1%、16.7% 和 15.0%。

2）准确度

对实际鱼或河蚌样品镉、铬、铜和铅进行加标回收实验，采用微波消解加标回收率分别为 102%、102%、88.8% 和 91.2%，采用电热板湿法消解加标回收率分别为 105%、103%、118% 和 105%。

（三）鱼和贝　锌的测定　火焰原子吸收分光光度法

1. 适用范围

本方法适用于火焰原子吸收分光光度法测定鱼和贝中的锌。

当取样量为 5.0 g，消解后定容体积为 25.0 mL 时，测定鱼和贝中锌的方法检出限为 1.0 mg/kg，测定下限为 4.0 mg/kg。

2. 干扰及消除

低于 500mg/L 的 K、Na、Ca、Mg 等共存元素，对锌的测定无干扰。

3. 样品和试样的制备

1）样品制备与保存

见原子荧光法 21）。

2）试样的制备

见原子荧光法 22）。

4. 分析步骤

1）仪器工作参数

按照仪器使用说明书设定灯电流、乙炔气流量等参数。推荐参考条件见表 11-100。

表 11-100　仪器参考测量条件

元素	Zn
光源	锌空心阴极灯
灯电流/mA	10
测定波长/nm	213.9
通带宽度/nm	1.0
火焰性质	贫燃性火焰
扣背景方式	氘灯背景校正

2）校准曲线绘制

分别吸取 50.0 mg/L 标准溶液 0.00 mL, 0.05 mL, 0.10 mL, 0.20 mL, 0.50 mL, 0.80 mL 于 50 mL 容量瓶中，用 1%硝酸定容后摇匀。此标准系列为 0.00 mg/L, 0.05 mg/L, 0.10 mg/L, 0.20 mg/L, 0.50 mg/L 和 0.80 mg/L。按从低浓度到高浓度的顺序吸入标准系列，测量相应的吸光度，以相应吸光值为纵坐标，以各元素标准系列质量浓度为横坐标，绘制各元素的校准曲线。

3）空白试验

用试剂水代替试样做空白试验，采用与试样相同的制备和测定方法，所用试剂量也相同。在测定鱼或贝样品的同时进行空白实验，该空白即为实验室全程序空白。

4）样品测定

按所选仪器工作条件，测定空白和样品的吸光度，由吸光度值在校准曲线上查得对应金属元素含量，也可用浓度直读法进行测定。

5. 结果计算

$$w = \frac{(\rho_1 - \rho_0) \times V_0}{m} \qquad (11\text{-}27)$$

式中，w——鱼或贝中元素的含量，mg/kg；

ρ_1——由校准曲线查得试样中元素的质量浓度，mg/L；

ρ_0——实验室空白试样中元素的质量浓度，mg/L；

V_0——消解后试样的定容体积，mL；

m——鱼或贝样品的称取量，g。

6. 精密度和准确度

1）精密度

测定实际鱼或河蚌样品锌含量，采用微波消解相对偏差为 4.7%，采用电热板湿法消解相对偏差为 7.8%。

2）准确度

对实际鱼或河蚌样品进行锌加标回收实验，采用微波消解加标回收率为 107%，采用电热板湿法消解加标回收率为 83.3%。

二、生物中重金属实用分析方法（苔藓）

目前，我国尚未建立苔藓植物重金属监测技术方法体系，主要参考食品及茶叶标准或相关文献中的测定方法，亟须开发专门适合于苔藓植物中重金属多元素同时测定的分析方法。苔藓植物中重金属元素准确分析取决于两方面，一方面是样品前处理技术，另一方面是监测分析方法的准确性。表 11-101 列出了食品及茶叶等重金属元素不同方法及其检出限，供环境监测人员参考选择。

表 11-101 参考相关重金属标准实用分析方法检出限汇总

仪器方法	消解方式	测定元素	方法检出限/(mg/kg)	备注	标准号
石墨炉原子吸收光谱法	电炉高压消解罐微波	铬	0.01	称样量为 0.5 g 定容至 10mL	GB/T 5009.123—2014
石墨炉原子吸收光谱法	高压消解罐电炉微波	铅	0.02	称样量为 0.5g 定容体积为 10mL	GB/T 5009.12—2017
石墨炉原子吸收光谱法	电炉微波高压消解罐	铅	0.02	称样量为 0.5g 定容体积为 10mL	
火焰原子吸收光谱法	高压消解罐	铜	0.2	称样量为 0.5 g 定容体积为 10mL	GB/T 5009.13—2017
电感耦合等离子体质谱法	电炉微波高压消解罐	铜	0.05	称样量为 0.5g 定容体积为 50mL	
电感耦合等离子体发射光谱法		铜	0.2	称样量为 0.5g 定容体积为 50mL	
火焰原子吸收光谱法	高压消解罐微波、电炉马弗炉	锌	1	称样量为 0.5g 定容体积为 25mL	GB/T 5009.14—2017
电感耦合等离子体质谱法	高压消解罐微波	锌	0.5	称样量为 0.5g 定容体积为 50mL	
电感耦合等离子体发射光谱法	高压消解罐微波	锌	0.5	称样量为 0.5g 定容体积为 50mL	
二硫腙比色法	电炉马弗炉	锌	7	称样量为 1 g 定容体积为 25mL	
石墨炉原子吸收光谱法	高压消解罐微波电炉、马弗炉	镉	0.001	称样量为 0.3～0.5 g 定容体积为 10～25mL	GB/T 5009.15—2014
氢化物原子荧光光谱法	电炉	锡	—	称样量为 1g 定容体积为 50mL	GB/T 5009.16—2014
苯芴酮比色法	电炉	锡			
原子荧光光谱分析法	高压消解罐、微波	总汞	0.003	称样量为 0.5 g 定容体积为 25mL	GB/T 5009.17—2014
冷原子吸收光谱法	高压消解罐	总汞	0.002	称样量为 0.5 g 定容体积为 25mL	
电感耦合等离子体质谱法、电感耦合等离子体发射光谱法	高压消解罐微波	钒	0.002	称样量为 0.5g 定容体积为 50mL	GB 5009.268—2016
		铬	0.05		
		锰	0.1		
		钴	0.001		
		镍	0.2		

续表

仪器方法	消解方式	测定元素	方法检出限/(mg/kg)	备注	标准号
电感耦合等离子体质谱法、电感耦合等离子体发射光谱法	高压消解罐微波	铜	0.05		
		锌	0.5		
		砷	0.002		
		镉	0.002	称样量为0.5g定容体积为50mL	GB 5009.268—2016
		锑	0.01		
		汞	0.001		
		铊	0.0001		
		铅	0.02		
		铜	0.2		
		锰	0.1		
电感耦合等离子体发射光谱法	电炉	镍	0.5	称样量为0.5g定容体积为50mL	
		钒	0.2		
		锌	0.5		
电感耦合等离子体质谱法	高压消解罐微波	铝	0.03	称样量为0.2~0.5 g定容体积为50mL	GB/T 23374—2009
电感耦合等离子体质谱法	电热板	稀土元素	—	称样量为2g定容体积为25mL	GB/T 22290—2008
微波消解原子荧光法	微波	汞	相对误差-12.5%~12.5%	称样量为0.1~0.5 g定容体积为50mL	HJ 680—2013
		砷	相对误差-7.5%~4.7%		
		锑	相对误差-15.8%~11.1%		

采集的苔藓植物样品经消解处理（见第七章第三节）后进行分析测定，分析方法包括电感耦合等离子体质谱法、电感耦合等离子体发射光谱法、冷原子吸收分光光度法 3 种。

（一）苔藓 重金属的测定 石墨消解-电感耦合等离子体质谱法（ICP-MS）

1. 工作原理

利用雾化器将消解后的样品溶液输送至电感耦合等离子体中，样品受热后，经过去溶剂、分解、原子化/离子化等反应，使待测元素成为单价正离子，经离子采集系统进入质谱仪，质谱仪根据质荷比进行分离。对于一定的质比荷，质谱积分面积与进入质谱仪中的离子数成正比，即样品的浓度与质谱的积分面积成正比，通过测量质谱的峰面积来测定样品中元素的浓度。

2. 适用范围

本方法适用于苔藓植物样品中砷（As）、镉（Cd）、铬（Cr）、铅（Pb）、铜（Cu）、锌（Zn）、锰（Mn）、镍（Ni）、银（Ag）、钒（V）、钴（Co）、铊（Tl）、锑（Sb）等元素的测定。

3. 干扰和消除

（1）同量异位素干扰：相邻元素间的异位素有相同的质荷比，不能被四极质谱分辨，可能引起异位素严重干扰。一般的仪器会自动校正。

（2）丰度较大的同位素对相邻元素的干扰：丰度较大的同位素会产生拖尾峰，影响相邻质量峰的测定。可调整质谱仪的分辨率以减少这种干扰。

（3）多原子（分子）离子干扰：由 2 个或 3 个原子组成的多原子离子，并且具有和某待测元素相同的质荷比所引起的干扰。由于氯化物离子对检测干扰严重，所以不要用盐酸制备样品。多原子（分子）离子干扰很大程度上受仪器操作条件的影响，通过调整可以减少这种干扰。

（4）物理干扰：包括检测样品与标准溶液的黏度、表面张力和溶解性总固体的差异所引起的干扰。用内标物可校正物理干扰。

（5）基体抑制（电离干扰）：易电离的元素增加将大大增加电子数量而引起等离子体平衡转变，通常会减少分析信号，称基体抑制。用内标法可以校正基体干扰。

（6）记忆干扰：经常清洗样品导入系统以减少记忆干扰。

4. 分析步骤

（1）仪器条件参照各仪器使用说明书进行设置，使其达到最佳工作状态。

（2）标准系列的制备：吸取混合标准使用溶液，用硝酸溶液配制锰、铜、锌、钴浓度为 0 ng/mL、5.0 ng/mL、10.0 ng/mL、50.0 ng/mL、100.0 ng/mL、500.0 ng/mL、银、砷、铬、镉、镍、铅、硒、锑、铊、钒浓度为 0 ng/mL、0.5 ng/mL、1.0 ng/mL、

10.0 ng/mL、50.0 ng/mL、100.0 ng/mL，汞浓度为 0 ng/mL、0.10 ng/mL、0.50 ng/mL、1.0 ng/mL、1.5 ng/mL、2.0 ng/mL 的标准系列。

（3）测定：当仪器真空度达到要求时，用调谐液调整仪器各项指标，仪器灵敏度、氧化物、双电荷、分辨率等各项指标达到测定要求后，编辑测定方法、干扰方程及选择各测定元素，引入在线内标溶液，观测内标灵敏度，符合要求后，将试剂空白、标准系列、样品溶液分别测定。选择各元素内标，选择各标准，输入各参数，绘制标准曲线，计算回归方程。

5. 实验结果与计算

$$W = \frac{(\rho_1 - \rho_0) \times V_0 \times F}{1000m}$$
(11-28)

式中，W——苔藓中金属元素的含量，mg/kg；

ρ_1——由标准曲线计算试样中金属元素的质量浓度，μg/L；

ρ_0——由标准曲线计算空白中金属元素的质量浓度，μg/L；

V_0——消解后的定容体积，mL；

F——稀释因子；

m——苔藓样品的称取量，g。

6. 方法检出限

经测定，本方法检出限为 Co 0.028 mg/kg、Ni 0.064 mg/kg、Pb 0.206 mg/kg、Ag 0.028 mg/kg、Cd 0.031 mg/kg、Sb 0.095 mg/kg、T1 0.020 mg/kg、V 0.081 mg/kg、Cr 0.204 mg/kg、Mn 0.213 mg/kg、Cu 0.129 mg/kg、Zn 0.541 mg/kg、As 0.202 mg/kg。

7. 方法精密度

采用本方法，分别对标准品茶叶 GBW07506（GSV-4）、紫菜 GBW10023（GSB-14）、螺旋藻 GBW10025（GSB-16）、柑橘叶 GBW10020（GSB-11）和实际样品细叶小羽藓（*Haplocladium microphyllum*）、匍灯藓（*Mnium*）、鼠尾藓（*Myuroclada maximowiczii*）、大灰藓（*Hypnum plumaeforme*）和亚美绢藓（*Entodon cladorrhizans*）进行测定，各金属元素的相对标准偏差在 4.22%～9.45%。

8. 方法准确度

采用本方法，分别对标准品茶叶 GBW07506（GSV-4）、紫菜 GBW10023（GSB-14）、螺旋藻 GBW10025（GSB-16）、柑橘叶 GBW10020（GSB-11）进行测定，各金属元素的相对误差在–11.96%～15.43%。

（二）苔藓 重金属的测定 石墨消解-电感耦合等离子体发射光谱法（ICP-OES）

1. 工作原理

消解后的样品溶液通过进样装置引入电感耦合等离子体中，在等离子体火炬的高温下被气化、电离、激发。样品中存在的不同元素以其原子在激发或电离时所发射出的特征光谱来定性，通过测定特征光谱的强弱来定量。

2. 适用范围

本方法适用于苔藓植物样品中镉（Cd）、钴（Co）、铬（Cr）、铜（Cu）、锰（Mn）、镍（Ni）、铅（Pb）、钒（V）、锌（Zn）、锑（Sb）、铊（Tl）、银（Ag）等元素的测定。

3. 干扰和消除

ICP-OES 法通常存在的干扰大致可分为两类。一类是光谱干扰，主要包括连续背景和谱线重叠干扰；另一类是非光谱干扰，主要包括化学干扰、电离干扰、物理干扰及去溶剂干扰等，在实际分析过程中各类干扰很难截然分开。在一般情况下，必须予以补偿和校正。此外，物理干扰一般由样品的黏滞程度及表面张力变化而致，尤其是当样品中含有大量可溶盐或样品酸度过高，都会对测定产生干扰。消除此类干扰的最简单方法是将样品稀释。

1）基体元素的干扰

待测元素在建议的分析波长下的主要光谱干扰见表 11-102。

表 11-102 元素间干扰

测定元素	测定波长/nm	干扰元素	测定元素	测定波长/nm	干扰元素
Co	228.616	Ti、Fe		205.552	Fe、Mo
	230.78	Fe	Cr	267.72	Fe、Mo
Ag	328.068	Mn、Ti		283.56	Mn、V、Mg
	214.44	Fe	Cu	324.754	Mo、Ti
Cd	226.502	Fe、Ni、Ti	Mn	257.610	Fe、Al、Mg
	228.80	Fe、As	Ni	231.604	Co
Zn	213.856	Cu、Ni、Fe		290.88	Fe、Mo
	202.54	Cu、Al	V	292.402	Fe、Mo、Ti
Sb	206.833	Al、Cr、Mo		311.07	Ti、Fe、Mn
Pb	220.353	Al、Fe	Ti	336.10	

2）干扰的校正

目前常用的校正方法是背景扣除法（根据单元素试验确定扣除背景的位置及方式）及干扰系数法，当存在单元素干扰时，可按式（11-29）求得干扰系数。

$$K_t = (Q' - Q)/Q_t \tag{11-29}$$

式中，K_t——干扰系数；

Q'——干扰元素加分析元素的含量；

Q——分析元素的含量；

Q_t——干扰元素的含量。

通过配制一系列已知干扰元素含量的溶液在分析元素波长的位置测定其 Q'，根据上述公式求出 K_t，然后进行人工扣除或计算机自动扣除。

4. 分析步骤

1）仪器条件

仪器型号不同，其工作条件也会有所差异，应按照仪器使用说明书进行操作。参考测量条件见表 11-103。

表 11-103　ICP-OES 工作参数表

高频功率/W	载气流量/（L/min）	辅助气流量/（L/min）	蠕动泵转速/（r/min）	积分时间/s
1150	0.75	0.5	50	5~15

2）校准曲线绘制

将已配好的混合标准系列溶液按从小到大的浓度顺序，分别导入电感耦合等离子体原子发射光谱仪中，测定系列工作溶液中各待测元素的光谱强度。以光谱强度为纵坐标，元素浓度为横坐标，绘制标准曲线。校准曲线的浓度范围可根据测量需要进行调整。

3）样品测定

分析样品前，先用洗涤空白溶液冲洗系统，待分析信号稳定后开始测定样品。测定样品过程中，若样品中待测元素浓度超出校准曲线范围，需经稀释后重新测定。

4）空白实验

按样品预处理相同的步骤制备试剂空白溶液，与试样相同的测定条件测定空白溶液。如果空白值过高，则应检查试剂的纯度或仪器的漂移，必要时对试剂进行纯化处理或对仪器进行校准。

5. 实验结果与计算

$$w = \frac{(\rho_1 - \rho_0) \times V_0 \times F}{m} \tag{11-30}$$

式中，w——苔藓中金属元素的含量，mg/kg；

ρ_1——由标准曲线计算试样中金属元素的质量浓度，mg/L；

ρ_0——由标准曲线计算空白中金属元素的质量浓度，mg/L；

V_0——消解后的定容体积，mL；

F——稀释因子；

m——苔藓样品的称取量，g。

6. 方法检出限

经测定，本方法检出限为 Co 12.5mg/kg、Ni 4.375 mg/kg、Pb 62.5 mg/kg、Ag 18.75 mg/kg、V6.25 mg/kg、Cr 18.75 mg/kg、Mn 6.25 mg/kg、Cu 25 mg/kg、Zn 22.496 mg/kg、As 125 mg/kg。

7. 方法精密度

采用本方法，分别对标准品茶叶 GBW07506（GSV-4）、紫菜 GBW10023（GSB-14）、柑橘叶 GBW10020（GSB-11）和实际样品细叶小羽藓、匐灯藓、鼠尾藓、大灰藓和亚美绢藓进行测定，各金属元素的相对标准偏差在 3.27%～37.81%。

8. 方法准确度

采用本方法，分别对标准品茶叶 GBW07506（GSV-4）、紫菜 GBW10023（GSB-14）、柑橘叶 GBW10020（GSB-11）进行测定，各金属元素的相对误差在 –57.24%～16.10%。

（三）苔藓 汞的测定 石墨消解-冷原子吸收分光光度法

1. 工作原理

汞原子蒸气对 253.7nm 的紫外光有选择性吸收。在一定浓度范围内，吸收光与汞浓度成正比。水样经消解后，将各种形态汞转变成二价汞，再用氯化亚锡将二价汞还原为元素汞，用载气将产生的汞蒸气带入测汞仪的吸收池测定吸光度，与汞标准溶液吸光度进行比较定量。

2. 适用范围

适用于苔藓植物中汞（Hg）元素的测定。

3. 分析步骤

1）标准系列配制

根据样品含量，用汞标准储备液（1 mg/L）配制合适浓度的标准系列浓度，不少于 5 个点。

2）样品测定

在同等情况下测量苔藓消解液的吸光度，用空白液校准之后，从标准曲线上算出相应的汞浓度。

3）空白试验

用试剂水代替苔藓样品做空白试验，采用与试样相同的制备和测定方法，所用试剂量也相同。

4. 实验结果与计算

$$w = \frac{(\rho_1 - \rho_0) \times V_0 \times F}{1000m} \tag{11-31}$$

式中，w——苔藓中汞的含量，mg/kg；

ρ_1——由标准曲线计算试样中汞的质量浓度，μg/L；

ρ_0——由标准曲线计算空白中汞的质量浓度，μg/L；

V_0——消解后的定容体积，mL；

F——稀释因子；

m——苔藓样品的称取量，g。

5. 方法检出限

经测定，本方法检出限为 0.194 mg/kg。

6. 方法精密度

采用本方法，分别对标准品紫菜 GBW10023（GSB-14）、螺旋藻 GBW10025（GSB-16）、柑橘叶 GBW10020（GSB-11）和实际样品细叶小羽藓、匐灯藓、鼠尾藓、亚美绢藓进行测定，各金属元素的相对标准偏差在 5.92%～20.47%。

7. 方法准确度

采用本方法，分别对标准品紫菜 GBW10023（GSB-14）、螺旋藻 GBW10025（GSB-16）、柑橘叶 GBW10020（GSB-11）进行 Hg 元素的测定，相对误差在 −25.52%～13.24%。

（四）质量保证和质量控制

（1）样品预处理：若苔藓样品消解 5h 后依旧混浊，可补加酸，适当延长消解时间，直至溶液澄清透明；若苔藓样品经长时间消解，消解液已澄清透明，但仍存在不溶沉淀物，应考虑苔藓样品在清洗阶段未洗净以致泥沙残留。

（2）平行样：每批次样品至少测定 10% 的平行双样，样品数量少于 10 时，应测定 1 个平行双样；做平行样时，2 个平行样测定结果的相对偏差应小于 20%。

（3）空白：每批样品分析需至少做 2 个试剂空白，如果空白值明显偏高或几个空白值的相对差过大，应仔细检查并消除影响因素。

（4）相关性：校准曲线的相关系数 $r \geqslant 0.999$。

（5）精密度：每批样品至少按 10% 的比例进行平行双样测定，样品数量少于 10 时，应至少测定 1 个平行双样，各元素测定结果的相对标准偏差应小于 20%。

（6）准确度：每批样品带标准样品进行测定，测定标准样品的结果在允许范围内，样品数量少于 10 时，应至少测定一个标准样品，以控制样品测定的准确性。

（五）废弃物处理

实验中产生的废弃标准溶液、危险样品、废酸等废料应当回收，置于密闭容器中保存，委托有资质的单位进行处理。

（六）注意事项

（1）器皿的准备。所使用的坩埚和玻璃容器先用硝酸（1+1）浸泡，然后用自来水和试剂水依次冲洗干净，放在干净的环境中晾干。对于新使用的或怀疑受污染的容器，应用热盐酸（1+1）浸泡至少 2 h，再用热硝酸浸泡至少 2 h，然后用试剂水洗干净，放在干净的环境中晾干。

（2）含量太低的元素，可适当增加称样量或减少定容体积，也可在浓缩后测定。

（3）样品酸消解的操作应在通风厨内进行，并应按规定佩戴防护器具，避免接触皮肤和衣服。

第五节　水中重金属实用分析方法

重金属污染是危害最大的水污染问题之一，随着城市和工业的不断扩张，近年来水体重金属污染也越来越严重，由于重金属具有毒性大、在环境中不易被代谢、易被生物富集并有生物放大效应等特点，不但污染水环境，也严重威胁人类和生物的生存。随着科学技术的进步，我国环境监测分析技术不断发展与完善，各类分析标准方法层出不穷。表 11-104 列出了常见重金属元素不同方法检出限，供环境监测人员参考选择。

表 11-104　常见重金属元素标准分析方法检出限

监测项目	检出限	方法来源
	0.010 mg/L	水质　铅的测定　双硫腙分光光度法（GB 7470—1987）
	1.0 μg/L	水质　砷、汞、硒、铅的测定　原子荧光光度法（SL327.1～4—2005）
	0.5～10 mg/L	水质　铜、锌、铅、镉的测定　原子吸收分光光度法（GB 7475—1987）
铅（Pb）	1.0～20 mg/L（火焰原子吸收分光光度法） 0.05 μg/L（石墨炉原子吸收分光光度法） 20 μg/L（电感耦合等离子体发射光谱法） 0.07 μg/L（电感耦合等离子体质谱法）	生活饮用水标准检验方法　金属指标（GB/T 5750.6—2006）
	0.1 mg/L（水平观测） 0.07 mg/L（垂直观测）	水质　32 种元素的测定　电感耦合等离子体发射光谱法（HJ 776—2016）
	0.05 mg/L（电感耦合等离子体发射光谱法）	水和废水监测分析方法（第四版）
	0.09 μg/L	水质　65 种元素的测定　电感耦合等离子体质谱法（HJ 700—2014）
镉（Cd）	0.001 mg/L	水质　镉的测定　双硫腙分光光度法（GB 7471—1987）

续表

监测项目	检出限	方法来源
镉（Cd）	0.050～2.0 mg/L（火焰原子吸收分光光度法） 0.1 μg/L（石墨炉原子吸收分光光度法） 4 μg/L（电感耦合等离子体发射光谱法） 0.06 μg/L（电感耦合等离子体质谱法）	生活饮用水标准检验方法 金属指标（GB/T 5750.6—2006）
	0.05～1 mg/L	水质 铜、锌、铅、镉的测定 原子吸收分光光度法（GB 7475—87）
	0.05 mg/L（水平观测） 0.005 mg/L（垂直观测）	水质 32 种元素的测定 电感耦合等离子体发射光谱法（HJ 776—2016）
	0.003 mg/L（电感耦合等离子体发射光谱法）	水和废水监测分析方法（第四版）
	0.05 μg/L	水质 65 种元素的测定 电感耦合等离子体质谱法（HJ 700—2014）
铬（Cr）	0.03 mg/L	水质 铬的测定 火焰原子吸收分光光度法（HJ 757—2015）
	0.03 mg/L（火焰原子吸收分光光度法） 0.01 mg/L（电感耦合等离子体发射光谱法）	水和废水监测分析方法（第四版）
	0.03 mg/L（水平观测） 0.03 mg/L（垂直观测）	水质 32 种元素的测定 电感耦合等离子体发射光谱法（HJ 776—2016）
	19 μg/L（电感耦合等离子体发射光谱法） 0.09 μg/L（电感耦合等离子体质谱法）	生活饮用水标准检验方法 金属指标（GB/T 5750.6—2006）
	0.11 μg/L	水质 65 种元素的测定 电感耦合等离子体质谱法（HJ 700—2014）
砷（As）	0.007 mg/L	水质 总砷的测定 二乙基二硫代氨基甲酸银分光光度法（GB 7485—1987）
	0.3 μg/L	水质 汞、砷、硒、铋和锑的测定 原子荧光法（HJ 694—2014）
	0.5 ng/0.5 mL（氢化物荧光法） 35 μg/L（电感耦合等离子体发射光谱法） 0.09 μg/L（电感耦合等离子体质谱法）	生活饮用水标准检验方法 金属指标（GB 5750.6—2006）
	0.2 μg/L	水质 砷、汞、硒、铅的测定 原子荧光光度法（SL 327.1～4—2005）
	0.2 mg/L（水平观测） 0.2 mg/L（垂直观测）	水质 32 种元素的测定 电感耦合等离子体发射光谱法（HJ 776—2016）
	0.1 mg/L（电感耦合等离子体发射光谱法）	水和废水监测分析方法（第四版）
	0.12 μg/L	水质 65 种元素的测定 电感耦合等离子体质谱法（HJ 700—2014）
汞（Hg）	0.002 mg/L	水质 总汞的测定 高锰酸钾-过硫酸钾消解法 双硫腙分光光度法（GB/T 7469—1987）
	0.04 μg/L	水质 汞、砷、硒、铋和锑的测定 原子荧光法（HJ 694—2014）
	0.01 μg/L	水质 砷、汞、硒、铅的测定 原子荧光光度法（SL327.1～4—2005）
	0.0015 μg/L	水质 汞的测定 冷原子荧光法（试行）（HJ/T 341—2007）
	0.05 ng/0.5 mL（原子荧光法）	生活饮用水标准检验方法 金属指标（GB 5750.6—2006）
	0.01 μg/L	水质 总汞的测定 冷原子吸收分光光度法（HJ 597—2011）
	0.2 μg/L（冷原子吸收分光光度法）	生活饮用水标准检验方法 金属指标（GB/T 5750.6—2006）
镍（Ni）	0.25 mg/L	水质 镍的测定 丁二酮肟分光光度法（GB 11910—1989）
	0.05 mg/L	水质 镍的测定 火焰原子吸收分光光度法（GB 11912—1989）

监测项目	检出限	方法来源
镍（Ni）	0.01 mg/L（火焰原子吸收分光光度法） 0.01 mg/L（电感耦合等离子体发射光谱法）	水和废水监测分析方法（第四版）
	0.1 μg/L（石墨炉原子吸收分光光度法） 6 μg/L（电感耦合等离子体发射光谱法） 0.07 μg/L（电感耦合等离子体质谱法）	生活饮用水标准检验方法 金属指标 （GB/T 5750.6—2006）
	0.007 mg/L（水平观测） 0.02 mg/L（垂直观测）	水质 32 种元素的测定 电感耦合等离子体发射光谱法（HJ 776—2016）
	0.06 μg/L	水质 65 种元素的测定 电感耦合等离子体质谱法（HJ 700—2014）
铜（Cu）	0.010 mg/L	水质 铜的测定 二乙基二硫代氨基甲酸钠分光光度法（HJ 485—2009）
	0.02 mg/L	水质 铜的测定 2, 9-二甲基-1, 10 菲萝啉分光光度法（HJ 486—2009）
	0.25～5 mg/L	水质 铜、锌、铅、镉的测定 原子吸收分光光度法（GB 7475—1987）
	0.03 mg/L（火焰原子吸收分光光度法） 0.01 mg/L（电感耦合等离子体发射光谱法）	水和废水监测分析方法（第四版）
	0.20～5.0 mg/L（火焰原子吸收分光光度法） 0.1 μg/L（石墨炉原子吸收分光光度法） 9 μg/L（电感耦合等离子体发射光谱法） 0.09 μg/L（电感耦合等离子体质谱法）	生活饮用水标准检验方法 金属指标 （GB/T 5750.6—2006）
	0.04 mg/L（水平观测） 0.006 mg/L（垂直观测）	水质 32 种元素的测定 电感耦合等离子体发射光谱法 HJ 776—2016
	0.08 μg/L	水质 65 种元素的测定 电感耦合等离子体质谱法（HJ 700—2014）
锌（Zn）	0.005 mg/L	水质 锌的测定 双硫腙分光光度法（GB7472—1987）
	0.05～1 mg/L	水质 铜、锌、铅、镉的测定 原子吸收分光光度法（GB 7475—1987）
	0.050～1.0 mg/L（火焰原子吸收分光光度法） 1 μg/L（电感耦合等离子体发射光谱法） 0.8 μg/L（电感耦合等离子体质谱法）	生活饮用水标准检验方法金属指标 （GB/T 5750.6—2006）
	0.006 mg/L（电感耦合等离子体发射光谱法）	水和废水监测分析方法（第四版）
	0.009 mg/L（水平观测） 0.004 mg/L（垂直观测）	水质 32 种元素的测定 电感耦合等离子体发射光谱法（HJ 776—2016）
	0.67 μg/L	水质 65 种元素的测定 电感耦合等离子体质谱法（HJ 700—2014）
锰（Mn）	0.01 mg/L	水质 锰的测定 甲醛肟分光光度法（试行）（HJ/T 344—2007）
	0.02 mg/L	水质 锰的测定 高碘酸钾分光光度法（GB 11906—1989）
	0.01 mg/L	水质 铁、锰的测定 火焰原子吸收分光光度法（GB 11911—1989）
	0.10～3.0 mg/L（火焰原子吸收分光光度法） 0.5 μg/L（电感耦合等离子体发射光谱法） 0.06 μg/L（电感耦合等离子体质谱法）	生活饮用水标准检验方法 金属指标 （GB/T 5750.6—2006）
	0.01 mg/L（火焰原子吸收分光光度法） 257.61 nm 下 0.001 mg/L、293.31 nm 下 0.02 mg/L （电感耦合等离子体发射光谱法）	水和废水监测分析方法（第四版）
	0.01 mg/L（水平观测） 0.004 mg/L（垂直观测）	水质 32 种元素的测定 电感耦合等离子体发射光谱法（HJ 776—2016）
	0.12 μg/L	水质 65 种元素的测定 电感耦合等离子体质谱法（HJ 700—2014）

续表

监测项目	检出限	方法来源
银（Ag）	0.05 μg/L（石墨炉原子吸收分光光度法）13 μg/L（电感耦合等离子体发射光谱法）0.03 μg/L（电感耦合等离子体质谱法）	生活饮用水标准检验方法　金属指标（GB 5750.6—2006）
	0.03 mg/L	水质　银的测定　火焰原子吸收分光光度法（GB 11907—1989）
	0.03 mg/L	水和废水监测分析方法（第四版增补版）
	0.03 mg/L（水平观测）0.02 mg/L（垂直观测）	水质 32 种元素的测定　电感耦合等离子体发射光谱法（HJ 776—2016）
	0.04 μg/L	水质 65 种元素的测定　电感耦合等离子体质谱法（HJ 700—2014）
	0.02 mg/L	水质　银的测定　3, 5-Br$_2$-PADAP 分光光度法（HJ 489—2009）
	0.01 mg/L	水质　银的测定　镉试剂 2B 分光光度法（HJ 490—2009）
钒（V）	50～1000 μg/L（石墨炉原子吸收分光光度法）0.01 mg/L（电感耦合等离子体发射光谱法）	水和废水监测分析方法（第四版增补版）
	3 μg/L	水质　钒的测定　石墨炉原子吸收分光光度法（HJ 673—2013）
	0.2 μg/L（石墨炉原子吸收分光光度法）5 μg/L（电感耦合等离子体发射光谱法）0.07 μg/L（电感耦合等离子体质谱法）	生活饮用水标准检验方法　金属指标（GB 5750.6—2006）
	0.01 mg/L（水平观测）0.01 mg/L（垂直观测）	水质. 32 种元素的测定. 电感耦合等离子体发射光谱法（HJ 776—2016）
	0.08 μg/L	水质 65 种元素的测定　电感耦合等离子体质谱法（HJ 700—2014）
	0.018 mg/L	水质　钒的测定　钽试剂（BPHA）萃取分光光度法（GB/T 15503—1995）
钴（Co）	0.1 μg/L（石墨炉原子吸收分光光度法）2.5 μg/L（电感耦合等离子体发射光谱法）0.03 μg/L（电感耦合等离子体质谱法）	生活饮用水标准检验方法　金属指标（GB 5750.6—2006）
	0.02 mg/L（水平观测）0.01 mg/L（垂直观测）	水质 32 种元素的测定　电感耦合等离子体发射光谱法（HJ 776—2016）
	238.89 nm 下 0.005 mg/L、228.62 nm 下 0.005 mg/L（电感耦合等离子体发射光谱法）	水和废水监测分析方法（第四版）
	0.03 μg/L	水质 65 种元素的测定　电感耦合等离子体质谱法（HJ 700—2014）
锑（Sb）	0.2 μg/L	水质　汞、砷、硒、铋和锑的测定　原子荧光法（HJ 694—2014）
	0.005 μg/0.5 mL（氢化物原子荧光法）30 μg/L（电感耦合等离子体发射光谱法）0.07 μg/L（电感耦合等离子体质谱法）	生活饮用水标准检验方法　金属指标（GB 5750.6—2006）
	0.2 mg/L	水和废水监测分析方法（第四版增补版）
	0.2 mg/L（水平观测）0.06 mg/L（垂直观测）	水质 32 种元素的测定　电感耦合等离子体发射光谱法（HJ 776—2016）
	0.15 μg/L	水质 65 种元素的测定　电感耦合等离子体质谱法（HJ 700—2014）
铊（Tl）	2.72 μg/L（石墨炉原子吸收分光光度法）	水和废水监测分析方法（第四版增补版）
	0.01 μg/L（石墨炉原子吸收分光光度法）40 μg/L（电感耦合等离子体发射光谱法）0.01 μg/L（电感耦合等离子体质谱法）	生活饮用水标准检验方法　金属指标（GB 5750.6—2006）
	0.02 μg/L	水质 65 种元素的测定　电感耦合等离子体质谱法（HJ 700—2014）

　　本节根据分析仪器的不同，结合经常应用的分析方法，将水中重金属实用分析方法按仪器分为以下六大类进行详细阐述。

一、原子荧光光谱分析仪实用分析方法

　　目前市面上多数原子荧光仪器所能检测的元素范围局限于一些可以进行氢化物发生的元素，所以可测元素的范围窄，在水质分析领域中主要应用于砷（As）、汞（Hg）、硒（Se）、锑（Sb）、铋（Bi）、铅（Pb）、镉（Cd）、锡（Sn）的测定，参考分析方法见表 11-105。

表 11-105　原子荧光光谱实用分析方法

方法名称	测定元素	适用范围	分析检出限 /（μg/L）	测定浓度范围 /（μg/L）
水质 汞、砷、硒、铋和锑的测定 原子荧光法（HJ 694—2014）	砷（As）、汞（Hg）、硒（Se）、锑（Sb）、铋（Bi）	地表水、地下水、生活污水和工业废水	Hg: 0.04 As: 0.3 Se: 0.4 Sb: 0.2 Bi: 0.2	Hg: 0.10～1.0 As: 1.0～10.0 Se: 0.4～2.0 Sb: 1.0～10.0 Bi: 1.0～10.0
水质 汞的测定 冷原子荧光法（试行）（HJ/T 341—2007）	汞（Hg）	地表水、地下水及氯离子含量较低的水样	0.0015	0.0060～1.0
生活饮用水标准检验方法 金属指标（GB 5750.6—2006）	As（氢化物荧光法） Se（氢化物荧光法） Se（二氨基萘荧光法） Hg（原子荧光法） Cd（原子荧光法） Pb（氢化物原子荧光法） Sb（氢化物原子荧光法） Sn（氢化物原子荧光法）	生活饮用水及其水源	As: 0.5ng/0.5mL Se: 0.5ng/0.5mL Se: 0.005μg/0.5mL Hg: 0.05ng/0.5mL Cd: 0.25ng/0.5mL Pb: 0.5ng/0.5mL Sb: 0.005μg/0.5mL Sn: 0.5ng/0.5mL	As: 1.0～20.0 Se: 1.0～30.0 Se: 0.25～5.0 Hg: 0.10～1.00 Cd: 0.50～10.0 Pb: 1.0～50.0 Sb: 0.50～10.0 Sn: 1.0～10.0
水质 砷、汞、硒、铅的测定 原子荧光光度法（SL 327.1～4—2005）	砷（As）、汞（Hg）、硒（Se）、铅（Pb）	地表水、地下水、大气降水、污水及其再生利用水	As: 0.2 Hg: 0.01 Se: 0.3 Pb: 1.0	As: 1～200 Hg: 0.05～30 Se: 1～300 Pb: 2～200

　　原子荧光中影响分析结果的工作参数主要有负高压、载气和屏蔽器流量、灯电流，各实验室应根据自身仪器条件调节仪器至最佳状态，表 11-106 是仪器工作参数折中调节范围，以供参考。

表 11-106　原子荧光工作参数参考测量范围

元素	负高压/V	灯电流/mA	原子化器预热温度/℃	载气流量 /（mL/min）	屏蔽器流量 /（mL/min）	积分方式
Hg	240～280	15～30	200	400	900～1000	峰面积
As	260～300	40～60	200	400	900～1000	峰面积
Se	260～300	80～100	200	400	900～1000	峰面积
Sb	260～300	60～80	200	400	900～1000	峰面积
Bi	260～300	60～80	200	400	900～1000	峰面积

注意事项如下。

（1）硼氢化钾（硼氢化钠）是强还原剂，极易与空气中的氧气和二氧化碳反应，在中性及酸性溶液中易分解产生氢气，所以配制硼氢化钾（硼氢化钠）溶液时，应将硼氢化钾（硼氢化钠）固体溶于氢氧化钠溶液中，并现用现配。

（2）二级气液分离器中应注意添加纯水使其保持液封。

二、冷原子吸收测汞仪实用分析方法

冷原子吸收法由于还原剂使用氯化亚锡，相对于硼氢化钾更为稳定，且没有记忆效应，灵敏度也较原子荧光高出许多，故水质中汞的分析更多地选择冷原子吸收作分析仪器。分析标准方法有《水质 总汞的测定 冷原子吸收分光光度法》（HJ 597—2011）、生活饮用水标准检验方法金属指标以及美国标准 EPA 7473。各方法标准简介见表 11-107。

表 11-107　冷原子吸收测汞仪实用分析方法

方法名称	测定元素	适用范围	分析检出限	测定浓度范围
水质 总汞的测定 冷原子吸收分光光度法（HJ 597—2011）	汞（Hg）	地表水、地下水、生活污水和工业废水	0.01 μg/L	0.025～5.00 μg/L
生活饮用水标准检验方法 金属指标（GB/T 5750.6—2006）	汞（Hg）	生活饮用水及其水源	0.2 μg/L	0.20～5.00 μg/L
热分解齐化原子吸收测定固体及液体中的汞（EPA7473）	汞（Hg）	液体或经消解后呈液体状	0.01 ng/L	0.05～600 ng/L

冷原子吸收光谱仪分固体模块和液体模块，2 种模块都可以用于水质重金属分析，但由于固体模块国内并没有相关分析标准，所以国内水质分析主要以液体模块为准。以利曼测汞仪 Hydra Ⅱ 为例，工作参数参考范围见表 11-108。

表 11-108　冷原子吸收工作参数参考范围

气体流速/（L/min）	进样流速/（mL/min）	样品分析泵速/（mL/min）	进样时间/s	吸收时间/s
0.35～0.8	13～17	8～10	40～50	40～60

三、原子吸收分光光度计实用分析方法

原子吸收分光光度计（atomic absorption spectroscopy，AAS），根据原子化原理不同，分为石墨炉原子吸收、直接火焰原子吸收和间接火焰原子吸收。

（一）石墨炉原子吸收实用分析方法

石墨炉原子吸收光谱法可应用于水和废水中铅（Pb）、镉（Cd）、铊（Tl）等

元素的痕量分析。各参考标准见表 11-109。分析对象若为地表水或地下水等较清洁水，则经 30min 自然沉降后可直接进行测定；若是生活污水或工业废水等已污染水测总量，则需经消解后测定。消解标准一般参照《水质 金属总量的消解 硝酸消解法》（HJ 677—2013）和《水质 金属总量的消解 微波消解法》（HJ 678—2013）。一般对于基体简单的分析对象（基体复杂与否可通过瞬时峰形图进行判断），其测量条件可参考标准给出条件或选择仪器默认条件，对于基体复杂的分析对象，则需要加入基体改进剂消除基体干扰，分析条件如干燥、灰化、原子化及除残温度也应根据仪器情况进行调整。

表 11-109　石墨炉原子吸收实用分析方法

标准名称	测定元素	分析波长/nm	分析检出限/（μg/L）	测定范围/（μg/L）	基体改进剂
水和废水监测分析方法（第四版）	铍（Be）、镉（Cd）、铜（Cu）、铅（Pb）、硒（Se）、钒（V）、铟（In）、铊（Tl）	234.9、228.8、324.7、283.3、196.0、318.4、325.6、276.8	Be: 0.04 Se: 3 In: 1.08 Tl: 2.72	Be: 0.50~4.00 Cd: 0.1~2 Cu: 1~50 Pb: 1~5 Se: 15~200 V: 50~1000 In: 1.00~8.00 Tl: 2.00~16.0	Be: 3μg Mg(NO$_3$)$_2$ Cd、Cu、Pb: 5μg Pd Se、In、Tl: 5μg Pd+6μg Mg(NO$_3$)$_2$ V: 3μg Mg(NO$_3$)$_2$
水质 钒的测定 石墨炉原子吸收分光光度法（HJ 673—2013）	钒（V）	318.4	3	12~200	3μg Mg(NO$_3$)$_2$
水质 钡的测定 石墨炉原子吸收分光光度法（HJ 602—2011）	钡（Ba）	553.6	2.5	10~50	5μg Ca 改进剂
水质 硒的测定 石墨炉原子吸收分光光度法（GB/T 15505—1995）	硒（Se）	196.0	3	15~200	5μg Pd+6μg Mg(NO$_3$)$_2$
水质 铍的测定 石墨炉原子吸收分光光度法（HJ 807—2016）	铍（Be）	234.9	0.02	0.2~0.5	3μg Mg(NO$_3$)$_2$
水质 钼和钛的测定 石墨炉原子吸收分光光度法（HJ 807—2016）	钼（Mo）、钛（Ti）	313.3 365.4	Mo: 0.6 Ti: 7	Mo: 2.5~50 Ti: 25~250	5μg Pd+6μg Mg(NO$_3$)$_2$
生活饮用水标准检验方法 金属指标（GB/T 5750.6—2006）	铝（Al）、铜（Cu）、镉（Cd）、铅（Pb）、银（Ag）、钼（Mo）、钴（Co）、镍（Ni）、钡（Ba）、钒（V）、铍（Be）、铊（Tl）	309.3、324.7、228.8、283.3、328.1、313.3、240.7、232.0、553.6、318.3、234.9、276.7	Al: 0.2 Cu: 0.1 Cd: 0.1 Pb: 0.05 Ag: 0.05 Mo: 0.1 Co: 0.1 Ni: 0.1 Ba: 0.2 V: 0.2 Be: 0.004 Tl: 0.01	Al: 10~50 Cu: 5~40 Cd: 0.5~7.0 Pb: 2.5~40 Ag: 2.5~30 Mo: 5~40 Co: 5~40 Ni: 5~30 Ba: 10~80 V: 10~40 Be: 0.2~2.0 Tl: 0.5~50	Al: 15μg Mg(NO$_3$)$_2$ Cu: 5μg Pd+3μg Mg(NO$_3$)$_2$ Ag: 10μg NH$_4$H$_2$PO$_4$ Co: 15μg Mg(NO$_3$)$_2$

（二）直接火焰原子吸收实用分析方法

火焰原子吸收光谱仪是目前广泛应用的一种仪器，在水质分析监测中主要应用于铜 Cu、锌 Zn、铅 Pb、镉 Cd、镍 Ni、铬 Cr、钾 K、钙 Ca、钠 Na、镁 Mg、银 Ag、铁 Fe、锰 Mn 等的测定。各应用标准方法简介见表 11-110。

表 11-110　火焰原子吸收应用分析方法

方法名称	分析元素	适用范围	消解体系	分析检出限/（mg/L）	测定浓度范围/（mg/L）
水质 铜、锌、铅、镉的测定 原子吸收分光光度法（GB 7475—1987）	铜（Cu）、锌（Zn）、铅（Pb）、镉（Cd）	地表水、地下水和废水	硝酸、高氯酸	—	Cu: 0.25～5 Zn: 0.05～1 Pb: 0.5～10 Cd: 0.05～1
水质 镍的测定 火焰原子吸收分光光度法（GB 11912—1989）	镍（Ni）	工业废水及受污染的环境水样	硝酸、高氯酸	0.05	0.2～5.0
水质 铬的测定 火焰原子吸收分光光度法（HJ 757—2015）	铬（Cr）	水和废水	硝酸、过氧化氢	0.03	0.5～5.0
水质 钾和钠的测定 火焰原子吸收分光光度法（GB 11904—1989）	钾（K）、钠（Na）	地表水和饮用水	无消解	—	K: 0.05～4 Na: 0.01～2.0
水质 钙和镁的测定 原子吸收分光光度法（GB 11905—1989）	钙（Ca）、镁（Mg）	地表水、地下水和废水	无消解	Ca: 0.02 Mg: 0.002	Ca: 0.1～6.0 Mg: 0.01～0.6
水质 银的测定 火焰原子吸收分光光度法（GB 11907—1989）	银（Ag）	废水	硝酸、硫酸、过氧化氢、高氯酸	0.03	0.12～5.0
水质 铁、锰的测定 火焰原子吸收分光光度法（GB 11911—1989）	铁（Fe）、锰（Mn）	地表水、地下水和工业废水	硝酸、盐酸	Fe: 0.03 Mn: 0.01	Fe: 0.1～5 Mn: 0.05～3
水质 钡的测定 火焰原子吸收分光光度法（HJ 603—2011）	钡（Ba）	废水	硝酸、高氯酸	1.7	6.8～500
生活饮用水标准检验方法 金属指标（GB/T 5750.6—2006）	铜（Cu）、锌（Zn）、铅（Pb）、镉（Cd）、铁（Fe）、锰（Mn）、钾（K）、钠（Na）	生活饮用水及其水源	硝酸、盐酸（测定钾钠无需消解）	—	Cu: 0.20～5.0 Zn: 0.050～1.0 Pb: 1.0～20 Cd: 0.050～2.0 Fe: 0.30～5.0 Mn: 0.10～3.0 K: 0.05～3 Na: 0.01～0.5

方法名称	分析元素	适用范围	消解体系	分析检出限/(mg/L)	测定浓度范围/(mg/L)
水和废水监测分析方法（第四版）	银（Ag）、钡（Ba）、铜（Cu）、锌（Zn）、铅（Pb）、镉（Cd）、铬（Cr）、铁（Fe）、锰（Mn）、镍（Ni）、锑（Sb）、钾（K）、钠（Na）、钙（Ca）、镁（Mg）	Ag：地表水及污水 Sb：工业废水 K、Na：一般环境水样 其他：地表水、地下水和废水	Ag：硝酸、硫酸、过氧化氢、高氯酸 Ba：硝酸 K、Na：无消解 其他：硝酸、高氯酸	Ag: 0.03 Ba: 1.7 Cr: 0.03 Fe: 0.03 Mn: 0.01 Ni: 0.01 Sb: 0.2 K: 波长 766.5 nm 时为 0.03 nm 波长 404.4 nm 时为 0.4 Na: 波长 589.0 nm 时为 0.010 波长 330.0 nm 时为 0.1 Ca: 0.02 Mg: 0.002	Ag: 0.1～3.0 Ba: 5.0～500 Cu: 0.05～5 Zn: 0.05～1 Pb: 0.2～10 Cd: 0.05～1 Cr: 0.1～～5 Fe: 1.0～5.0 Mn: 0.05～2.5 Ni: 1.0～8.0 Sb: 4.0～32.0 K: 766.5 时 0.05～4.0, 404.4 时 1.0～300 Na: 589.0 时 0.05～2.0, 330 时 0.5～200 Ca: 0.1～6.0 Mg: 0.01～0.6

（三）间接火焰原子吸收实用分析方法

火焰原子吸收法吸入样品溶液后大液滴流入废液管道，只有小雾滴进入检测器，导致其灵敏度只能达到毫克每升级。间接火焰原子吸收利用萃取、树脂柱或共沉淀等方法将待测离子富集后再喷入火焰中进行测定，其灵敏度往往可以提高 2 个左右数量级，在较清洁的地表水、地下水及饮用水的痕量分析中有一定的应用。表 11-111 就是一些间接火焰原子吸收方法在水质分析中的应用。

表 11-111　间接火焰原子吸收应用分析方法

方法名称	方法原理	分析检出限/（μg/L）	测定范围/（μg/L）	备注
APDC-MIBK 萃取火焰原子吸收法测定镉、铜和铅	微酸性水样中加入 APDC（或 KI）和金属离子形成络合物，利用 MIBK 萃取，喷入火焰中测定吸光度	—	Cd: 1～50 Cu: 1～50 Pb: 10～200	当分析生活污水、工业废水及受污染的地表水时需按直接火焰原子吸收法消解
在线富集流动注射火焰原子吸收法测定镉、铜、铅、锌	利用树脂柱将 Cd、Cu、Pb、Zn 富集后，用 1.5mol/L 的硝酸快速洗脱并喷入火焰中测定	Cu: 2 Zn: 2 Pb: 5 Cd: 2	Cu: 4～40 Zn: 4～40 Pb: 4～40 Cd: 2～20	校准曲线和样品的富集时间应一致；实验用水纯度要高，否则杂质也将富集，影响测定结果

续表

方法名称	方法原理	分析检出限 /（μg/L）	测定范围 /（μg/L）	备注
生活饮用水标准检验方法金属指标——萃取法测定铁、锰、镉、铜、铅、锌	微酸性水样中加入 APDC 和金属离子形成络合物，利用 MIBK 萃取，喷入火焰中测定吸光度	Cu: 7.5 Zn: 2.5 Pb: 25 Cd: 2.5 Fe: 25 Mn: 25	Cu: 7.5～90 Zn: 2.5～30 Pb: 25～300 Cd: 2.5～30 Fe: 25～300 Mn: 25～300	
生活饮用水标准检验方法金属指标——共沉淀法测定铁、锰、镉、铜、铅、锌	水中的铁、锰、镉、铜、铅、锌离子经氢氧化镁共沉淀捕集后，加硝酸溶解沉淀，酸液喷雾进入原子化器，记录吸光度	Cu: 8 Zn: 10 Pb: 20 Cd: 4 Fe: 10 Mn: 8	Cu: 8～40 Zn: 10～50 Pb: 20～100 Cd: 4～20 Fe: 10～50 Mn: 8～40	
生活饮用水标准检验方法金属指标——巯基棉法测定铅、镉、铜	水中痕量的铅、镉、铜经巯基棉富集后，在盐酸介质中用火焰原子吸收测定吸光度	Pb: 4 Cd: 0.4 Cu: 4	Pb: 0.4～3.0 Cd: 0.04～0.3 Cu: 0.4～3.0	巯基棉应先预处理除去干扰

四、电感耦合等离子体发射光谱仪实用分析方法

影响电感耦合等离子体发射光谱法（inductively coupled plasma-atomic emission spectrometry，ICP-AES）分析特性的因素很多，但主要工作参数为高频功率、载气流量和观测高度。表 11-112 为一般仪器采用气动雾化器时的工作参数，供参考。

表 11-112　ICP-AES 参考仪器参数

高频功率 /kW	反射功率 /W	观测高度 /mm	载气流量 /（L/min）	等离子体流量 /（L/min）	进样量 /（m/min）	观测时间 /s
1.0～1.4	<5	6～16	1.0～1.5	1.0～1.5	1.5～3.0	1～20

电感耦合等离子体发射光谱法由于具有检出限低、准确度及精密度高、分析速度快、线性范围宽等优点，在环境水质监测中具有广泛的应用。其主要应用方法有以下 3 种。

（一）水质 32 种元素的测定　电感耦合等离子体发射光谱法 HJ 776—2015

该方法测定元素检出限及测定下限见表 11-113。

本方法适用于地表水、地下水、生活污水及工业废水中 32 种金属元素可溶态和总量的测定。测定总量时可用硝酸-高氯酸体系（参见第七章第五节）电热板消解，亦可按照《水质　金属总量的消解　微波消解法》（HJ 678—2013）采用微波消解。地表水、地下水测定校准曲线浓度范围参照表 11-114，废水测定校准曲线浓度范围参照表 11-115。

表 11-113　测定元素检出限及测定下限汇总

元素	水平		垂直		元素	水平		垂直	
	检出限/（mg/L）	测定下限/（mg/L）	检出限/（mg/L）	测定下限/（mg/L）		检出限/（mg/L）	测定下限/（mg/L）	检出限/（mg/L）	测定下限/（mg/L）
银 Ag	0.03	0.13	0.02	0.07	锰 Mn	0.01	0.06	0.004	0.02
铝 Al	0.009	0.04	0.07	0.28	钼 Mo	0.05	0.18	0.02	0.08
砷 As	0.2	0.60	0.2	0.81	钠 Na	0.03	0.11	0.12	0.47
硼 B	0.01	0.05	0.4	1.6	镍 Ni	0.007	0.03	0.02	0.06
钡 Ba	0.01	0.04	0.002	0.010	磷 P	0.04	0.16	0.06	0.23
铍 Be	0.008	0.03	0.010	0.04	铅 Pb	0.1	0.39	0.07	0.29
铋 Bi	0.04	0.16	0.08	0.30	硫 S	1.0	3.87	0.52	2.1
钙 Ca	0.02	0.06	0.02	0.08	锑 Sb	0.2	0.93	0.06	0.24
镉 Cd	0.05	0.20	0.005	0.02	硒 Se	0.03	0.12	0.10	0.45
钴 Co	0.02	0.09	0.01	0.06	硅 Si	0.02	0.08	0.1	0.52
铬 Cr	0.03	0.11	0.03	0.012	锡 Sn	0.04	0.17	0.2	0.87
铜 Cu	0.04	0.16	0.006	0.02	锶 Sr	0.01	0.03	0.01	0.04
铁 Fe	0.01	0.04	0.02	0.07	钛 Ti	0.02	0.10	0.02	0.06
钾 K	0.07	0.29	0.05	0.18	钒 V	0.01	0.06	0.01	0.05
锂 Li	0.02	0.09	0.009	0.04	锌 Zn	0.009	0.04	0.004	0.02
镁 Mg	0.02	0.09	0.003	0.01	锆 Zr	0.01	0.05	0.09	0.37

表 11-114　地表水、地下水标准溶液参照浓度范围

元素	浓度范围/（mg/L）
Al、Sr、P	0.00～5.00
Ba、Fe	0.00～2.00
Be、Cd、Mo、Ag	0.00～0.50
B、Co、Cr、Cu、Li、Mn、Ni、Pb、Zn	0.00～1.00
V、Ti	0.00～1.00
Ca、Si	0.00～50.00
Mg、Na、K	0.00～10.00

表 11-115　废水标准溶液浓度范围

元素	浓度范围/（mg/L）
Ag、Al、B、Ba、Be、Bi、Ca、Cd、Co、Cr、Cu、Fe、K、Li、Mg、Mn、Na、Ni、Pb、S、Sr、Zn、Zr	0.00～250.00 0.00～500.00
P	0.00～500.00
As、Se、Sn、V	0.00～500.00
Mo、Sb、Ti	0.00～500.00 0.00～250.00
Si	0.00～250.00

（二）生活饮用水标准检验方法金属指标

GB/T 5750.6—2006《生活饮用水标准检验方法　金属指标》中应用 ICP-AES 法测定饮用水及其水源中铝、锑、砷、钡、铍、硼、镉、钙、铬、钴、铜、铁、铅、锂、镁、锰、钼、镍、钾、硒、硅、银、钠、锶、铊、钒和锌。各元素推荐波长及最低检测质量浓度见表 11-116。

表 11-116　推荐波长、最低检测质量浓度

元素	波长/nm	最低检测质量浓度/（μg/L）	元素	波长/nm	最低检测质量浓度/（μg/L）
铝	308.22	40	镁	279.08	13
锑	206.83	30	锰	257.61	0.5
砷	193.70	35	钼	202.03	8
钡	455.40	1	镍	231.60	6
铍	313.04	0.2	钾	766.49	20
硼	249.77	11	硒	196.03	50
镉	225.50	4	硅（SiO₂）	212.41	20
钙	317.93	11	银	328.07	13
铬	267.72	19	钠	589.00	5
钴	228.62	2.5	锶	407.77	0.5
铜	324.75	9	铊	190.86	40
铁	259.94	4.5	钒	292.40	5
铅	220.35	20	锌	213.86	1
锂	670.78	1			

校准曲线标准系列浓度范围均为 0mg/L、0.1 mg/L、0.5 mg/L、1.0 mg/L、1.5 mg/L、2.0 mg/L、5.0 mg/L。

（三）《水和废水监测分析方法》（第四版）中 ICP-AES 的应用

在该书中方法适用于地表水和污水中 Al、As、Ba、Be、Ca、Cd、Co、Cr、Cu、Fe、K、Mg、Mn、Na、Ni、Pb、Sr、Ti、V 及 Zn 溶解态及总量的测定。表 11-117 为测定元素推荐波长及检出限。

表 11-117　测定元素推荐波长及检出限

测定元素	波长/nm	检出限/（mg/L）	测定元素	波长/nm	检出限/（mg/L）
Al	308.21 396.15	0.1 0.09	K	766.49	0.5
As	193.69	0.1	Mg	279.55	0.002
Ba	233.53 455.40	0.004 0.003	Mn	257.61 293.31	0.001 0.02
Be	313.04 234.86	0.0003 0.005	Na	589.59	0.2

续表

测定元素	波长/nm	检出限/（mg/L）	测定元素	波长/nm	检出限/（mg/L）
Ca	317.93 393.37	0.01 0.002	Ni	231.60	0.01
Cd	214.44 226.50	0.003 0.003	Pb	220.35	0.05
Co	238.89 228.62	0.005 0.005	Sr	407.77	0.001
Cr	205.55 267.72	0.01 0.01	Ti	334.94 336.12	0.005 0.01
Cu	324.75 327.39	0.01 0.01	V	311.07	0.01
Fe	238.20 259.94	0.03 0.03	Zn	213.86	0.006

本方法中对于元素的测量范围即校准曲线浓度范围并没有明确的规定，可根据实际样品浓度范围及仪器自身情况设定，一般来说，Zn、Co、Cd、Cr、V、Sr、Ba、Ni、Mn 的测定上限为 1.0 mg/L，Be 为 0.1 mg/L，As、Pb 为 5.0 mg/L，Fe、Ti 为 10 mg/L，K、Na、Ca、Mg、Al 为 50 mg/L。

五、电感耦合等离子体质谱仪实用分析方法

电感耦合等离子体质谱法（inductively coupled plasma mass spectrometry，ICP-MS）同 ICP-AES 相比，灵敏度更高，分析速度更快，可在几分钟内完成几十个元素的定量测定；谱线简单，干扰相对较少；线性范围可达 7～9 个数量级；既可用于元素分析，也可进行同位素组成的快速测定；测定精密度可达 0.1%。ICP-MS 需要调节的工作参数很多，对分析结果的影响比较大的工作参数主要有 Nebuliser、Sampling Depth、Horizontal、Vertical、Auxiliary、Cool 及 PC Detector。

水质监测领域对于 ICP-MS 的应用起步较晚，目前只有《水质 65 种元素的测定 电感耦合等离子体质谱法》（HJ 700—2014）和《生活饮用水标准检验方法 金属指标》（GB/T 5750.6—2006）中有关 ICP-MS 的应用两种分析方法，现分别简单介绍如下，以供分析人员选择。

（一）水质 65 种元素的测定 电感耦合等离子体质谱法

该标准适用于地表水、地下水、生活污水及低浓度工业废水中银、铝、砷等 65 种金属元素的测定，对于可溶性成分可通过 0.45μm 的滤膜过滤后测定；测定元素总量可通过盐酸-硝酸体系电热板消解或微波消解。各元素检出限、分析物质量数和内标物推荐见表 11-118。

表 11-118　方法检出限、分析物质量数和内标物推荐

元素	分析物质量数	检出限/（μg/L）	内标物	元素	分析物质量数	检出限/（μg/L）	内标物	元素	分析物质量数	检出限/（μg/L）	内标物
Ag	107	0.04	Rh	Hf	—	0.03	—	Rh	103	0.03	In
Al	27	1.15	Sc	Ho	165	0.03	In	Ru	102	0.05	Rh
As	75	0.12	Ge	In	115	0.03	Rh	Sb	121	0.15	In
Au	197	0.02	Re	Ir	193	0.04	Re	Sc	45	0.20	Ge
B	11	1.25	Sc	K	39	4.50	Sc	Se	77	0.41	Ge
Ba	135	0.20	In	La	139	0.02	In	Sm	147	0.04	In
Be	9	0.04	Sc	Li	7	0.33	Sc	Sn	118 120	0.08	In
Bi	209	0.03	Re	Lu	175	0.04	Re	Sr	88	0.29	Y
Ca	44	6.61	Sc	Mg	24	1.94	Sc	Tb	159	0.05	In
Cd	111 114	0.05	Rh In	Mn	55	0.12	Sc	Te	126	0.05	In
Ce	140	0.03	In	Mo	95 98	0.06	Rh	Th	232	0.05	Re
Co	59	0.03	Sc	Na	23	6.36	Sc	Ti	48	0.46	Sc
Cr	52 53	0.11	Sc	Nb	93	0.02	Rh	Tl	205	0.02	Re
Cs	133	0.03	In	Nd	146	0.04	In	Tm	169	0.04	In
Cu	63 65	0.08	Ge	Ni	60	0.06	Sc	U	238	0.04	Re
Dy	163	0.03	In	P	31	19.6	Ge	V	51	0.08	Sc
Er	166	0.02	In	Pb	208	0.09	Re	W	184	0.43	Re
Eu	151	0.04	In	Pd	108	0.02	Rh	Y	89	0.04	Ge
Fe	57	0.82	Sc	Pr	141	0.04	In	Yb	172	0.05	Re
Ga	69	0.02	Ge	Pt	195	0.03	Re	Zn	66	0.67	Ge
Gd	157 158	0.03	In	Rb	85	0.04	Y	Zr	90	0.04	Y
Ge	74	0.02	Y	Re	187	0.04	Bi				

　　校准曲线浓度范围可根据测定需要自行调整，大多数元素的浓度范围均在 0.00～50.0 μg/L。测定时如果发生基体干扰，可进行稀释后测定；若发现样品中含有内标元素，则需要更换内标元素或提高其浓度。

（二）生活饮用水标准检验方法金属指标中有关 ICP-MS 的应用

　　GB/T 5750.6—2006 方法规定了用 ICP-MS 测定饮用水及其水源地中的银、铝、砷、硼、钡、铍、钙、镉、钴、铬、铜、铁、钾、锂、镁、锰、钼、钠、镍、铅、锑、硒、锶、锡、铊、铊、钛、铀、钒、锌、汞这 31 种元素的方法。各元素最低检测质量浓度、分析物质量数和内标物推荐见表 11-119。

表 11-119　最低检测质量浓度、分析物质量数和内标物推荐

元素	最低检测质量浓度/（μg/L）	分析物质量数	内标物	元素	最低检测质量浓度/（μg/L）	分析物质量数	内标物	元素	最低检测质量浓度/（μg/L）	分析物质量数	内标物
Ag	0.03	107 109	In	Fe	0.9	56 57	Sc	Sr	0.09	88	Y
Al	0.6	27	Sc	K	3.0	39	Sc	Sn	0.09	118 120	In
As	0.09	75	Ge	Li	0.3	7	Sc	Th	0.06	232	Bi
B	0.9	11	Sc	Mg	0.4	24	Sc	Tl	0.01	203 205	Bi
Ba	0.3	135	In	Mn	0.06	55	Sc	Ti	0.4	48	Sc
Be	0.03	9	Li	Mo	0.06	98	In	U	0.04	235 238	Bi
Ca	6.0	40	Sc	Na	7.0	23	Sc	V	0.07	51	Sc
Cd	0.06	111 114	In	Ni	0.07	60 62	Sc	Zn	0.8	66 68	Ge
Co	0.03	59	Sc	Pb	0.07	208	Bi	Hg	0.07	202	Bi
Cr	0.09	52 53	Sc	Sb	0.07	121 123	In				
Cu	0.09	63 65	Sc	Se	0.09	77	Ge				

各元素校准曲线参考浓度见表 11-120。

表 11-120　校准曲线参考浓度范围

元素	参考浓度
Al、Mn、Cu、Zn、Ba、Co、B、Fe、Ti	0 μg/L、5.0 μg/L、10.0 μg/L、50.0 μg/L、100 μg/L、500 μg/L
Ag、As、Be、Cd、Cr、Mo、Ni、Pb、Se、Sb、Sn、Tl、U、Th、V	0 μg/L、0.5 μg/L、1.0 μg/L、10.0 μg/L、50.0 μg/L、100 μg/L
K、Na、Ca、Mg	0、0.5 mg/L、5.0 mg/L、10m L、50 mg/L、100 mg/L
Li、Sr	0 μg/L、50 μg/L、100 μg/L、500 μg/L、1000 μg/L、5000 μg/L
Hg	0 μg/L、0.1 μg/L、0.5 μg/L、1.0 μg/L、1.5 μg/L、2.0 μg/L

六、分光光度法在水质重金属监测中的实用分析方法

　　水质重金属的监测除了用各种大型仪器分析外，分光度法也是一种选择。其所需仪器简单，即分光光度计，且相关标准往往都是经过长时间检验的，是经典方法。现将其列入表 11-121 以供参考。

表 11-121　分光光度法在水质重金属监测中的实用分析方法

方法名称	原理	适用范围	最低检测浓度 / （mg/L）	测定浓度范围 / （mg/L）
水质 硼的测定 姜黄素分光光度法 （HJ/T 49—1999）	含硼水样在酸性条件下，与姜黄素共同蒸发，生成玫瑰花箐苷络合物，该络合物可溶于乙醇或异丙醇中，于 540 nm 处有最大吸收峰	农田灌溉水质、地下水和城市污水	0.02	0.20～1.00
水质 钒的测定 钽试剂（BPHA）萃取分光光度法 （GB/T 15503—1995）	钽试剂在强酸介质中与五价钒生成微溶于水的桃红色螯合物，该螯合物能定量地被三氯甲烷和乙醇的混合液搅拌萃取，在 440 nm 处测定	水和废水	0.018	0.05～5.00
水质 痕量砷的测定 硼氢化钾-硝酸银分光光度法 （GB 11900—1989）	硼氢化钾在酸性溶液中产生新生态的氢，将试料中砷转变为砷化氢，用硝酸-硝酸银-聚乙烯醇-乙醇为吸收液，将其中银离子还原成单质银，使溶液呈黄色，在 400 nm 处测量吸光度	地面水、地下水和饮用水	0.0004	2.00～12.0
水质 镍的测定 丁二酮肟分光光度法 （GB11910—1989）	在氨溶液中，碘存在下镍与丁二酮肟作用生成酒红色可溶性络合物，在 530 mm 处测定	工业废水及受镍污染的环境水	0.25	2.0～10.0
水质 锰的测定 高碘酸钾分光光度法 （GB 11906—1989）	在中性的焦磷酸钾介质中，室温条件下高碘酸钾可瞬间将低价锰氧化到紫红色的七价锰，用分光光度法在 525 nm 处测定	饮用水、地面水、地下水及工业废水	0.02	0.50～2.50
水质 总汞的测定 高锰酸钾-过硫酸钾消解法 双硫腙分光光度法 （GB/T 7469—1987）	在 95℃用高锰酸钾和过硫酸钾将试样中所有汞转化为二价汞，用盐酸羟胺将过剩的氧化剂还原，酸性条件下汞离子和双硫腙生成橙色螯合物，用有机溶剂萃取，在 485 nm 下测定吸光度	生活污水、工业废水及受汞污染的地面水	0.002	0.002～0.040
水质 镉的测定 双硫腙分光光度法 （GB 7471—1987）	在强碱性溶液中，镉离子与双硫腙生成红色螯合物，用氯仿萃取后，于 518 nm 波长处测定吸光度	天然水和废水中的微量镉	0.001	0.0025～0.050
水质 铅的测定 双硫腙分光光度法 （GB 7470—1987）	在 pH 为 8.5～9.5 的氨性柠檬酸盐-氰化物还原性介质中，铅与双硫腙形成可被氯仿萃取的淡红色螯合物，于 510 nm 波长下进行吸光度测量	天然水和废水中的微量铅	0.010	0.010～0.300
水质 锌的测定 双硫腙分光光度法 （GB 7472—1987）	在 pH 为 4.0～5.5 的乙酸盐缓冲介质中，锌离子与双硫腙形成红色螯合物，用四氯化碳萃取后，在 535 nm 波长下测定吸光度	天然水和某些废水中的微量锌	0.005	0.05～0.50
水质 总砷的测定 二乙基二硫代氨基甲酸银分光光度法 （GB 7485—1987）	锌与酸作用生成新生态氢；在碘化钾和氯化亚锡存在下，将五价砷还原成三价；三价砷被新生态氢还原成砷化氢，用二乙基二硫代氨基甲酸银-三乙醇胺的氯仿液吸收，生成红色的胶体银，在波长 530 nm 处测定吸光度	水和废水	0.007	0.02～0.50
水质 铍的测定 铬菁 R 分光光度法 （HJ/T 58—2000）	在 pH 为 5 的缓冲介质中，铍离子与铬菁 R 氯代十六烷基吡啶生成稳定的紫色胶束络合物，其最大吸收波长为 582 nm，在一定范围内，其吸光度和铍浓度成正比	地表水和污水	0.0002	0.0007～0.040

续表

方法名称	原理	适用范围	最低检测浓度 /（mg/L）	测定浓度范围 /（mg/L）
水质 锰的测定 甲醛肟分光光度法（试行）（HJ/T 344—2007）	在 pH 为 9.0～10.0 的碱性溶液中，锰（Ⅱ）被溶解氧氧化成锰（Ⅳ），与甲醛肟生成棕色络合物，于波长 450 nm 处有最大吸收，锰质量浓度在 4.0 mg/L 以内，其吸光度和浓度成正比	饮用水及未受严重污染的地表水	0.01	0.04～0.80
水质 铜的测定 二乙基二硫代氨基甲酸钠分光光度法（HJ 485—2009）	在氨性溶液中（pH=8.0～10.0），铜与二乙基二硫代氨基甲酸钠生成黄棕色络合物，此络合物被四氯化碳或氯仿萃取，于波长 440 nm 处测定吸光度	地表水、地下水、生活污水和工业废水	0.010	0.02～0.60
水质 铜的测定 2,9-二甲基-1,10-菲萝啉分光光度法（HJ 486—2009）	用盐酸羟胺将二价铜离子还原成亚铜离子，在中性或微酸性溶液中与 2,9-二甲基-1,10-菲咯啉生成黄色络合物，于波长 457 nm 处测量吸光度（直接光度法）；也可用氯仿萃取，萃取液保存在氯仿-甲醇混合溶液中，于波长 457 nm 处测量吸光度（萃取光度法）	较清洁地表水和地下水	0.02	0.08～0.8
水质 银的测定 3,5-Br$_2$-PADAP 分光光度法（HJ 489—2009）	在 1%烷基磺酸钠存在下，于 pH 为 4.5～8.5 的乙酸盐缓冲介质中，银与 3,5-Br$_2$-PADAP 生成稳定的 1：2 紫红色络合物，其最大吸收波长为 570 nm，其吸光度与银浓度成正比	受银污染的地表水及工业废水	0.02	2.00～20.0
水质 银的测定 镉试剂 2B 分光光度法（HJ 490—2009）	在曲力通 X-100 存在下的四硼酸钠缓冲介质中，镉试剂 2B 与银离子生成 4：1 的稳定紫红色络合物，其最大吸收波长为 554 nm，其颜色强度与银的浓度成正比	受银污染的地表水及工业废水	0.01	2.00～20.0
水质 铁的测定邻菲啰啉分光光度法（试行）（HJ 345—2007）	亚铁离子在 pH 为 3～9 的溶液中与邻菲萝啉生成稳定的橙红色络合物，其测量波长为 510 nm，若用还原剂将高铁离子还原，则本方法可测定高铁离子及总铁含量	地表水、地下水及废水	0.03	1.00～5.00

参 考 文 献

邓勃, 迟锡增, 刘明肿, 等. 2003. 应用原子吸收与原子荧光光谱分析[M]. 北京: 化学工业出版社

李冰, 杨红霞. 2005. 电感耦合等离子体质谱原理和应用[M]. 北京: 地质出版社

梁钰. 2007. X 射线荧光光谱分析基础[M]. 北京: 科学出版社

GB 5009.11—2014. 食品安全国家标准 食品中总砷及无机砷的测定

GB 5009.12—2017. 食品安全国家标准 食品中铅的测定

GB 5009.123—2014. 食品安全国家标准 食品中铬的测定

GB 5009.13—2017. 食品安全国家标准 食品中铜的测定

GB 5009.13—2017. 食品安全国家标准 食品中铜的测定

GB 5009. 14—2017. 食品安全国家标准　食品中锌的测定

GB 5009. 15—2014. 食品安全国家标准　食品中镉的测定

GB 5009. 16—2014. 食品安全国家标准　食品中锡的测定

GB 5009. 17—2014. 食品安全国家标准　食品中总汞及有机汞的测定

GB 5009. 268—2016. 食品安全国家标准　食品中多元素的测定

GB/T 17136—1997. 土壤质量　总汞的测定　冷原子吸收分光光度法

GB/T 22290—2008. 茶叶中稀土元素的测定　电感耦合等离子体质谱法

GB/T5009. 17—2014. 食品中总汞及有机汞的测定

HJ 539—2015. 环境空气铅的测定　石墨炉原子吸收分光光度法

HJ 657—2013. 空气和废气颗粒物中铅等金属元素的测定　电感耦合等离子体质谱法

HJ 680—2013. 土壤和沉积物汞、砷、硒、铋、锑的测定　微波消解原子荧光法

HJ 776—2015. 水质 32 种元素的测定　电感耦合等离子体发射光谱法

HJ 777—2015. 空气和废气颗粒物中金属元素的测定　电感耦合等离子体发射光谱法

HJ 779—2015. 环境空气六价铬的测定　柱后衍生离子色谱法

HJ 804—2016. 土壤 8 种有效态元素的测定　二乙烯三胺五乙酸浸提-电感耦合等离子体发射光谱法

HJ 830—2017. 环境空气颗粒物中无机元素的测定　波长色散 X 射线荧光光谱法

第四篇　铅、汞化学形态监测分析技术

近年来，我国重金属污染现状十分严峻，危害重大的重金属污染事件日益频发。传统分析化学与环境监测通常只测定样品中待测定元素的总量或总浓度，然而，金属的环境效应，不仅与其总量有关，更大程度上由其形态决定，不同的形态其环境效应或可利用性也不同，仅依靠元素的总量信息很难表征其污染特性和危害。为了确切了解重金属化学污染对环境生态、环境质量、人体健康的影响，必须开展其化学形态分析。

化学形态是指元素以某种离子或分子存在的实际形式，它包括元素的价态、化合态、无机态、有机态和结合态等几个方面。借助重金属化学形态分析，可以阐明重金属进入环境中的方式和迁移、转化的本质；认识重金属在水、气和土壤循环中的地球化学行为，为区域环境污染的综合防治提供重要的科学依据。此外，借助化学形态分析，还可以了解重金属元素在无生命与有生命系统中的循环及其生理功能，有助于阐明地方性疾病的来源，从而进行有效的防治。

重金属化学形态分析发展越来越重要，它对环境学、化学、生物学、医学等方面的发展都有着非常积极的作用和重要的意义。本篇根据目前环境管理对铅、汞化学形态监测的需求，对其监测分析方法的研究情况进行了全面梳理，并给出了监测分析的推荐方法。

第十二章　国内外重金属化学形态研究综述

第一节　开展重金属化学形态监测分析的必要性

一、我国开展重金属化学形态监测分析方法研究的重要性

重金属化学形态分析的主要目的，是确定具有生物毒性的重金属的含量，其分析的难度比测定元素总量的难度大得多，目前，针对重金属化学形态已开展众多研究，采用的分析方法很多，如高效液相色谱-电感耦合等离子体质谱法、高效液相色谱-冷原子吸收光谱法、气相色谱-原子吸收光谱法、高效液相色谱-原子吸收光谱法、气相色谱-原子荧光光谱法、高效液相色谱-氢化物发生-原子荧光光谱法等，各方法具有不同优势的同时又有各自的局限性，不同方法所得到的分析数据在可靠性和可比性等方面仍存在不少问题，对于不同重金属化学形态的测定尚缺少相关方法标准，因而，建立适合我国环境监测需要和监测能力的重金属化学形态监测分析方法，便于更全面有效地了解和掌握重金属对环境的影响，而且，这不仅是我国环境监测事业自身发展的需要，也是提升环境监测能力建设的需要。

二、国内外重金属化学形态分析技术现状和发展趋势

重金属化学形态分析的研究已经有 30 年的历史，但真正引起广泛重视并得到迅速发展是在过去 10 年期间。人们逐步认识到重金属的生物毒性、有效性不仅取决于元素的总浓度，更多的是受其存在形态的影响，不同的重金属化学形态在环境中的活性和危害性差别很大。

当前，人们普遍认为形态分析已接近成熟阶段，已到了从研究实验室扩展到应用实验室，从点上研究开始过渡到面上解决实际问题的时候了。但实际上化学形态分析要成为常规分析技术，还需要很长的过程，化学形态测定难度远比测定元素总量难度大得多。一般来说，对于水质样品，重金属化学形态含量非常低；而对于土壤和沉积物等环境样品，样品基体较为复杂，准确将各化学形态进行定性、定量非常困难。

用于化学形态分析的方法有多种，如电分析法、光谱法、质谱法、中子活化分析、色谱法、仪器联用分析等。最简单的如紫外-可见分光光度法、电分析方法可用于一些元素的价态分析，这些分析方法简便经济，但选择性差，干扰因素多，

检出限也不理想；而质谱法和中子、分子活化分析需要的试验仪器设备复杂、条件苛刻；色谱法分离效率高，但其常用检测器为非专一性检测器，灵敏度低，往往达不到要求。用单一仪器或技术很难完成重金属化学形态的分析任务，联用技术逐渐成为重金属化学形态分析的重要研究手段。

目前，联用技术最常用的方法是将色谱仪器与元素检测器联用。色谱技术用于化学形态分析的样品前处理，然后用灵敏度高、选择性好的元素检测器进行专一性测定，使得化学形态分析灵敏度、准确度和速度都发生了实质性的变化。目前重金属化学形态分析检出限最佳的是色谱与电感耦合等离子体质谱联用的方法，电感耦合等离子体质谱是 20 世纪 80 年代初发展起来的一种无机多元素分析的重要手段，对于多数元素的检出限都能达到 pg/mL，甚至 fg/mL，同时该仪器进样系统也可与液相色谱等仪器直接连接，在重金属化学形态研究领域有较为广阔的发展前景。

Fernadez 等采用 GC-ICP-MS 分析了生物样品中的甲基汞和无机汞，同时还对格林试剂丁基化衍生、$NaBEt_4$ 水相中乙基化衍生和 $NaBPr_4$ 丙基化衍生的 3 种衍生方法进行了比较。经 3 种衍生化方法处理后，甲基汞和无机汞的 GC-ICP-MS 绝对检出限分别在 220～600 fg 和 90～190 fg 范围，其中乙基化衍生效果最好。张兰等将高效液相色谱法与电感耦合等离子体质谱法串联，对 4 种不同形态的有机汞（二价汞、甲基汞、乙基汞和苯基汞）进行了分离，4 种不同化学形态汞的检出限分别是 0.022 ng/mL，0.022 ng/mL，0.028 ng/mL 和 0.041ng/mL。李保会等基于低流速雾化器和随意拆卸接口的毛细管电泳-电感耦合等离子体质谱联用技术，成功分析了不同形态汞。其中，CE 分离毛细管为 45 cm×75 μm 石英熔融毛细管，电解质溶液为 30 mmol/L H_3BO_3-10% CH_3OH（pH 8.7），分离电压为 22.5 kV。甲基汞和无机汞的检出限分别是 47μg/L 和 48 μg/L。

但电感耦合等离子体质谱仪器造价高，不是所有实验室可以普及应用。对于较为普及的原子光谱仪器，如原子吸收光谱、原子荧光光谱等与色谱联用，则既可满足形态分析灵敏特效的要求，也可大大降低实验室开支，这也为元素形态分析的大规模推广创造了有利条件。

尚晓虹等应用液相色谱与原子荧光联用技术测定水产品中的甲基汞，采用无毒的半胱氨酸代替有毒试剂巯基乙醇作为流动相中的配位剂，流动相组成为 5%（*v/v*）乙腈-1g/L 半胱氨酸-50mmol/L 乙酸铵水溶液，使汞化合物分离时间缩短至 8 min。甲基汞标准曲线的线性范围为 1～50 μg/L，检出限（S /N = 3）为 0.3 μg/L。殷学锋等应用液相色谱与冷原子吸收联机技术对不同形态的汞进行测定，同时应用了在线固相萃取预富集，结合硼氢化钠在线还原和加热热解，最终得到 4 种形态汞（甲基汞、乙基汞、苯基汞和二价汞）的检出限分别为 0.86 ng/L、1.94 ng/L、

1.06 ng/L 和 1.92 ng/L，此外，还对尿样进行了加标回收实验，回收率在 92%～106%。

三、烷基铅和烷基汞的理化性质、环境危害及来源

（一）烷基铅的理化性质、环境危害及来源

1. 烷基铅的理化性质和环境危害

烷基铅化合物具有热不稳定性，其转化规律一般是，由四烷基铅转化为三烷基铅，继而转化为二烷基铅和一烷基铅，最终转化为无机铅。四乙基铅是剧毒物质，毒性比无机铅的毒性大 100 倍。四乙基铅的中毒机理尚不十分清楚，目前认为主要是分解产物三乙基铅起作用，而且三乙基铅的毒性比四乙基铅大 100 倍，相比而言，四甲基铅急性毒性较四乙基铅低。

四乙基铅（tetraethyllead，TEL），分子式为$(CH_3CH_2)_4Pb$，分子量是 323.44，无色油状液体，有芳香气味，剧毒。密度为 $1.653g/cm^3$，沸点为 198～202℃。蒸气压为 1.33kPa/38.4℃，常温下极易挥发，即使 0℃时也可产生大量蒸气，其密度较空气稍大。

四乙基铅易侵犯中枢神经系统，可通过吸入、食入、皮肤吸收等途径进入人体，影响人体健康。进入人体后，部分会转变为三乙基铅，三乙基铅可穿透血脑屏障，伤害中枢神经系统。急性中毒初期症状有睡眠障碍、全身无力、情绪不稳、植物神经功能紊乱，往往有血压、体温和脉率低等现象，严重者发生中毒性脑病，出现精神异常、昏迷、抽搐等，可有心脏和呼吸功能障碍，高浓度下可立即死亡。慢性中毒主要表现为神经衰弱综合征和植物神经功能紊乱。

2. 烷基铅的污染来源

四乙基铅曾是普遍使用的汽油添加剂，与其他抗爆震剂或使用高辛烷值的汽油混合剂相比，仅需要非常低的浓度，就能提高燃料的辛烷值，曾经在全世界范围内广泛使用，以提高汽车发动机效率和功率。

目前，四乙基铅已禁止在车用汽油中使用，但东南亚、东欧、非洲及中东地区仍然使用四乙基铅作为汽车的抗震添加剂。同时，航空工业因为四乙基铅的特殊性能，仍将其作为航空用油的添加剂。国内生产四乙基铅主要用于出口或作为航空用油抗震剂使用。《航空活塞式发动机燃料》（GB 1787—2008）中对于 75 号、95 号、100 号航空用油规定四乙基铅的含量分别为无限值、≤3.2 和≤2.4g/kg。

（二）烷基汞的理化性质、环境危害及来源

1. 烷基汞的理化性质和环境危害

烷基汞，主要包括甲基汞和乙基汞。甲基汞的结构是由一个甲基基团（CH_3—）

键合到汞离子上，其化学式是 CH_3Hg^+（有时也写成 $MeHg^+$）。作为带正电荷的离子，容易与阴离子如氯离子（Cl^-）、氢氧根离子（OH^-）和硝酸根离子（NO_3^-）结合。它还对含硫阴离子，特别是氨基酸半胱氨酸上的硫醇（—SH）基团，以及含有半胱氨酸的蛋白质具有非常高的亲和力，形成共价键。

甲基汞是有机汞中毒性较强的一种形态，主要通过食物链进入人体内，在人体内的半衰期为 75 天，易在生物体内大量积累。它很容易穿过血脑和胎盘屏障，严重损伤人体神经系统，造成幼儿自闭症和引起成年人（尤其是男性）的心血管疾病。甲基汞对女性的生殖有很大的影响，当女性体内甲基汞含量很高时，会导致不孕；即使少数人能怀孕，也会流产或死产；当女性体内甲基汞含量较低时，胎儿能安全出生，但是胎儿长大后会有严重的神经性疾病。日本著名的公害病"水俣病"即为甲基汞慢性中毒。水俣病最常出现的特异性的体征是末梢感觉减退，视野向心性缩小，听力障碍及共济性运动失调。

乙基汞的结构式为 $C_2H_5Hg^+$，是由一个乙基基团（C_2H_5—）键合到汞离子上形成的。乙基汞是描述包含乙基汞结构的有机汞化合物的通用术语，如氯化乙基汞。与甲基汞不同，乙基汞并没有发现具有生物累积性。乙基汞在生物体内的半衰期较短，从成人血液中清除的半衰期为 7～10 天。乙基汞可能不具有通过转运蛋白穿过血脑屏障的能力，而是依赖于简单扩散进入大脑。暴露实验发现，和甲基汞相比，乙基汞可以产生较小的脑损伤，较大的肾损伤。此外，乙基汞属亲脂性毒物，乙基汞中毒以神经系统和心脏损害较为突出。主要表现有发生口腔炎、急性胃肠炎、神经衰弱综合征、昏迷、瘫痪、震颤、共济失调、向心性视野缩小等；可发生肾脏损害，重者可致急性肾功能衰竭。

甲基汞和乙基汞的物理化学性质详见表 12-1。

表 12-1　甲基汞和乙基汞的物理化学性质

烷基汞	化学式	物理性质	化学性质	毒性数据
甲基汞（Methyl mercury）CAS：22967-92-6	CH_3Hg	红色结晶，具有特殊臭味，熔点：170～173℃，密度：4.06；可燃	分子量：215.63	无论任何途径侵入，均可发生口腔炎，口服引起急性胃肠炎；神经精神症状有神经衰弱综合征，精神障碍等；可发生肾脏损害，重者可致急性肾功能衰竭。此外尚可致心脏、肝脏损害，可致皮肤损害
氯化乙基汞 mercuric ethyl chloride CAS：107-27-7	C_2H_5ClHg	白、黄、灰、棕色粉末或结晶，遇热有挥发性，遇光易分解。熔点：192.5℃，相对密度（水=1）：3.482；辛醇/水分配系数：0.88；溶解性：不溶于水，微溶于冷乙醇、乙醚，溶于热乙醇、氯仿	分子量：265.1041；不溶于水，微溶于冷乙醇、乙醚，溶于热乙醇、氯仿	LD_{50}：59.3mg/kg（大鼠经口）；LC_{50}：49.8mg/m³（大鼠吸入）

2. 水体中烷基汞的污染来源和污染水平

水体汞污染来源主要包括汞的开采冶炼、氯碱、化工、仪表、颜料等工业企业排出的废水及含汞农药的使用。水中胶体颗粒、悬浮物、泥土颗粒、浮游生物等都能吸附汞，而后通过重力作用沉降进入底泥，底泥中的汞在微生物的作用下可转变为甲基汞或二甲基汞，甲基汞能溶于水，又可从底泥返回水中。

目前对环境水体中烷基汞的报道主要集中在甲基汞，少见乙基汞的报道。其中天然水体中甲基汞的含量低于 0.1 ng/L，我国乌江流域水库中甲基汞浓度范围在 0.07～0.7 ng/L，雅鲁藏布江表层水中甲基汞的浓度为 0.06～0.29 ng/L，长白山森林地区河流中甲基汞的变化范围为 0.12～0.55 ng/L，太湖湖水中甲基汞浓度为（0.14±0.05）ng/L。某些国家背景地区河流和水库中甲基汞浓度较低，美国 Narraguinnep 水库水中甲基汞浓度仅为 0.010～0.043 ng/L，老挝境内的 meikong 河甲基汞浓度为（0.06±0.09）ng/L。历史上有汞矿开采、汞相关工艺生产的河流中甲基汞含量明显高于其他自然水体，例如，我国万山汞矿区（关闭后）附近河流中在 2007 年甲基汞最大浓度为 11 ng/L，加纳 Pra 河因为金矿开采甲基汞含量为 0.03～19.6 ng/L，西班牙 Almadén 汞矿（2002 年关闭）附近的 Valdeazogues 河流甲基汞浓度范围为 0.33～4.9 ng/L。

3. 土壤中烷基汞的污染来源和污染水平

烷基汞的典型土壤污染区是汞矿山周边的土壤环境。关于贵州汞矿区土壤中总汞和甲基汞污染，国内有许多相关研究。无论是土壤对照区还是汞矿污染区，土壤中甲基汞含量通常随着总汞含量的增加而升高。汞矿区土壤总汞含量变化范围大，受矿山开采活动影响的土壤，直接表现了总汞高含量的特点，远离矿区的土壤总汞含量较低，对照区土壤总汞含量基本接近世界土壤汞的背景值 0.01～0.50 mg/kg。

汞矿区不同土壤中甲基汞含量也具有明显的特点：稻田土壤甲基汞含量明显高于其他类型土壤；矿区冶炼附近旱田土壤甲基汞含量高于远离矿区的旱田；菜地土壤甲基汞含量高于旱田。稻田是一种独特的湿地生态系统，许多研究都证实，湿地是河流、湖泊中甲基汞的一个重要来源。通常在水淹条件下，湿地环境中丰富的可溶性碳和腐殖酸，为甲基化细菌提供了理想的生存条件，进而导致汞的甲基化作用增强。对于稻田而言，水稻生长期内的季节性灌溉，同样会导致稻田土壤表层形成一种有利于汞甲基化的厌氧环境。另外，矿区的汞污染灌溉水源可以直接为稻田提供充足的汞源。不同于稻田，旱田水源主要来自大气降雨，好氧环境不利于汞的甲基化，因此旱田土壤甲基汞含量低于稻田。

矿区不同位置旱田土壤汞的来源不同。矿区附近旱田土壤汞的大部分来源与大气汞的沉降有关，土壤中含有大量的 Hg^0。当土壤理化性质发生改变时，Hg^0 很容易转化为自由离子 Hg^{2+} 而发生甲基化，从而形成了矿区附近旱田土壤甲基汞含量高的特点。但是，远离汞矿区的旱田由于受大气汞的影响相对较弱，易于甲基化的 Hg^0 含量较低，因此甲基汞含量较矿区旱田偏低。

菜田土壤环境类似于旱田，但又有所不同。菜田在蔬菜生长时期内，会被不间断地浇灌与施肥，造成菜地具有不同于一般旱田土壤的理化性质，其有机质含量明显高于旱田土壤。有机质的存在，有利于汞的甲基化作用的进行，这可能是导致菜田土壤甲基汞含量高于旱田的主要原因。

通常环境中的酸碱度会影响水体和沉积物中汞的甲基化速率。在酸性条件下，水体/沉积物界面汞的甲基化作用会加强，同时又会抑制厌氧环境条件下沉积物中汞的甲基化作用。汞矿区土壤 pH 对稻田中汞的甲基化影响类似于沉积物，因为它们具有相似的还原环境。

世界不同汞矿区污染土壤显示了不同的汞甲基化能力。斯洛文尼亚 Idrija 汞矿区土壤甲基汞含量高达 80 μg/kg；美国 Alaska 汞矿区的土壤同样具有很强的甲基化能力，土壤甲基汞含量也高达 41 μg/kg。汞在环境中的甲基化过程取决于多种条件：温度、有机质、土壤 pH、微生物及土壤的氧化还原条件。研究发现，季节的变化通常可以影响汞的净甲基化速率，汞甲基化速率的峰值常出现在夏季，冬季微生物活性的减弱是导致甲基汞含量减少的主要因素。

四、环境管理工作对烷基铅与烷基汞监测的需要

（一）相关质量标准和排放标准对烷基铅监测分析方法的需求

关于烷基铅的各类环境质量标准和污水排放标准，详见表 12-2。

表 12-2　四乙基铅的环境质量标准和排放标准

标准	限值/（mg/L）
《地表水环境质量标准》（GB 3838—2002）	0.0001
《生活饮用水卫生标准》（GB 5749—2006）	0.0001
《石油化学工业污染物排放标准》（GB 31571—2015）	0.001

（二）相关质量标准和排放标准对烷基汞监测分析方法的需求

汇总现行的国家各类环境质量标准和污水排放标准，以及部分省份污水和工业废物排放标准，关于水中烷基汞指标的相关标准和限值详见表 12-3。

表 12-3　相关环保标准中涉及烷基汞的标准限值

标准名称	标准编号	省份	污染物项目	浓度限值/（ng/L）
地表水环境质量标准	GB 3838—2002	—	甲基汞	1.0
城镇污水处理厂污染物排放标准	GB 18918—2002	—	烷基汞	不得检出
化学合成类制药工业水污染物排放标准	GB 21904—2008	—	烷基汞	不得检出
油墨工业水污染物排放标准	GB 25463—2010	—	烷基汞	不得检出
石油炼制工业污染物排放标准	GB 31570—2015	—	烷基汞	不得检出
石油化学工业污染物排放标准	GB 31571—2015	—	烷基汞	不得检出
合成树脂工业污染物排放标准	GB 31572—2015	—	烷基汞	不得检出
污水综合排放标准	GB 8978—1996	—	烷基汞	不得检出
污水排入城镇下水道水质标准	DB 31/445—2009	上海	烷基汞	不得检出
污水综合排放标准	DB 31/199—2009	上海	烷基汞	不得检出
化学工业主要水污染物排放标准	DB 32/939—2006	江苏	烷基汞	不得检出
水污染物排放限值	DB 44/26—2001	广东	烷基汞	不得检出
水污染物排放标准	DB 11/307—2005	北京	烷基汞	不得检出
山东省海河流域水污染物综合排放标准	DB 37/675—2007	山东	烷基汞	不得检出

正在制定的《建设用地土壤污染风险筛选指导值》标准将对住宅类敏感用地和工业类非敏感用地的甲基汞限值作出明确要求。

第二节　国内外重金属化学形态相关分析方法研究

一、主要国家、地区及国际组织相关标准分析方法研究

（一）主要国家、地区及国际组织有关烷基铅标准分析方法研究

检索国际标准化组织（ISO）、美国环境保护局（EPA）、美国材料与试验协会（ASTM）、日本工业标准（JIS）及欧盟（EU）相关方法标准，目前均无四乙基铅的标准分析方法。美国材料与试验协会的 D526-70 标准方法为汽油中四乙基铅的测定方法，但已于 1975 年废止，无取代标准。

（二）主要国家、地区及国际组织有关烷基汞标准分析方法研究

目前，国际上关于甲基汞的分析方法标准主要包括美国环境保护局的方法和日本的方法。

1. 美国环境保护局的方法

美国环境保护局 2010 年发布的《执行 2001 年 1 月甲基汞在水中的质量标准

的导则》(Guidance for Implementing the January 2001 Methylmercury Water Quality Criterion) (EPA-823-R-10-001) 中介绍了 4 种方法,这 4 种甲基汞的测定方法并没有本质不同,因此,它们的最低检测限也是相近的,介于 0.01~0.06 ng/L,4 种方法具体如下。

1) 环境保护局颁布的关于水中甲基汞的测定方法

EPA 1630 (Methyl Mercury in Water by Distillation, Aqueous Ethylation, Purge and Trap, and CVAFS) 是目前受到广泛认可和应用的汞形态分析方法,其原理为含有甲基汞的水样经蒸馏、乙基衍生化、吹扫捕集及气相色谱分离,转化为元素汞后通过冷原子荧光光谱测定。方法的最低检测限为 0.06 ng/L。

2) 美国地质勘探局 (USGS) 颁布的测定水中甲基汞的方法

USGS Open-File Report 01-445 (Determination of Methyl Mercury by Aqueous Phase Ethylation, Followed by Gas Chromatographic Separation with Cold Vapor Atomic Fluorescence Detection) 与 EPA 1630 在方法原理上基本一致,唯一的差异是该方法向水样中加入适量 $CuSO_4$,可更好地消除干扰物。该方法的最低检测限达到 0.04 ng/L。

3) 华盛顿大学的标准作业指导书

4) 美国地质勘探局威斯康星州汞实验室的标准作业指导书 (USGS Wisconsin-Mercury Labs SOPs 004)

第三、四种方法与 EPA 1630 方法的主要区别也仅是在样品预处理过程中加入不同溶剂来提高干扰物的去除效率,本质并没有不同,甲基汞最低检测限分别为 0.01 ng/L 和 0.05 ng/L。

2. 日本方法

日本环保省于 2004 年 3 月颁布了《汞分析手册》(共 105 页),该手册规定了环境样品(生物样品、水、沉积物/土壤、植物、空气)和人体样品(头发、血液、尿液、脐带)等样品中汞和甲基汞的分析方法。其中对水样甲基汞的分析方法步骤如下。

(1) 取 2 L 水样于 2 L 分液漏斗中,加入 10 mL 20 mol/L 的 H_2SO_4 和 5 mL 0.5% $KMnO_4$ 溶液,并静置 5 min,然后加入 20 mL 10 mol/L NaOH,振荡混合中和过量的酸。随后加入 5 mL 10% 盐酸羟铵溶液并摇动以混合均匀,放置 20 min,再加入 5mL 10% EDTA 摇匀,添加 10 mL 纯化的 0.01% 双硫腙-甲苯振荡 3 min,静置至少 1h;

(2) 将有机相转入 35mL 离心管,1200 r/min 离心 3 min;

(3) 加入 5 mL 1 mol/L 的 NaOH 振荡 3 min,1200 r/min 离心 3 min;

(4) 加入 2 mL 碱性硫化钠溶液然后振荡 3 min,1200 r/min 离心 3 min;

（5）加入 2 mL 甲苯振荡 3 min，1200 r/min 离心 3 min；

（6）加入 3～5 滴 1 mol/L 盐酸酸化，以 50 mL/min 流量氮吹 3 min，加入 2 mL 缓冲溶液混合，加入 0.2 mL 0.1%双硫腙-甲苯，然后振荡 3 min，1200 r/min 离心 3min；

（7）加入 3 mL 1mol/L 的 NaOH 然后振荡 3 min，去除水相，1200 r/min 离心 3min，再加入 2 滴 1 mol/L 的盐酸，混合，1200 r/min 离心 3 min，最后通过液相/气相色谱-电子捕获（LC/GC-ECD）进行测定。

二、国内相关方法标准

（一）国内烷基铅方法标准

目前我国环保系统没有测定四乙基铅的标准方法，只有《生活饮用水标准检验方法 金属指标》（GB/T 5750.6—2006）中规定了双硫腙比色法测定水中四乙基铅的方法。该方法的原理是在氯化钠的存在下，用三氯甲烷将四乙基铅从水中萃取出来，再与溴反应，生成 $PbBr_2$，加入硝酸生成易溶于水的硝酸铅，铅离子与双硫腙螯和显色，比色定量铅，再换算成四乙基铅含量。该方法的最低检测质量为 0.08μg 四乙基铅，若取 800 mL 水样测定，方法的最低检测质量浓度为 0.1μg/L。该方法在测定水中铅时存在较多干扰和疑难问题，一方面是方法干扰带来的，另一方面是操作步骤过于烦琐带来的，因此很难满足实际监测工作需要。

（二）国内烷基汞方法标准

目前，就烷基汞的分析方法而言，我国环境领域仅有两个相关国家标准方法，一个是《环境 甲基汞的测定 气相色谱法》（GB/T 17132—1997），其只涉及甲基汞的测定。该标准适用于地面水、生活饮用水、生活污水、工业废水、沉积物、鱼体及人发和人尿中甲基汞含量的测定。水、沉积物和尿中的甲基汞采用巯基纱布和巯基棉二次富集的前处理后通过气相色谱测定，水、沉积物和尿最低检出浓度分别为 0.01 ng/L、0.02 μg/kg、2 ng/L；鱼肉和人发组织中甲基汞采用盐酸溶液浸提前处理后通过气相色谱仪测定，鱼肉和人发最低检出浓度分别为 0.1 μg/kg 和 1 μg/kg。

另一个是《水质烷基汞的测定 气相色谱法》（GB/T 14204—1993），适于地面水及污水中甲基汞和乙基汞的测定。该方法用巯基棉富集水中的烷基汞，用盐酸氯化钠溶液解析，然后用甲苯萃取，用带电子捕获检测器的气相色谱仪测定，实际达到的最低检出浓度随仪器灵敏度和水样基体效应而变化，当水样取 1 L 时，甲基汞通常检测到 10 ng/L，乙基汞检测到 20 ng/L。

这 2 个国标方法灵敏度低并且缺乏选择性而导致实用性较差。随着环境监测技术的发展，陆续出台了一些新型原理的其他行业方法标准和地方方法标准。不仅提高了灵敏度，而且改善了操作性和实用性。

食品行业建立了甲基汞的食品安全国家标准：《食品安全国家标准 食品中总汞及有机汞的测定》（GB 5009.17—2014）。该标准采用了液相色谱-原子荧光光谱联用方法。食品中甲基汞经超声波辅助 5 mol/L 盐酸溶液提取后，使用 C_{18} 反相色谱柱分离，色谱流出液进入在线紫外消解系统，在紫外光照射下与强氧化剂过硫酸钾反应，甲基汞转变为无机汞。酸性环境下，无机汞与硼氢化钾在线反应生成汞蒸气，由原子荧光光谱仪测定。当样品量为 1 g，定容体积为 10 mL 时，方法检出限为 0.008 mg/kg，方法定量限为 0.025 mg/kg。

福建省出台地方标准方法《环境样品中甲基汞、乙基汞及无机汞高效液相色谱-电感耦合等离子体质谱法（HPLC-ICP-MS）测定》（DB35/T 895—2009）适用于地表水、生活饮用水、生活污水、工业废水、藻类、鱼体中甲基汞、乙基汞和无机汞含量的测定。该标准规定了高效液相色谱-电感耦合等离子体质谱法测定环境样品中甲基汞、乙基汞和无机汞含量的方法。该标准方法对地表水、生活饮用水、生活污水、工业废水中 3 种形态的汞方法检测限分别为，甲基汞 0.05 μg/L，乙基汞 0.1 μg/L 和无机汞 0.1 μg/L。在试样取样量为 2.0 g，定容体积为 50 mL 时，藻类和鱼体样品中 3 种形态的汞方法检出限分别为，甲基汞 0.03 mg/kg，乙基汞 0.05 mg/kg 和无机汞 0.05 mg/kg。

陕西省地方标准方法《水质 烷基汞的测定 液相色谱-原子荧光联用法》（DB61/T 562—2013）适用于饮用水和地表水中甲基汞和乙基汞的测定。样品前处理过程如下。采用 5 mL 的洗脱液（5%硫脲+0.5%盐酸+1%乙腈）和 5 mL 的水将 C_{18} 小柱活化后，分别将 2 mL 改性液（0.05%二乙基二硫代氨基甲酸钠）和 4 mL 水过柱，然后 500 mL 水样流经固相柱将水样中烷基汞富集于固相柱，最后用 2 mL 洗脱液洗脱 SPE 小柱于进样小瓶里，密封保存于 4℃冰箱备用。本方法取样体积为 500 mL 时，甲基汞的检出限为 0.56 ng/L，乙基汞的检出限为 0.86 ng/L。

吉林省地方标准《废水 烷基汞的测定 液相色谱-原子荧光法》（DB 22/T 2205—2014）适用于废水中甲基汞和乙基汞的测定。水样采用改性后的固相萃取膜进行富集处理，液相色谱柱分离，原子荧光光谱仪检测分析。甲基汞和乙基汞的检出限分别为 1.78 ng/L 和 2.26 ng/L，测定下限为 7.12 ng/L 和 9.05 ng/L。

参 考 文 献

DB35/T 895—2009. 环境样品中甲基汞、乙基汞及无机汞高效液相色谱-电感耦合等离子体质谱法(HPLC-ICP-MS)测定

GB 17930—1999 车用无铅汽油

GB 2762—2012. 食品安全国家标准 食品中污染物限量

GB 3838—2002. 地表水环境质量标准

GB/T 17132—1997. 环境 甲基汞的测定 气相色谱法

GB/T 5750.6—2006. 生活饮用水标准检验方法 金属指标

GB/T 5750—2006. 生活饮用水标准

HJ 639—2012. 水质 挥发性有机物的测定 气相色谱-质谱法

常虹, 刘立明, 梅利华. 1986. 汽油中四乙基铅的气相色谱测定. 化学世界, 10: 454-456

程滢, 杨文武, 张宗祥. 2009. 石墨炉原子吸收光谱法测定水中四乙基铅. 环境监测管理与技术, 21(2): 40-41

胡文凌, 叶朝霞, 庞明, 等. 2011. 分散液液微萃取-气相色谱/质谱联用法测定饮用水源水中的四乙基铅. 中国环境监测, 27(4): 57-60

李保会, 余莉萍. 2005. 基于低流速雾化器和可拆卸接口的毛细管电泳-电感耦合等离子体质谱联用技术应用于汞的形态分析. 光谱学与光谱分析, 25(8): 1336-1338

李世荣, 吕鹏, 娄涛, 等. 2012. 高效液相色谱法测定地表水中四乙基铅. 中国环境监测, 28(4): 95-97

刘劲松, 马荻荻. 2010. 地表水中四乙基铅吹扫捕集-气相色谱/质谱分析方法研究及其应用. 中国环境监测, 26(4): 20-22

孟可, 吴敦虎. 1980. 活性炭富集-阳极溶出伏安法测定大气中的四乙基铅. 分析化学, 9(6): 708-710

彭国俊, 朱晓艳, 陈建国, 等. 2014. 铅形态分析研究进展. 分析化学进展, 4: 27-33

彭利, 罗钰. 2009. 石墨炉原子吸收法测定环境水样中四乙基铅的方法探讨. 中国环境监测, 25(6): 46-49

石邦辉, 孔祥生, 康云华. 2003. 双硫腙分光光度法测定水中微量铅的改进. 中华预防医学杂志, 4(37): 273-275

帅琴, 杨薇, 张生辉, 等. 2004. 顶空固相微萃取-气相色谱质谱联用测定烷基铅的研究. 分析实验室, 23(2): 14-17

童银栋, 郭明, 胡丹, 等. 2010. 北京市场常见水产品中总汞、甲基汞分布特征及食用风险. 生态环境学报, 19(9): 2187-2191

吴宏, 黄德乾, 金焰, 等. 2008. 环境样品中铅、锑、汞、硒形态分析研究进展. 环境监测管理与技术, 20(4): 9-17

武皋绪, 赵承礼, 康梅珍, 等. 1989. 催化极谱法测定车间空气中四乙基铅. 工业卫生与职业病, 15(3): 172-174

夏显金, 黄显怀. 1999. 我国推行无铅汽油情况的研究. 安徽建筑工业学院学报(自然科学版), 7(3): 60-66

徐福正, 江桂斌, 赵敬敏. 1995. 气相色谱表面发射火焰光度检测法测定汽油中的四乙基铅. 分析化学, 23(10): 1165-1167

杨丽莉, 王美飞, 李娟, 等. 2010. 气相色谱-质谱法测定水中痕量的四乙基铅. 色谱, 28(10): 993-996

叶伟虹, 张睿, 潘荷芳, 等. 2013. 固相微萃取气质联用法测定地表水中四乙基铅. 质谱学报, 34(4): 233-238

殷学锋, 刘梅. 1996. 在线固相萃取预富集-液相色谱分离冷原子吸收联机测定不同形态汞. 分

析化学, 24(11): 1248-1252

曾宪云, 高尚志. 测定燃料中四乙基铅含量的快速碘量法. 化学世界, 10(12): 580-581

张兰, 陈玉红, 施燕支, 等. 2009. 高效液相色谱-电感耦合等离子体质谱联用技术测定二价汞、甲基汞、乙基汞与苯基汞. 环境化学, 28(5): 772-775

Andreottola G, Dallago I, Ferrarese E. 2008. Feasibility study for the remediation of ground water contaminated by organolead compounds. J Haz Mater, 156: 488-498

Capelo J L, Maduro C, Mota A M. 2004. Advanced oxidation processes for degradation of organomercurials: Determination of inorganic and total mercury in urine by FI-CV-AAS. J Anal At Spectrom, 19: 414-416

Clarkson T W. 1997. The toxicology of mercury. Cri Rev Clin Lab Sci, 34(4): 369-403

Clarkson T W. 2002. The three modern faces of mercury. Environ Health Persp, 110(Suppl 1): 11-23

Fernandez R G, Bayon M M, Garcia J I, et al. 2000. Comparison of different derivatization approaches for mercury speciation in biological tissues by gas chromatography/inductively coupled plasma mass spectrometry. J Mass Spectrom, 35: 639-646

Gallert C, Winter J. 2002. Bioremediation of soil contaminated with alkyllead compounds. Wat Res, 36: 3130-3140

Jitaru P, Adams F. 2004. Toxicity, sources and biogeochemical cycle of mercury. J Phys IV France, 121: 185-193

Li Y, Yan X P, Dong L M, et al. 2005. Development of an ambient temperature post-column oxidation system for high-performance liquid chromatography on-line coupled with cold vapor atomic fluorescence spectrometry for mercury speciation in seafood. J Anal At Spectrom, 20(5): 467-472

Mergler D, Anderson H A, Chan L H M, et al. 2007. Methymercury exposure and health effects in humans: A worldwide concern. A Journal of the Human Environment, 36(1): 3-11

Salih B. 2000. Speciation of inorganic and organolead compounds by gas chromatography-atomic absorption spectrometry and the determination of lead species after pre-concentration onto diphenylthiocarbazone-anchored polymeric microbead. Spectrochimica Acta Part B, 55(7): 1117-1127.

Tu Q, Johnson W, Buckley B. 2003. Mercury speciation analysis in soil samples by ion chromatography, post-column cold vapor generation and inductively coupled plasma mass spectrometry. J Anal At Spectrom, 18: 696-701

Wa'il Y, Abu-EI-Sha'r, Eyad S, et al. 2003. Experimental assessment of the adequacy of clayey soils in Irbid to retard lead from aqueous solutions and leaded gasoline. Environ Geol, 43: 526-531

Yu X, Pawliszyn J. 2000. Speciation of alkyllead and inorganic lead by derivatization with deuterium-labeled sodium tetraethylborate and SPME-GC/MS. Anal Chem, 72: 1788-1792

第十三章　烷基铅监测分析技术

目前烷基铅的分析方法主要有光度法、光谱法和色谱法。光谱法和光度法测定结果实际是烷基铅的总量，无法分辨烷基铅的种类。色谱法是烷基铅的主要分析方法，色谱法测定的关键环节在于前处理过程，各种萃取技术在分离富集环境样品中痕量铅形态方面非常有效，特别是顶空和固相微萃取（SPME），操作简便快速、分离效果好、适用范围广、易与检测技术联用，实现在线分析。本章主要介绍顶空和固相微萃取的富集手段与气相色谱-质谱联用测定烷基铅的实用方法。

第一节　固相微萃取/气相色谱-质谱法测定水中四乙基铅

一、引言

我国环保部规定地级以上城市集中式生活饮用水水源地每年 6～7 月进行 1 次水质全分析监测，四乙基铅作为《地表水环境质量标准》（GB 3838—2002）的特定项目之一列属于水质全分析监测项目，其标准限值为 0.1 μg/L。如何准确、简单、快捷地检测水中低浓度的四乙基铅，依然是环境监测领域的一个研究方向和监测难点。

建立固相微萃取/气质联用法测定水中四乙基铅的方法，操作简单，灵敏度高，方法检出限为 1 ng/L；准确度好，地表水加标回收率为 85.2%～107%；精密度高，相对标准偏差为 1.6～6.1%，为水中四乙基铅的实际监测工作提供了实用测定方法。

二、实验优化

（一）萃取纤维头的选择

由不同固定相构成的萃取纤维头对物质的萃取吸附力是不同的，萃取纤维头的选取应综合考虑被测组分的极性和沸点，以及相似相溶原理。图 13-1 给出了不同萃取纤维头对四乙基铅的萃取效率。四乙基铅沸点为 198～200℃，较易挥发，因此适合极性半挥发物质的萃取纤维头 PA（聚丙烯酸酯）萃取效率最低；适合半挥发性物质的 7 μm 和 23 μm PDMS（聚二甲基硅烷）萃取效率也相对较低；适合小分子挥发性物质的 100 μm PDMS 和适合痕量 VOC 的 CAR/PDMS 萃取效率相当；适合 $C_3\sim C_{20}$ 的 DVB/CAR/PDMS 具有较高的萃取效率；而适合极性挥发性物质的 PDMS/DVB 萃取效率最高。由此可见，对于四乙基铅，挥发性是影响固相微萃取效率的主要因素。

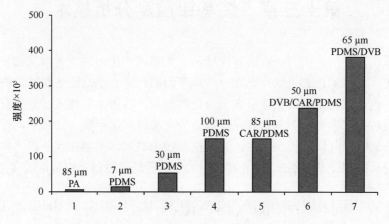

图 13-1　不同萃取纤维头萃取四乙基铅的质谱响应信号图

（二）萃取温度的影响

萃取温度对吸附的影响具有双重性。一方面，温度升高可提高目标物扩散速率，缩短平衡时间；另一方面，温度升高也会降低分配系数 K，使吸附量下降。图 13-2 给出了不同萃取温度下四乙基铅的萃取效率。当萃取温度从 30℃ 升高到 50℃ 时，萃取效率提高了 1.6 倍，此时扩散速度是影响吸附效率的主要因素，当温度高于 50℃ 时，随着温度的升高，萃取效率反而开始下降，此时，分配系数是影响吸附效率的主要因素。

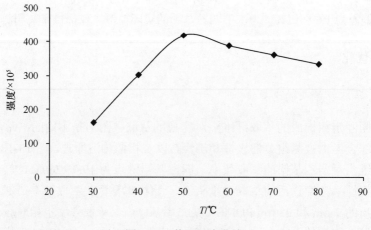

图 13-2　萃取温度曲线

（三）振动速度的影响

样品瓶振动可以促进四乙基铅从液相挥发，提高萃取效率，缩短平衡时间。当振动速度从 0 r/min 增加到 250 r/min 时，萃取效率明显提高了 59%，此后，随着振动速度的继续增加，萃取效率只提高了不到 8%，过高的振动速度易损坏萃取纤维头，推荐选择振动速度 250 r/min。

（四）萃取时间的影响

萃取时间主要指达到或接近平衡所需的时间，图 13-3 给出了 65 μm PDMS/DVB 萃取头在 50℃萃取温度和 250 r/min 的振动速度条件下，萃取时间对萃取效率的影响。当萃取时间为 10 min 时，四乙基铅在液、气、SPME 三相基本达到动态平衡。

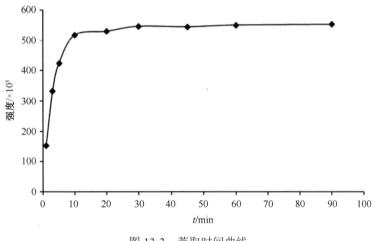

图 13-3　萃取时间曲线

（五）解吸温度和解吸时间的影响

图 13-4 给出了在不同的解吸温度下四乙基铅在进样口的解吸效果。由于四乙基铅的沸点在 198～200℃，当解吸温度小于 200℃时，四乙基铅没有完全气化，解吸效率较低，确定解吸温度为 200℃。同时，比较了解吸时间对四乙基铅解吸效率的影响，在 1～5 min 内解吸时间长短对四乙基铅解吸效率的影响小于 5%，确定解吸时间为 1 min。

（六）盐效应的影响

通常，在萃取前加入一定量的盐或有机溶剂，可以降低极性有机化合物在水中的溶解度，产生盐析作用，提高分配系数。当氯化钠质量分数为 0%、5%、10%、

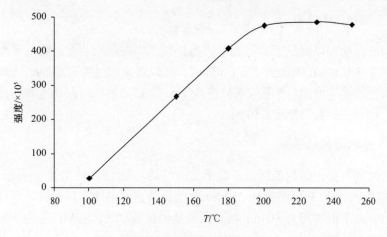

图 13-4　解吸温度曲线

20%、30% 和 40% 时，四乙基铅的响应随氯化钠的增加无明显变化。当甲醇体积分数分别为 0%、1%、2%、5% 和 10% 时，四乙基铅的响应随甲醇体积的增加也不发生明显变化，并且，当甲醇与水体积比为 1∶1 时，四乙基铅的响应反而显著下降。究其原因，可能是因为四乙基铅为疏水性物质，在水中的溶解度较小，甲醇的大量增加反而增大了四乙基铅在液相的溶解度，从而降低了在 SPME 相的富集效率。

三、实用方法条件

（一）顶空固相微萃取前处理

取 8 mL 水样于 20 mL 顶空瓶中并由多功能自动进样器（CTC）装置移入加热器，在 50℃ 条件下加热 1 min，此后，萃取头插入样品瓶液面上方，在样品瓶以 250 r/min 速度旋转下萃取 10 min。待萃取完成后，萃取头插入气相色谱进样口解析，时间为 1 min。

（二）仪器分析条件

1. 气相色谱条件

进样口温度：200℃，不分流进样；色谱柱：HP-INNOWAX（30 m×0.32 mm×0.25 μm）；载气：高纯氦；柱流速：1.5 mL/min；柱温：初始温度 40℃，以 5℃/min 升温至 100℃，再以 15℃/min 升至 200℃。

2. 质谱条件

接口温度：250℃；离子源温度：230℃；电子倍增器电压：70eV；扫描方式：

SIM（选择离子扫描），扫描离子（*m/z*）：208、235、236、237、293、295；定量离子（*m/z*）：237。

（三）方法评价

配制系列不同浓度的四乙基铅标准溶液，按优化条件进行测定，以峰面积对其质量浓度绘制标准曲线，求得线性回归方程和相关系数，外标法定量。对 5 ng/L 模拟水样进行 7 次平行测定，按照《环境监测 分析方法标准制修订技术导则》（HJ 168—2010）规定的公式 $MDL = 3.143 \times S$（S 为 7 次平行测定的标准偏差）计算四乙基铅的方法检出限。分别对 10.0 ng/L、50.0 ng/L 和 90.0 ng/L 模拟水样进行 6 次平行测定，计算其精密度，结果见表 13-1，四乙基铅色谱图见图 13-5。

表 13-1　线性、检出限和精密度

组分	线性范围 /（ng/L）	相关系数（*r*）	相对标准偏差/%			MDL /（ng/L）
			10.0 ng/L	50.0 ng/L	90.0 ng/L	
四乙基铅	2.0~500	0.9994	6.1	2.8	1.6	1

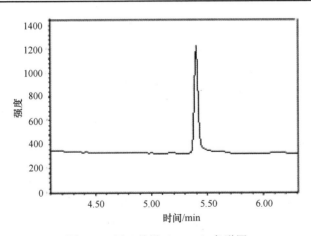

图 13-5　四乙基铅（5ng/L）色谱图

（四）实际样品测定

采集 4 个地表水样、4 个废水样和 4 个自来水样，在优化条件下进行测定，实验结果与加标回收率结果见表 13-2。低浓度加标（10 ng/L）和高浓度加标（50 ng/L）的地表水回收率在 85.2%~107%，废水的加标回收率在 71.9%~94.7%，自来水的加标回收率在 58.6%~79.5%。该方法能满足地表水、废水和自来水中四乙基铅分析需求。

表 13-2 实际样品检测结果及加标回收率

样品类型	样品名称	样品浓度/(ng/L)	加标样品（10 ng/L）		加标样品（50 ng/L）	
			测定结果/（ng/L）	回收率/%	测定结果/（ng/L）	回收率/%
地表水	山西湖库水	<0.1	8.89	88.9	49.64	99.3
	邯郸河水	<0.1	8.52	85.2	46.56	93.1
	北京公园水	<0.1	10.05	100.5	53.90	107
	河北湖库水	<0.1	9.75	97.5	47.58	95.2
废水	化工废水	<0.1	8.22	82.2	43.27	86.5
	地下污水	<0.1	9.47	94.7	45.90	91.8
	医药废水	<0.1	7.19	71.9	40.49	81.0
	电镀废水	<0.1	8.06	80.6	44.26	88.5
自来水	I	<0.1	6.31	63.1	35.68	71.4
	II	<0.1	5.86	58.6	30.11	60.2
	III	<0.1	7.94	79.4	39.73	79.5
	IV	<0.1	6.64	66.4	36.58	73.2

四、质量保证和质量控制

（一）初始校准

（1）在仪器维修、换柱或连续校准不合格时需要进行初始校准。

（2）初始校准曲线有 5 个浓度：5ng/L、10 ng/L、25 ng/L、50ng/L、100ng/L（此为参考浓度序列）。

（二）连续校准

连续校准的目的是评价仪器的灵敏度和线性，一般是校准曲线的中间浓度点，计算连续校准与最近一次初始校准曲线的百分偏差，公式如下：

$$百分偏差（\%）= \frac{|RF_c - RF_i|}{RF_i} \times 100$$

式中，RF_c——连续校准的响应因子；

RF_i——最近一次初始校准曲线的平均响应因子。

目标化合物的百分偏差要小于等于 30 %。连续校准分析一定要在空白和样品分析之前。如果连续分析几个连续校准都不能达到允许标准，就要重新制作标准曲线。

（三）实验室空白实验

每批次样品至少测定一个实验室空白样品，实验室空白样品的测定值应小于方法检出限。

（四）精密度

对 3 个浓度水平分别为 10 ng/L、50 ng/L、90 ng/L 的水样进行 6 次平行样测定，相对标准偏差为 1.6%~6.1%。

（五）准确度

对 3 个浓度水平分别为 10 ng/L、50 ng/L、90 ng/L 进行准确度测定，各种样品的平均加标回收率在 85.2%~101%。

五、注意事项

（1）固相微萃取过程中可能出现探针纤维打断现象，主要是 SPME 设备没有定位好，所以每次分析前需要确认样品位置是否准确。

（2）分析中，出现保留时间漂移，主要来源于衬管的影响，用 SPME 分析样品时，需要使用无玻璃毛、小体积衬管或者配备专门的 SPME 衬管。

（3）确保固相萃取纤维头插入气相色谱进样口时，隔垫吹扫气为关闭状态，一般可在运行时间事件中设定相关参数。

第二节　顶空/气相色谱-质谱法测定水中四乙基铅

一、引言

顶空分析技术作为无需有机溶剂提取的分析方法，具有简单、快捷、环保等特点，与气相色谱、气相色谱-质谱等器联用，可测定环境样品中痕量、复杂、多组分的有机污染物，在挥发性有机物的监测分析中普遍应用。

建立顶空/气相色谱-质谱法测定水中四乙基铅的方法，方法检出限为 0.008 μg/L，相对偏差在 1.1%~9.7%，加标回收率范围为 80.6%~99.5%，适用于地下水、生活饮用水、地表水、生活污水和工业废水中四乙基铅的测定。

二、实验优化

（一）顶空平衡温度的影响

顶空平衡温度直接影响四乙基铅在气液两相间的分配系数和平衡时间。随着温度升高，四乙基铅的挥发能力增强，从而使气相中的四乙基铅浓度增加，并且温度升高也在一定程度上利于气液两相间的快速平衡，缩短平衡时间。图 13-6 给出了固定平衡时间为 30min 时，四乙基铅的气相色谱峰面积随平衡温度的变化曲线，在 60~80℃ 范围内，温度对四乙基铅的峰面积响应影响不大，而当温度升高到 90℃ 后，已产生一定的水蒸气，水蒸气的分压可能造成四乙基铅的峰面积响应降低。确定顶空平衡温度为 60℃。

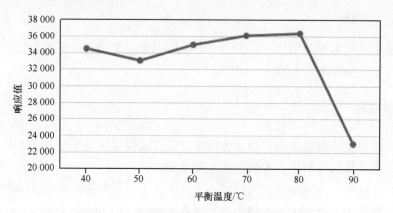

图 13-6　平衡温度对四乙基铅响应值的影响

（二）平衡时间的影响

平衡时间的长短直接关系到四乙基铅在气液两相间是否平衡，进而影响最终定量误差的大小。同时，在恒温条件下，采用振动的方法可使蒸汽分压较快平衡。图 13-7 给出了四乙基铅的气相色谱峰面积随平衡时间的变化曲线，5 min 已接近动态平衡，当平衡时间为 10 min 时，四乙基铅的峰面积几乎达到最大值，继续增加平衡时间，峰面积无明显变化。确定平衡时间为 10 min。

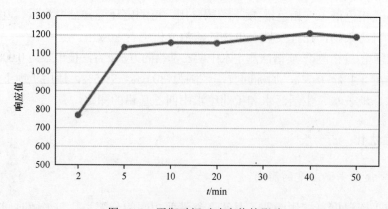

图 13-7　平衡时间对响应值的影响

（三）氯化钠加入量的影响

通常，在水中加入一定量的盐改变溶液中的离子强度，可以降低有机化合物在水中的溶解度，利于挥发性有机物挥发至气相，提高分配系数。同一浓度下，在水中分别加入 0 g、0.5 g、1 g、2 g、3 g 和 4 g 氯化钠，按照相同的条件测定，考察氯化钠加入量对纯水、地表水和废水中四乙基铅响应值的影响（图 13-8～图 13-10）。氯化钠的加入并未明显增强四乙基铅的响应值，确定该方法无需添加氯化钠。

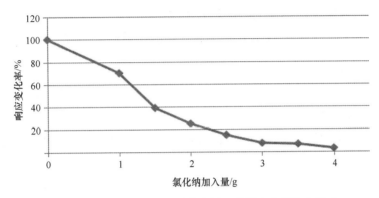

图 13-8　氯化钠加入量对纯水中四乙基铅响应变化率影响

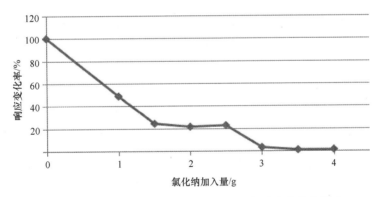

图 13-9　氯化钠加入量对地表水中四乙基铅响应变化率影响

（四）色谱柱的选择

目前文献中对使用弱极性色谱柱（如 HP-5）及极性色谱柱（如 HP-INNOWAX）分析四乙基铅均有报道，分别采用 2 种色谱柱对四乙基铅进行分离测定，2 种色谱柱对四乙基铅均有很好的响应及相似的线性范围，由于固定相为 5%苯基、95%甲基聚硅氧烷的弱极性色谱柱在环境监测领域更为通用，推荐使用 HP-5 柱。

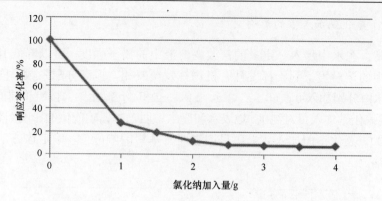

图 13-10　氯化钠加入量对生活污水中四乙基铅响应变化率影响

（五）分流比的选择

由于色谱柱的载样量不是无限大，过多的样品进入色谱柱会超载，造成分离效能下降，峰变形拖尾，图 13-11 比较了不同分流比（2∶1、5∶1、10∶1、20∶1、50∶1）对四乙基铅响应值的影响，根据峰面积响应大小及峰形尖锐程度推荐分流比为 5∶1。

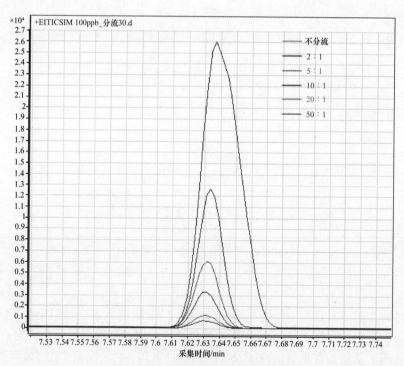

图 13-11　分流比对响应值的影响

（六）气密注射器进样量的选择

进样量的多少直接影响四乙基铅的响应情况和色谱峰峰形。采用气密注射器，图 13-12 比较了进样量分别为 0.5 mL、1.0 mL、1.5 mL、2.0 mL、2.5 mL 时四乙基铅的峰形及峰面积大小。四乙基铅响应随进样量的增加而增加，由于 1.0 mL 进样量更为常用，且考虑到定量环进样对于进样体积的限制，在满足分析要求的条件下，推荐进样量为 1.0 mL。

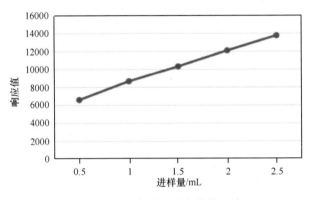

图 13-12　进样量对响应值的影响

（七）内标的选取

参考水中 VOCs 的 GC-MS 分析方法标准《水质 挥发性有机物的测定 吹扫捕集/气相色谱-质谱法 》（HJ 639—2012）使用内标四溴氟苯、氘代氟苯和氘代-1,2-二氯苯，分别向水中加入这 3 种标准溶液，按照四乙基铅的分析条件进行上机分析，根据它们在色谱柱的保留时间，选取与四乙基铅最为接近的氘代-1, 2-二氯苯作为内标。

（八）干扰实验

向四乙基铅标准溶液中加入氯化三甲基铅、三苯基苯乙炔基铅、四苯基铅、四正丁基铅等目前市面上可搜集到的烷基铅标准品或试剂，与四乙基铅同时分析，考察这几种烷基铅是否干扰四乙基铅的测定，根据各物质的出峰情况发现其他烷基铅不会对四乙基铅的分析造成干扰。

（九）温度对保存效果的影响

考察了 4℃冷藏和常温 2 种温度情况对纯水中四乙基铅响应变化率（加标后的响应值与加标前的响应值的比值，C_i/C_0）的影响，见图 13-13。冷藏对样品保存有很好的作用，推荐保存条件为 4℃冷藏。

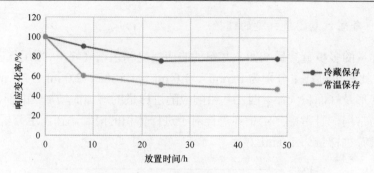

图 13-13　保存温度对四乙基铅响应变化率（C_i/C_0）的影响

（十）光条件对保存效果的影响

避光利于样品保存，避光条件下的样品，四乙基铅的响应值明显高于不避光条件下样品中四乙基铅的响应值。图 13-14 为避光和不避光 2 种保存条件下，纯水中四乙基铅的响应情况。

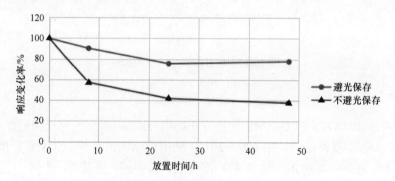

图 13-14　避光条件对四乙基铅响应变化率的影响

（十一）保存剂对保存效果的影响

由于四乙基铅保存时间比较短，见表 13-3，若不加合适的保存剂，最佳分析时间在 8 h 以内。而在实际工作中，由于客观条件的限制，采样后很难立即分析，往往需要送至实验室进行测定，这时需要添加保存剂延长样品保存时间。

表 13-3　未加保存剂样品保存时间实验结果

类型	浓度 /（μg/L）	回收率/%					
		5 h	8 h	24 h	48 h	72 h	7 天
空白水样加标	1	97.52	86.28	68.31	43.71	37.40	32.19
	10	93.71	93.13	65.48	63.52	58.17	35.74
实际水样加标	1	99.04	95.94	72.56	44.62	33.93	24.88
	10	92.86	87.98	74.66	71.56	52.76	30.72

对于挥发性有机物，甲醇是常用的保存剂，配制时先加入甲醇的水样与上机分析前加入甲醇的水样相比，可明显提高四乙基铅的响应（表 13-4）。图 13-15～图 13-18 给出了在纯水、地下水、地表水和工业废水 4 种不同类型水样中加入甲醇前（配制时加入）后（上机前加入）顺序不同对四乙基铅响应变化率的影响。

表 13-4　不同保存剂的影响实验结果

保存剂类型	加标浓度 /（μg//L）	回收率/%				
		8 h	24 h	48 h	72 h	7 天
硝酸（1∶1）	1	48.26	29.39	28.26	25.65	23.72
加 NaCl 和甲醇	1	95.12	92.51	88.03	85.96	75.15
盐酸（1∶1）	1	51.02	47.73	41.29	30.18	24.96
硝酸（1∶1）	10	35.91	31.19	28.50	25.06	23.41
加 NaCl 和甲醇	10	98.68	96.42	95.94	85.73	78.97
盐酸（1∶1）	10	34.80	29.70	28.94	26.57	24.45

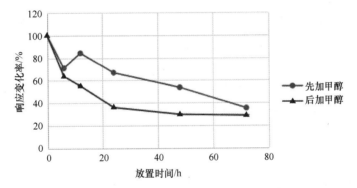

图 13-15　纯水中甲醇作为保存剂的影响

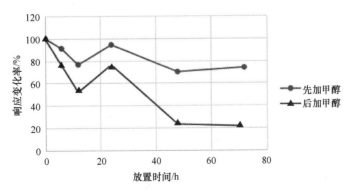

图 13-16　地下水中甲醇作为保存剂的影响

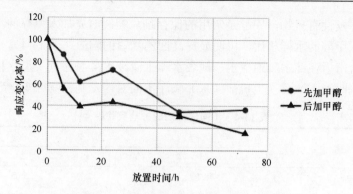

图 13-17　地表水中甲醇作为保存剂的影响

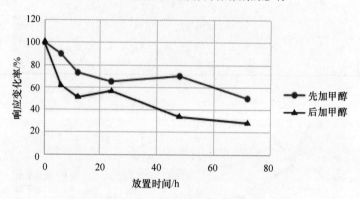

图 13-18　工业废水中甲醇作为保存剂的影响

（十二）甲醇加入量对保存效果的影响

加入一定量的甲醇可提高响应值，推荐甲醇的加入量为 200μL。图 13-19 给出了不同的甲醇加入量对纯水中四乙基铅响应值的影响。

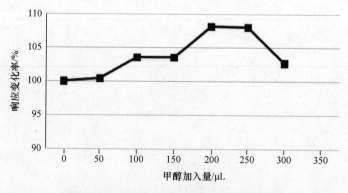

图 13-19　甲醇加入量对响应变化率的影响

（十三）保存时间对保存效果的影响

保存时间对保存效果有显著影响，所有水样的四乙基铅响应值随着保存时间的增加而明显降低，一般来说 48 h 为可接受的样品保存时间。图 13-20～图 13-23 为采用 200 μL 甲醇作为保存剂的条件下，相同加标量的 4 种不同类型的水样，其四乙基铅响应值随着保存时间延长的变化情况。

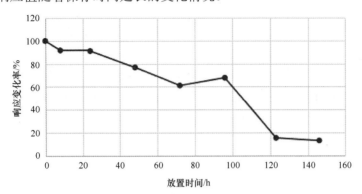

图 13-20 保存时间对纯水中四乙基铅响应变化率的影响

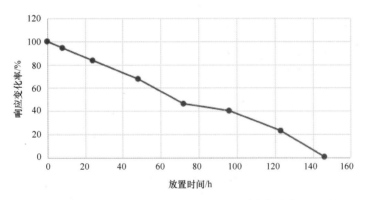

图 13-21 保存时间对地下水中四乙基铅响应变化率的影响

三、实用方法条件

（一）样品保存条件

采集的样品立即放入洁净的冰桶或低温样品箱中，每个样品每 10 mL 需加入 200 μL 甲醇作为保存剂，4℃冰箱中避光保存，保存时间为 2 天。

（二）顶空自动进样器条件

气密注射器进样参考条件：炉温 60℃，进样注射器管套温度 62℃；平衡时间

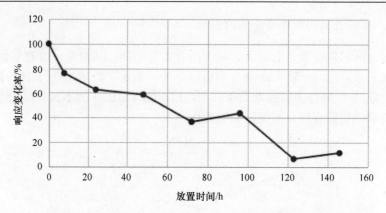

图 13-22　保存时间对地表水中四乙基铅响应变化率的影响

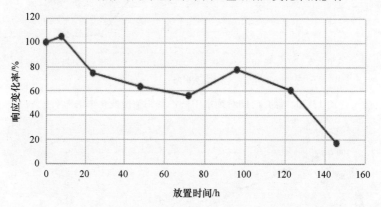

图 13-23　保存时间对工业废水中四乙基铅响应变化率的影响

10 min，振荡；进样量：1 mL；抽气速度：100 μL/s，进样速度：500 μL/s；气相循环时间：根据气相色谱分析时间设定。

加压进样参考条件：炉温 60℃，阀温 100℃，传输管线温度 120℃；样品瓶平衡时间 10 min，振荡；加压：15 psi，压力平衡时间：1 min；进样量：2 mL；气相循环时间：根据气相色谱分析时间设定。

（三）气相色谱参考条件

进样口：250℃；

程序升温：40℃（保持 1 min）$\xrightarrow{15℃/min}$ 200℃（保持 1 min）；

载气流速：1 mL/min；

分流比：5∶1。

（四）质谱参考条件

接口温度：280℃；

离子源温度：230℃；

四极杆温度：150℃；

扫描方式：SIM；

目标物扫描离子：208 amu、237 amu、295 amu；定量离子：237 amu；

内标物扫描离子：150 amu、152 amu、78 amu；定量离子：150 amu；

替代物扫描离子：95 amu、174 amu、176 amu；定量离子：95 amu。

（五）校准曲线绘制

在装有 10mL 空白试剂水的顶空瓶中，迅速加入 200μL 甲醇，封紧瓶盖，向顶空瓶中自隔垫处用进样针注入一定量的标准中间液、替代物配制浓度均为 0.050 μg/L、0.100 μg/L、0.200 μg/L、0.500 μg/L、1.00 μg/L、2.00 μg/L、5.00 μg/L、10.0 μg/L、20.0 μg/L、50.0 μg/L 等一系列浓度的标准系列，再加入 10 μL 内标物。根据优化条件进行测定，确定校准曲线线性范围为 0.05～10.0 μg/L，相关系数大于 0.990。校准曲线范围可以满足地表水、地下水、生活饮用水、工业废水和生活污水等水样的测定，如遇到高浓度样品，建议适当稀释后进样，稀释后样品响应值在校准曲线范围内。根据水样性质不同、分析仪器的性能不同也可改变校准曲线范围。

（六）测定

取 10.0 mL 水样于顶空瓶，立即密封顶空瓶，用微量注射器分别加入 10.0 μL 内标物（1, 2-二氯苯-d4）和 10.0 μL 替代物（4-溴氟苯）。按仪器参考条件进行分析测定。

（七）方法检出限

按照《环境监测 分析方法标准制修订技术导则》（HJ 168—2010）的相关规定，重复分析 7 个接近于检出限浓度的实验室空白加标样品，计算其标准偏差 S。用公式 $MDL=S\,t_{(n-1,\,0.99)}$（重复分析 7 个样品，在 99% 的置信区间，$t_{(6,\,0.99)}=3.143$）进行计算。其中，$t_{(n-1,\,0.99)}$ 为置信度为 99%、自由度为 $n-1$ 时的 t 值；n 为重复分析的样品数。测定下限为 4 倍检出限。

对实验室空白试剂水不定期进行多次测定，均无四乙基铅检出。取空白试验用水 10 mL 于顶空瓶中，重复分析 7 份浓度为 0.050 μg/L 的四乙基铅溶液，其中替代物 BFB 浓度为 0.050 μg/L，内标浓度 2.00 μg/L。计算得检出限 0.008 μg/L，检出限的确定方法及结果满足 HJ/T 168—2010 要求。

（八）方法的精密度

按照校准曲线配制，配制 3 个浓度水平 0.100 μg/L、1.00 μg/L、5.00 μg/L 的

四乙基铅空白加标水样各 6 个进行精密度实验,按上述优化后的实验条件进行测定,相对标准偏差为 5.3%～13%。

(九)方法的准确度

按照校准曲线配制,配制 3 个浓度水平 0.100 μg/L、1.00 μg/L、5.00 μg/L 的四乙基铅空白加标水样各 6 个进行准确度实验,分别计算每个浓度级别 6 次的加标回收率,加标回收率为 105%～125%。

(十)实际样品测定

分别对地下水、生活饮用水、地表水、生活污水和工业废水进行了加标分析测试。所有水样的加标回收率范围为 80.6%～99.5%,相对偏差在 1.1%～9.7%,说明该方法适用于地下水、生活饮用水、地表水、生活污水和工业废水中四乙基铅的测定。

四、质量保证和质量控制

(一)仪器性能检查

每批样品分析前或每 24 h 之内,需进行仪器性能检查。

(二)初始校准

校准曲线至少需要 5 个浓度系列,四乙基铅的相对校正因子的 RSD 应小于等于 20%,或者校准曲线相关系数大于等于 0.990,否则应查找原因或重新建立校准曲线。

(三)连续校准

连续校准的目的是评价仪器的灵敏度和线性,一般是校准曲线的中间浓度点。连续校准的浓度为曲线的中间浓度点。计算连续校准与最近一次初始校准曲线的百分偏差,公式如下:

$$百分偏差 (\%) = \frac{\left| RF_c - RF_i \right|}{RF_i} \times 100$$

式中,RF_c ——连续校准的响应因子;

RF_i ——最近一次初始校准曲线的平均响应因子。

每个目标化合物的百分偏差要小于等于 20%。连续校准分析一定要在空白和样品分析之前。如果连续分析几个连续校准都不能达到允许标准,就要重新制作标准曲线。

（四）替代物

所有样品和空白中都要加入替代物，按与样品相同的步骤分析，回收率要求在 70%～130%。

（五）样品

（1）每批样品至少应采集一个运输空白和全程序空白样品。空白中目标化合物浓度应小于下列条件的最大值：①方法检出限；②相关环保标准限值的 5%；③样品分析结果的 5%。

若空白试验未满足以上要求，则应采取措施排除污染并重新分析同批样品。

每批样品应进行 1 次试剂空白和试剂空白加标分析，样品数量多于 20 个时，每 20 个样品应分析 1 个试剂空白。空白加标回收率应在 80%～120%。

（2）每批样品应进行 1 次平行样分析和基体加标分析，样品数量多于 20 个时，每 20 个样品应进行 1 次平行样分析和基体加标分析。平行样分析时目标化合物的相对偏差应小于 30%，基体加标回收率应在 60%～130%。

五、注意事项

（1）顶空进样瓶在实际样品的测定过程中影响较大，故需要选用密封性良好的顶空瓶。

（2）对于基质比较复杂的生活污水和工业废水，若基质影响造成回收率低，需稀释后测定（建议稀释 10 倍）。

第三节 乙基化衍生-顶空固相微萃取-气质联用法
测定水中三甲基铅和三乙基铅

一、引言

铅的毒性因其化学形态的不同而不同，有机铅的毒性远大于无机铅，因此，有机铅分析日益受到关注。四甲基铅和四乙基铅是我国《危险化学品名录》中受控物质，因此受到了高度关注，对于这 2 类有机铅的检测方法相对也较多。四甲基铅和四乙基铅在水体和土壤中不稳定，分别逐步降解为三甲基铅和三乙基铅，尤其是在光照条件下更容易发生，在水体中的降解速度随温度的升高而加快。三甲基铅和三乙基铅的毒性分别高于四甲基铅和四乙基铅，且三乙基铅的毒性是三甲基铅的 100 倍。目前，我国对于水中三甲基铅和三乙基铅的分析方法研究几乎还处于空白状态。

建立乙基化衍生-顶空固相微萃取-气相色谱质谱法测定水中三甲基铅和三乙基铅的方法，三甲基铅和三乙基铅的方法检出限均为 0.2 μg/L，相对标准偏差分别为 2.0%～7.3%和 5.1%～9.4%，地表水加标回收率在 81.0%～115%。

二、实验优化

固相微萃取是集萃取、富集、进样于一体的前处理技术，纤维头本身的性质（如极性、膜厚）和操作条件（如萃取时间、温度、解析时间）是影响萃取效率的重要因素。

（一）萃取纤维的选择

为使纤维头对目标物既有较强的萃取能力，又能使目标物在热解吸时迅速脱离，应根据目标物的极性、挥发性和分子量等参数，并依据相似相溶的原理，选择出适合的萃取纤维头。例如，三甲基铅和三乙基铅与 NaBEt$_4$ 衍生分别生成乙基三甲基铅和四乙基铅，沸点分别为 146.4℃和 198～200℃，均易挥发；7 μm PDMS（聚二甲基硅烷）和 23 μm PDMS 2 种纤维头适合半挥发性化合物，萃取乙基三甲基铅和四乙基铅的效率较低；PA（聚丙烯酸酯）纤维头适合极性半挥发性化合物，萃取效率介于 7 μm PDMS 和 23 μm PDMS 之间，效率较低；适合小分子挥发性物质的 100 μm PDMS 和适合极性挥发性化合物的 PDMS/DVB 萃取效率相当；适合 C$_3$～C$_{20}$ 之间的挥发性化合物的 DVB/CAR/PDMS 萃取效率最高。图 13-24 给出了不同萃取纤维头对目标物的萃取效率。

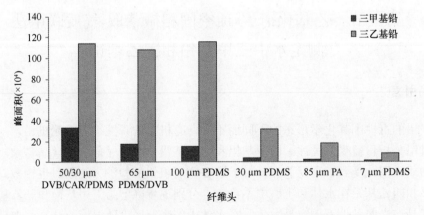

图 13-24　不同萃取纤维头对目标物萃取效率的影响

（二）衍生试剂用量的影响

一方面，加入衍生试剂的量必须足够使目标物完全衍生。另一方面，由于衍生试剂配制于四氢呋喃溶剂中，过量的衍生试剂会由于有机溶剂的增加，在纤维上竞争吸附导致萃取效率降低，如图 13-25（a）衍生试剂用量的影响变化曲线所示，衍生试剂 2% $NaBEt_4$ 的加入量为 10 μL 时，萃取效率最高。

（三）萃取温度的影响

萃取温度影响目标物在顶空瓶中气相、液相以及纤维头涂层三者之间的分配。温度升高，衍生速率和衍生物挥发性更强，更有利于进入气相，萃取效率更高；但是，萃取温度升高会增加水和衍生试剂中的溶剂四氢呋喃的挥发性，水和四氢呋喃在纤维头表面产生竞争吸附，阻碍了纤维头对目标衍生物的萃取。实验图 13-25（b）给出了萃取温度为 30℃、40℃、50℃、60℃、75℃时，DVB/CAR/PDMS纤维头对目标物的萃取情况，萃取温度为 40℃时，萃取效率最高。

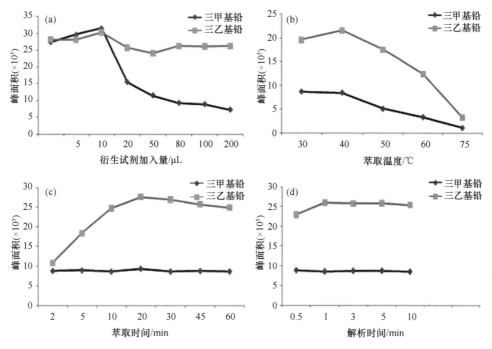

图 13-25　衍生试剂加入量（a）、萃取温度（b）、萃取时间（c）和解析时间（d）的影响

（四）萃取时间

当萃取时间延长至 30 min 时，三乙基铅信号强度达到峰值；三甲基铅随着萃取时间的变化，信号强度变化不大，见图 13-25（c）。在保证方法灵敏度和稳定性

条件下，推荐萃取时间为 20 min。

（五）解析时间

随着萃取时间的延长，在 1 min 时，三乙基铅信号强度达到峰值；三甲基铅随着解析时间的延长，信号强度变化不大，推荐萃取时间为 1 min。图 13-25（d）为 0.5～10 min 范围内不同目标物的响应强度。

三、实用方法条件

（一）衍生-顶空固相微萃取

移取试样 7 mL 于 20 mL 顶空瓶，加入 1 mL 乙酸-乙酸钠缓冲液（0.2 mol/L，pH=5.3），立即用带聚四氟乙烯垫的铝盖旋紧，然后用注射器向瓶内注入 10 μL 衍生试剂（2% NaBEt$_4$），试样中的三甲基铅和三乙基铅与试剂发生衍生反应分别生成乙基三甲基铅和四乙基铅。将顶空瓶放入 Agilent GC Sampler 80 多功能自动进样器中，由 SPME 模块将顶空瓶移入加热器（50℃），此后，萃取纤维头插入顶空瓶液面上方，在顶空瓶 500 r/min 旋转速度下萃取 30 min，萃取完成后，纤维头插入气相色谱进样口解析 1 min，按如下 GC-MS 操作条件进行测定。

（二）GC-MS 操作条件

载气：高纯氦（纯度≥99.999 %）；进样口温度 260℃，不分流进样；色谱柱：DB-5MS（30 m×0.25 mm×0.25 μm），恒流 1.0 mL/min；升温程序：初始温度 50℃，保持 1 min，以 30℃/min 升至 250℃，保持 3 min；传输线温度为 250℃。质谱采用 EI 源，离子源温度为 230℃；扫描方式：SIM，扫描离子为 207、208、223、235、237、253、267、295；接口温度 250℃；离子源温度 230℃；溶剂延迟时间 2.0 min。

（三）方法性能

乙基化衍生成的乙基三甲基铅和四乙基铅属于挥发性有机物，其沸点与分子量成正比，总离子流色谱图详见图 13-26。

采用外标法定量，方法的线性、检出限和精密度见表 13-5。本方法具有较宽的线性范围、良好的线性和较高的灵敏度，在 5 μg/L、100 μg/L 和 180 μg/L 的添加水平下，三甲基铅和三乙基铅的相对标准偏差均在 10%以内，方法具有较好的精密度。

（四）实际样品测定

实验选取地表水、生活污水、工业废水等 3 种不同类型的水样，在优化条件

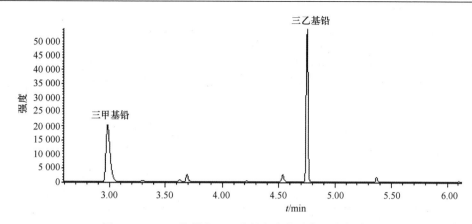

图 13-26　三甲基铅和三乙基铅衍生物总离子流色谱图

表 13-5　线性范围、线性回归方程、相关系数及检出限

化合物	线性回归方程	线性范围	相关系数	检出限 /（μg/L）	精密度（RSD）		
					5μg/L	100μg/L	180μg/L
三甲基铅	$y=1675x+401.2$	0.8～200	0.9991	0.2	7.3	3.7	2.0
三乙基铅	$y=1699x+8729$	0.8～200	0.9986	0.2	9.4	5.6	5.1

下进行了测定,样品中均未检出目标物,加标回收率结果见表 13-6。低浓度（5 μg/L）、中浓度（100 μg/L）和高浓度（180 μg/L）的地表水加标回收率在 81.0%～115%;生活污水的加标回收率在 74.1%～116%;工业废水的加标回收率在 88.4%～111%。该方法能满足地表水、生活污水和工业废水中三甲基铅和三乙基铅的分析需求。

表 13-6　样品加标回收率试验

水样性质	化合物	样品		加标样				加标回收率 /%
		取样体积 /mL	测定浓度 /（μg/L）	取样体积 /mL	加标体积 /mL	加标量 /ng	测定浓度 /（μg/L）	
地表水	三甲基铅	5.00	ND	4.95	0.05	25.00	4.09	81.0
地表水	三甲基铅	5.00	ND	4.00	1.00	500.00	108.79	109
地表水	三甲基铅	5.00	ND	3.20	1.80	900.00	193.07	107
生活污水	三甲基铅	5.00	ND	4.95	0.05	25.00	4.21	83.4
生活污水	三甲基铅	5.00	ND	4.00	1.00	500.00	105.79	106
生活污水	三甲基铅	5.00	ND	3.20	1.80	900.00	165.05	91.7
工业废水	三甲基铅	5.00	ND	4.95	0.05	25.00	4.46	88.4
工业废水	三甲基铅	5.00	ND	4.00	1.00	500.00	110.63	111
工业废水	三甲基铅	5.00	ND	3.20	1.80	900.00	164.56	91.4
地表水	三乙基铅	5.00	ND	4.95	0.05	25.00	5.8	115
地表水	三乙基铅	5.00	ND	4.00	1.00	500.00	81.2	81.2
地表水	三乙基铅	5.00	ND	3.20	1.80	900.00	165	91.4

续表

| 水样性质 | 化合物 | 样品 | | 加标样 | | | | 加标回收率/% |
		取样体积/mL	测定浓度/（μg/L）	取样体积/mL	加标体积/mL	加标量/ng	测定浓度/（μg/L）	
生活污水	三乙基铅	5.00	ND	4.95	0.05	25.00	5.8	116
生活污水	三乙基铅	5.00	ND	4.00	1.00	500.00	74.1	74.1
生活污水	三乙基铅	5.00	ND	3.20	1.80	900.00	156	86.5
工业废水	三乙基铅	5.00	ND	4.95	0.05	25.00	5.4	107
工业废水	三乙基铅	5.00	ND	4.00	1.00	500.00	93.7	93.7
工业废水	三乙基铅	5.00	ND	3.20	1.80	900.00	166	92.1

注：ND 表示未检出。

四、质量保证和质量控制

（一）仪器性能检查

每天分析前，需进行仪器性能检查，确定仪器性能良好。

（二）初始校准

在仪器维修、换柱或连续校准不合格时需要进行初始校准。校准曲线至少需要 5 个浓度系列，初始校准曲线相关系数应≥0.99，否则应查找原因或重新建立校准曲线。

（三）连续校准

每 24 h 分析一次校准曲线中间浓度点，其测定结果与实际浓度值相对偏差应≤20%，否则应重新制作标准曲线。

（四）空白实验

每 20 个样品或每批次（少于 20 个样品/批）应至少分析一个实验室空白样品和一个全程序空白样品，实验室空白和全程序空白中松节油的测定结果应低于方法检出限。

（五）平行样和基体加标的测定

每 10 个样品或每批次（少于 10 个样品/批）应分析一个平行样和基体加标，平行样分析时目标化合物的相对偏差应小于 20%，基体加标回收率应在 70.0%～120%。

五、注意事项

（1）向顶空瓶中加入缓冲溶液后，应立即用铝盖旋紧，然后用注射器穿透顶空瓶聚四氟乙烯垫，向瓶内注入 10μL 衍生试剂（2% NaBEt₄），切不可在开盖的情况下向瓶内注入衍生试剂，三甲基铅和三乙基铅与衍生试剂会迅速反应生成乙基三甲基铅和四乙基铅，而这两种化合物挥发性极强，会导致目标物的大量损失。

（2）实验室产生的含有有机试剂的废物应集中保管，送具有资质的单位统一处理。

参 考 文 献

常晓峰, 舒平, 白伟. 2008. 四乙基铅中毒临床研究进展. 工业卫生与职业病, 34(5): 312-314

李世荣, 吕鹍, 娄涛, 等. 2011. 液液萃取-高效液相色谱法测定水中四乙基铅. 环境监测管理与技术, 23(2): 45-47

刘劲松, 马狄狄, 叶伟红, 等. 2010. 地表水中四乙基铅吹扫捕集-气相色谱/质谱分析方法研究及其应用. 中国环境监测, 26(4): 20-22

刘少玉. 2015. 环境水质有机铅分析的国内研究进展与展望. 环境与可持续发展, 40(2): 60-62

逯海, 韦超, 王军, 等. 2005. 高效液相色谱-电感耦合等离子体质谱法测量三甲基铅. 质谱学报, 26(10): 103-104

彭利, 罗钰, 朱奕, 等. 2009. 石墨炉原子吸收法测定环境水样中四乙基铅的方法探讨. 中国环境监测, 25(6):46-49

沈宏, 徐青, 殷学锋. 1997. 痕量铅的形态分析. 杭州师范学院学报, (3): 111-117

帅琴, 杨薇, 张生辉, 等. 2004. 顶空固相微萃取-气相色谱质谱联用测定烷基铅的研究. 分析实验室, 23(2): 12-17

韦进宝, 钱沙华. 2002. 环境分析化学. 北京: 化学工业出版社: 144-160

吴采樱. 2012. 固相微萃取. 北京: 化学工业出版社:85-107

曾北危. 1980. 环境样品中四烷基铅的测定. 环境科学, 5(5): 55-57

周涛, 韩彬, 白红妍, 等. 2014. 顶空-固相微萃取/气相色谱-质谱联用法快速分析海水中 13 种苯系物. 分析测试学报, 33(1): 5-10

Andreottola G, Dallago I, Ferrarese E. 2008. Feasibility study for the remediation of groundwater contaminated by organolead compounds. J Haz Mater, 156: 488-498

Arai F, Yamamura Y. 1990. Excretion of tetramethyllead, trimethyllead, dimethyllead and inorganic lead after injection of tetraethyllead. Ind Health, 28: 63-76

Craig P J. 1986. Organometallic compounds in the environment, principles and reactions. New York: John Wiley and Sons: 30

Rhue R D, Mansell R S, Ou L T, et al. 1992. The fate and behavior of lead alkyls in the environment: a review. Cri Rev Environ Sci Tech, 22(3-4): 169-193

第十四章　烷基汞监测技术

分离方法与元素选择性检测器在线耦合是汞形态分析的发展趋势，气相色谱、液相色谱和毛细管电泳等分离技术与原子荧光或电感耦合等离子体质谱联用，已广泛应用于汞形态监测分析。本章首先综合文献资料，对用于汞形态分析的水质样品的保存研究进行了全面梳理，为实际监测提供了一定的科学依据。然后，重点介绍了测定烷基汞的液相色谱-原子荧光联用法和气相色谱-原子荧光联用法，并讨论了分析方法中的关键环节和影响因素，明确了质量保证和质量控制要求，归纳和总结了相关操作事项，以便于测定方法在实际监测工作中被更好地应用。最后，简单介绍了毛细管电泳-ICP-MS 法测定水中烷基汞的监测分析方法，尽管毛细管电泳技术重现性不稳定，对操作人员的技术能力要求也相对较高，但是，毛细管电泳作为一种新型分离技术，具有样品量少、试剂耗费少、运行成本低等诸多优点，其发展趋势也不容忽视。

第一节　用于汞形态分析的水质样品的保存研究

一、引言

在汞化学形态的研究中，稳定性是值得考虑的关键问题。在样品的保存过程中，某些化学形态的汞可能发生转化或降解，测定结果很容易偏离实际。只有采用合理的保存方法，并在有效的保存时间内对汞形态样品进行及时分析，才能获得准确可靠的分析数据。

二、用于汞形态分析的水质样品的贮存稳定性影响因素研究

导致水质样品中汞形态发生转变的原因归结为各类物理和化学因素，如水质样品中汞化合物的浓度、样品基体组分、容器材料、pH 和保存温度等。

（一）汞化合物浓度

在不同容器中，无论是有机汞还是无机汞溶液，汞含量越低，溶液中的汞就越容易损失。Krivan 和 Haas 用同位素示踪技术研究了 30 μg/L 和 1 mg/L 的无机汞溶液在聚乙烯、聚丙烯、石英和玻璃等不同容器中的稳定性。结果发现，在所

有被研究的容器中，30 µg/L 的汞溶液保存时间在 20～30 min 内汞损失就已达到 12%；而同样条件下的 1 mg/L 的汞溶液在所有容器中的损失量都小于 4%。

Lansens 等用顶空进样气相色谱-微波诱导等离子体技术考察了不同浓度的甲基汞水溶液在不同条件下的长期保存情况，发现甲基汞的稳定性与其浓度有很大关系。室温下，10 µg/L 的甲基汞水溶液保存在未进行过酸处理的玻璃容器中，1 个星期后甲基汞损失了 15%，2 个星期后损失了 50%；2 个月后，溶液中甲基汞的含量低于该检测方法的分析检出限。但同样条件下的 100 µg/L 的甲基汞水溶液却稳定得多，12 个星期后浓度仍在 80 µg/L 以上。

培养基中汞的损失也与其浓度有关。在不加保存剂但有细菌存在的条件下，1000 mg/L 汞溶液保存 1 年也基本没有损失；10 mg/L 汞溶液的稳定性就差一些，保存 50 h 后汞损失了 14%；而在更低浓度下（µg/L 级），保存 50 h 后汞损失量达 68%～83%。

（二）样品基体组分

无机汞和甲基汞在含有不同溶质的水溶液中的损失情况与其中溶质的性质密切相关。把甲基汞分别保存在去离子自来水、Nashville 自来水及 Nashville 自来水的炭滤液中时，汞损失量有较大差异，分别为 91%、5% 和 30%，这说明甲基汞的损失量与溶液基体的性质有很大关系。Olson 发现汞保存在离子强度高的介质溶液（0.5 mol/L NaCl 溶液）和人工海水中的损失量比其保存在去离子水、自来水、蓄鱼池水、碱性和酸性溶液及磷酸盐缓冲溶液中的损失量要大。研究发现，保存在 PE 容器中的 1 µg/L 无机汞溶液的初始损失量和长期保存损失量都与溶液的组分有很大的关系。还有研究发现保存期的前 4 天，汞在不同溶液中的相对损失速率排序为含细菌海水>普通海水>去离子水，说明细菌对溶液中汞的损失起了很大的作用。

（三）容器材料

对汞化合物贮存稳定性影响最大的因素是容器材料。常用来盛放汞溶液的容器材料有聚乙烯塑料、聚四氟乙烯和耐热玻璃。因特殊的需要，也有用到聚丙烯塑料和聚氯乙烯塑料、石英、软玻璃、铝和不锈钢容器等。表 14-1 比较了在不同容器中无机汞和甲基汞的保存损失情况。

从表 14-1 中可以看出汞化合物在聚乙烯容器中的损失量相对最大，所以大部分研究者认为聚乙烯塑料容器不适于存放汞溶液，尽管它被广泛用于采集和保存水样。此外，在聚乙烯塑料容器中还可能会发生有机汞的快速分解和汞形态的相互转化，对无机汞和有机汞的形态分析影响很大。在其他条件相同的情况下，玻璃、石英和聚四氟乙烯容器更适用于保存汞溶液。不管是无机汞还是有机汞，它

表 14-1　在不同容器中无机汞和甲基汞的保存损失情况

环境样品	汞形态	浓度	分析方法	容器材料	损失量
去离子水	Hg（II）	25μg/L	FAAS	聚乙烯塑料	150h 后损失 75%
				聚氯乙烯	150h 后损失 75%
				软玻璃	350h 后损失 85%
				线性聚乙烯塑料（含有二烷基烷基酸月桂酯）	8 天后损失 97%
去离子水	Hg（II）	1μg/L	CV-AAS	线性聚乙烯塑料（含有烷基酚）	8 天后损失 26%
				聚乙烯塑料	8 天后损失 52%
				聚丙烯塑料	8 天后损失 81%
去离子水	Hg（II）	4μg/L	CV-AAS	聚乙烯塑料	12 天后损失 87%
				耐热玻璃	20 天后损失 86%， 12 天后损失 80%，
去离子水	甲基汞	8μg/L	CV-AAS	聚乙烯塑料	30 天后损失 94%，
				玻璃	12 天后损失 40%， 30 天后损失 80%
饮用水	Hg（II）	1μg/L	CV-AFS	聚酯 玻璃	10 天后损失都达 40%
蒸馏水	Hg（II）	30μg/L 1mg/L	放射性示踪检测	聚乙烯塑料 聚丙烯塑料 玻璃 石英	损失由到多到少的顺序：石英、玻璃、 聚丙烯塑料、 聚乙烯塑料
蒸馏水和去离子水	甲基汞	10μg/L	HS-GC-MIP	聚四氟乙烯 玻璃	可以保存 6 个月 2 周后损失 50%
去离子水	Hg（II）	0.1～10μg/L	CV-AAS	玻璃 聚乙烯塑料	至少稳定 5 个月 稳定 10 天

们在玻璃、石英和聚四氟乙烯容器中的保存时间都比在其他容器中的保存时间要长，有时能长达 6 个月。但因为石英的价格相对来说比较高，一般不用于日常保存和分析使用。汞在聚丙烯和聚氯乙烯容器中的稳定性也并不好，所以一般也不用它们保存汞溶液。

近年来，聚酯（PET）瓶被广泛用于采集和保存汞形态分析的饮用水和河水。Fadini 和 Jardim 比较了在采样和保存过程中，水溶液中总汞（1～9 ng/L）在聚酯瓶和 Teflon 瓶中的损失情况，结果发现 2 种容器中的汞损失量基本没有差别。Copeland 等则比较了 PET 瓶和玻璃瓶的使用效果，发现无论有无保存剂存在，PET瓶中的汞损失量和玻璃瓶中的汞损失量都只有很小的差别。除了使用效果好，他们认为用 PET 瓶取代 Teflon 瓶和玻璃瓶还有 2 个重要的原因：PET 瓶价格相对便宜，作为可回收塑料可避免在清洗容器环节上花大量的时间和劳动；PET 瓶轻便又不易破碎，正好可以弥补使用玻璃瓶的缺点。

更深入的研究表明，选择容器时既要考虑到材料的表面性质，也要考虑到表面杂质的存在。聚乙烯容器内表面上的活性点位（如羧基和烃基）和材料中的添加剂（如胺、硫醇、硫化物、酚基等）会使汞在容器壁上产生吸附或发生还原反应。一般说来，金属离子在聚四氟乙烯容器壁上的吸附量比其耐热玻璃上的吸附量小，所以聚四氟乙烯容器最适于保存痕量的重金属水样。聚合物材料和玻璃都可能含有重金属杂质，会对样品造成污染。这些重金属杂质可能是来源于生产过程中使用的催化剂、改进剂、有机增塑剂和金属染料等。

（四）pH

研究者普遍认为降低 pH 有助于无机汞的稳定。如 Benes 和 Rajman 的研究表明，在一定 pH 范围外，增加溶液的 pH 时，溶液中的汞损失量会快速增加。但Heiden 和 Aikens 却认为，无机汞的损失量或者与 pH 没有关系，或者随着 pH 的增加而降低。

Leermakers 等在保证了同样的实验条件下（如样品含盐量低；汞的浓度为5μg/L；采用 PE 容器；保存剂只用 HNO_3），将文献报道的结果与自己的实验结果进行了比较，发现样品保存 10 天后，他们得到的汞损失量结果介于 Feldman 及Krivan 和 Haas 等在低 pH 下得到的结果与 Heiden 等在相同 pH 下得到的结果之间。保存 30 天后，Krivan 和 Haas 等发现在 pH 最低点 0.3 时，汞的损失量最高，达到80%；Leermakers 等发现在 pH 为中间点 0.9 时，汞的损失量也居中，损失为 60%；Piccolino 的研究也得到类似的结论：最低汞损失量在 pH 最高时，此时 pH 为 1.2，汞损失量为 5%。然而，Lo 和 Wai 却发现在低 pH 下（pH=0.5）汞损失相对较小，大约为 7%；因为相同实验条件的结果不一致，Leermakers 等认为可能还存在着其他的因素，它对 PE 容器中汞溶液的稳定性的影响比 pH 对汞溶液稳定性的影响相对更大，从而使实验结果产生差异。

甲基汞在 pH 较高的海水中相对更稳定。pH 为 8 时，甲基汞的初始损失量与 pH 为 4 或 pH 为 6 时相同，但其分解速度要慢一些；pH 为 10 时，甲基汞的初始损失量比 pH 为 4 或 6 时要低得多。

（五）温度

氯化甲基汞的热稳定性很好，无论保存剂是否存在，在 80℃时加热 2.5 h，甲基汞也不分解。在加入 50% HNO_3 或 40% HNO_3-10% $HClO_4$，200℃和轻微压力的条件下，甲基汞也不易全部分解，分解量不超过总量的三分之一。只有在 200℃和轻微压力下，加入 100% HNO_3 或 90% HNO_3-10% $HClO_4$ 并加热 1h 的情况下，甲基汞才会明显分解。还有研究表明，含有 1.85 ng/L Hg 的海水标准参考物在 40℃或以下温度、在短时间（4 星期或以下）内运输非常稳定。

BCR 组织考察了含量都为 2 mg/kg 的氯化甲基汞和氯化汞水溶液在 0℃和室温下的稳定性。溶液在黑暗中保存 3 个月，汞没有明显损失。但是，当把溶液稀释 100 倍时，在同样条件下汞的损失量就明显变大。约为 10 ng/L 的人工合成汞溶液保存在 PET 瓶中，放在 -18℃下冷冻，其稳定时间可达 14 天。Devai 等用毛细管气相色谱-原子荧光联用技术考察了甲基汞浓度（6.40μg/L）随保存时间和保存温度的变化情况。结果表明，甲基汞的浓度在 15 天的保存时间里发生了明显变化，但温度不是引起甲基汞浓度变化的重要原因。

三、用于汞形态分析的水质样品的保存方法研究

样品保存期间的汞损失会给汞的测定带来严重的系统误差，为了防止样品保存期间汞的损失，可以采取一些必要措施如冷冻或冷藏、加入化学保存剂或对容器进行预处理等方式。

（一）加入保存剂

研究者普遍认为，低 pH、高离子强度、氧化或络合条件下利于汞在溶液中保持稳定性。因为低 pH 和高离子强度可以抑制汞在容器壁上的吸附，而氧化和络合条件则可以使汞相对稳定地处于二价价态。所以无机酸、强氧化剂和络合剂通常被用来作为汞溶液的保存剂。

1. 酸

用无机强酸如 HNO_3、HCl 和 H_2SO_4 等酸化溶液是最常用的汞溶液保存方法。HNO_3 被认为是较为有效的保存剂。Stoeppler 和 May 的实验表明，用 HNO_3 酸化

大然水和近海水，并且 HNO_3 浓度达到 0.05 mol/L 时，该溶液在常温下可以保存 2 年以上。

Rosain 和 Wai 用 HNO_3 把 Hg 加标浓度为 25 μg/L 的河水酸化到 pH 为 0.5，可以减少保存过程中的汞损失，而采用 H_2SO_4 酸化却达不到同样的效果。Ahmed 和 Stoeppler 研究发现，在 1% H_2O_2（体积分数）存在下，不同的无机酸对甲基汞分解的抑制效果的递减顺序为 HNO_3>H_2SO_4>$HClO_4$>HCl。但各研究关于 HNO_3 对于汞保存效果的影响结论并不完全一致，随 HNO_3 和 Hg（Ⅱ）浓度水平的不同而各有差异。Christmann 和 Ingle 比较了不同浓度的 HNO_3 的使用效果，认为汞损失量的不同是由酸质量、水的性质和使用容器的差别引起的。而且，当汞处于低浓度水平时，HNO_3 也并不是一种有效的保存剂。

H_2SO_4 也被用来保存含汞的蒸馏水样品，但一般不能用于保存含有还原剂和有机物质的天然水样品。尽管有些研究证明只有 HCl 才能排除溶液中的汞损失，但 Omang 的研究结果表明使用 HNO_3、HCl 和 H_2SO_4 保存 100 μg/L Hg（Ⅱ）标准溶液，其效果是一致的。

2. 酸性氧化剂

因为仅使用无机酸在某些情况下不能达到预期的保存效果，所以许多研究人员考虑使用强氧化剂，认为加入氧化剂可以消除溶液中的还原-挥发过程，能使汞处于非挥发性的二价价态，保持其稳定性。最常用的氧化剂有 $K_2Cr_2O_7$、$KMnO_4$、Au^{3+} 和 H_2O_2 等的酸性溶液。

目前研究发现，酸性重铬酸盐是最有效的氧化性保存剂。用 5.0%（v/v）HNO_3-0.01%（m/v）$K_2Cr_2O_7$ 溶液保存 10 μg/L 和 1 μg/L 的汞溶液，在耐热玻璃瓶中保存 5 个月后发现浓度没有发生明显变化。在同样的条件保存 0.1 μg/L 的汞溶液，10 天内溶液稳定。Lo 和 Wai 及 Opeland 等也都认为重铬酸盐是很有效的汞溶液保存剂。水和废水检测的标准方法推荐采用 20%（m/v）$K_2Cr_2O_7$-50%（v/v）HNO_3 溶液作为汞的保存剂。

相比而言，$KMnO_4$ 作为汞溶液的保存稳定剂会带来一些相应的问题，如在溶液中可能会产生 MnO_2 沉淀，把氯化物氧化成单质氯等，所以使用 $KMnO_4$ 会使汞的浓度不稳定，有时会使汞的浓度变高。有文献报道，$KMnO_4$ 使 1μg/L 的溶液浓度增加了 200%。

Issaq 和 Zielinski 在 2 mg/L 的无机汞溶液中加入 H_2O_2 作保存剂，1 周后没有观察到汞的吸附和去吸附现象。但是，Lo 和 Wai 认为使用 H_2O_2 作保存剂对低浓度汞溶液的稳定效果并不确定。Krivan 和 Haas 则认为使用 H_2O_2 和 HCl 一起保存低浓度汞溶液，效果更好。

Christmann 和 Ingle 考察了不同的普通强氧化剂作为汞溶液保存剂的效果，研

究发现 HNO_3 和 Au^{3+} 的混合溶液是 $1\ \mu g/L$ 或更低浓度的无机汞蒸馏水溶液的最佳保存剂，他们的这一观点与 Lo 和 Wai 早期的看法是一致的。

判断保存剂是否适合低浓度的汞溶液，既要考虑它的保存效果，也要兼顾保存剂加入引起的相关问题。氧化剂的用量应尽可能少，原因有两个，一是加入保存剂，可能会给溶液带来污染，这些物质会对空白产生影响；二是若用冷原子吸收或冷原子荧光光谱法测定汞时，会因为溶液中较多氧化剂的存在，需要大量的还原剂才能还原 Hg（Ⅱ）。

3. 络合剂

实验发现氯化物有助于保存 ppb 级浓度水平的汞样品。这可能是因为样品中存在的痕量的氧化剂把 Hg（Ⅰ）转化成了氯化汞，氯化汞比 Hg（Ⅰ）相对更稳定，不会发生歧化反应生成单质汞而造成损失。研究者还发现汞在海水中比在蒸馏水中更稳定，因为海水中的氯离子与汞形成了稳定的 Hg-Cl 络合物（如 $HgCl_4$）。因此，希望通过添加 NaCl 来增加汞在溶液中的稳定性。根据 Ambe 和 suwabe 的研究，$1\ \mu g/L$ 的含有 3% NaCl 的汞溶液，用 H_2SO_4 酸化到 pH 为 1 后能至少稳定 15 个月。Sanemasa 等也认为 HNO_3-NaCl 溶液对保存加标汞的蒸馏水溶液有利。NaCl 不能使吸附在固体颗粒上的汞释放出来，但改用 NH_4SN 就比较有效。其他无机小分子络合物如 I（Ⅰ）、CN（Ⅰ）、Br（Ⅰ）等也被证实对保持汞溶液的稳定有效。

关于有机络合剂如 L-半胱氨酸和腐殖酸，也有研究发现可以用作汞的稳定剂。溶液中有 L-半胱氨酸时，可以检测到它与汞形成了络合物，汞浓度也就变得比较稳定。腐殖酸能与汞产生很强的络合，它对保持 $1\ \mu g/L$ 汞溶液浓度的稳定性也非常有效，效果比 1% HNO_3 和 0.05% $K_2Cr_2O_7$-5% HNO_3 都要好。

（二）容器预处理

因为金属在容器壁上有一定的吸附损失，那么容器的清洗方法就非常重要了。大量的研究证实重金属保存在采用恰当方式清洗过的容器中是可以保持其长期稳定性的。

在形态分析中，容器的清洗和处理可以减少和防止二次污染，对测定结果的可靠性有着重要的影响。容器处理的目的是消除容器内壁上的活性点位和清除器壁上的残留汞。在保存稳定性研究中，针对不同容器的材料性质，研究者大多采用酸或强氧化剂洗或浸泡的方式来处理容器。已有报道证明对容器进行酸处理对保存无机汞和甲基汞的稳定性是有利的。Heiden 和 Aikens 采用一种称为 CAR 的容器预处理方法：先用 $CHCl_3$ 淋洗容器内部，然后用王水蒸气熏。实验表明 CAR

法能有效控制 1 µg/L 汞溶液的汞损失。

第二节 液相色谱-原子荧光联用法测定水中烷基汞

一、引言

环境监测领域目前通常使用巯基棉富集水中的烷基汞,盐酸氯化钠溶液解析,然后利用苯或甲苯进行萃取,GC-ECD 或者联用技术测定。前处理比较复杂,首先需制备巯基棉,确定巯基棉的萃取效率合格后方可使用;其次,样品中含硫化合物(硫醇、硫醚、噻酚等)均可被富集萃取,在分析过程中积存在色谱柱内,使得色谱柱分离效率下降,干扰烷基汞的测定。同时,气相色谱法测定烷基汞采用苯或甲苯作为萃取溶剂,毒性强,污染严重。采用液相色谱分析可以有效避免有毒溶剂的使用,而原子荧光是灵敏度较高的汞元素测定仪器。建立液相色谱-原子荧光联用法测定水中烷基汞的方法,液液萃取 1 L 水样,甲基汞和乙基汞的方法检出限分别为 0.3 ng/L 和 0.6 ng/L,相对标准偏差都小于 10%,样品加标回收率在 74%~90%。

二、实验优化

(一)灯电流的优化

灯电流低时,烷基汞的荧光强度低且不稳定。随着灯电流的增大,荧光强度增大,仪器灵敏度提高,但会缩短汞灯的使用寿命,该方法推荐烷基汞的灯电流为 40 mA。

(二)光电倍增管负高压的优化

随着负高压的增大,烷基汞的荧光强度增大,但噪声也随之增大,信噪比下降,然而,负高压过低,荧光强度也不稳定。负高压在 270~290 V 荧光强度重现性最好,推荐 280 V 为方法条件。

(三)蠕动泵转速的优化

蠕动泵转速在 40~55 r/min 对甲基汞和乙基汞的峰面积的影响不大,仪器稳定,转速大于 55 r/min 时,烷基汞的峰面积开始下降,推荐方法采用 50 r/min 转速。

(四)载流盐酸含量的优化

考察了载流盐酸浓度在 1%~12% 范围内对烷基汞峰面积的影响情况。随着盐酸浓度的增加，甲基汞和乙基汞的峰面积也在不断增加，当盐酸浓度达到 7%时，烷基汞的峰面积增加幅度减小。由于酸度过大会影响管路，推荐 7%为最佳载流比例。

（五）载气和屏蔽气流量的优化

载气的作用是将反应产生的挥发性组分导入原子化器。载气过大，会稀释原子化器中原子的瞬时浓度，使荧光强度减小；载气过小，火焰不稳定。本方法研究了载气为 100～500 mL/min 时对烷基汞峰面积的影响，随着载气流速增加，烷基汞的荧光强度也随着增加，但达到 400 mL/min 后，峰面积开始下降，说明载气流量大于 400 mL/min 后对烷基汞的浓度有一定的稀释作用。确定载气流速为 400 mL/min。

屏蔽气可防止原子化器周围空气渗入火焰以避免原子与空气组分发生反应而降低原子密度。本方法选择屏蔽气流量为 700 mL/min。

（六）氧化剂用量的优化

在 0.5%～2% 范围内对氧化剂用量进行了优化，整体而言，氧化剂用量对峰面积的影响不大，说明在紫外灯的光催化下，适当的氧化剂的用量可以满足要求。本方法选择的氧化剂用量为 1%过硫酸钾。

（七）还原剂用量的优化

还原剂硼氢化钠的作用是将汞还原为汞蒸气，同时产生的氢气可以带动汞蒸气在载气的作用下进入原子荧光检测器。硼氢化钠含量低于 0.5%时，色谱基线不平，噪声很大，响应很低；随着硼氢化钠含量增加，烷基汞荧光响应提高，当含量在 1.5%～2.5%时，烷基汞的响应基本稳定且最大，说明汞蒸气已基本还原完成，当硼氢化钠含量增加时，由于产生的氢气对汞蒸气的稀释效应，烷基汞响应降低。本方法选择 2%硼氢化钠作为还原剂用量。

三、实用方法条件

（一）水样预处理

水样预处理根据富集方法的不同而不同。

液液萃取：水样采集后，每升水样加硫酸铜溶液（1%）1 mL，用 2 mol/L 盐酸溶液和 6 mol/L 氢氧化钠溶液调节 pH 至 3.0～3.5。

固相萃取：水样采集后，每 500 mL 水样中加入氯化铜溶液（5%）5 mL，然后用 250 μL 的盐酸（1+11）调节 pH 至 3.0～3.5。

（二）水样富集

液液萃取：取均匀水样 1 L，置于 1 L 分液漏斗中，加 10 g 左右氯化钠，用 40 mL 二氯甲烷分两次萃取，每次 10 min。萃取液收集至 50 mL 比色管中，加 3mL 半胱氨酸-乙酸铵溶液反萃取，振荡 5 min，吸取水层溶液进样。

固相萃取：5 mL 的盐酸（1+5）过固相萃取柱，抽干 2 min，再以 10 mL 的去离子水过柱完成活化；将全部液体样品以不超过 5 mL/min 的流速过柱；用 5 mL 的淋洗液［50μL 的盐酸（1+11）加入 100mL 的蒸馏水中］淋洗固相萃取柱，抽干柱子 2min；用 3mL 盐酸（1+5）分 3 次洗脱，洗脱液待测。

（三）仪器条件

色谱柱：Venusil MP-C$_{18}$，150 mm × 4.6 mm，5μm；流动相：5%乙腈-乙酸铵-半胱氨酸；流速：1.0 mL/min；还原剂：2% NaBH$_4$-0.35% NaOH；氧化剂：1% K$_2$S$_2$O$_8$-0.35% NaOH；载流：7% HCl（v/v）；灯电流：40 mA；光电倍增管负高压：280 V；载气流量：400 mL/min；紫外灯功率：15 W；进样体积：500 μL。

（四）方法的线性、检出限和精密度

配制一系列的烷基汞（甲基汞和乙基汞）标准工作溶液，在已优化的实验条件下分别进样，测定其响应信号。以峰面积为纵坐标，进行烷基汞的线性实验，标准色谱见图 14-1。实验结果表明，该方法在 0.4～10.0 μg/L 范围内线性良好，甲基汞的回归方程 $y=4\times10^6x-726052$，线性相关系数 r 为 0.9996；乙基汞的回归方程 $y=1.4\times10^6x-119465$，线性相关系数 r 为 0.9993。

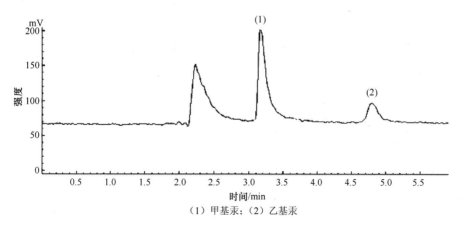

（1）甲基汞；（2）乙基汞

图 14-1　甲基汞和乙基汞标准色谱图

以 3 倍信噪比计算，取 1 L 水样，萃取后测定甲基汞和乙基汞的检出限分别为 0.3 ng/L 和 0.6 ng/L。对甲基汞和乙基汞含量分别为 3.0 ng/L 和 6.0 ng/L 的浓度进行 6 次平行测定，相对标准偏差小于 10%，向水样加入甲基汞和乙基汞标准溶液，使最终浓度分别为 3.0 ng/L 和 6.0 ng/L，回收率在 80.0%～100%。

（五）样品分析

将水样按照液液萃取的预处理方法进行富集后，HPLC-UV-CV/HG-AFS 进行分析测定。该方法用于集中式饮用水源地地表水中烷基汞的分析，分析结果是均未检出甲基汞和乙基汞，样品加标回收率在 74%～90%，具体结果见表 14-2。

表 14-2　实际样品加标回收率

水样	甲基汞				乙基汞			
	样品浓度/ng	加标量/ng	测定值/ng	回收率/%	样品浓度/ng	加标量/ng	测定值/ng	回收率/%
二水厂水源地	ND	3.0	2.22	74	ND	6.0	4.5	75
涪江	ND	3.0	2.58	86	ND	6.0	4.8	80
金沙江	ND	3.0	2.70	90	ND	6.0	4.9	82

注：ND 表示未检出。

四、质量保证和质量控制

（一）空白实验

每批样品分析至少做 1 个全程序空白，如果空白值明显偏高，应仔细检查并消除影响因素。

（二）相关性检验

校准曲线的相关系数 $r \geqslant 0.995$。

（三）精密度控制

每批样品至少按 10%的比例进行平行双样测定，样品数量少于 10 时，应至少测定 1 个平行双样，测定结果的室内相对标准偏差应小于 10%，室间相对标准偏差应低于 20%。

（四）准确度控制

每批样品用实际样品进行加标测定，加标回收率范围应在 65%～90%。

五、注意事项

（1）样品处理和分析用到的盐酸最好使用优级纯。

（2）所有烷基汞标准溶液必须避光，低温保存（冰箱内保存），且浓度低于 1 mg/L 的烷基汞溶液不稳定。

（3）样品采集后应尽快预处理，水样预处理后于 4℃下避光保存，需尽快分析。

（4）所有使用的玻璃仪器（分液漏斗、试管），要求用 5%盐酸浸泡 24 h 以上。

（5）在进行样品分析时，做样顺序应为实验室空白、全程序空白、运输空白、空瓶空白、样品、空白加标样、空白加标平行、样品加标样、样品加标平行样；做完高浓度样品后，应加做溶剂空白，以确保其对下个样品分析无干扰；空白加标和样品加标回收率应满足实验室分析要求。

（6）固相萃取只能对地表水中的甲基汞进行富集分离，对乙基汞效果不佳。

（7）液液萃取要严格操作过程，否则会造成样品回收率偏低的现象。

第三节　微波萃取-液相色谱-原子荧光联用测定土壤和沉积物中甲基汞的分析方法

一、引言

微波萃取并非要将试样消解，而是要保持目标成分原本的化学状态不变。不同物质微波作用下的极性耦合特征和表现是不同的，通过选择不同的溶剂和调节微波加热参数，可选择性地加热目标成分，以利于目标成分从基体或体系中提取和分离。环形自动耦合单模反应模块提供了连续的、优化反应物的能量馈入；样品的剂量、几何体积和物理特性都不受影响；保证样品反应的高耦合性、稳定性和重复性。

将 2-巯基乙醇（2-ME）络合剂用于土壤和沉积物样品中汞形态的微波辅助萃取，并结合高效液相色谱分离技术，利用冷原子荧光光谱法测定萃取液，可很好解决水系沉积物中痕量无机汞（Hg^{2+}）对甲基汞（$MeHg^+$）测定的干扰问题。并且该方法摒弃了有毒的有机溶剂，萃取过程简单快速、灵敏度高、准确度好、抗干扰能力强、具有很好的实用性。甲基汞的方法检出限为 0.58 ng/g，相对标准偏差为 5.7%，样品的加标回收率达到 93%以上。

二、实验优化

（一）流动相的优化

流动相 pH 可能影响各形态汞与 2-ME 形成的巯基络合物的稳定性。当 pH 为 3～5 时，汞的巯基络合物能稳定 10 h 以上。本方法在流动相中加入乙酸铵-乙酸缓冲体系，乙酸铵浓度维持 60 mmol/L，考察了 pH 在 3～5 范围对分离和测定的影响。结果发现，当 pH 4.5 时，灵敏度较高。降低 pH，MeHg⁺ 和 Hg²⁺ 的保留时间将缩短，当 pH<4.0 时，MeHg⁺ 和 Hg²⁺ 不能实现分离。

流动相中乙腈的含量影响各形态汞的保留时间。流动相流速为 2 mL/min 时，考察不同浓度乙腈（1%～60%，v/v）对分离的影响，结果见图 14-2。当乙腈浓度为 3% 时，分离效果最佳且分离过程不超过 11 min。

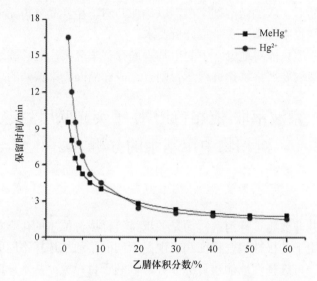

图 14-2　乙腈浓度对甲基汞和无机汞保留时间的影响

萃取过程中添加了 2-ME 作为萃取剂，通常流动相中不必再添加该试剂。然而，实验发现如果流动相中不添加 2-ME，萃取过程需要的 2-ME 浓度不低于 2.0%（v/v），导致使用比萃取实际需求量更多的 2-ME，造成试剂浪费。如果在流动相和萃取过程中加入等浓度的 2-ME，所需 2-ME 的浓度会下降 1～2 个数量级。这将在下面进一步加以说明。

（二）萃取过程的优化

2-巯基乙醇与 MeHg⁺ 和 Hg²⁺ 存在下述化学动态平衡，因此，可利用 2-ME 作萃取剂从沉积物样品中提取 MeHg⁺ 和 Hg²⁺。

（1）Hg^{2+}-2RSH D RS–HgSR-2H⁺。

（2）CH_3Hg^+-RSH D RS–HgCH₃-H⁺。

影响萃取的参数主要有萃取时间、萃取温度及萃取剂的量。考察萃取时间（2～30 min）对萃取的影响，萃取 8 min 时，MeHg⁺ 和 Hg²⁺ 能被完全提取。此后，延长萃取时间不会提高萃取效果。考察不同温度（20～120℃）对萃取效果的影响。

沉积物样品加标 20 ng，结果见图 14-3。萃取温度从 20℃上升到 80℃，MeHg$^+$和 Hg^{2+}的回收率分别从89.5%±6.3%和92.3%±5.3%提高到97.3%±2.5%和103.8%±4.5%。温度继续上升，MeHg$^+$的回收率下降，120℃时为 86.1%±4.0%；而 Hg^{2+}的回收率上升，120℃时为 127.5%±7.5%。这表明温度高于 80℃时，MeHg$^+$开始向 Hg^{2+}转化，温度过高可能影响 2-ME 的稳定性，从而导致萃取效率下降。

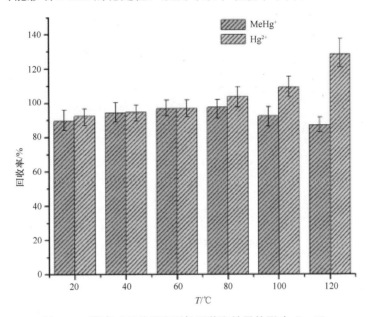

图 14-3　温度对甲基汞和无机汞萃取效果的影响（n=3）

保持流动相中 2-ME 浓度与萃取浓度一致，考察不同浓度 2-ME（0.001%～1%，v/v）对汞形态萃取和测定的影响。沉积物样品加标 20 ng，结果见图 14-4。当 2-ME 浓度从 0.001% 提高到 0.1% 时，Hg^{2+} 回收率从 62.4%±4.4%提高到 97.8%±2.5%，而 MeHg$^+$回收率从 86.5%±4.3%提高到 96.7%±3.9%。研究发现，增加 2-ME 浓度将缩短 MeHg$^+$和 Hg^{2+} 的保留时间，当 2-ME 浓度高于 0.5%（v/v）时无法实现两者分离；当 2-ME 浓度低于 0.01%（v/v）时，MeHg$^+$和 Hg^{2+}的谱峰过宽并出现分叉。因此，流动相及萃取过程中 2-ME 浓度以 0.1%（v/v）为最佳。

（三）萃取物的稳定性

样品加标 20 ng，于不同时间间隔进行分析，结果见表 14-3。MeHg$^+$和 Hg^{2+} 在萃取后 36 h 内稳定，此后回收率大幅降低，这可能是由汞的巯基络合物不稳定分解并吸附在玻璃壁所致。实验还发现，萃取完毕后，长时间的高速离心也会使 MeHg$^+$和 Hg^{2+}回收率略微下降。因此，建议萃取后样品的离心时间不超过 3 min，速度不超过 1500 r/min，样品应在萃取完毕后 36 h 内完成分析。

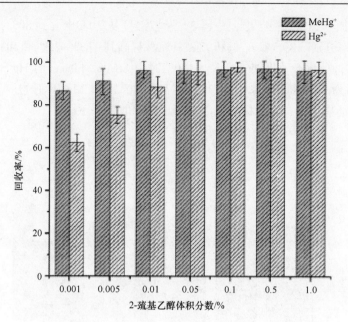

图 14-4　2-巯基乙醇浓度对甲基汞和无机汞萃取效果的影响（$n=3$）

表 14-3　萃取物的稳定性（$n=3$）

时间间隔/h	回收率/%	
	MeHg$^+$	Hg^{2+}
0	95.3±3.2	97.7±2.5
6	95.0±4.5	97.2±3.1
12	93.7±5.3	96.4±3.0
36	92.2±3.6	95.0±5.7
48	50.3±3.4	46.3±4.5
72	34.8±5.2	39.4±4.2
120	33.2±4.8	34.6±3.8
168	31.6±4.3	33.6±6.0

注：样品于 4℃ 下避光保存，采用 HPLC-CVAFS 测定。

（四）冷原子荧光系统条件优化

当体系中有汞的巯基络合物存在或还原剂含量过高时，会严重抑制汞的气化效率。因此，在还原之前，应先将汞的巯基络合物氧化至 Hg^{2+}。本方法利用过硫酸钾在紫外辐照下对色谱分离的各形态汞的巯基络合物进行氧化，考察不同浓度过硫酸钾（0.01%～3%，m/v）的影响。结果表明，当其浓度为 2.0% 时，MeHg$^+$ 和 Hg^{2+} 灵敏度较高。浓度过低不足以氧化完全，浓度过高，过硫酸钾会与后续的 KBH$_4$ 反应，影响灵敏度。

以 MeHg$^+$ 为对象，考察不同浓度 KBH$_4$（0.5%～3.5%，m/v）的影响。沉积物样品加标 20 ng MeHg$^+$，结果发现，KBH$_4$ 浓度为 2% 时，汞的峰面积最大；KBH$_4$ 浓度低于 1% 或高于 2.5% 时，基线噪声增大，MeHg$^+$ 和 Hg^{2+} 的谱峰出现毛刺和分叉，这可能是过多的 KBH$_4$ 产生大量 H$_2$，扰乱样品和试剂间有效渗透与混合，使测量的稳定性降低。

在 CVAFS 系统中，HCl 为冷蒸气的发生提供酸环境，较少的 HCl 使测试的灵敏度偏低，当 HCl 浓度大于 7%（v/v）时严重影响测定的稳定性。

三、实用方法条件

（一）样品前处理

准确称取 0.2 g 左右样品于微波萃取管中，加入 3 mL 2-巯基乙醇，放入磁力搅拌棒预搅拌 2 min，使萃取剂与基质平衡，样品在 80℃下萃取 8 min。萃取结束待冷却至室温后，取出萃取管，在 1500 r/min 转速下离心 3 min。离心结束后，取上层清液，用 0.22 μm 玻璃纤维膜过滤，滤液转移全 2 mL 密闭瓶内，4℃下避光保存待测。

（二）仪器分析条件

Discovery S 聚焦微波萃取仪（美国 CEM 公司）；LC-20AT 高效液相色谱泵（日本岛津公司）；7725i 进样阀及 500 μL 样品环（美国 Rheodyne 公司）；Venusil MP-C$_{18}$ 反向液相色谱柱（150 mm×4.6 mm，5 μm，美国 Agela 公司）；AFS-9130 原子荧光光谱仪（北京吉天仪器公司）。高效液相色谱-冷原子荧光系统工作条件见表 14-4。

表 14-4　高效液相色谱-冷原子荧光系统工作条件

参数	最优值
高效液相色谱 HPLC	
流动相	3%（v/v）乙腈，60 mmol/L 乙酸铵-乙酸（pH 4.5），0.1%（v/v）2-巯基乙醇
流动相流速	2.0 mL /min
进样量	500 L
冷蒸气发生原子荧光	
空心阴极灯电流	35 mA
光电倍增管负高压	300 V
载气	Ar，500 mL /min
氧化剂	2%（m/v）K$_2$S$_2$O$_8$-0.5% NaOH，2.2 mL /min
还原剂	2%（m/v）KBH$_4$-0.5% NaOH，2.2 mL /min
载流	7%（v/v）HCl，4.0 mL /min

（三）检出限、精密度及准确度

优化的条件下，10 μg/L MeHg$^+$和 5 μg/L Hg^{2+}混合标准溶液谱图见图 14-5。MeHg$^+$和 Hg^{2+}的保留时间分别为 6.52 min 和 9.64 min。对 6 份样品空白测量的 3 倍标准偏差（3σ）计算，方法检出限 MeHg$^+$为 0.58 ng/g，Hg^{2+}为 0.48 ng/g，绝对检出限 MeHg$^+$为 6.5 pg，Hg^{2+}为 5.5 pg。对 6 个样品重复测定的 RSD MeHg$^+$为 5.7%，Hg^{2+}为 4.1%。高中低 3 个浓度水平的样品加标回收率均在 93%以上。

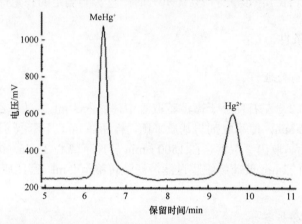

图 14-5　优化条件下甲基汞和无机汞混合标准溶液色谱图

（四）标准物质样品和实际样品测定

本方法分析了标准参考物质 IAEA-405 和 ERM-CC580，结果见表 14-5。标准物质测定结果均在推荐值范围。应用本法对四川省境内沱江内江段、岷江都江堰和乐山段、金沙江攀枝花和昌都段，以及嘉陵江南充段沉积物进行了分析，结果表明，金沙江昌都段沉积物中 MeHg$^+$和 Hg^{2+}含量最低，这可能因为昌都地区靠近金沙江源头，无 Hg 人为释放源；金沙江攀枝花段沉积物中 MeHg$^+$和 Hg^{2+}含量最

表 14-5　标准参考物质和实际样品中汞形态分析的结果（$n=3$）

样品	2-巯基乙醇萃取		MeHg$^-$推荐值 /（ng/g）
	MeHg$^+$ /（ng/g）	Hg^{2-} /（ng/g）	
ERM-CC580	74.0±1.4	—	75.5±3.7
IAEA-405	5.73±0.28	—	5.90±0.57
沱江内江段沉积物	22.4±1.05	88.4±1.66	—
岷江乐山段沉积物	14.2±0.59	36.8±0.97	—
岷江都江堰段沉积物	8.54±0.77	24.7±0.95	—
嘉陵江南充段沉积物	21.7±1.07	63.2±1.44	—
金沙江昌都段沉积物	5.53±0.38	19.4±0.49	—
金沙江攀枝花段沉积物	105±4.31	227±5.5	—

高，这可能是由于该点位于一采矿场下游；岷江乐山段沉积物中 MeHg⁺和 Hg²⁺含量高于上游的都江堰段，这可能是因为岷江在流经成都市双流工业区时为其补充了 Hg。MeHg⁺与 Hg²⁺浓度呈正相关，这表明沉积物中的 MeHg 可能主要由 Hg²⁻通过微生物的甲基化作用转化形成。

四、质量保证和质量控制

（一）空白实验

每批样品分析至少做 1 个全程序空白，如果空白值明显偏高应仔细检查并消除影响因素。

（二）相关性检验

校准曲线的相关系数 $r \geqslant 0.995$。

（三）精密度控制

每批样品至少按 10%的比例进行平行双样测定，样品数量少于 10 时，应至少测定 1 个平行双样，各元素测定结果的室内相对标准偏差应小于 10%，室间相对标准偏差应低于 20%。

（四）准确度控制

每批样品应带 1 个有证标准物质。

五、注意事项

（1）样品处理和分析用到的盐酸最好使用优级纯。
（2）样品应在萃取完毕后 36 h 内完成分析。
（3）所有甲基汞标准溶液必须避光，低温保存（冰箱内保存）。
（4）所用玻璃器皿与消解罐应先用硫粉掸其表面，除去可能存在的挥发性 Hg，再用自来水冲洗，然后于 50%的 HNO_3 中浸泡至少 24 h，使用前用超纯水冲洗。

第四节　碱提取-吹扫捕集-气相色谱-原子荧光法 测定土壤和沉积物中烷基汞的方法

一、引言

人为和自然排放的汞可以通过各种途径进入环境，并经过各种循环最终进入土壤和沉积物。此外，土壤和沉积物中的微生物还可以将无机汞转化为毒性更大的甲基汞，从而增加汞的毒性和生物可利用性。因此，对土壤和沉积物中烷基汞含量的分析测定非常重要。

土壤和沉积物的基质复杂，烷基汞的含量较低。准确测定土壤和沉积物样品中烷基汞的关键环节在于样品提取过程，在提取过程中既要保证样品中汞化合物的原来形态不发生破坏和转化，又要保证烷基汞从样品中被充分提取以达到稳定可靠的回收效果。目前提取土壤和沉积物中甲基汞的有效的方法主要包括酸浸提和碱提取。酸浸提法相比碱提取法操作步骤烦琐，而且当样品中含有大量有机物质时，用酸-有机溶剂萃取会发生严重的乳化现象，产生大量的泡沫，增加了萃取时间和萃取难度。碱提取法操作简便，实用性强，非常适于环境监测领域批量样品的分析。

建立了碱提取-丙基化衍生法同时测定土壤和沉积物中甲基汞和乙基汞的方法。土壤和沉积物中的甲基汞和乙基汞经 25%氢氧化钾/甲醇溶液提取后进入水相溶液，在水相溶液中加入四丙基硼化钠溶液，水相中的甲基汞和乙基汞发生丙基化衍生反应转化为甲基丙基汞和乙基丙基汞后被吹扫进入捕集管中富集，经热解吸进入气相色谱分离，再经原子化后进入原子荧光光谱仪测定。优化了仪器分析条件，研究了碱提取温度、提取时间、缓冲溶液加入量和衍生化试剂加入量对测定结果的影响，确定最佳实验条件为：碱提取温度为 70℃，提取时间为 3 h，缓冲溶液加入量为 300 μL，衍生化试剂加入量为 50 μL。土壤样品中甲基汞和乙基汞的方法检出限分别为 0.5 μg/kg 和 0.3 μg/kg，测定沉积物标准参考物质 ERM-CC580 的平均回收率为 85.3%。应用本方法对 5 种实际土壤样品进行测定，每个样品平行处理 8 份。甲基汞和乙基汞含量在 7～315 μg/kg 范围内，甲基汞和乙基汞的相对标准偏差分别为 1.3%～17%和 0.94%～16%，甲基汞和乙基汞的平均回收率分别为 88.2%～110%和 66.1%～110%。

二、实验优化

（一）色谱柱的选择

在进行气相色谱分析时，色谱柱的选择至关重要。DB-1，DB-5MS 及 DB-17 都可被用来分离甲基汞、乙基汞和 Hg^{2+} 的衍生化产物。选用改性的 OV-3 填充柱，可以实现 Hg^0、甲基丙基汞、乙基丙基汞、二丙基化汞在柱上的有效分离，而普通 OV-3 填充柱只能有效地分离 Hg^0 和甲基丙基汞。

（二）载气的影响

推荐氩气作为载气，目标物的测定灵敏度明显高于以氮气作为载气时的灵敏度。

（三）载气流速的影响

载气流速直接影响 Hg^0、甲基丙基汞、乙基丙基汞、二丙基化汞在色谱柱上的分离效果。当流速较低时，导致 10 min 内各目标物出峰不完全，拖尾严重；当流速较快时，各峰虽然完全分开，但过于集中。因此，流速设置在 22～27 mL/min 范围内较为合适。

（四）柱温的选择

柱温直接影响 Hg^0、甲基丙基汞、乙基丙基汞、二丙基化汞在气相色谱柱柱上的分离程度。当柱温较低时，10 min 内，二丙基化汞不能完全流出；当柱温为 52℃时，出峰速度较快，4 个色谱峰相对密集。推荐柱温为 46℃。

（五）衍生化试剂的选择

四乙基硼化钠、四丙基硼化钠和四苯基硼化钠是最常用的汞烷基化试剂，同时测定甲基汞和乙基汞时，只能选用四丙基硼化钠和四苯基硼化钠作为衍生化试剂。与四乙基硼化钠相比，四苯基硼化钠和四丙基硼化钠溶液的稳定性更好。但是四苯基硼化钠作为衍生试剂，衍生产物的沸点高，挥发性较差，因此，四丙基硼化钠是较合适的衍生化试剂。

（六）pH 对衍生化反应的影响

衍生化反应过程与 pH 有关。甲基汞和乙基汞在 pH 4～6 范围丙基化衍生效率较高，见图 14-6。

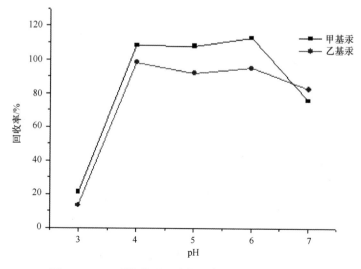

图 14-6　pH 对烷基汞丙基化衍生化反应效率的影响

　　稳定调节丙基化衍生反应水相体系的 pH，添加一定体积的乙酸-乙酸钠缓冲溶液是一个有效可行的方式。图 14-7 给出了衍生反应水相体系 pH 随缓冲液加入量的变化曲线。当不添加缓冲溶液时，衍生反应水相体系 pH 为 11.45；当缓冲液加入量为 100 μL 时，衍生反应水相体系 pH 降至 6.03；当缓冲溶液加入量为 300μL 时，衍生反应水相体系 pH 为 5.03；继续加大缓冲液加入体积，衍生反应水相体系 pH 已趋于稳定，而缓冲溶液本身 pH 为 4.65，说明当缓冲溶液加入量为 300 μL 时已达到衍生反应水相体系的最佳 pH 条件。图 14-8 中甲基汞和乙基汞的回收率随缓冲液加入量的变化曲线也进一步证实了该结论。

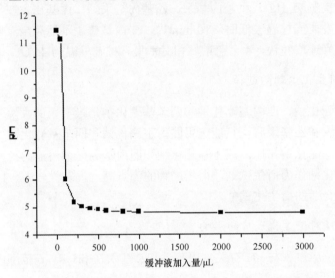

图 14-7　衍生反应水相体系 pH 随缓冲液加入量的变化曲线

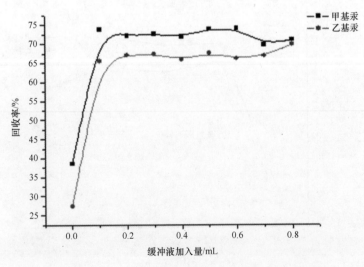

图 14-8　甲基汞和乙基汞的回收率随缓冲液加入量的变化曲线

在实际监测工作中，土壤和沉积物中烷基汞含量非常低，在不改变样品前处理的条件下，为保证样品的准确检出，加大消解提取液的测定量是一个行之有效的方式。当碱消解提取液明显增大时，可能会因为缓冲溶液原来的加入量不够而导致衍生化反应不能正常发生而影响测定结果。我国土壤的 pH 普遍为 6~8，只有江西红壤酸性较强（pH 为 4.71±0.09），在土壤较少称样量的情况下，土壤基体对水相衍生反应体系的影响很小。图 14-9 给出了当乙酸-乙酸钠缓冲溶液为 300 μL 时，水相衍生反应体系 pH 随 CC580 沉积物消解提取液测定量增加的变化曲线。当消解提取液测定量提高到 600 μL 时，水相衍生反应体系 pH 超过 6，乙酸-乙酸钠缓冲溶液的加入量已明显不足。表 14-6 给出了随消解提取液测定量的增加，为保证正常衍生化反应，乙酸-乙酸钠缓冲溶液的最少加入体积。

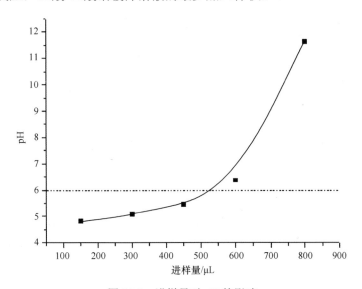

图 14-9　进样量对 pH 的影响

表 14-6　乙酸-乙酸钠缓冲溶液随消解提取液测定量增加的最少加入体积

提取液测定体积/μL	150	300	450	600	800	1000	1500	2000	3000
缓冲液体积/mL	0.3	0.3	0.6	0.7	0.9	1.0	1.5	2.0	3.0
pH	4.82	5.07	4.93	4.98	5.00	5.07	5.08	5.08	5.09

（七）衍生化试剂加入量优化

四丙基硼化钠的加入量直接影响衍生化反应效率，加入量过少，衍生化反应不完全，加入量过多，衍生化反应过快容易导致衍生产物挥发损失。图 14-10 给出了当水相中甲基汞和乙基汞含量分别为 1000 pg 时，烷基汞丙基化衍生产物回收率与四丙基硼化钠加入量的关系曲线。当四丙基硼化钠的加入量为 30～90 μL 时，衍生化效果无显著差异。综合考虑衍生化试剂的稳定性和土壤/沉积物基体的复杂性，推荐四丙基硼化钠的加入量为 50 μL。

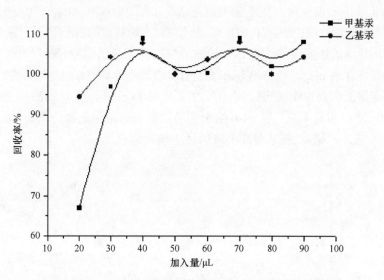

图 14-10　衍生化试剂加入量对烷基汞衍生化效果的影响

（八）提取温度和提取时间的确定

提取温度和提取时间是碱提取前处理的关键参数，直接影响土壤和沉积物中烷基汞的提取效率，分别称取 0.100～0.150 g ERM-CC580 于 50 mL 聚丙烯管中，添加 7000 pg 乙基汞标液后加盖漩涡混匀，开盖后加入 2.5 mL 25% KOH 甲醇溶液，再次加盖涡旋混匀。分别置入 50℃、60℃、70℃、80℃和 90℃振荡水浴，控制每个提取温度下提取时间分别为 1 h、2 h、3 h、4 h、5 h 时将提取样品取出，然后按照实验方法完成后续操作。90℃条件下，聚丙烯管盖子容易受热断裂，直接影响后续实验结果；50～80℃，提取温度为 70℃，提取时间为 3 h 时最为适合。

三、实用方法条件

（一）样品前处理

称取 0.100～0.150 g 土壤或沉积物样品于 50 mL 聚丙烯管中，加入 2.5 mL 25% KOH 甲醇溶液后涡旋混匀。盖紧盖子，置入 70℃水浴中，振荡提取 3 h。取出样品置于通风橱静置冷却至室温后，开盖加入 8.0 mL 实验用水，盖紧盖子，涡旋混匀，此时管内液体体积为 10.5 mL。静置，使管内固体物沉降完全，上清液尽量澄清。

（二）仪器分析条件

吹扫捕集气：氩气；吹扫捕集气流速：394 mL/min；干燥气：氩气；干燥气流速：297 mL/min；吹扫捕集时间：5 min；加热解析时间：9.9 s；捕集管干燥时间：3 min；气相色谱柱温度：46℃；气相色谱载气：氩气；气相色谱载气流速：22 mL/min。

（三）方法评价

按照《环境监测　分析方法标准制修订技术导则》（HJ 168—2010）的相关规定，重复分析 9 个接近于检出限浓度的空白加标样品，通过计算，甲基汞和乙基汞的方法检出限分别为 0.5 μg/kg 和 0.3 μg/kg。曲线在 2～500 pg，线性相关系数 $r^2 > 0.999$，线性良好。实际上，甲基汞和乙基汞的测定上限可以达到 3000 pg，而实际样品中甲基汞和乙基汞的含量非常低，标准曲线的测定上限无需测到这么高，一般 500 pg 足够，甚至可以更低。

平行测定 ERM-CC580 沉积物样品（75 μg/kg）9 次，平均回收率为 85.3%，相对标准偏差为 5.9%。

（四）实际样品分析

选取具有代表性的 5 种土壤样品，分别为辽宁棕壤、河南黄潮土、四川紫色土、江西红壤和黑龙江黑土，测得所有土样中均不含有甲基汞和乙基汞。对实际样品进行低、中、高加标测定，每个样品平行处理 8 份。考察甲基汞和乙基汞的精密度与准确度，具体见表 14-7，甲基汞和乙基汞的相对标准偏差分别为 1.3%～17% 和 0.94%～16%，甲基汞和乙基汞的平均回收率分别为 88.2%～110% 和 66.1%～110%。

表 14-7　土壤样品的加标结果

化合物	加标量	辽宁棕壤		河南黄潮土		四川紫色土		江西红壤		黑龙江黑土	
		RSD/%	平均回收率/%	RSD/%	平均回收率/%	RSD/%	平均回收率/%	RSD/%	平均回收率/%	RSD/%	平均回收率/%
甲基汞	700pg	6.5	110	7.2	106	2.8	103	8.9	88.2	2.0	109
	14000pg	5.7	100	3.1	106	5.1	107	17	104	1.5	110
	31500pg	7.5	106	2.5	105	1.3	106	7.9	88.6	2.0	100
乙基汞	700pg	15	94.6	8.4	89.6	2.2	86.4	16	66.1	1.9	90.7
	14000pg	5.8	101	2.6	110	4.2	108	14	98.5	1.9	106
	31500pg	6.6	106	2.6	107	0.94	102	6.2	72.6	2.9	96.4

四、质量保证和质量控制

（一）仪器

吹扫捕集/气相色谱-原子荧光光谱仪应定期检定或校准并在有效期内运行，以保证检出限、灵敏度、定量测定范围满足方法要求。仪器工作时的环境温度和湿度需符合仪器使用说明书中相关指标的要求。

（二）校准曲线

通常情况下，校准曲线的相关系数要达到 0.999 以上。校准曲线绘制后，每天测定时需要测定校准曲线中间浓度点的标准溶液，其相对误差值一般应控制在±20%以内，若超出该范围需重新绘制校准曲线。

（三）试剂空白实验

每批次样品（$n \leqslant 20$）应保证每个测定通道至少测定一个试剂空白样品，试剂空白样品的测定值应小于方法检出限。如果空白值过高，则应检查试剂的纯度或仪器的漂移，必要时对试剂进行纯化处理或对仪器进行校准。

（四）实验室空白实验

每批次样品（$n \leqslant 20$）至少测定一个实验室空白样品，实验室空白样品的测定值应小于方法检出限。

（五）精密度

每批样品（$n \leqslant 20$）至少按 10%的比例进行平行双样测定，样品数量少于 10 个时，应至少测定 1 个平行双样，测定结果的室内相对标准偏差应小于±25%。

（六）准确度

每批样品（$n \leqslant 20$）至少测定 1 个土壤或沉积物的有证标准物质，有证标准物质的回收率范围应在 65%～115%。

第五节　毛细管电泳-电感耦合-等离子体质谱法测定水中烷基汞

一、引言

目前，高效分离技术与高灵敏检测技术联用成为汞形态分析的主要手段。但

GC 只适用于易挥发或中等挥发各形态汞化合物的分离，对于一些难挥发的汞化合物就没办法达到分离。HPLC 技术灵敏度不及 GC，但样品处理简单安全，免去了 GC 中需要将汞的化合物衍生成容易气化衍生物的步骤，确保不会因为汞化合物的分解而引起测定不准确和溶剂挥发对人体产生毒害作用，故对复杂环境样品中汞的分离比 GC 更优。但 LC 色谱柱容易被污染，使用寿命短；LC 中使用大量有机溶剂，影响其常用高灵敏 ICP-MS 检测系统的稳定性，最终导致噪声增加、灵敏度下降。

毛细管电泳（CE）由于具有分辨率高、样品需要量少、快速，以及对不同物种之间平衡扰动小等优点，已成为一种很有吸引力的形态分析技术。CE 进行汞形态分析时无需衍生，需与配位剂混合，在电解质溶液中形成带电物质。但是，CE 样品进样量少，一般只有几纳升，所以和 HPLC、GC 比较，相对检出限较差。ICP-MS 具有更低的检出限，更宽的线性范围，相对少的干扰，建立 CE-ICP-MS 法测定水中甲基汞和乙基汞，方法检出限分别为 0.21ng/mL 和 0.32 ng/mL ，甲基汞和乙基汞的相对标准偏差分别为 3% 和 5%，甲基汞和乙基汞的平均回收率分别为 94% 和 104%。

二、实验优化

（一）联用的接口条件

联用的关键在于接口技术，现阶段接口技术还不是很成熟，使得 CE-ICP-MS 联用技术在汞形态分离分析测定方面并不是很普遍。好的接口，一方面要在电泳分离时保证所有流出物全部进入雾化器；另一方面，在毛细管冲洗过程中避免清洗液进入 ICP-MS 污染检测器。此外，实验过程中通过控制泵 1 流速控制 CE 出口端微量补充液的流量以便 CE 流出物的传输是整个实验的关键。如果补充液的流量小于微流雾化器的提升量，则毛细管中的溶液在提升量的拉动下将产生层流，而不再是单纯电泳产生的平流，从而导致柱效和分离度的下降。如果补充液的流量大于微流量雾化器的提升量，那么多余的补充液将产生一个与电渗流推动力反向的压力而导致分流时间的延长。因此，微流雾化器的自吸作用产生的提升量与泵 1 流速应尽可能相匹配。

（二）缓冲溶液 pH

CE 中，石英毛细管内壁由于—SiOH 基团上的 H$^+$解离出来而带负电荷，这些负电荷吸引缓冲液中的正离子而在毛细管内壁和缓冲液界面间形成圆柱形双电层，由于静电引力作用，一部分正离子紧靠毛细管内壁，形成紧密层，其余的正离子呈分散分布，形成分散层。在毛细管两端施加外电场后，分散层内的正离子会携带周围的水分子向阴极运动，由于液体内摩擦力的存在，整个缓冲液都会流向阴极，形成电渗流。电渗流的存在有着积极的作用：可以增加分离速度；使得正、负电荷物质同时分离。当然电渗流也有着消极的影响：减少了分离时间和分离有效距离；电渗流的波动极大地影响了迁移时间的重复性。这直接导致 CE 的重现性不佳。

缓冲溶液 pH 是 CE 分离中最为重要的参数。因为它不仅影响电渗流的大小，而且可能改变分析物在缓冲液中的电荷数，从而影响分析物的电泳淌度。综合考虑 3 种形态汞络合物的分离效果、峰形、灵敏度，确定 pH=9.0 作为缓冲液 pH。

（三）缓冲溶液的选择

缓冲溶液浓度对 CE 分离结果也会产生影响。离子强度的提高可以在一定程度上降低离子在毛细管内壁上的吸附，也可以防止分析物在分离过程中的扩散。但是随着离子强度的提高，焦耳热也更快速地升高，造成分离效率下降，迁移时间延长。综合考虑灵敏度、分离度和迁移时间，确定 12.5 mmol/L $Na_2B_4O_7$-50 mmol/L H_3BO_3 的缓冲液浓度。

（四）配位剂的选择

CE 进行汞形态分析时需要与配位剂混合，在电解质溶液中形成带电物质，带电物质在电解液中泳动，根据物质的荷质比差异来进行分离，比值越大，跑得越快。半胱氨酸和巯基乙酸是 CE 中常用的配位剂，本研究采用巯基乙酸作为配位剂。

（五）分离电压的确定

分离电压对峰响应信号的强度影响不大，其影响更多地表现在迁移时间的变化上。随着分离电压的升高，焦耳热增大，基线稳定度降低，灵敏度降低，分离度逐渐变差。但分离电压过低不仅导致分离时间的延长，甚至出现不出峰的现象；同时也使 CE 的分离柱效降低，峰形变宽。

三、实用方法条件

（一）样品预处理

水样分析前，需用 0.22 μm 聚丙烯微孔滤膜进行过滤后再进行仪器分析。

（二）仪器分析条件

毛细管电泳-电感耦合-等离子体仪器分析条件见表 14-8。

表 14-8 毛细管电泳-电感耦合-等离子体仪器分析条件

参数	参数值
毛细管电泳电压	+18 kV
进样时间	10 s
毛细管	内径 75 μm，外径 365 μm，长 85 cm
环境温度	23～25℃
运行缓冲溶液	50 mmol/L H_3BO_3-12.5 mmol/L $Na_2B_4O_7$
泵 1 流速	11 μL/min
泵 2 流速	6 μL/min
射频功率	1300 W
等离子体气流量	15 L/min
辅助气流量	0.90 L/min
雾化载气流量	0.75 L/min
补偿气流量	0.30 L/min
检测的同位素	^{201}Hg
雾化器类型	微同心雾化器（最佳流速 20～35 μL/min）

（三）校准曲线

采用 1.5 mL 聚四氟乙烯小瓶配制 1 mL 不同浓度梯度的甲基汞和乙基汞标准溶液。移取适量甲基汞和乙基汞标准浓溶液，采用缓冲溶液 12.5 mmol/L $Na_2B_4O_7$-50 mmol/L H_3BO_3（pH 9.2）稀释，配制浓度为 0.5 μg/L、10 μg/L、20 μg/L、50 μg/L、100 μg/L 的标准系列，加入巯基乙酸使用液 2 μL 络合。按设置好的分析条件进样分析，从低浓度到高浓度依次测定。以保留时间定性，峰面积定量。采用外标法定量。

（四）标准谱图

汞、甲基汞和乙基汞的标准谱图见图 14-11。

（五）实际样品测定

向江水样品中添加汞、甲基汞和乙基汞标准溶液，使其浓度为 1 μg/L，按上述的分析测定条件及步骤，对加标水样进行精密度和回收率实验测定，具体精密度和准确度数据见表 14-9。

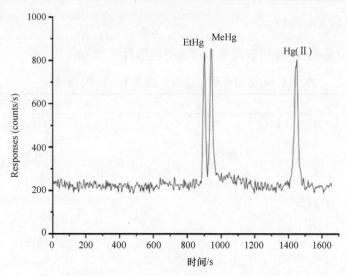

图 14-11　汞、甲基汞和乙基汞的标准谱图

表 14-9　方法精密度和准确度（*n*=6）

化合物	1 μg/L	
	RSD/%	回收率/%
汞	4	103
甲基汞	3	94
乙基汞	5	104

四、质量保证和质量控制

（1）初次使用的毛细管需用超纯水、0.1 mol/L NaOH、超纯水分别冲洗 30 min 进行活化。为了保证良好的迁移时间和峰面积的测定精密度，日间运行前依次用超纯水、0.1 mol/L NaOH、超纯水分别冲洗 10 min，进样前再用运行缓冲液清洗 10 min。每 2 次进样之间，需依次用超纯水和运行缓冲液各清洗 2 min。所有溶液进入毛细管前均需用 0.22 μm 聚丙烯微孔滤膜进行过滤，滤后再用超声波振荡，除去溶液内的微小气泡，以免堵塞毛细管。

（2）实验室温度由空调调节，所有实验均在 23～25℃下进行。每次分析前，需保证基线稳定。

（3）每批样品至少测定 1 个实验室空白样品。

参 考 文 献

顾昱晓，孟梅，邵俊娟，等. 2013. 在线吹扫捕集-气相色谱-原子荧光光谱法测定土壤中甲基汞.

分析化学, 41 (11): 1754-1757

李保会, 严秀平. 基于微流雾化器和可拆卸接口的短柱 CE-ICP-MS 联用技术应用于汞的快速
　　形态分析. 中国科技论文在线

仇广乐, 冯新斌, 王少锋, 等. 2006. 贵州汞矿矿区不同位置土壤中总汞和甲基汞污染特征的研
　　究. 环境科学, 27(3): 550-555

余丽萍. 2004. 原子荧光在线联用技术在形态分析中的应用. 天津: 南开大学

郑进平. 2011. 基于毛细管电泳-电感耦合等离子体质谱联用技术分析检测不同形态硒、汞和砷
　　化合物. 福州: 福州大学

Ahmed R, Stoeppler M. 1986. Decomposition and stability studies of methylmercury in water using
　　cold vapour atomic absorption spectrometry. Analyst, 111: 1371-1374

Ahmed R, Stoeppler M. 1987. Storage and stability of mercury and methylmercury in sea water. Anal
　　Chim Aeta, 192: 109-113

Ambe M, Suwabe K. 1977. The Preparation of standard solutions of mercury at the ppb level. Anal
　　Chim Aeta, 92: 55-60

APHA-AWWA-WEF. 1992. Standard Methods for the Examination of Water and Wastewater, 18th
　　edn., Washington D.C.

Baier R W, Wojnowich L, Petrie L. 1975. Mercury Loss from culture media. Anal Chem, 47:
　　2464-2467

Bailey E A, Gray J E, Theodorakos P M. 2002. Mercury in vegetation and soils at abandoned mercury
　　mines in southwestern Alaska. Geochem Explor Environ Ana, 2: 275-285

Baltisberger R J, Hildebrand D A, Grieble D, et al. 1979. A study of the disproportionation of
　　mercury(II)induced by gas sparging in acid aqueous solutions for cold-vapor atomic absorption
　　spectrometry. Anal Chim Aeta, 111: 111-112

Batley G E. 1989. Trace Element Speciation: Analytical Methods and Problems. Boca Raton, Florid:
　　CRC Press: 5-9

Benes P, Rajman I.1969. Radiochemical study of the sorption of trace elements. V.adsorption and
　　desorption of bivalent mercury on Polyethylene. Colleet Czeeh Chem Commun, 34: 1375-1380

Benes P. 1970. Radiochemical study of the sorption of trace elements. VI. Adsorption and desorption
　　of bivalentmercury on glass. Colleet Czeeh Chem Commun, 35: 1349-1355

Bloom N S. 2000. Analysis and stability of mercurys Peciationin Petroleum hydrocarbons.
　　Fresenius'J Anal Chem, 366: 438-443

Bothner M H, Robertson D E. 1975. Mercury contamination of sea water samples stored in
　　Polyethylene containers. Anal Chem, 47: 592-595

Burrows W D, Krenkel P A. 1973. Uptake and Loss of methylmercury-203 by bluegills
　　(Lepomismacrochirus). Environ Sci Technol, 7: 1127-1130

Cai Y, Bayona J M. 1995. Determination of methylmercury in fish and river water samples using in
　　situ sodium tetraethyl borate derivatization following by solid phase microwave extraction and
　　gas chromatography- mass spectrometry. J Chromatogr A, 696: 113-122

Capelo J L, Maduro C, Mota A M. 2004. Advanced oxidation processes for degradation of
　　organomercurials: Determination of inorganic and total mercury in urine by FI-CV-AAS. J Anal
　　At Spectrom, 19: 414-416

Carron J, Agemian H, 1977. Preservation of sub-ppb levels of mercury in distilled and natural fresh
　　waters. Anal Chim Acta, 92: 61-70

Christmann D R, IngleJr J D. 1976. Problems with sub-ppb mercury determinations: Preservation of standards and prevention of water mist interferences. Anal Chim Acta, 86: 53-62

Clarkson T W. 1997. The toxicology of mercury. Crit Rev Clin Lab Sci, 34(4): 369-403

Clarkson T W. 2002. The three modern faces of mercury. Environ Health Persp, 110(Suppl 1): 11-23

Copeland D D, Facer M, Newton R, et al. 1996. Use of Poly(ethylene terephthatate)Plastic bottles for sampling, transportation and storage of potable water prior to mercury determination.Analyst, 121: 173-176

Devai I, Delaune R D, Patrick Jr W H, et al. 2001. Changes in methylmercury concentration during storage: effect of temperature. Organ Geochem, 32: 755-758

EPA. 1630. Methyl Mercury in Water by Distillation, Aqueous Ethylation, Purge and Trap, and CVAFS, EPA-821-R-01-020, January 2001

Fadini P S, Jardim W F. 2000. Storage of natural water samples for total and reactive mercury analysis in PET bottles.Analyst, 125: 549-551

Feldman C. 1974. Preservation of dilute mercury solution. Anal Chem, 46: 99-102

Hawley J E, Ingle J D Jr. 1975. Improvements in cold vapor atomic absorption determination of mercury. Anal Chem, 47: 719-723

Heiden R W, Aikens D A. 1979. Pretreatment of Polyolefin bottles with chloroform and aqua regia vapor to prevent losses from stored trace mercury(II)solutions. Anal Chem, 51: 151-156

Heiden R W, Aikens D A. 1983. Humic acid as a preservative for tracemercury(II) solutions stored in Polyolefin containers. Anal Chem, 55: 2327-2332

Hempel M, Hintelmann H. Wilken R D. 1992. Determination of organic mercury species in soils by high-performance liquid chromatography with ultraviolet detection. Analyst, 117(3): 669-672

Hintelmann H, Wilken R D. 1993. The analysis of organic mercury compounds using liquid chromatogramphy with on-line atomic fluorescence spectrometric detection. Appl Organomet Chem, 7: 173-180

Horvat M, Bloom N S, Liang L. 1993. Comparison of distillation with other current isolation methods for the determination of methylmercury compounds in low level environmental samples: part 1. Sediments. Anal Chim Acta, 281: 135-152

Issaq H J, Zielinski W L Jr. 1974. Hot atomic absorption spectrometry method for the39 determination of mercury at the nanogram and subnanogram level. Anal Chem, 46: 1436-1438

Kaiser G, Gotz D, Schoch P, et al. 1975. German Tanlanta. 22: 889-899

Kinsella B, Willix R L. 1982. Ultrasonic bath in container Preparation for storage of seawater samples in trace metal analysis. Anal Chem, 54: 2614-2616

Kramer K J M, Quevauviller Ph, Dorten W S, et al.1998. Certification of total Hg in a sea water reference material, CRM579. Analyst, 123: 959-963

Krivan V, Haas H F.1988. Prevention of loss of mercury(II) during storage of dilute solution in Various containers. Fresenius'J Anal Chem, 332: 1-6

Lansens P, Meuleman C, Baeyens W. 1990. Long-term stability of methylmercury standard Solutions indistilled, deionized water. Anal Chim Acta, 229: 281-285

Laxen D P H, Harrison R M.1981. Cleaning methods for Polythene containers prior to theDetermination of trace metals in freshwater samples. Anal Chem, 53: 345-350

Leermakers M, Lansens P, Baeyens W. 1990. Storage and stability of inorganic and methylmercury solutions. Fresenius'J Anal Chem, 336: 655-662

Lo J M, Wai C M. 1975. Mercury Loss from water during storage: mechanism and Prevention.Anal Chem, 47: 1869-1870

Mahan K I, Mahan S E. 1977. Mercury retention in untreated water samples at the Part-Per-billion level. Anal Chem, 49: 662-664

Masri M S, Friedman M. 1973. Competitive binding of mercuric chloride in dilute solutions by wool and polyethylene or glass containers. Environ Sci Technol, 7: 951-953

May K, Stoeppler M.1954. Pretreatment studies with biological and environmental material IV. Complete wet digestion in Partly and completely closed quartz vessels for subsequent trace and ultratrace mercury determination. Fresenius'Z Anal Chem, 317: 245-251

Mergler D, Anderson H A, Chan L H M. 2007. Methymercury exposure and health effects in humans: A worldwide concern. A Journal of the Human Environment, 36(1): 3-11

Newton D W, Ellis R Jr. 1974. Loss of Mercury(II) from solution. J Environ Qual, 3(1): 20-23

Olson K R. 1977. Loss of carbon-14 and mercury-203 labeled methylmercury from various solutions. Anal Chem, 49: 23-26

Omang S H. 1971. Determination of mercury in natural waters and effiuents by flameless atomic absorption spectrophotometry. Anal Chim Aeta, 53: 415-420

Patricia G, Reinaldo C C, Zoltan M, et al. 2003. A Comparison of alkyl derivatization methods for speciation of mercury based on solid phase microextraction gas chromatography with furnace atomization plasma emission spectrometry detection. J Anal At Spectrom, 18: 902-909

Piccolino S P.1983. Preservation of mercury in Polyethylene containers. J Chem Educ, 60: 235-235

Quevauviller P, Maier E A, Cámara C. 1995. A survey on stabilityof chemical species in solution during storage: the BCR experience. Mieroehim Aeta, 118: 131-141

Rosain R M, Wai C M. 1973. The rate of loss of mercury from aqueous solution when stored in Various containers. Anal Chim Aeta, 65: 279-284

Sanemasa I, Deguchi T, Urata K, et al. 1977. The effect of ammonium thiocyanate and sodium chloride on loss and recovery of mercury from water duringstorage. Anal Chim Aeta, 94: 421-427

Shimomura S, Nishihara Y, Tanase Y. 1969. Decrease of mercury content in dilute mercury(II) solutions. Jpn Anal, 18: 1072-1077

Stoeppler M, Matthes W. 1978. Storage behavior of inorganic mercury and methylmercury chloride in seawater. Anal Chim Aeta, 98: 389-392

Timerhaev A R. 2000. Element speciation analysis by capillary electrophoresis. Talanta, 52(4): 573-606

Tu Q, Johnson W, Buckley B. 2003. Mercury speciation analysis in soil samples by ion chromatography, post-column cold vapor generation and inductively coupled plasma mass spectrometry. J Anal At Spectrom, 18: 696-701